高等学校计算机类创新与应用型规划教材

微型计算机
汇编语言与接口技术

刘均　编著

清华大学出版社
北京

内 容 简 介

本书系统介绍了微型计算机系统软硬件组成及设计方法，包括汇编语言程序设计和接口技术两部分。全书内容编排系统全面；基础原理讲解深入浅出；实例丰富，分析和注释翔实；应用举例典型，实用性强；提供两种实验环境的实验项目，注重实践能力的培养；提供配套的课件、示例源代码，便于读者学习。

全书共分 11 章。第 1 章介绍了计算机系统软硬件的基本组成、信息编码表示等基础知识；第 2 和第 3 章介绍了 8086 指令系统、汇编语言程序设计和调试的方法；第 4 章介绍接口技术的基础知识；第 5～第 11 章介绍多种常用接口的工作原理、编程方法和应用实例。

本书可作为高等院校计算机以及与计算机应用技术密切相关的专业学生的教材，也可作为相关科技人员和继续教育者的参考用书。

图书在版编目(CIP)数据

微型计算机汇编语言与接口技术/刘均编著. —北京：清华大学出版社，2017
(高等学校计算机类创新与应用型规划教材)
ISBN 978-7-302-48043-3

Ⅰ. ①微… Ⅱ. ①刘… Ⅲ. ①汇编语言－程序设计－高等学校－教材 ②微型计算机－接口技术－高等学校－教材 Ⅳ. ①TP313 ②TP364.7

中国版本图书馆 CIP 数据核字(2017)第 207751 号

责任编辑：张 玥 赵晓宁
封面设计：常雪影
责任校对：李建庄
责任印制：沈 露

出版发行：清华大学出版社
网 址：http://www.tup.com.cn，http://www.wqbook.com
地 址：北京清华大学学研大厦 A 座 **邮 编**：100084
社 总 机：010-62770175 **邮 购**：010-62786544
投稿与读者服务：010-62776969，c-service@tup.tsinghua.edu.cn
质量反馈：010-62772015，zhiliang@tup.tsinghua.edu.cn
课件下载：http://www.tup.com.cn，010-62795954
印 装 者：北京鑫海金澳胶印有限公司
经 销：全国新华书店
开 本：185mm×260mm **印 张**：22.75 **字 数**：552 千字
版 次：2017 年 10 月第 1 版 **印 次**：2017 年 10 月第 1 次印刷
印 数：1～2000
定 价：49.50 元

产品编号：072204-01

编审委员会

序言

电子信息技术和计算机软件等技术的快速发展，深刻地影响着人们的生产、生活、学习和思想观念。当前，以工业 4.0、两化深度融合、智能制造和互联网＋为代表的新一代产业和技术革命，把信息时代的发展推进到一个对于国家经济和社会发展影响更为深远的新阶段。

在新的产业和技术革命的背景下，社会对于高校人才的培养模式、教学改革以及高校的转型发展都提出了新的要求。2015 年，浙江省启动应用型高校示范学校建设。通过面向应用型高校的转型建设增强学生的就业创业和实践能力，提高学校服务区域经济社会发展和创新驱动发展的能力。通过坚持"面向需求、产教融合、开放办学、共同发展"的高校发展理念，围绕一流的应用型大学建设和一流的应用型人才培养目标，我们做了一系列的探索和实践，取得了明显实效。

作为应用型高校转型建设的重要举措之一和应用型人才培养的主要载体，本套规划教材着眼于应用型、工程型人才的培养和实践能力的提高，是在应用型高校建设中一系列人才培养工作的探索和实践的总结和提炼。在学校和学院领导的直接指导和关怀下，编委会依据社会对于电子信息和计算机学科人才素质和能力的需求，充分汲取国内外相关教材的优势和特点，组织具有丰富教学与实践经验的双师型高校教师成立编委会，编写了这套教材。

本套系列教材具有以下几个特点：

(1) 教材具有创新性。本系列教材内容体现了基本技术和近年来新技术的结合，注重技术方法、仿真例子和实际应用案例的结合。

(2) 教材注重应用性。避免复杂的理论推导，通俗易懂，便于学习、参考和应用。注重理论和实践的结合，加强应用型知识的讲解。

(3) 教材具有示范性。教材中体现的应用型教学理念、知识体系和实施方案,在电子信息类和计算机类人才的培养以及应用型高校相关专业人才的培养中具有广泛的辐射性和示范性。

(4) 教材具有多样性。本系列教材既包括基本理论和技术方法的课程,也包括相应的实验和技能课程,以及大型综合实践性学科竞赛方面的课程。注重课程之间的交叉和衔接,从不同角度培养学生的应用和实践能力。

(5) 本套教材的编著者具有丰富的教学和实践经验。他们大多是从事一线教学和指导的、具有丰富经验的双师型高校教师。他们多年的教学心得为本教材的高质量出版提供了有力保障。

本套系列教材的出版得到了浙江省教育厅相关部门、浙江工业大学教务处和之江学院领导以及清华大学出版社的大力支持和广大骨干教师的积极参与,得到了学校教学改革和重点教材建设项目的资助,在此一并表示衷心的感谢。

希望本套教材的出版能够在转变教学思想,推动教学改革,更新知识体系,增强学生实践能力,培养应用型人才等方面发挥重要作用,并且为应用型高校的转型建设提供课程支撑。由于电子信息技术和计算机技术的发展日新月异,以及各方面条件的限制,本套教材难免存在不足之处,敬请专家和广大师生批评指正。

高等学校计算机类创新与应用型规划教材编审委员会
2016 年 10 月

前言

随着计算机技术的发展，微型计算机系统在各行各业的应用日益广泛。学习微型计算机汇编语言和接口技术，是了解微型计算机工作原理的关键，也是设计和开发各种微机应用系统的基础。掌握汇编语言程序设计方法和微机接口软硬件设计方法，是计算机应用和开发人员必须具备的一项基本技能。

本书的编写以“好教、好学、好用”为宗旨，内容编排系统全面；基础原理讲解深入浅出；实例丰富，分析和注释翔实；应用举例典型，实用性强；提供两种实验环境的实验项目，注重实践能力的培养；提供配套的课件、示例源代码，便于读者学习。

全书共分11章。第1章介绍微型计算机系统软硬件的基本组成，包括微处理器及系统总线、存储器组织、接口的概念、数据表示和运算、程序设计语言等基础知识。第2章介绍8086指令系统中指令寻址方式和各种类型指令的功能。第3章介绍汇编语言程序设计的伪指令、源程序格式，以及顺序结构、循环结构、分支结构、子程序结构程序的设计方法和实例，以及汇编语言程序开发和调试的过程。第4章介绍I/O端口编址方法、80x86系统端口地址分配、端口地址译码电路设计方法、输入输出控制方式及举例。第5章介绍可编程并行接口芯片8255A的工作原理及应用。第6章介绍可编程定时/计数器8253/8254的工作原理及应用。第7章介绍中断系统的基本概念、8086中断系统的组成、可编程中断控制器8259A的工作原理及应用。第8章介绍DMA传送方式及可编程DMA控制器8237A的应用。第9章介绍串行通信系统的组成、串行通信协议、串行通信接口标准、可编程串行接口芯片8251A及8250的应用。第10章介绍A/D和D/A转换的原理、性能参数以及ADC0809和DAC0832的应用。第11章介绍常用输入输出设备的原理、接口应用以及可编程键盘/显示器接口8279和OCMJ

液晶点阵显示器的应用。

本书是一种实用性较强的专业基础课教材。以开发微机应用系统为主线，培养软硬件设计能力，每个章节都有各接口的应用实例、各接口在PC机中的应用和实验项目设计。

由于作者水平有限，书中难免有不妥和疏漏之处，恳请各位专家、同仁和读者不吝赐教和批评指正，并与笔者讨论。联系邮箱为liujun@zjc.zjut.edu.cn。

编者

2017年7月

目 录

目 录

目 录

目录

目录

目录

第1章 微型计算机系统组成

本章学习目标

- 了解微机系统的组成；
- 掌握微处理器内部寄存器组；
- 掌握存储器访问组织；
- 掌握微处理器外部引脚及功能；
- 了解微机接口的组成；
- 了解微机系统软件设计基础。

本章介绍了微型计算机系统组成。首先向读者介绍微处理器内部、外部结构及功能；然后讲解存储器组织，微机接口组成及结构；最后介绍关于微机软件设计的基础。

1.1 微型计算机系统概述

一个完整的微型计算机系统是由硬件系统和软件系统两大部分组成的。微型计算机的硬件是指由物理元器件构成的数字电路系统。微型计算机的软件是指实现算法的程序及其相关文档。微型计算机依靠硬件和软件的协同工作来执行给定的任务。

1.1.1 微机系统硬件

目前绝大部分微型计算机系统硬件的基本组成仍然遵循冯·诺依曼结构。冯·诺依曼计算机结构由5个功能部分组成，分别是运算器、控制器、存储器、输入设备和输出设备。微型计算机的系统硬件结构见图1.1。

微处理器(Microprocessor Unit，MPU)是微型计算机的核心部件。一般采用大规模集成电路技术，将运算器和控制器集成在一片半导体芯片上，叫做中央处理器(Central Processing

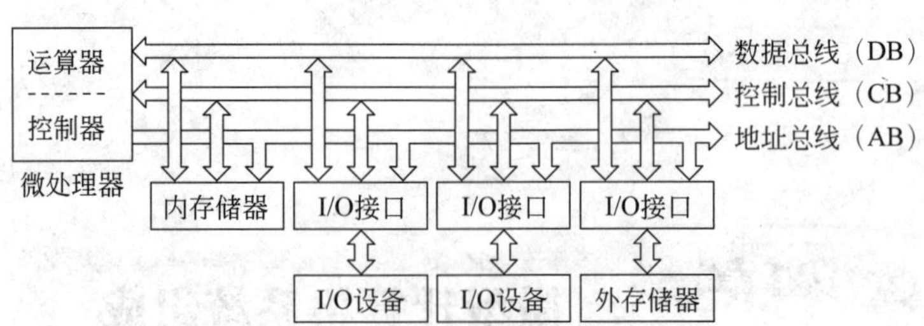

图 1.1　微型计算机系统硬件结构

Unit,CPU),在微型计算机中称为微处理器。微处理器的基本功能是执行程序中的指令,控制和协调系统中其他部件工作,进行数据运算或传输,完成程序的功能。

内存储器,又称主存或内存,是微型计算机中的存储和记忆装置,用来存放微处理器当前处理的数据和程序。在现代微机中,存储器产品包括内存储器(如内存条)和外存储器(如硬盘、光盘等)。由于外存储器速度较慢,在微型计算机系统结构中,外存储器不能与微处理器直接进行数据交流,必须通过接口将数据传送到内存才能被微处理器访问。

I/O 设备,即输入输出设备,提供了人机交互操作的界面。输入设备将外部信息转换为微型计算机能够识别和接收的电信号。输出设备将微型计算机内的信息转换成人或其他设备能接收和识别的形式(如图形、文字和声音等)。常用的输入设备有键盘、鼠标、扫描仪等。常用的输出设备有显示器、打印机等。

由于 I/O 设备和微处理器之间存在速度、数据类型、信号格式等差异,因此还需要一个中间部件实现它们之间的信息转换等操作。这个中间部件就是接口电路,通常也称为“适配器”。接口电路两端分别连接微处理器和 I/O 设备,在它们之间传送数据、状态和控制信息。微型计算机中的显卡、声卡、网卡等,即是微机中的 I/O 接口部件。

微型计算机中,各功能部件之间通过地址总线、数据总线和控制总线相连接。现代微型计算机中的主板(或称母板),便是一块集成电路板,用于固定各部件产品以及分布各部件之间的连接总线和接口等。

1.1.2　微机系统软件

微机系统的软件是为了使用微机硬件所必备的各种程序和文档的集合,也称为微机系统的软资源。微型计算机中软件一般可分为系统软件和应用软件两类。

系统软件用于管理、监控和维护计算机软件、硬件资源,向用户提供一个基本的操作界面,是应用软件的运行环境,是人和硬件系统之间的桥梁。系统软件包括操作系统(如 Windows、Linux 等)、监控程序(如 PC 中的 BIOS 程序)、计算机语言处理程序(如汇编程序、编译程序等)。

应用软件是为解决用户需要,在数据处理、事务管理、工程设计等实际应用领域开发的各种应用程序。

1.2　微处理器及系统总线

微处理器的发展非常迅速。Intel 公司的微处理器，从 4 位微处理器 4004，发展到 16 位 8086，再到 64 位的微处理器 Itanium，CPU 的集成度和性能都有很大的提高。Intel 系列微处理器中，8086/8088 是具有代表性的 16 位微处理器，后续的 Intel 系列微处理器都能兼容前面 CPU 的功能。因此，本书以 8086/8088 微处理器为基础介绍微机系统的相关内容。

1.2.1　8086/8088 微处理器内部结构

8086/8088 微处理器内部，包括运算器和控制器两部分。8086/8088 微处理器内部结构参见图 1.2。

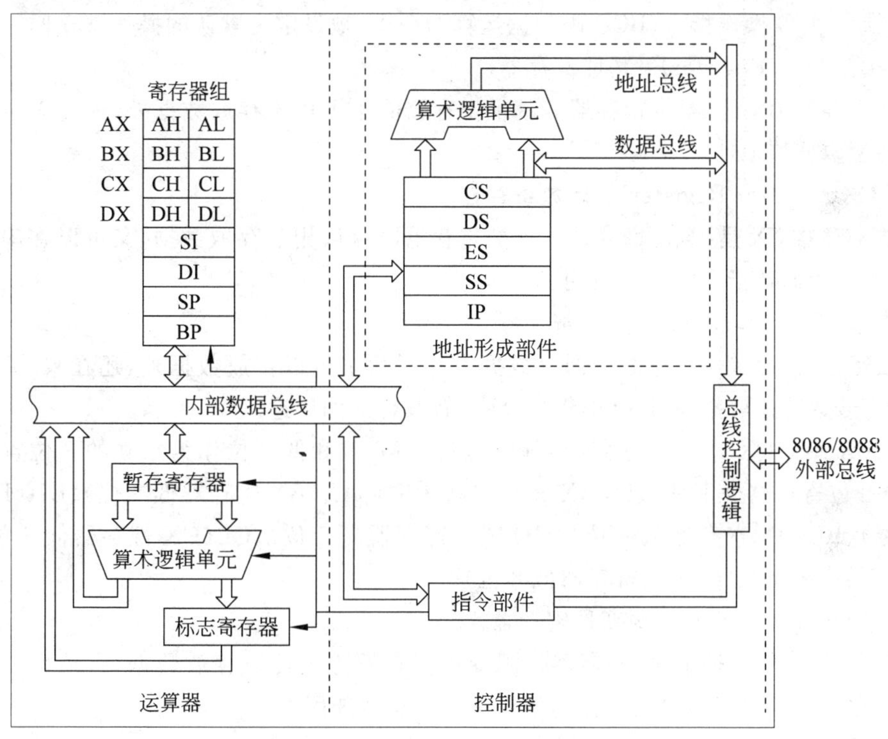

图 1.2　8086/8088 微处理器内部结构

运算器是计算机中的主要功能部件之一，是对二进制数据进行各种算术运算和逻辑运算的装置。运算器的核心是算术逻辑单元(Arithmetic and Logic Unit，ALU)，用于完成数据的算术运算和逻辑运算。运算器中有通用寄存器组，用来保存运算的数据、运算数据的地址、运算的结果，有标志寄存器来保存运算过程中的状态标志。

控制器是计算机工作的指挥和控制中心，是计算机系统的核心部件。控制器中的指令部件主要负责从内存中读取程序中的每条指令，解释分析后，向其他部件发出控制信号，指挥协调其他部件实现指令规定的功能。为了与外部的其他部件进行信息交流，控制器内有地址形成电路和总线控制逻辑电路。地址形成电路通过计算形成访问内存的物理地址。总线控制逻辑电路实现对总线上地址、数据和控制信号的管理。

8086/8088 寄存器组中的每个寄存器都能存取数据，但是又各有其特殊的用途。程序设计时，数据和地址都是保存在寄存器中的，所以熟练掌握寄存器的功能和用途，对于程序设计非常重要。

下面介绍 8086/8088 内部的各个寄存器。

1. 通用寄存器组

(1) AX(Accumulator Register)：累加器。

累加器 AX 是 16 位寄存器。累加器一般用来存放参加运算的数据和结果。另外，在乘/除法指令、I/O 操作指令、BCD 码数据运算指令中，被设定为默认的操作寄存器。

(2) BX(Base Register)：基址寄存器。

基址寄存器 BX 是 16 位寄存器。基址寄存器除了可用于存取数据外，还可以存放访问内存时的逻辑偏移地址。

(3) CX(Counter Register)：计数寄存器。

计数寄存器 CX 是 16 位寄存器。计数寄存器既可以用于存取数据，又可以在串处理指令、移位指令和循环指令中作计数用。

(4) DX(Data Register)：数据寄存器。

数据寄存器 DX 是 16 位寄存器。数据寄存器除了可以存放数据外，还在乘/除法运算指令、带符号数的扩展指令、I/O 操作指令中，有其特殊的用途。

AX、BX、CX、DX 这 4 个寄存器可以分别将高 8 位和低 8 位作为独立的 8 位寄存器使用。8 个 8 位寄存器分别是 AH(AX 寄存器高 8 位)、AL(AX 寄存器低 8 位)、BH(BX 寄存器高 8 位)、BL(BX 寄存器低 8 位)、CH(CX 寄存器高 8 位)、CL(CX 寄存器低 8 位)、DH(DX 寄存器高 8 位)、DL(DX 寄存器低 8 位)。

(5) SI(Source Index)：源变址寄存器。

源变址寄存器 SI 是 16 位寄存器。源变址寄存器除了可以存放数据外，还可以用于存放访问内存时的逻辑偏移地址。在串处理指令中有特殊用途。

(6) DI(Destination Index)：目的变址寄存器。

目的变址寄存器 DI 是 16 位寄存器。目的变址寄存器除了可以存放数据外，还可以用于存放访问内存时的逻辑偏移地址。在串处理指令中有特殊用途。

(7) BP(Base Pointer)：基址指针。

基址指针 BP 是 16 位寄存器。一般用于存放访问内存堆栈区时的逻辑偏移地址。

(8) SP(Stack Pointer)：堆栈指针。

堆栈指针 SP 是 16 位寄存器。一般用于存放堆栈区栈顶的逻辑偏移地址。

2. 段寄存器组

8086/8088 支持 1MB 的内存空间。1MB 内存空间的每个单元地址是 20 位二进制编码。但是 8086/8088 内部的寄存器只有 16 位,不能有效访问到所有的内存空间。所以 8086/8088 的内存采用分段方式进行访问。内存进行逻辑分段后,每个段的段地址保存在段寄存器中。

(1) CS(Code Segment):代码段段寄存器。

内存中划分出用于存放程序代码的区域称为代码段。代码段段寄存器 16 位,用于存放代码段的段地址。

(2) DS(Data Segment):数据段段寄存器。

内存中划分出用于存放数据的区域称为数据段。数据段段寄存器 16 位,用于存放数据段的段地址。

(3) SS(Stack Segment):堆栈段段寄存器。

内存中划分出一块特殊的数据区域,在这个区域内,数据的存取要遵循"先进后出,后进先出"的原则,这个区域称为堆栈段。堆栈段段寄存器 16 位,用于存放堆栈段的段地址。

(4) ES(Extended Segment):附加段段寄存器。

数据需要放在内存中与数据段不同区域时,可以划分出一块扩展的数据段,称为附加段。附加段段寄存器 16 位,用于存放附加段的段地址。

一个程序在执行时,其程序代码、数据和堆栈操作分别在内存的不同位置。通过设定段寄存器 CS、DS、ES、SS 来指向这些区域的段地址。通过段地址和段内偏移地址来访问该段内存中的某个单元。由于 8086/8088 内部存放逻辑偏移地址的寄存器只有 16 位,所以段内偏移地址最大为 64K。因此单个段的最大长度为 64KB。

程序指令访问内存某个单元时,如果没有指明段地址,则采用默认段地址。如果指令中直接给出段内偏移地址,则默认段地址在 DS 中。如果段内偏移地址在 BX、SI、DI 中,则默认段地址在 DS 中。如果段内偏移地址在 BP、SP 中,则默认段地址在 SS 中。程序段的段内偏移地址保存在 IP 中。

3. 特殊寄存器

IP(Instructor Pointer):指令指针。

指令指针 IP 是 16 位的寄存器。指令指针用于保存下一条要执行的指令的段内偏移地址,与 CS 配合,可以访问到要执行的指令。指令指针是由控制器自动控制的,不能进行写操作。指令指针可用于跟踪程序的执行过程。

4. 标志寄存器

8086/8088 的标志寄存器是 16 位的寄存器。其中只有 9 位用于记录标志位。标志位分成 6 个状态标志和 3 个控制标志。

状态标志用于提供指令执行运算后结果的辅助信息,有进(借)位 CF、为零 ZF、符号 SF、奇偶校验 PF、溢出 OF 和辅助进(借)位 AF 标志等。控制标志会影响微处理器执行指令的方式,有方向 DF、中断 IF 和单步 TF 标志。

(1) 进(借)位标志 CF(Carry Flag)。

运算器做加法(减法)运算时,数据最高位运算产生进位(借位)时,CF 标志位置为 1。数据最高位运算没有产生进位或借位时,CF 标志位为 0。

(2) 为零标志 ZF(Zero Flag)。

运算器运算的结果为 0 时,ZF 标志位置为 1。运算的结果不为 0 时,ZF 标志位置为 0。

(3) 符号标志 SF(Sign Flag)。

运算器运算的结果最高符号位为 1,则 SF 标志位置为 1。运算结果的最高符号位为 0,则 SF 标志位置为 0。

(4) 奇偶校验标志 PF(Parity Flag)。

运算器运算的结果数据中有偶数个 1,则 PF 标志位置为 1。运算结果数据中有奇数个 1,则 PF 标志位置为 0。

(5) 溢出标志 OF(Overflow Flag)。

运算器做运算时,运算结果超出了机器数据可以表示的范围,产生了溢出,则 OF 标志位置为 1。运算结果没有溢出,则 OF 标志位置为 0。

(6) 辅助进(借)位标志 AF(Auxiliary Flag)。

运算器做 8 位数据的加法(减法)运算时,低 4 位数据运算产生进(借)位,则 AF 标志位置为 1。低 4 位数据运算没有产生进(借)位,则 AF 标志位置为 0。这个标志位主要用于 BCD(二-十进制)码数据运算。

(7) 方向标志 DF(Direction Flag)。

在串处理指令中,若 DF=0,串处理指令执行时,地址指针自动增量;若 DF=1,串处理指令执行时,地址指针自动减量。

(8) 中断允许标志 IF(Interrupt Flag)。

CPU 执行程序时,若 IF=1,允许 CPU 响应外部可屏蔽中断请求;若 IF=0,禁止 CPU 响应外部可屏蔽中断请求。

(9) 单步标志 TF(Trap Flag)。

CPU 执行程序时,若 TF=1,则 CPU 执行一条指令就停止;若 TF=0,CPU 连续执行程序中指令。这个标志位在调试程序时使用。

在程序开发、调试工具软件 DEBUG 中,标志寄存器的值用符号表示。每个符号代表的状态含义如表 1.1 所示,表中给出了每个状态位的英文含义,以方便大家理解和记忆。

表 1.1 标志位值的符号表示

标志位名	标志位为 1	标志位为 0
CF 进(借)位标志	CY(Carry Yes)	NC(No Carry)
ZF 为零标志	ZR(ZeRo)	NZ(No Zero)
SF 符号标志	NG(NeGative)	PL(Plus)

续表

标志位名	标志位为1	标志位为0
PF 奇偶校验标志	PE(Parity Even)	PO(Parity Odd)
OF 溢出标志	OV(OVerflow)	NV(No oVerflow)
AF 辅助进(借)位标志	AC(Auxiliary Carry)	NA(No Auxiliary)
DF 方向标志	DN(DownN)	UP(UP)
IF 中断允许标志	EI(Enable Interrupt)	DI(Disable Interrupt)

1.2.2 8086/8088 微处理器外部引脚

8086/8088 微处理器有最小模式和最大模式两种基本的工作模式。最小模式是指微机系统中只有 8086/8088 这一个微处理器，系统中所有的总线控制信号都由这个微处理器产生。最大模式是指微机系统中有两个以上的处理器，其中 8086/8088 是主处理器，另外的处理器是协处理器。在最大模式下工作时，系统中的控制信号不是直接由主处理器产生，而是通过总线控制器对各处理器发出的控制信号进行变换和组合，来最终产生总线控制信号。8086/8088 微处理器工作于不同模式时，有 8 条引脚具有不同的功能。

8086/8088 微处理器采用 40 引脚双列直插式封装，单一+5V 供电。8086/8088 微处理器的地址线有 20 条。8086 微处理器的数据线是 16 条，8088 微处理器的数据线是 8 条。另外还有控制信号线、状态线、时钟线、电源线、地线等。为了减少芯片引脚数量，有些引脚采用分时复用的方法，即相同的信号线在不同的时间传输不同的信息。

图 1.3 所示是 8086/8088 微处理器的引脚排列，图中括号内是该引脚在最大模式下的定义。

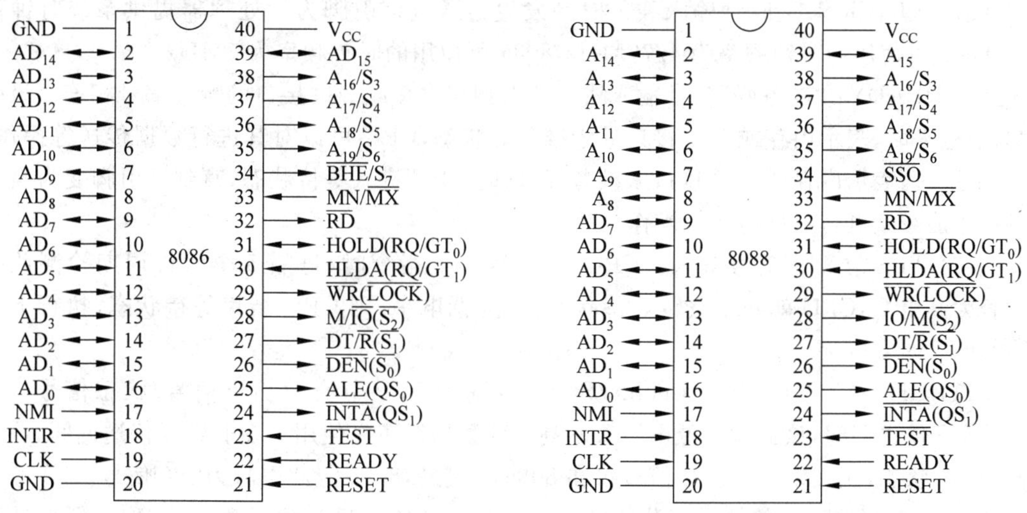

图 1.3 8086/8088 微处理器引脚排列

1. 8086/8088 最大模式和最小模式下的公共引脚

(1) MN/$\overline{MX}$(Minimum/Maximum Mode Control)：最小/最大模式控制信号输入线。该引脚为高电平时，8086/8088 微处理器工作在最小模式；该引脚为低电平时，8086/8088 微处理器工作在最大模式。

(2) AD_0～AD_{15}(Address Data Bus)：分时复用的地址/数据线。传送地址时为三态输出信号线；传送数据时为可双向三态输入输出的信号线。在 8088 中分时复用的地址/数据线为 AD_0～AD_7，只有 8 根信号线复用。

(3) A_{16}/S_3～A_{19}/S_6(Address/Status)：分时复用的地址/状态线。传送地址信息时，A_{16}～A_{19}与 AD_0～AD_{15}一起构成 20 位地址线。传送状态信息时，S_3～S_6表示状态信息。状态信号的含义为：S_6恒为 0；S_5与中断允许标志 IF 的值一致。S_4和 S_3的组合表明当前使用的段寄存器。S_4S_3为 00 时，当前使用的是 ES 段寄存器。S_4S_3为 01 时，当前使用的是 SS 段寄存器。S_4S_3为 10 时，当前使用的是 CS 段寄存器对存储器寻址或对 I/O、中断向量寻址。S_4S_3为 11 时，当前使用的是 DS 段寄存器。

(4) $\overline{RD}$(Read)：读信号输出线。该引脚为低电平时，表明微处理器正在对存储器或 I/O 接口做读操作。该引脚为高电平时，表明微处理器没有读取存储器或 I/O 接口。

(5) NMI(Non-Maskable Interrupt)：不可屏蔽中断请求输入线。该引脚出现上升沿时，表明外部 I/O 设备有中断请求。此中断请求不能通过软件设置 IF 标志位屏蔽。

(6) INTR(Interrupt Request)：可屏蔽中断请求输入线。该引脚为高电平时，表明外部 I/O 设备有中断请求。此中断可以通过软件设置 IF 标志位屏蔽。

(7) RESET：系统复位信号输入线。在该引脚上保持 4 个时钟周期以上的高电平时，微处理器立即停止当前操作，完成内部复位操作。CPU 复位操作，是将 CS 置为 0FFFFH，而 IP、DS、ES、SS 及标志寄存器被清零，指令队列清空。

(8) CLK(Clock)：时钟输入线。时钟发生器通过该引脚为微处理器提供系统时钟信号。8088 可使用的时钟频率为 4.77MHz，8086 可使用的时钟频率为 5MHz。

(9) READY："准备好"信号输入线。该引脚与内存或 I/O 接口的响应信号相连。该引脚为高电平时，表示内存或 I/O 接口处于准备好状态，CPU 可以对其进行数据传送等操作；为低电平时，表示内存或 I/O 接口未准备好，此时 CPU 进入等待状态，直到该引脚变为高电平后，才能继续进行数据传送等操作。

(10) $\overline{TEST}$：测试信号输入。CPU 执行 WAIT 指令时，每隔 5 个时钟周期检测此引脚，若为高电平，CPU 就处于空转等待状态；若为低电平，则 CPU 结束等待状态，执行下一条指令。

(11) $\overline{BHE}/S_7$(Bus High Enable/Status)：总线高字节有效输出信号/状态信号。在 8086 数据传送期间，该引脚为低电平表示高 8 位数据线正在使用。在非数据传送期间，该引脚用作 S_7状态，含义未定义。该信号仅在 8086 上定义，8088 上此引脚为$\overline{SSO}$信号。

在 8086 系统中，存储器采用分体结构。一个存储体中只包含偶数地址，称为偶地址存储体;一个存储体中只包含奇数地址,称为奇地址存储体。8086 微处理器有 16 条数据线,低 8 位数据线总是和偶地址的存储器单元或 I/O 端口相连接。高 8 位数据线总是与奇地址的存储器单元或 I/O 端口相连接。$\overline{BHE}$与低位地址线 AD_0 组合起来,表示当前总线的使用情况,如表 1.2 所示。

表 1.2 $\overline{BHE}$与 AD_0 组合表示当前总线的使用情况

$\overline{BHE}$	AD_0	总线使用情况
0	0	16 位数据总线上进行字传送
0	1	高 8 位数据总线上进行字节传送
1	0	低 8 位数据总线上进行字节传送
1	1	无效

(12) $\overline{SSO}$(System Status Output):系统状态信号输出线。该引脚与 IO/$\overline{M}$、DT/$\overline{R}$ 组合起来表示系统总线对应的操作,其具体含义如表 1.3 所示。该信号仅在 8088 上定义,8086 上此引脚为$\overline{BHE}/S_7$信号。

表 1.3 8088 总线操作

DT/$\overline{R}$	IO/$\overline{M}$	$\overline{SSO}$	操 作
0	1	0	发中断响应信号
0	1	1	读 I/O 接口
1	1	0	写 I/O 接口
1	1	1	暂停
0	0	0	取指令
0	0	1	读内存
1	0	0	写内存
1	0	1	误操作

2. 8086/8088 最小模式下的引脚

(1) $\overline{INTA}$(Interrupt Acknowledge):中断响应信号输出线。当 CPU 响应可屏蔽中断请求 INTR 引脚上送来的外部 I/O 设备中断请求时,CPU 在该引脚上发出两个时钟周期的连续的低电平信号,可以用作外部设备的通知信号。

(2) ALE(Address Latch Enable):地址锁存允许信号输出线。当 CPU 在地址总线上送出地址时,该引脚提供的高电平控制信号,可以作为地址锁存器的控制信号,使其将地址信息锁存。

(3) $\overline{DEN}$(Data Enable)：数据允许信号输出线。当 CPU 在数据总线上传送数据时，该引脚提供的低电平控制信号，可以作为数据总线收发器的控制信号，使其接收或发送数据。当 CPU 处于 DMA 方式时，此引脚被悬空。

(4) DT/$\overline{R}$(Data Transmit/Receive)：数据发送/接收信号输出线。该引脚为高电平时，表明 CPU 向内存或 I/O 接口发送数据；为低电平时，表示 CPU 从内存或 I/O 接口接收数据。这个引脚表明了数据的传输方向。当 CPU 处于 DMA 方式时，此引脚被悬空。

(5) M/$\overline{IO}$(Memory/Input and Output)：存储器或 I/O 访问输出线。该引脚为高电平时，表示 CPU 正在访问存储器；该引脚为低电平时，表示 CPU 正在访问 I/O 接口。在 8088 中这个信号为 IO/$\overline{M}$，与 8086 逻辑相反。8088 中该信号与 DT/$\overline{R}$、$\overline{SSO}$组合起来表示系统总线对应的操作，如表 1.3 所示。

(6) $\overline{WR}$(Write)：写信号输出线。该引脚为低电平时，表明微处理器正在写存储器或 I/O 接口。该引脚为高电平时，微处理器没有对存储器或 I/O 接口做写操作。当 CPU 处于 DMA 方式时，此引脚为高阻态。

(7) HOLD(Hold Request)：总线保持请求信号输入线。当 CPU 外部的总线主设备(如 DMA 控制器)要求占用总线时，通过该引脚向 CPU 发送一个高电平的总线保持请求信号。

(8) HLDA(Hold Acknowledge)：总线保持响应信号输出线。当 CPU 接收到 HOLD 信号后，如果同意让出总线控制权，则通过该引脚发出高电平信号给发出 HOLD 请求的总线主设备，该总线主设备获得总线的控制权。

3. 8086/8088 最大模式下的引脚

(1) QS_0、QS_1(Instruction Queue Status)：指令队列状态输出线。这两个引脚的不同电平组合表明了 8086/8088 内部指令队列的状态。QS_0、QS_1组合含义如表 1.4 所示。

表 1.4　QS_1、QS_0组合含义

QS_1	QS_0	含　义
0	0	指令队列无操作
0	1	从指令队列的第一个字节中取走代码
1	0	队列为空
1	1	除第一个字节外，还取走了后续字节中的代码

(2) $\overline{S}_0$、$\overline{S}_1$ 和 $\overline{S}_2$(Bus Cycle Status)：总线周期状态信号输出线。8086/8088 通过这 3 个控制信号线外接总线控制器 8288，可以产生多个不同的控制信号，其含义如表 1.5 所示。

表 1.5　$\overline{S_0}$、$\overline{S_1}$ 和 $\overline{S_2}$ 的组合含义

$\overline{S_2}$	$\overline{S_1}$	$\overline{S_0}$	通过 8288 产生的控制信号	具体操作状态
0	0	0	$\overline{\text{INTA}}$	发中断响应信号
0	0	1	$\overline{\text{IORC}}$(I/O Read Command,I/O 读命令)	读 I/O 接口
0	1	0	$\overline{\text{IOWC}}$(I/O Write Command,I/O 写命令)和$\overline{\text{AIOWC}}$(Advanced I/O Write Command,提前 I/O 写命令)	写 I/O 接口
0	1	1	无	暂停
1	0	0	$\overline{\text{MRDC}}$(Memory Read Command,存储器读命令)	取指令
1	0	1	$\overline{\text{MRDC}}$(Memory Read Command,存储器读命令)	读内存
1	1	0	$\overline{\text{MWTC}}$(Memory Write Command,存储器写命令) $\overline{\text{AMWC}}$(Advanced Memory Write Command,提前存储器写命令)	写内存
1	1	1	无	无效状态

(3) $\overline{\text{LOCK}}$：总线封锁信号输出线。该引脚为低电平时，不允许系统中其他的总线主设备使用总线。

(4) RQ/GT_0和 RQ/GT_1(Request/Grant)：总线请求信号输入/总线请求允许信号输出线。这两个信号可以提供给微处理器以外的两个总线主设备，用来发出使用总线的请求和接收微处理器对总线请求信号的回答。

1.2.3　8086/8088 系统总线构成

除了 8086/8088 微处理器外，还需要一些外围芯片辅助微处理器工作。微处理器与外围芯片组合在一起，称为微处理器子系统。微处理器引脚和外围芯片引脚共同形成 CPU 外部系统总线。

1. 8086/8088 最小模式下系统总线构成

8086/8088 微处理器在最小模式系统中，需要的外围芯片包括时钟发生器、地址锁存器和数据收发器。图 1.4 所示是 8086/8088 最小模式下的系统总线构成。

时钟发生器 8284，为微处理器提供适当的时钟信号。地址锁存器，将微处理器输出的分时复用的地址/数据信号转换为独立的地址总线。数据收发器将微处理器输出的数据信号进行缓冲驱动，传送到外部数据总线；或者将外部数据总线输入的数据信号进行缓冲驱动。在最小模式下，控制总线一般负载较轻，不需要设置驱动电路，可以直接从 8086/8088 引出，作为外部控制信号线。

2. 8086/8088 最大模式下系统总线构成

在最大模式下，同样需要时钟发生器 8284、地址锁存器和数据收发器。最大模式是多处理器模式，控制信号不是直接从 8086/8088 微处理器的引脚引出，而是通过总线控制器 8288

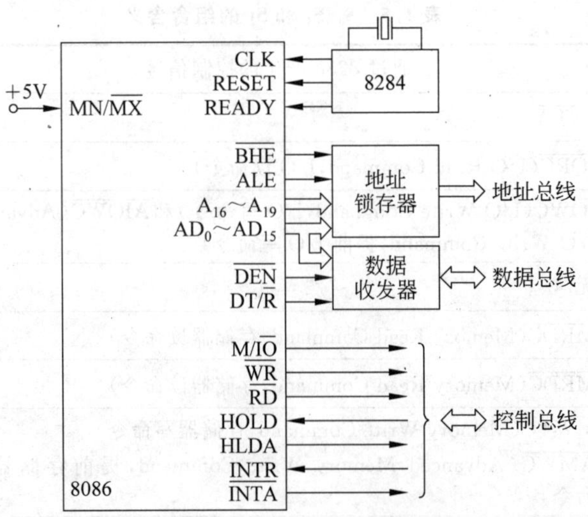

图 1.4　8086/8088 最小模式下的系统总线构成

对各处理器发出的控制信号进行变换和组合，最终由 8288 产生系统控制总线信号。图 1.5 所示是 8086/8088 最大模式下的系统总线构成。

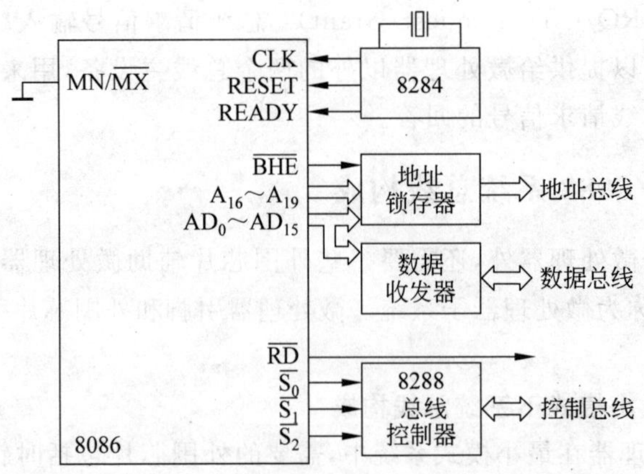

图 1.5　8086/8088 最大模式下的系统总线构成

3. 8086/8088 总线周期

CPU 和存储器或 I/O 接口之间进行数据读写操作，都需要经过总线部件，执行一次总线操作。完成一次总线操作所花费的时间称为一个总线周期。8086/8088 微机系统中，一个基本的总线周期包括 4 个时钟周期，分别记为 T_1、T_2、T_3 和 T_4。这 4 个时钟周期的任务如下。

T_1：输出地址信息并锁存。在 T_1 时钟周期，微处理器向数据/地址复用总线上输出地址信息，以完成对要访问的存储单元或 I/O 接口寻址。

T_2：撤销地址，数据传送准备。此时数据总线上可以开始出现数据。

T_3：数据稳定在总线上。如果存储器或 I/O 接口完成数据的操作，则该时钟周期结束。若存储器或 I/O 接口没有准备好，则在此时钟周期后插入一个或多个等待时钟周期，直到存储器或 I/O 接口准备好为止。

T_4：空闲或中断检测时钟周期。如果在 T_3 时钟周期，微处理器从总线上读入数据或者微处理器通过总线向存储器或 I/O 端口写入数据完成，则 T_4 时钟周期总线空闲，CPU 进行中断检测。

1.3 存储器

现代计算机中，把各种不同容量和不同存取速度的存储器按一定的结构有机地组织在一起，程序和数据按不同的层次存放在各级存储器中，使整个存储系统具有较好的速度、容量和价格等方面的综合性能指标。存储系统层次结构由高速缓冲存储器、主存储器和辅助存储器三类构成。高速缓冲存储器一般由双极型半导体组成，是高速小容量的存储器，用来临时存放 CPU 正在运行的程序中活跃的数据和程序部分。主存储器一般由 MOS 半导体存储器组成，速度快，容量比高速缓冲存储器大。辅助存储器有磁表面存储器、光存储器等，容量大，但是速度慢。

1.3.1 8086/8088 系统的存储器组织

8086/8088 微处理器地址线 20 条，所以可以寻址的主存容量是 2^{20}，即 1MB 的主存储器存储空间。

8086/8088 CPU 在最大模式和最小模式下，与存储器系统的连接不同。

图 1.6 所示是 8086 最小模式系统的存储器接口示意图。CPU 提供地址线 $A_{19} \sim A_0$ 和

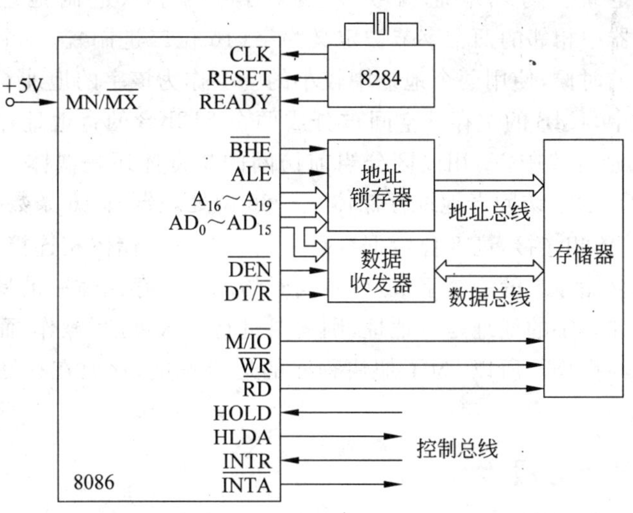

图 1.6 8086 最小模式系统存储器接口

总线高位有效信号$\overline{BHE}$对存储器寻址，由数据线 $AD_0 \sim AD_{15}$ 和存储器进行数据传输。存储器的控制信号 ALE、$\overline{RD}$、$\overline{WR}$、$\overline{DEN}$、DT/$\overline{R}$、M/$\overline{IO}$都由 8086 CPU 直接产生。

图 1.7 所示是 8086 最大模式系统存储器接口示意图。CPU 提供地址线 $A_{19} \sim A_0$、数据线 $AD_0 \sim AD_{15}$、总线高位有效信号$\overline{BHE}$和$\overline{RD}$控制信号。其他控制信号都由 8288 总线控制器产生。$\overline{MRDC}$是存储器读控制信号、$\overline{MWTC}$是存储器写控制信号、$\overline{AMWC}$是提前存储器写控制信号。

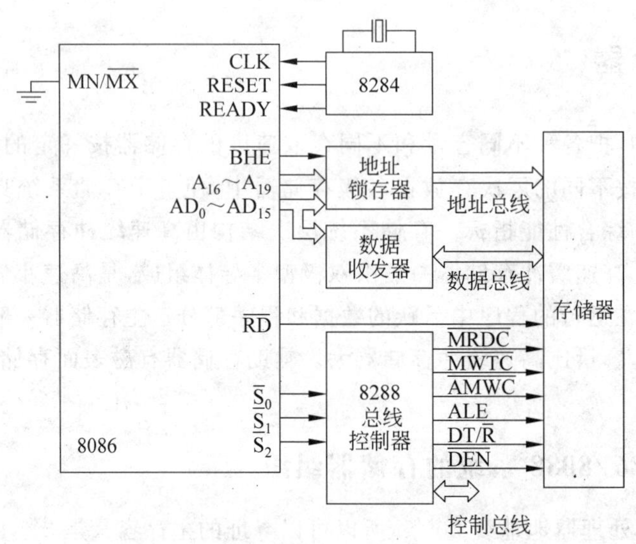

图 1.7 8086 最大模式系统存储器接口

主存储器包含 1M 个存储单元，每个单元是一个字节(8 位二进制)。每个存储单元分配一个唯一的物理地址。物理地址编号 20 位，对应的十六进制地址范围是 00000H～0FFFFFH。存储器中相邻的两个字节被定义为字(16 位二进制)。一个字中的两个字节都有地址，访问该字的时候，使用两个地址中较小的一个作为该字的地址。

在 8086 系统中，1MB 的主存储空间被分成两个 512KB 的奇地址存储体和偶地址存储体。8086/8088 的地址线中，A_0用以区分当前访问的是奇体还是偶体。$A_0=0$，表示访问偶地址存储体；$A_0=1$，表示访问奇地址存储体。8086 微处理器有 16 条数据线，低 8 位数据线总是和偶地址存储体相连接，高 8 位数据线总是与奇地址存储体相连接。$\overline{BHE}$与 A_0 组合起来，一次可以访问存储体中的一个字节，或者同时访问两个存储体中的偶地址字。在对存储器进行字访问时，如果字的地址是奇地址，则需要进行两次读/写操作，而如果字的地址是偶地址，仅需一次读写操作。所以，为了加快程序的运行速度，存放在存储器中的字最好是偶地址。

1.3.2 存储器分段

8086/8088 微处理器寻址空间 1MB，因此地址码需要 20 位。但是 8086/8088 CPU 内部寄存器都是16位寄存器，存放地址时只能存放16位地址，也即寻址空间只能是64KB。所以必须采用分段寻址的方法才能访问整个内存空间。

1. 逻辑段

在8086/8088系统中，存储空间可以被分为若干个逻辑段。要求各逻辑段的首地址必须是物理地址最低4位地址码为"0"的存储单元。将物理地址的高16位作为段地址，又称为段基地址。各逻辑段内每个单元从0开始在段内编址，称为段内偏移地址。所以，段内的某个存储单元的地址可以表示为"段基地址：偏移地址"的形式，称为逻辑地址。

在8086/8088系统中，每个物理地址对应的存储单元，可能包含在若干个重叠的逻辑段中，也即一个物理地址可能对应多个逻辑地址。

例1-1　内存中物理地址为00021H的存储单元，分析其可能的逻辑地址表达形式。

解　如果内存中以00000单元为逻辑段的起始单元，段基地址为0000H，则00021H单元是该段的第0021H个单元，逻辑地址表示形式为0000:0021H。

如果内存中以00010单元为逻辑段的起始单元，段基地址为0001H，则00021H单元是该段的第0011H个单元，逻辑地址表示形式为0001:0011H。

如果内存中以00020单元为逻辑段的起始单元，段基地址为0002H，则00021H单元是该段的0001H单元，逻辑地址表示形式为0002:0001H。

在8086/8088系统中，程序设计时，用逻辑地址形式访问分段结构存储器中的存储单元。存储单元的段地址保存在段寄存器中。由于8086/8088微处理器中只有CS、DS、ES、SS这4个段寄存器，所以只能识别当前可寻址的4个逻辑段。存储单元的偏移地址可以直接在指令中写出，或者保存在BX、SI、DI、BP、SP、IP寄存器中。

程序运行时，CPU根据指令中的逻辑地址去访问存储器时，要用物理地址进行实际寻址。这样需要用地址形成电路将逻辑地址转换为物理地址。地址运算的方法是：段基地址×16＋偏移地址。地址形成电路将段基地址左移4位二进制，然后与偏移地址相加，便能得到20位的物理地址。

例1-2　计算内存中逻辑地址为0000:0021H单元、0001:0011H单元、0002:0001H单元的物理地址。

解　逻辑地址为0000:0021H单元，将段基地址0000H左移4位得到00000H，再加上0021H，得到该单元的物理地址是00021H。

逻辑地址为0001:0011H单元，将段基地址0001H左移4位得到00010H，再加上0011H，得到该单元的物理地址是00021H。

逻辑地址为0002:0001H单元，将段基地址0002H左移4位得到00020H，再加上0001H，得到该单元的物理地址是00021H。

这3个逻辑地址指示的存储单元，实际都是内存中的同一个物理地址为00021H的单元。

在8086/8088系统中运行程序时，控制器根据代码段段寄存器CS和指令指针IP中的值，得到要执行的下一条指令的逻辑地址，再通过地址形成电路得到物理地址，根据这个物理地址去程序段中取得指令。当执行的指令要访问内存,往内存单元写入或读出数据时,如果指令中直接给出偏移地址或者偏移地址在 BX、SI、DI 中,则控制器选择数据段段寄存器 DS 的值,和指令中给出的偏移地址计算,得到要访问的内存单元的物理地址,进行数据的操作。如果指令要对堆栈段进行操作,则选择堆栈段段寄存器 SS 的值,和堆栈指针 SP 或者基址指针 BP 的值计算得到 20 位堆栈单元地址。附加段一般作为辅助的数据段使用,在串处理指令执行时,如果需要访问附加段,则根据 ES 中的段地址和 DI 中的偏移地址,计算得到要访问的附加段单元的物理地址。

2. 堆栈段

堆栈段是内存中划分的一个逻辑区域。堆栈段的容量不大于 64KB。在堆栈段内存取数据,必须依照"先进后出,后进先出"的规则操作。堆栈段的段地址由 SS 指定,栈底在存储器的高地址区,栈顶由堆栈指针 SP 指定。数据存入堆栈的操作称为入栈。入栈操作时,堆栈指针 SP－2,然后数据入栈,存放在栈顶。数据从堆栈栈顶读出的操作称为出栈。出栈操作时,先将数据出栈,然后 SP＋2,指向新的栈顶。在 8086 系统中,堆栈只能以字为单位操作,即入栈出栈的数据都必须是字类型。

1.4 微型计算机接口

在微机系统中,微处理器与 I/O 设备间要进行频繁的信息交换。但是 I/O 设备的种类繁多,在速度、时序、信号形式等方面与微处理器存在较大差异。为了保证微处理器和 I/O 设备之间信息传输的可靠性,在两者之间增加了接口部件。接口部件的根本作用就是要以尽量统一的标准为微处理器和各种 I/O 设备之间建立起可靠的消息连接和数据传输的通道。大多数的微机接口部件采用可编程接口芯片设计,即可以由程序指令来控制和选择功能,所以微机接口技术便是研究接口部件硬件和软件设计的一门技术。

1.4.1 微型计算机接口功能

微型计算机接口的功能主要包括以下内容。

(1) 进行 I/O 地址译码或设备选择,以便微处理器能与某一个指定的 I/O 设备进行数据传送。

(2) 采用锁存、缓冲、驱动等方式,协调微处理器与 I/O 设备的速度,保障数据、地址、状态信息的可靠传输。

(3) 对信息格式、电平类型、码制等进行转换,使信息符合微处理器和 I/O 设备的要求。

(4) 提供微处理器和 I/O 设备数据传输时的联络信号或提供 I/O 设备的状态信号。

(5) 对向微处理器提出中断请求的设备进行管理,包括中断优先级排队、向微处理器申请中断、向微处理器发送中断类型号等。

(6) 提供复位功能、错误检测功能,提供时序控制等。

1.4.2　微型计算机接口结构

微型计算机接口的一侧与CPU的系统地址总线、数据总线和控制总线相连接，另一侧与外部I/O设备相连接。一个典型的I/O接口基本结构如图1.8所示。

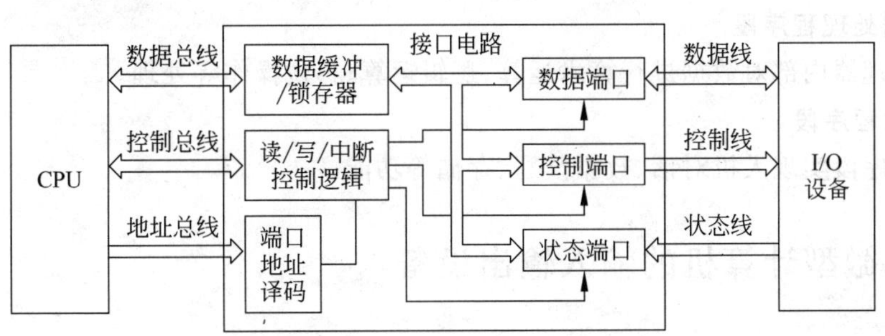

图1.8　I/O接口的基本结构

数据缓冲/锁存器是接口连接CPU系统数据总线的部分，起到数据信息缓冲和驱动的作用。

接口内部有多个可以进行读/写操作的寄存器，称为I/O端口寄存器。按存放信息的不同，有数据端口、状态端口和控制端口3种。数据端口用于暂存CPU与外部I/O设备间传送的数据信息。状态端口用于暂存外部I/O设备的状态信息。控制端口用于暂存CPU对外部I/O设备或接口的控制信息，控制外部I/O设备或接口的工作方式。

每个I/O端口都有一个唯一的地址。微处理器在访问I/O设备时，向系统地址总线发送要访问的端口地址，端口地址译码电路接收到端口地址后能产生相应的端口选通信号。在微处理器与要访问的端口之间建立传输通道，进行信息的传输操作。

读/写/中断控制逻辑电路根据微处理器发出的读、写和中断控制信号，以及外部设备发出的应答联络信号，产生内部各端口的读写控制信号。

1.4.3　微型计算机接口软件组成

微型计算机中，控制I/O接口和设备的程序，称为驱动程序。驱动程序的开发，一般采用汇编语言，这样才能较好地实现硬件的实时控制。一般的硬件驱动程序组成如下。

1. 初始化程序段

大多I/O接口部件采用可编程接口芯片，必须经过初始化编程后才能执行指定的功能。所以要了解可编程芯片的初始化命令字格式、初始化工作流程，编写对应的初始化命令字，设置正确的工作方式、初始工作条件和数据传送方式等。初始化程序段是驱动程序中的基本部分。

2. 启动和终止程序段

完成初始化操作后，便可以对接口发出命令进行I/O设备操作了。有些接口和I/O设备需要用启动命令字启动，如A/D转换接口电路需要发转换启动信号。完成对接口和I/O

设备的访问后，有些电路需要有结束命令字，如给中断控制器发中断结束命令字。

3. 数据输入输出程序段

微处理器和外部 I/O 设备之间，一般都会涉及数据的输入输出。微处理器与接口电路之间可以采用各种数据交换方式，从 I/O 设备输入数据，或者向 I/O 设备输出数据。

4. 数据处理程序段

在微处理器内部对数据进行算术运算、逻辑运算、移位操作等处理。

5. 辅助程序段

辅助程序段实现人机对话、数据读写、存储等功能。

1.5 微型计算机的输入输出设备

微型计算机硬件系统中，主机(CPU 和内存)之外的设备都属于 I/O 设备。按照功能的不同，I/O 设备大致分为输入设备、输出设备两类。输入设备将外部自然界的信息变成计算机可以接收和处理的形式，以便计算机处理。输出设备是将计算机处理的结果，变成人类可以识别的信息，以供人类使用。现代微机系统中，输入设备包括键盘、鼠标、触摸屏、扫描仪、语音输入设备等。输出设备包括显示器、打印机、绘图仪、语音输出设备等。

在微机系统设计时，要根据具体 I/O 设备的硬件结构、性能特点、要连接的信号线定义及时序，设计相应的接口电路，并且编写相应的驱动程序。为了便于学习微机系统的设计，本节介绍几种微机系统设计中常用的简单 I/O 设备。

1.5.1 简单输入设备

1. 开关量输入电路

开关量输入，是指非连续性信号的采集。数字电路中的开关量有高电平和低电平两种状态，对应“1”和“0”两种数字表示。

图 1.9 中开关量输入电路由 8 只开关组成。每只开关可以切换两个位置，即 H 和 L，H 代表高电平，L 代表低电平。当开关切换到不同位置时，对应的插孔 K1～K8 产生的信号，可以作为输入到其他设备的高、低电平。

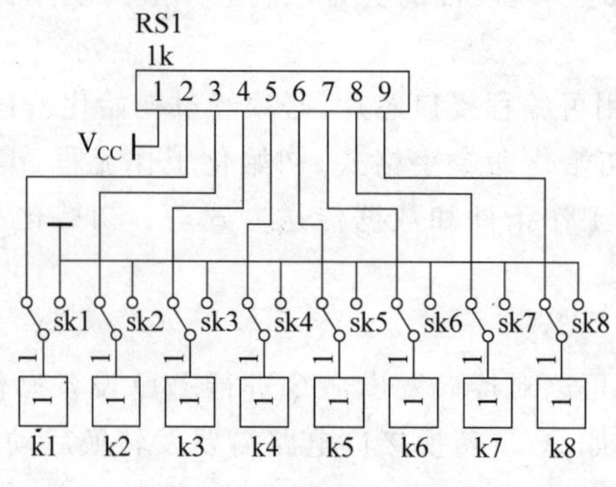

图 1.9 开关量输入电路

2. 单脉冲发生器电路

单脉冲发生器可以产生一个单脉冲信号。图 1.10 所示电路由一个按钮和一片 74LS132 组成单脉冲发生器,输出插孔 P+、P−对应输出正、反相脉冲。

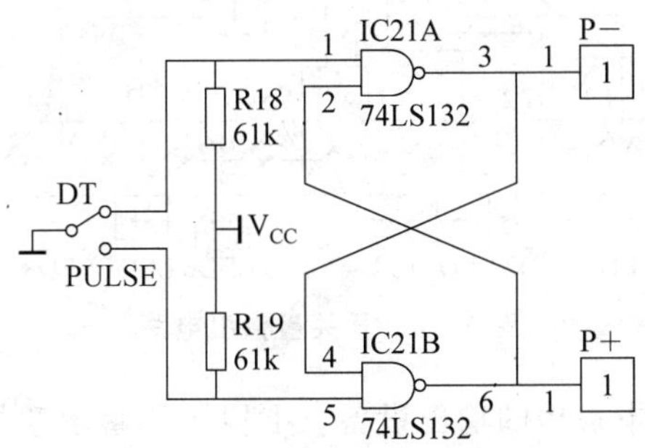

图 1.10 单脉冲发生器电路

3. 脉冲信号发生器

脉冲信号发生器能产生连续不断的方波或脉冲波输出。如图 1.11 所示的脉冲信号发生器电路由1 片 74LS161、1 片 74LS04 和 1 片 74LS132 组成。CLK_0是 6MHz,输出时钟为该 CLK_0的2 分频(CLK_1)、4 分频(CLK_2)、8 分频(CLK_3)和 16 分频(CLK_4),相应的输出插孔为CLK_1~CLK_4。

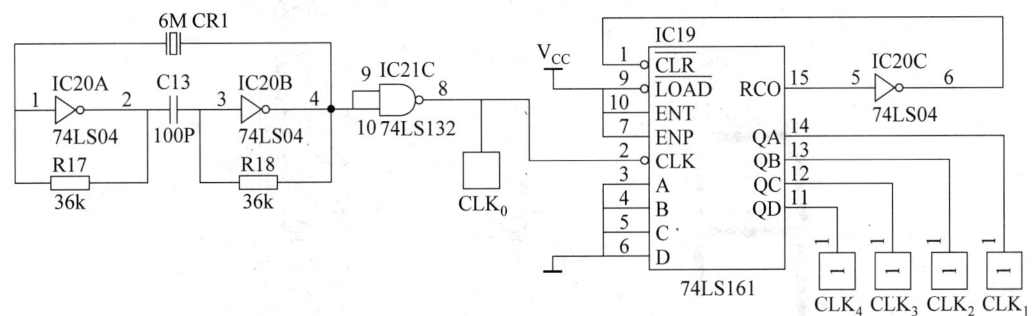

图 1.11 脉冲信号发生器电路

1.5.2 简单输出设备

1. 开关量输出电路

开关量输出,是指非连续性信号的输出。数字电路中的开关量有高电平和低电平两种状态,对应"1"和"0"两种数字表示。

图 1.12 所示开关量输出电路由 8 只发光二极管 LED 组成。在 LED 的一端已经连接了高电平,另一端为接线插孔。当对应的插孔接低电平时,LED 导通点亮。

2. 七段数码管

七段数码管是由 7 个基本的发光二极管组成的一个"8"字形,可以用于显示数字、字符,

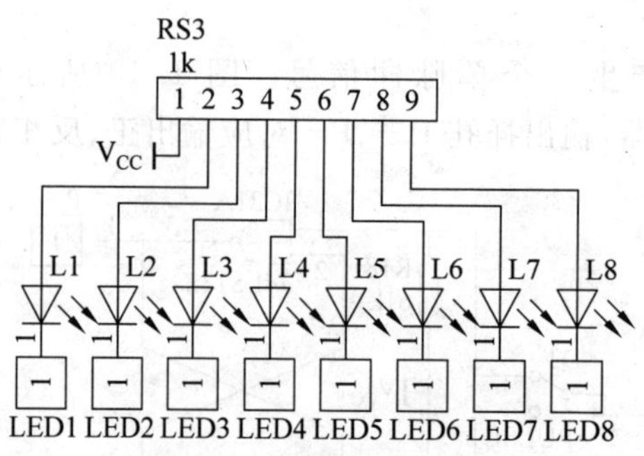

图 1.12　开关量输出电路

简单易用,是微机系统设计中常用的输出设备。七段数码管示意如图 1.13(a)所示。

七段数码管有共阳极和共阴极两种。图 1.13(b)所示为共阳极数码管,将各发光二极管的阳极接在一起,通过控制阴极输入电平,来控制发光二极管是否导通点亮。图 1.13(c)是共阴极数码管,将各数码管的阴极接在一起,通过控制阳极输入电平,来控制发光二极管是否导通点亮。将输入端输入的电平按 dp、g、f、e、d、c、b、a 顺序排列成 8 位的编码,称为段码。

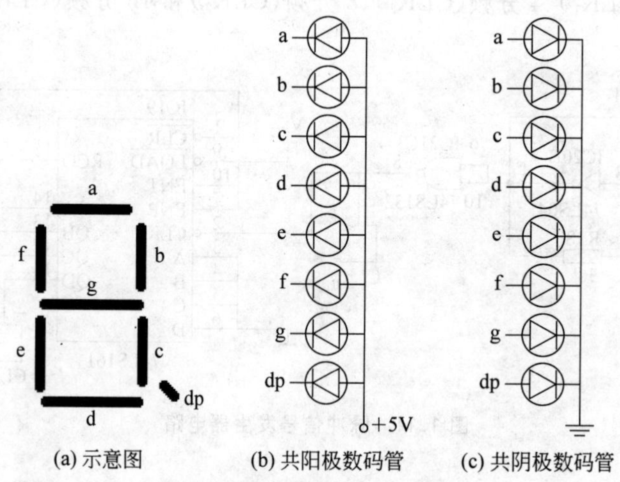

图 1.13　七段数码管原理

以共阳极数码管为例,如果要在数码管上显示 0～9 的数字、A～F 的字符,对应的段码十六进制值如表 1.6 所示。

表 1.6　共阳极数码管段码表

显示字符	0	1	2	3	4	5	6	7	8	9	a	b	c	d	e	f
段码(H)	3F	06	5B	4F	66	6D	7D	07	7F	6F	77	7C	39	5E	79	31

1.6 微型计算机的软件设计基础

微型计算机的软件,就是各种程序和文档。程序是为实现特定目标或解决特定问题而用计算机语言编写的命令序列的集合。微机系统中的程序主要完成数据处理和操控硬件的功能,所以除了要了解硬件的结构、控制流程,还要了解微机中数据的表示和运算基础。

1.6.1 微机系统数据表示和运算

1. 进制

日常生活中都采用十进制数进行计数和计算。在十进制中,采用 0 ～ 9 这 10 个数字符号排列来表示数据,数字符号的位置称为位序号。位序号以小数点为界,由小数点向左,位序号为 0、1、2……;由小数点往右,位序号为 −1、−2、−3……。处于不同位置的数字符号代表的数值不一样,其值是该数字符号乘以该位的权数的结果。权数是基数的 n 次幂,n 是位序号。十进制中基数是 10,权数就是 10 的 n 次幂。各位数字符号的数值累加总和就是这个十进制数的实际值。例如,十进制数 567,由 5、6、7 这 3 个数字符号组成,3 位数字符号的权分别是 10^2、10^1、10^0。567 的数值可表示为 $5\times10^2+6\times10^1+7\times10^0$。十进制数据书写时采用下标 10,或者用后缀字母 D 标识,或者默认为十进制,如$(1011)_{10}$或者 1011D。

二进制是计算机内部采用的数据进制。这是因为计算机中的数字电路的物理状态,只有高电平和低电平两种。用符号"1"来表示高电平,用符号"0"来表示低电平。在二进制中,采用 0 和 1 这两个记数符号排列来表示数值。二进制中基数是 2,多位二进制数据中的每一个记数符号的权值是 2^n,n 是该位的位序号。二进制书写时采用下标 2,或者用后缀字母 B 标识,如$(1011)_2$或者 1011B。

十六进制是二进制的缩略形式,它用 1 位符号来记录二进制中的 4 位。在十六进制中,采用 0～9、A～F 的记数符号排列来表示数值。十六进制中基数是 16,多位十六进制数据中的每一个记数符号的权值是 16^n,n 是该位的位序号。书写时采用下标 16,或者用后缀字母 H 标识,如$(1011)_{16}$或者 1011H。由于十六进制数中出现了字母符号,为了和计算机中的字符串区分,以字母符号开始的十六进制数前面写个 0。

十进制 15 以内的数据,3 种进制数之间的对应关系如表 1.7 所示。

表 1.7 十进制 15 以内数据 3 种进制数的对应关系

十 进 制	二 进 制	十 六 进 制
0	0000	0
1	0001	1
2	0010	2
3	0011	3

续表

十 进 制	二 进 制	十 六 进 制
4	0100	4
5	0101	5
6	0110	6
7	0111	7
8	1000	8
9	1001	9
10	1010	A
11	1011	B
12	1100	C
13	1101	D
14	1110	E
15	1111	F

2. 进制的运算规则

两个十进制数相加时，逢 10 进 1；两个十进制数相减时，借 1 当 10。两个二进制数相加时，逢 2 进 1；两个二进制数相减时，借 1 当 2。两个十六进制数相加时，逢 16 进 1；两个十六进制数相减时，借 1 当 16。

例 1-3　X_1=01010011B，X_2=00100101B。计算 X_1+X_2，X_1-X_2。

解　X_1+X_2=01111000B，X_1-X_2=00101110B。

例 1-4　X_1=0BCH，X_2=3AH。计算 X_1+X_2，X_1-X_2。

解　X_1+X_2=0F6H，X_1-X_2=82H。

3. 进制的相互转换

在计算机内部采用的是二进制编码，在计算机外部进行书写和程序设计时，经常使用十进制和十六进制。所以需要掌握这 3 种进制数据间的相互转换方法。

(1) 非十进制数转换为十进制数：采用位权相加法。

任何一个非十进制的数转换成十进制数，只要将每位记数符号乘以该位的权值，再求和即可。

例 1-5　$(10111.01)_2=(\quad)_{10}$。

解　$(10111.01)_2=(1\times2^4+1\times2^2+1\times2^1+1\times2^0+1\times2^{-2})_{10}=(23.25)_{10}$

例 1-6　$(3B.C)_{16}=(\quad)_{10}$。

解　$(3B.C)_{16}=(3\times16^1+11\times16^0+12\times16^{-1})=(59.75)_{10}$

(2) 十进制数转换为非十进制数：整数部分采用“除基取余，先低后高”法，小数部分采用“乘基取整,先高后低”法。

用十进制数的整数部分除以基数,取余数为结果中的一位。继续用商除以基数,每次除得的余数为结果的一位。一直除到商为 0 为止。先得到的余数为结果的低位,后得到的余数为结果的高位。

用十进制数的小数部分乘以基数,取乘积的整数部分作为结果数据小数点后的一位。乘积的小数部分继续与基数相乘,再取乘积的整数部分。先取得的数据在结果的高位,后取得的数据在结果的低位。一直乘到乘积小数部分为 0 或已得到希望的小数位数为止。

例 1-7 $(25.6875)_{10}=(\quad)_2=(\quad)_{16}$。

解

```
除2操作    余数            乘2操作      乘积整数
2|25            ↑低          0.6875              高
 2|12    ...1   |         ×      2               |
  2|6    ...0   |         ---------              |
   2|3   ...0   |           1.3750   ...1        |
    2|1  ...1   |           0.3750               |
      0  ...1   |高        ×      2               |
                          ---------              |
                            0.7500   ...0        |
                          ×      2               |
                          ---------              |
                            1.5      ...1        |
                            0.5000               |
                          ×      2               |
                          ---------              |
                            1.0000   ...1        |
                            0.0000               ↓低
```

$$(25.6875)_{10}=(11001.1011)_2$$

```
除16操作   余数            乘16操作     乘积整数
16|25           ↑低          0.6875              高
 16|1    ...9   |         ×     16               |
     0   ...1   |高       ---------              |
                           11.0000   ...B        |
                            0.0000               ↓低
```

$$(25.6875)_{10}=(19.B)_{16}$$

(3) 二进制数和十六进制数相互转换:采用位段转换法。

二进制数转换为十六进制数时,以小数点为界,整数部分从低位向高位,小数部分从高位向低位,每 4 位二进制数为一组,对应转换为一个十六进制符号。一组二进制位数不足 4 位时,最低位右边添 0 补足,最高位左边添 0 补足。十六进制数转换为二进制数时,十六进制数的每一位记数符号直接展开为 4 位二进制数即可。

例 1-8 将 2B.5CH 转换为二进制数。

解

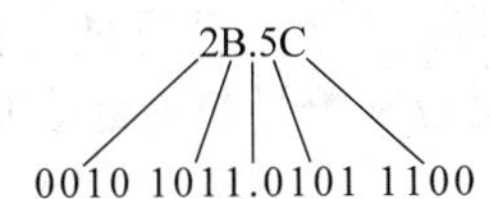

$$2B.5CH=(00101011.01011100)_2$$

例 1-9 将 11001.101B 转换为十六进制数。

解

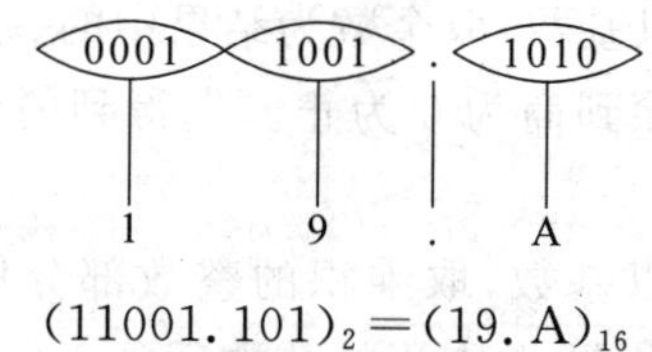

$$(11001.101)_2=(19.A)_{16}$$

4. 机器数编码

数据在微机中的表示形式称为机器数。一个机器数所代表的实际数值称为真值。数值数据表示在电子元件上,需要考虑正负符号的表示问题、小数点的表示问题、数据位的编码问题和数据的表示范围问题。对数据采用各种编码方法,是为了便于在微机内存储和运算。

1) 无符号整数的表示

无符号整数中每一位都是数值位,只能表示正数和零,如微机中存储单元的地址就是无符号整数。微机中表示无符号整数就是直接用这个数的二进制表示作为数据的机器数编码。

例 1-10 在 8 位寄存器中表示数据 6。

解 6D=110B。在存储到 8 位寄存器中时,每位元件都要有确定的状态。所以 6D 在 8 位寄存器中的机器数表示为 00000110B。

8 位寄存器中机器数形象表示为:

0	0	0	0	0	1	1	0

2) 带符号整数的表示

对于有符号数据,微机内部用机器数的最高位表示符号位。一般规定 0 表示正号,1 表示负号。数据位部分的编码方法有原码、补码、反码 3 种。现代微机中都是采用补码编码方法,所以称为补码机。

设一个字长为 n 的带符号数 X 的补码定义为

$$[X]_{补}=2^n+X$$

机器中表示补码时,为了电路实现简单,采用以下方法。

正数的补码就是最高位是符号位,后面是数值二进制;负数的补码则最高位符号位为 1,后面是将真值二进制按位取反,在最末尾加 1 后的值。

例 1-11 在 8 位寄存器中用补码表示数据−6。

解 −6D=−110B。按补码编码规则存放到 8 位寄存器中时,最高位是符号位,为 1。数值部分二进制真值为 0000110B,按位取反末尾+1 后为 1111010。所以寄存器中的补码机器数为 11111010,即$[-6]_{补}$=11111010B=0FAH。

8 位寄存器中机器数形象表示为:

1	1	1	1	1	0	1	0

补码表示的机器数运算时,数据位和符号位一起参加运算,非常方便。补码的加减法公式为

$$[X+Y]_{补}=[X]_{补}+[Y]_{补}$$
$$[X-Y]_{补}=[X]_{补}+[-Y]_{补}$$

例 1-12 在 8 位补码机中计算 39－12。

解

$[39]_{补} = 00100111$

$[-12]_{补} = 11110100$

$[39-12]_{补} = 00100111 + 11110100 = 00011011$

$[39-12]_{补} = [27]_{补} = 00011011$

3) BCD 码

BCD 码是用二进制编码的十进制数，经常采用的是 8421 码。8421 码中，使用 0000 ～ 1001 这 10 个编码对应表示一位十进制数。BCD 码表示法方便简单，在一些计算机中有专门的 BCD 码运算指令。

例 1-13 请写出十进制数 13 的 8421 码和二进制编码。

解 $(13)_{10} = (00010011)_{8421} = (1101)_2$

BCD 码在存储器内存放有两种方式：非压缩 BCD 码方式，是一个字节存放一个 BCD 码；压缩 BCD 码是一个字节存放两个 BCD 码。

例 1-14 在存储器中存放十进制数 27 的压缩 BCD 码和非压缩 BCD 码。

解 $(27)_{10} = (00100111)_{8421}$

压缩 BCD 码，在内存单元中存放形式为：

0	0	1	0	0	1	1	1

非压缩 BCD 码，在内存单元中的存放形式为：

0	0	0	0	0	0	1	0
0	0	0	0	0	1	1	1

BCD 码运算时，是在二进制运算基础上，通过适当修正来得到正确结果。当一个十进制位的 BCD 码加法和不小于 1010(十进制的 10)时，就需要进行加 6 修正。两个 BCD 码的十进制位的减法运算，通常采用先取减数的模 10 补码，再与被减数做 BCD 加法，修正后得到正确结果。

例 1-15 用 BCD 码实现十进制数运算 15＋26。

解 $15+26 = (00010101)_{8421} + (00100110)_{8421} = (01000001)_{8421}$

```
  0001 0101
+ 0010 0110
-----------
  0011 1011
+      0110
-----------
  0100 0001
```

例 1-16 用 BCD 码计算十进制减法运算 7－2。

解

减数 2 的模 10 补码为 8。$8+7 = (1000)_{8421} + (0111)_{8421} = 1111$，进行加 6 修正，得 0101。

5. 西文字符表示

西文字符是指由拉丁字母、数字、标点符号及一些特殊符号组成的字符集。目前国际上普遍采用的是美国国家信息交换标准代码(American Standard Code for Information Interchange,ASCII)。ASCII码编码标准中规定8位二进制数中最高位为0,余下7位可以有128个编码,表示128个字符。在128个编码中,前32个和最后一个作为控制字符,其他95个编码表示可显示和打印的字符,包括数字和大小写英文字母。

ASCII字符编码集见表1.8。

表1.8 ASCII字符编码表

字 符	$b_6b_5b_4=000$	$b_6b_5b_4=001$	$b_6b_5b_4=010$	$b_6b_5b_4=011$	$b_6b_5b_4=100$	$b_6b_5b_4=101$	$b_6b_5b_4=110$	$b_6b_5b_4=111$
$b_3b_2b_1b_0=0000$	NUL	DLE	SP	0	@	P	?	p
$b_3b_2b_1b_0=0001$	SOH	DC1	!	1	A	Q	a	q
$b_3b_2b_1b_0=0010$	STX	DC2	“	2	B	R	b	r
$b_3b_2b_1b_0=0011$	ETX	DC3	#	3	C	S	c	s
$b_3b_2b_1b_0=0100$	EOT	DC4	$	4	D	T	d	t
$b_3b_2b_1b_0=0101$	ENQ	NAK	%	5	E	U	e	u
$b_3b_2b_1b_0=0110$	ACK	SYN	&	6	F	V	f	v
$b_3b_2b_1b_0=0111$	BEL	ETB	‘	7	G	W	g	w
$b_3b_2b_1b_0=1000$	BS	CAN	(	8	H	X	h	x
$b_3b_2b_1b_0=1001$	HT	EN	)	9	I	Y	i	y
$b_3b_2b_1b_0=1010$	LF	SUB	*	:	J	Z	j	z
$b_3b_2b_1b_0=1011$	VT	ESC	+	;	K	[	k	{
$b_3b_2b_1b_0=1100$	FF	FS	,	<	L	\	l	|
$b_3b_2b_1b_0=1101$	CR	GS	-	=	M	]	m	}
$b_3b_2b_1b_0=1110$	SO	RS	.	>	N	^	n	~
$b_3b_2b_1b_0=1111$	SI	US	/	?	O	_	o	DEL

通用键盘的大部分键,与最常用的ASCII编码的字符相对应。当敲击键盘上某字符键时,由键盘电路产生与该字符对应的ASCII码。计算机中对ASCII码的信息处理主要是字符串的比较、插入、删除等。计算机处理的结果通常以ASCII码形式传送到输出设备,可供显示与打印使用。

1.6.2 微机系统程序设计语言

不论是系统软件程序还是应用软件程序,都是采用程序设计语言编写的。用程序设计语言编写的程序称为源程序,在计算机上运行的程序称为可执行程序。源程序必须经过汇编或编译过程,转换为可执行程序才能运行。

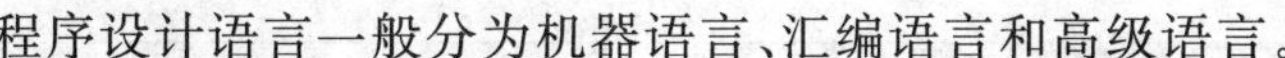

程序设计语言一般分为机器语言、汇编语言和高级语言。

1. 机器语言

机器语言是一种用二进制表示的能被计算机硬件直接识别和执行的语言。机器语言编写的程序称为目标程序。用机器语言编写的程序,优点是可以在计算机上直接执行,缺点是直观性差、烦琐、容易出错和通用性差。

2. 汇编语言

采用文字符号来表示机器语言,能够方便记忆和书写。这种采用助记符表示的语言称为汇编语言。汇编语言程序比较直观、容易记忆、便于检查。但是计算机不能直接识别,需要转换成机器语言程序后才能被计算机执行。完成汇编语言源程序转换为机器语言程序的软件,就是计算机语言处理程序中的汇编程序。

机器语言和汇编语言都是面向机器硬件的。CPU 不同,则机器语言和汇编语言的指令不同。机器语言和汇编语言能利用计算机的所有硬件特性,是能直接控制硬件、实时能力强的语言,又称为低级语言。

3. 高级语言

高级语言是与计算机硬件结构无关的程序设计语言。高级语言接近人的自然语言表达方式,具有较强的表达能力,能更好地描述各种解决问题的算法,容易学习掌握。但是计算机硬件一般不能直接阅读和理解高级语言程序,需要专门的软件来处理。高级语言的源程序可以通过两种方法转换为在计算机上运行的目标程序:一种是通过编译程序,在运行之前将高级语言源程序转换为机器语言的程序;另一种就是通过解释程序,逐条解释源程序语句并执行。高级语言是独立于具体的机器系统硬件的,通用性和可移植性大为提高。

微机系统设计中,为了更好地发挥计算机硬件性能,实现高效、实时的硬件控制,一般采用汇编语言进行软件开发。在各种高级语言中,C/C++ 语言既有高级语言的特点,又能与汇编语言混合编程,所以在某些微机系统应用中,也被用作软件开发的编程语言。

1.7 实验项目

1.7.1 PC系统组成

1. 实验内容

(1) 查看 PC 中硬件组成部件,了解各组成部件的功能,确定产品在微机硬件系统结构中属于哪个功能模块。

(2) 查看 PC 中的软件组成,了解各软件的功能,确定其在软件划分中属于哪一类。

2. 实验步骤

(1) 在 Windows 操作系统的控制面板中,打开【设备管理器】窗口,可以查看到每个硬件设备的名称。图 1.14 是某台计算机的设备管理器界面,其中列出了该计算机中的硬件组成部分。

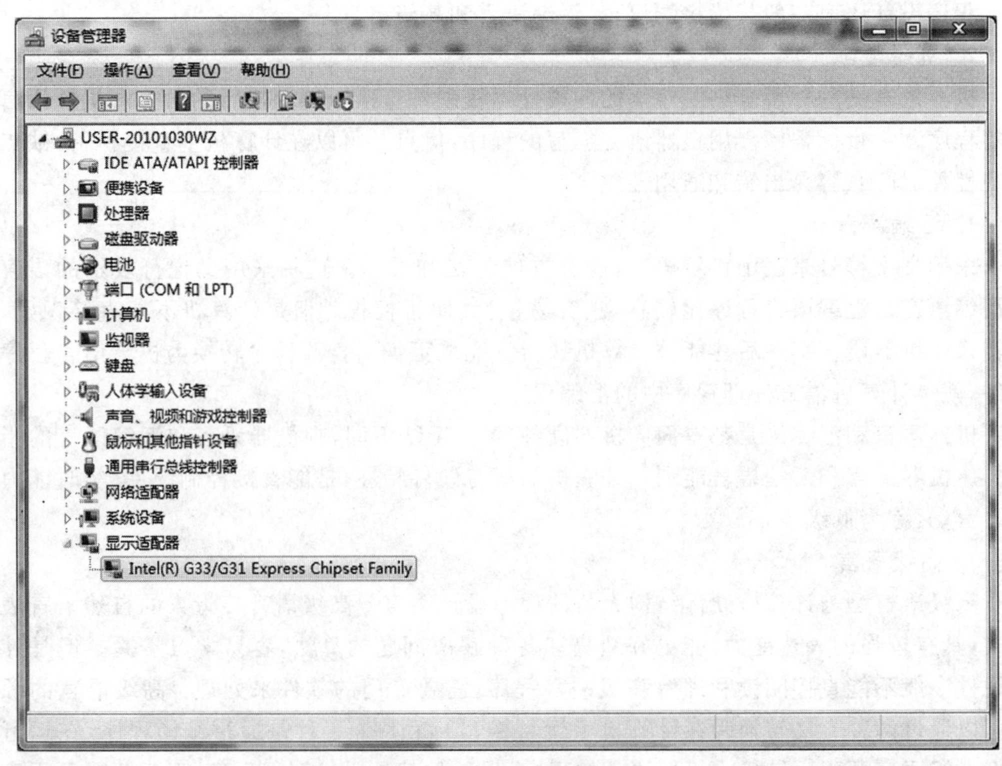

图 1.14 设备管理器

(2) 右键单击每个硬件设备,选择快捷菜单中的【属性】命令,可以查看到该设备的【驱动程序】信息。图 1.15 是显示适配器的驱动程序信息。如果没有正确安装某设备的驱动程序,则该设备不能正常使用。

(3) 在 Windows 操作系统的控制面板中,选择【程序】,可以查看 PC 上的操作系统软件和应用软件列表。

1.7.2 EL 实验机系统组成

1. 实验内容

了解 EL 实验机的软、硬件组成及功能。

2. 实验步骤

1) 打开 EL 实验机并查看各硬件模块组成

EL 型微机教学实验系统由电源、系统板、可扩展的实验模板、微机串口通信线、JTAG 通信线以及通用连接线组成。系统板的结构简图如图 1.16 所示。

其中各模块名称及功能如下。

- 微处理器模块:8086 CPU 及其相关电路。
- 存储器:随机存储器 RAM 40KB,EPROM 40KB。

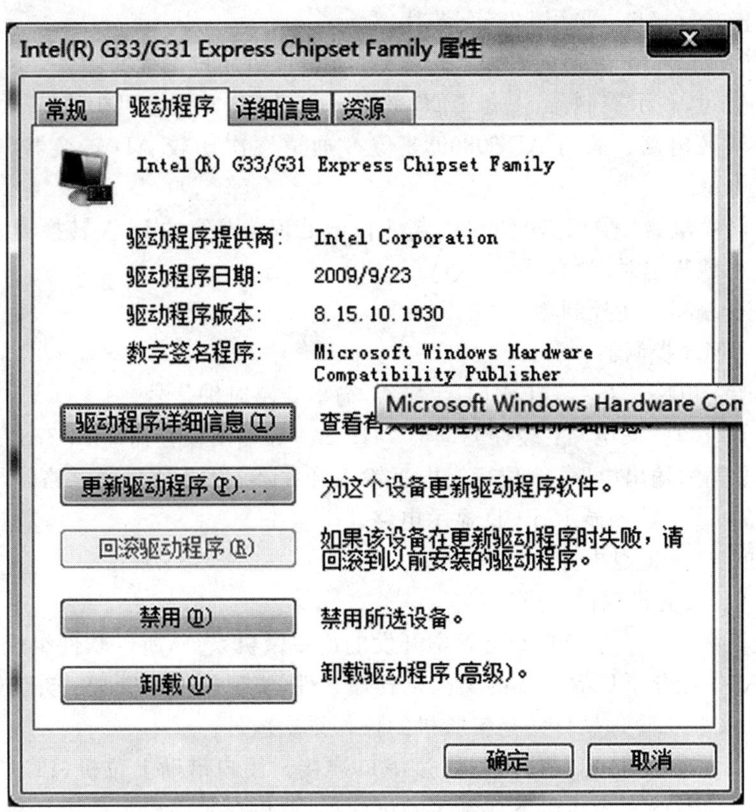

图 1.15　驱动程序信息

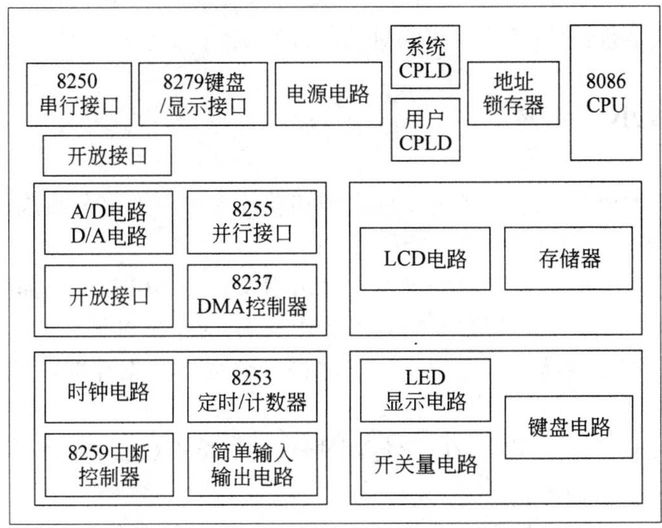

图 1.16　EL 型微机教学实验系统结构

- 可编程并行接口：采用 8255A 芯片。
- 串行接口：采用 8250 芯片，用于与主机通信或供用户编程实验。
- 8279 键盘、显示控制器：6 位 LED 数码显示，LED 和键盘可扩展。
- A/D 转换电路：采用 ADC0809，8 位 8 通道逐次比较 AD 转换器，典型转换时间为 100μs。
- D/A 转换电路：采用 DAC0832，与 8 位微处理器兼容的 D/A 转换器。
- 8253 可编程定时/计数器。
- 8259 可编程中断控制器。
- 8237 DMA 控制器。
- 脉冲产生电路：采用 74LS161 计数器，输出 5 路时钟信号。
- 简单 I/O 口扩展电路：缓冲驱动器 74LS244 和输出锁存器 74LS273。
- 开关量输入输出电路：8 位逻辑电平输入开关，8 位 LED 显示电路。
- 独立的 LED 数码显示、LCD 显示电路。
- 独立的 4×6 键盘电路。

2）了解 EL 实验机软件组成

EL 型微机教学实验系统是专为教学开发的简单微机系统，所以软件组成非常简单。在 EL 微机 ROM 中固化了厂家开发的实验机管理软件，实现硬件的管理、与上位机（PC 机）的通信等功能。实验机管理软件便是实验机的操作系统软件。

EL 实验机和上位机（PC 机）之间通过串口连接。用户借助上位机（PC 机）完成汇编程序的开发，将可执行的程序代码下载到实验机内存，然后在实验机上运行。用户自己开发的程序便是实验机的应用软件。

上位机（PC 机）上安装的 TECH 软件，只是厂家提供的汇编语言程序开发集成环境，并不在 EL 实验机上运行，不属于 EL 实验机的软件组成。

1.8 本章小结

一个完整的微型计算机系统是由硬件系统和软件系统两大部分组成的。微机系统设计和应用，是硬件和软件技术相结合的体现。

本章重点介绍了 8086/8088 微处理器内部结构及其外部引脚。内部结构中的寄存器用于存取数据和地址。了解每个寄存器的基本使用规则，对于微机系统的设计非常重要。

本章还重点介绍了存储器的分段结构。掌握存储器中数据存取的基本原则，是程序设计数据处理的基础。

然后介绍了几种常用的简单 I/O 设备，掌握这些简单 I/O 设备的控制，可以在微机系统设计时实现信息的输入输出。

然后介绍了微机系统中软件设计的基础，尤其是数据的表示和运算基础。数据是程序处理的对象，掌握机器数的编码规则，才能了解机器内信息的含义。

习题 1

1. 微型计算机硬件系统包含哪几部分？分别完成什么功能？

2. 8086/8088 微处理器内部有哪些寄存器？写出这些寄存器的名称和一般用途。

3. 8086/8088 微处理器在最大模式下的系统总线如何构成？

4. 8086/8088 微处理器在最小模式下的系统总线如何构成？

5. 共阴极七段数码管，如果要显示 0～9、a～f 的字符，对应的段码分别是多少？

6. 在 8086/8088 微型计算机中，用寄存器 AX 存放 23，用寄存器 BX 存放 12，对两个寄存器内的数分别做加法和减法，结果放在 CX、DX 中，则 CX、DX 中的机器数是怎样的？

7. 在 8086/8088 微型计算机中，用 AL、BH、CL、DH，分别存放西文字符“3”“9”“A”“a”，寄存器中的机器数是怎样的？

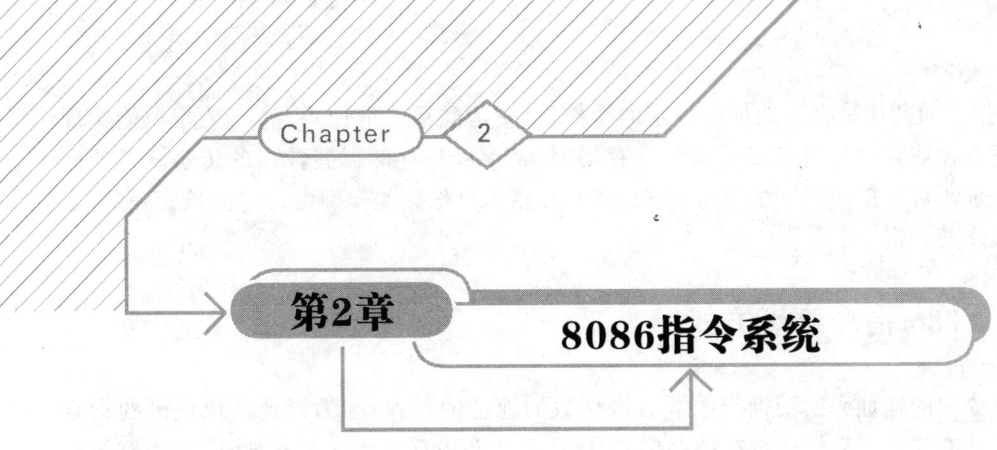

本章学习目标

- 熟练掌握8086指令系统的寻址方式;
- 熟练掌握8086指令系统的指令集;
- 熟练掌握DEBUG调试工具的使用。

本章先向读者介绍了8086指令系统的寻址方式和指令集,接着介绍了DEBUG调试工具的使用方法。

2.1 8086指令的特点

微型计算机中的指令系统,是微处理器能够执行的全部指令的集合。不同的微处理器有不同的指令系统。指令系统的学习是汇编程序设计的基础。

指令是计算机能够执行的操作命令。指令中包含操作码和地址码两部分。操作码指明指令操作的性质和功能。地址码描述指令的操作对象,给出操作数或者操作数的地址。

8086指令系统中,指令中地址码的个数有零地址、一地址和二地址3种。指令地址码分为源地址码和目的地址码。源地址码是操作数的地址,目的地址码是运算结果的地址。8086指令系统的二地址指令中,目的地址码在前,源地址码在后。8086指令是变长指令,根据指令的操作码、寻址方式、地址码种类、数据类型等,指令的长度有1～6B。

8086指令系统功能强大,分6个组,有100多种指令。学习8086指令系统,要分别从指令的功能、寻址方式、指令的使用规定等方面学习。MOV指令的格式为:

```
MOV  目的地址码,源地址码
```

MOV 指令的功能是将源地址码指定的操作数,传送到目的地址码。MOV 指令能实现立即数送寄存器或存储器以及寄存器和寄存器间、寄存器和存储器间数据的传送。目的地址码和源地址码可以使用不同的寻址方式。MOV 指令操作数的类型由寄存器长度确定,或者由类型操作符指定。

2.2 8086 指令寻址方式

根据指令中的地址码找到操作数或者操作数的地址的过程,称为寻址。地址码的指定方式称为寻址方式。如果操作数在内存中,则操作数所在内存单元的偏移地址,称为有效地址(Effective Address,EA)。访问存储器时,指令中的地址码采用逻辑地址形式,其中段地址可以省略,根据偏移地址的指定形式,查找默认的段寄存器以确定段地址。如果要改变默认的段寄存器,可以利用段超越前缀指令,强制指定段寄存器。

8086 指令系统中的寻址方式有数据寻址方式和转移地址寻址方式两种。

2.2.1 数据寻址方式

8086 指令中访问操作数位置的方法,就是数据的寻址方式。

1. 立即数寻址方式

操作数用立即数形式存放在指令代码中。立即数是常量,可以是各种进制的数据、字符、字符串,还可以是数值表达式或符号常量。

例 2-1 写出指令 MOV AH,20H 的执行结果。

解 这条指令中的源地址码是一个立即数,使用的是立即寻址方式。指令功能是把指令代码中的 8 位立即数 20H 传送到 AH 寄存器中。指令执行结果:AH=20H。

2. 寄存器寻址方式

指令中的地址码为寄存器的名称。操作数存放在微处理器内部的寄存器中。

例 2-2 若已知 AX=1234H,BX=5678H,写出指令 MOV AX,BX 的执行结果。

解 指令 MOV AX,BX 的源地址码是寄存器 BX,目的地址码是 AX,都采用寄存器寻址方式。指令功能是把 16 位寄存器 BX 中的数值传送到 AX 寄存器。指令的执行结果:AX=5678H。

3. 直接寻址方式

指令中的地址码直接给出操作数所在单元的偏移地址。地址码形式为[偏移地址],或者为表示单元地址的符号变量。

例 2-3 若已知 AX=1234H,内存数据段单元(2000H)=11H,(2001H)=22H。写出指令 MOV AX,[2000H]的执行结果。

解 MOV AX,[2000H]的源地址码是[2000H],是直接寻址方式;目的地址码是寄存器 AX,是寄存器寻址方式。指令中 AX 是 16 位寄存器,所以操作数的类型是 16 位。指令的功能是从数据段 2000H 单元中取 16 位字传送到 AX 寄存器。源操作数的有效地址是

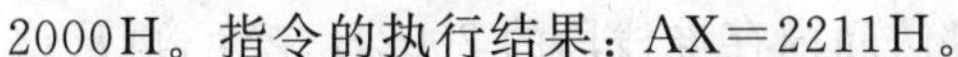

2000H。指令的执行结果：AX=2211H。

例 2-4 若已知 BX=5678H，内存数据段中 X 单元的偏移地址是 2000H。X 字单元的值是 1234H。写出指令 MOV BX,X 的执行结果。

解 指令 MOV BX,X 的源地址码是符号变量 X，代表了内存中一个单元。指令的功能是从 X 单元取字数据传送到 BX 寄存器。源操作数的有效地址是 X 单元的偏移地址，即 2000H。指令执行的结果：BX=1234H。

4. 寄存器间接寻址方式

指令中的地址码给出一个寄存器，而该寄存器中存放的是操作数的有效地址。指令执行时先从指定寄存器中取得有效地址，由寄存器确定默认的段地址，再到存储器对应单元访问到操作数。地址码形式为[寄存器名]。使用这种寻址方式时要特别注意，并不是所有的寄存器都能使用，只有 BX、BP、SI、DI 这 4 个寄存器可用于间接寻址方式。

例 2-5 若已知 AX=1234H，BX=2000H，内存中数据段单元(2000H)=11H，(2001H)=22H。写出指令 MOV AX,[BX]的执行结果。

解 指令 MOV AX,[BX]的源地址码是[BX]，是寄存器间接寻址方式。BX 中的值为有效地址，由 BX 确定段地址在数据段段寄存器中。所以源操作数在内存数据段 2000H 单元。指令的功能是从内存数据段 2000H 单元取 16 位字传送到 AX 寄存器。(2000H)单元的字数据是 2211H。指令执行结果：AX=2211H。

5. 基址寻址或变址寻址

指令地址码中给出一个基址寄存器或变址寄存器以及一个位移量。指令执行时，先用基址(变址)寄存器中的值和位移量相加得到操作数的有效地址，由寄存器确定默认的段地址，再到存储器对应单元访问到操作数。采用基址类寄存器时称为基址寻址，采用变址类寄存器时称为变址寻址。地址码形式为"[寄存器名]+位移量"或者"位移量[寄存器名]"或者"[寄存器名+位移量]"，这些都是等价的书写形式。寄存器名只能为 BX、BP、SI、DI，位移量为立即数或符号常量、符号变量。

例 2-6 若已知 AX=1234H，SI=2000H，内存数据段单元(2000H)=11H，(2001H)=22H，(2002H)=33H，(2003H)=44H。写出指令 MOV AX,[SI]+2 的执行结果。

解 指令 MOV AX,[SI]+2 的源地址码采用了源变址寄存器 SI 和一个位移量 2 的形式，是变址寻址方式。以 SI 中的值 2000H 加上指令中的位移量 2，得到有效地址 2002H。由 SI 确定默认的段地址在数据段段寄存器中。指令执行时访问内存数据段的 2002H 单元，再从该单元取一个字传送到 AX 寄存器。数据段 2002H 单元的字数据是 4433H。指令执行结果：AX=4433H。

例 2-7 若已知 AX=1234H，BP=2000H，内存数据段单元(2002H)=11H，(2003H)=22H，内存堆栈段单元(2002H)=33H，(2003H)=44H，写出指令 MOV AX,[BP]+2 的执行结果。

解 MOV AX,[BP]+2 的源地址码采用了基址指针 BP 和一个位移量 2 的形式，是基址寻址方式。以 BP 中的值 2000H 加上指令中的位移量 2，得到有效地址 2002H。由 BP 确定默认的段地址在堆栈段段寄存器中。指令执行时访问内存堆栈段的 2002H 单元，再从该单元取一个字传送到 AX 寄存器。堆栈段 2002H 单元的字数据是 4433H。指令执行结果：AX＝4433H。

6. 基址变址寻址方式

指令的地址码给出一个基址寄存器和一个变址寄存器，以及一个位移量(可以没有位移量)。指令被执行时，有效地址是基址寄存器值、变址寄存器值以及位移量之和。由基址寄存器确定默认的段地址。地址码形式为“[基址寄存器名][变址寄存器名]＋位移量”或者“位移量[基址寄存器名][变址寄存器名]”或者“[基址寄存器名＋变址寄存器名＋位移量]”，这些都是等价的书写形式。

例 2-8 若已知 AX＝1234H，BP＝2000H，SI＝0001H，BX＝2000H，内存数据段单元(2003H)＝11H，(2004H)＝22H，内存堆栈段单元(2003H)＝33H，(2004H)＝44H，写出指令 MOV AX,[BP][SI]＋2 和 MOV AX,[BX][SI]＋2 的执行结果。

解 指令 MOV AX,[BP][SI]＋2 的源地址码有一个基址指针 BP、一个变址寄存器 SI 以及一个位移量 2，是基址变址寻址方式。BP 中的 2000H＋SI 中的 0001H＋位移量 2，得到有效地址是 2003H。由 BP 确定段地址在堆栈段段寄存器中。到堆栈段访问 2003H 单元，取得字数据 4433H，传送到 AX 中。指令执行结果：AX＝4433H。

指令 MOV AX,[BX][SI]＋2 的源地址码有一个基址寄存器 BX、一个变址寄存器 SI 以及一个位移量 2，是基址变址寻址方式。BX 中的 2000H＋SI 中的 0001H＋位移量 2，得到有效地址是 2003H。由 BX 确定段地址在数据段段寄存器中。到数据段访问 2003H 单元，取得字数据 2211H，传送到 AX 中。指令执行结果：AX＝2211H。

7. 隐含寻址方式

指令中没有给出操作数或者操作数地址，而是在操作码中隐含了操作数的地址。例如，8086/8088 指令系统中的 CBW 指令，指令中只有操作码 CBW，没有操作数。执行指令时，默认操作数为 AL。该指令的功能是将 AX 的低 8 位寄存器 AL 的符号位扩展到 AH 寄存器中。若已知 AX＝1234H，指令 CBW 执行之后，AX＝0034H，将低 8 位的最高位符号位扩展到 AH 寄存器中。

2.2.2 转移地址寻址方式

在 8086/8088 CPU 中，要执行的下一条指令的地址，由代码段段寄存器 CS 的值和指令指针 IP 的值确定。在顺序结构程序中，指令是一条一条顺序执行的。在一条指令执行时，IP 的值自动增加为下一条指令的地址。在程序中遇到控制转移类指令或者子程序调用指令时，需要改变 CS 或 IP 的值，从而实现程序转移、分支、循环、子程序调用等操作。控制转移类指令或者子程序调用指令执行时，确定转移地址的方式，称为转移地址寻址方式。

根据转移地址和当前指令的位置距离范围，8086/8088 指令系统中有 3 种转移地址寻址方式。

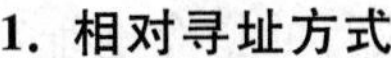

1. 相对寻址方式

指令代码中含有一个相对位移量。这个位移量是目的指令和当前指令的地址差,是一个带符号的数。执行指令时,转移的目的指令地址是当前的 IP 值加上指令中的位移量。当位移量是 8 位带符号数时,位移量在±127B 范围内,是段内直接短转移。当位移量是 16 位带符号数时,位移量在±32KB 范围内,是段内直接近转移。

2. 直接寻址方式

指令代码中含有目的指令的逻辑地址。从指令代码中得到目的地址直接设置为 CS 和 IP 的值。CS 和 IP 都发生了改变,则称为段间直接转移。

3. 间接寻址方式

指令代码中指定寄存器或字存储单元,目的地址从指定的寄存器或字存储单元中间接获得。16 位寄存器或字存储单元中的值设置为 IP 的值,CS 的值不变,称为段内间接转移。

指令代码中指定 4 个字节的存储单元,取其中的低两个字节的值作为 IP 的值,高两个字节的值作为 CS 的值,CS 和 IP 都发生了改变,称为段间间接转移。

例 2-9　JMP 指令是 8086 指令系统中的无条件转移指令。若已知 IP＝0100H,BX＝0000H,控制器中取得指令 JMP BX。指令的执行结果是什么?

解　JMP BX 指令中是 16 位的寄存器 BX,则转移地址从 BX 中间接获得,是间接寻址方式。指令执行结果是 IP＝0000H。不再执行程序段中 0100H 单元的指令,而是转去执行程序段 0000H 单元的指令。

2.3　8086 指令类型

8086 指令系统按功能可分为七大类。数据传送类指令功能是将源操作数的内容传送到目的操作数中。算术运算类指令功能是完成加、减、乘、除等算术运算。位操作类指令功能是完成与、或、非等逻辑运算和移位操作。串操作类指令功能是对数据串进行查找、比较等操作。程序控制类指令执行跳转、循环、子程序等转移操作。处理机控制类指令控制微处理器暂停、等待等操作。中断指令调用中断服务子程序或操作系统的例行程序。

8086 指令系统中的指令功能不同,有的指令还有特殊的约定。但是这些指令也有统一的一些规定。

- 指令中两个操作数不能同时为存储单元。
- 指令中两个操作数不能同时为段寄存器。
- 目的操作数不能是立即数。
- 指令中的操作数必须有类型,即长度是字节还是字,必须是明确的。立即数类型不明确,如数据 5,可以是 8 位的 05H,也可以是 16 位的 0005H。未定义过类型的存储单元类型也不明确,如 2000H 单元,可能表示 2000H 字单元,也可能表示 2000H 字节单元。
- 指令中的操作数类型必须一致。必须都为字节类型,或者都为字类型。

• 目的操作数要避免使用 CS 和 IP。CS、IP 用于指示程序中要执行的指令地址，如果直接修改 CS、IP 的值，可能会造成微处理器不能正常工作。

在汇编语言程序中，可以给一条指令所在的单元命名，称为标号。一个标号代表了一条指令的地址。标号写在指令的前面，用"："分界。同一个程序中，标号名必须是唯一的。

汇编语言程序中，"；"后的部分作为注释，用于方便程序的阅读，机器不会执行。

为了方便指令的讲解，下面的例题中，在指令后面用注释方式给出答案或者分析，并给指令一个编号。注意，汇编程序中一行只能写一条指令且没有编号。

2.3.1 处理器控制类指令

处理器控制类指令完成对标志寄存器中标志位的处理，以及对处理器的控制。这类指令都只有操作码。

1. 标志位处理指令

(1) CF 清 0 指令：CLC。

(2) CF 置 1 指令：STC。

(3) CF 取反指令：CMC。

(4) DF 清 0 指令：CLD。

(5) DF 置 1 指令：STD。

(6) IF 清 0 指令：CLI。

(7) IF 置 1 指令：STI。

2. 处理器控制指令

(1) 无操作指令：NOP。

指令功能：不执行任何操作。调试程序时主要用于占据一定存储单元，以便在正式运行时用其他必要指令代替。另外，CPU 读取 NOP 指令、分析指令都需要时间，可以使用 NOP 指令达到让程序延时的功能。

(2) 停机指令：HLT。

指令功能：使 CPU 暂停工作，等待一次外部硬件中断的到来，让 CPU 退出暂停状态，可继续执行后面的程序指令。

(3) 等待指令：WAIT。

指令功能：使 CPU 处于等待状态，直到 CPU 芯片的 $\overline{\text{TEST}}$ 引脚信号有效。

2.3.2 数据传送类指令

数据传送类指令是汇编语言程序设计中最常用的指令。可以在寄存器和寄存器之间、寄存器和存储器之间、AL 或 AX 寄存器和端口之间进行数据传送。数据传送类指令只改变目的操作数的值，除了标志传送指令，其他传送类指令均不影响标志位。

1. 传送指令 MOV

指令格式：MOV　目的操作数，源操作数

指令功能：实现立即数到寄存器或主存、寄存器与主存之间、寄存器与段寄存器之间、主存与段寄存器之间的传送。使用 MOV 指令时要注意以下两点。

- 不能向 CS、IP 传送数据。
- 立即数不能送段寄存器。

例 2-10 判断表 2.1 中指令的正误。如果指令有错，给出错误原因。

表 2.1 例 2-10 答案表

题目		答案	
序号	指令代码	正误判断	错误原因
1	MOV AX,BH	错误	操作数类型不一致
2	MOV AL,[BX]	正确	
3	MOV AX,[DX]	错误	寄存器间接寻址不能使用 DX 寄存器
4	MOV IP,AX	错误	IP 不能做目的操作数
5	MOV DS,0200H	错误	立即数不能送段寄存器
6	MOV DX,0200H	正确	
7	MOV [2000H],5	错误	类型不明确
8	MOV [2000H],[2003H]	错误	两个操作数都是存储单元
9	MOV DS,AX	正确	
10	MOV [BX],5	错误	类型不明确

2. 数据交换指令 XCHG

指令格式：XCHG 操作数 1，操作数 2

指令功能：实现寄存器和寄存器、寄存器和存储单元之间数据互换。不能对段寄存器操作。

例 2-11 已知 AX=1234H，BX=0000H，数据段单元(0000H)=11H，(0001H)=22H。指令 XCHG AX，[BX]的执行结果是什么？

解

```
XCHG AX,[BX]                    ;AX=2211H,数据段单元(0000H)=34H,(0001H)=12H
```

指令 XCHG AX，[BX]实现将 AX 中的数据和用 BX 间接寻址所表示的存储单元中的数据进行互换。源地址码[BX]的有效地址是 0000H，到数据段中(0000H)单元访问字数据 2211H，与 AX 进行互换。指令执行结果：AX = 2211H，数据段单元(0000H) = 34H，(0001H)=12H。

3. 换码指令 XLAT

指令格式：XLAT

指令功能：用 BX+AL 的和作为数据段中存储单元的偏移地址，从该单元取一个字节数据传送到 AL 中。XLAT 指令常用于查表，BX 中为表的首地址，AL 为要查的数据在表中的序号位置，查得的数据存放在 AL 中。该指令不能单独执行，执行前要准备好 BX 和 AL 的值。

例 2-12 在内存数据段的 2000H 单元开始，存放着'a'～'z'的字母表。查找表中第 5 个字母放到 AL 中。

解

```
MOV  BX,2000H                  ;BX为字母表首地址,BX=2000H
MOV  AL,5                      ;AL为要查找的表中序号,AL=05H
XLAT                           ;表中 2005H 单元的字节数取出送 AL
                               ;AL=45H,'E'的 ASCII 码
```

4. 入栈指令 PUSH

指令格式：PUSH　源操作数

指令功能：将源操作数传送到堆栈的栈顶。栈顶的位置由 SS、SP 指定。指令执行时，堆栈指针 SP 减 2，再将数据入栈。源操作数必须是字类型。SP 的值会自动减 2。

例 2-13 已知 AX=1234H，SS=0AF9H，SP=0FFEEH，PUSH AX 指令的执行结果是什么？

解

```
PUSH AX                        ;SP=0FFECH,(0AF9:FFEDH)=12H,(0AF9:FFECH)=34H
```

当前堆栈段栈顶地址为 0AF9：FFEEH 单元。执行 PUSH AX 指令，先将 SP－2=0FFECH，再将 AX 的字数据存入栈顶的两个字节中。指令执行结果：SP=0FFECH，(0AF9：FFEDH)=12H，(0AF9：FFECH)=34H。PUSH AX 指令执行前后堆栈变化示意如图 2.1 所示。

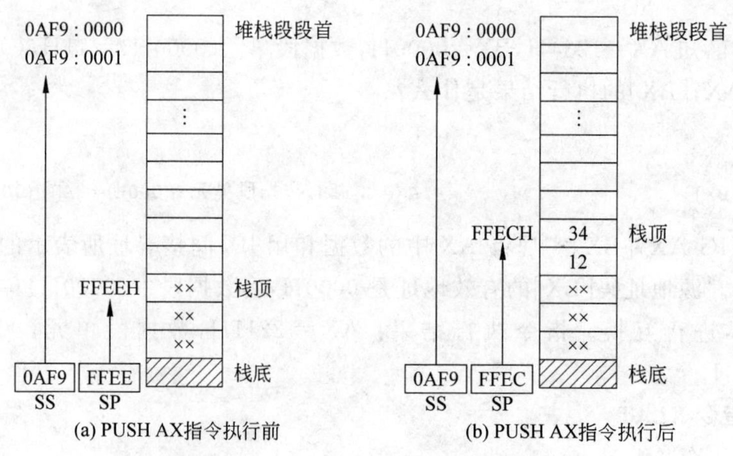

图 2.1　PUSH AX 指令执行前后堆栈变化示意

5. 出栈指令 POP

指令格式：POP 目的操作数

指令功能：将堆栈的栈顶数据传送到目的操作数，再将堆栈指针 SP 加 2。源操作数必须是字类型。SP 的值会自动加 2。

例 2-14 已知 AX=1234H，CX=5678H，SS=0AF9H，SP=0FFEEH，执行下面指令的结果是什么？

解

```
PUSH  AX                              ;SP=0FFECH,(0AF9:FFEDH)=12H,(0AF9:FFECH)=34H
POP   CX                              ;CX=1234H,SP=0FFEEH
```

当前堆栈段栈顶地址为 0AF9:FFEEH 单元。执行 PUSH AX 指令，先将 SP－2＝0FFECH，再将 AX 的字数据存入栈顶的两个字节中。指令执行结果：SP＝0FFECH，(0AF9:FFEDH)＝12H，(0AF9:FFECH)＝34H。执行 POP CX 指令，将栈顶数据 1234H 传送到 CX 中，CX＝1234H。然后 SP＋2，SP＝0FFEEH。

6. 有效地址传送指令 LEA

指令格式：LEA 目的寄存器，存储单元

指令功能：取得存储单元的偏移地址传送到目的寄存器。源操作数必须是存储单元。

例 2-15 已知数据段中单元(1234H)＝11H，(1235H)＝22H。下面指令的执行结果是什么？

解

```
MOV  AX,1234H                        ;AX=1234H
MOV  BX,[1234H]                      ;BX=2211H
LEA  CX,[1234H]                      ;CX=1234H
```

指令 MOV AX,1234H 是将立即数 1234H 传送到 AX 寄存器。指令执行结果：AX＝1234H。指令 MOV BX,[1234H]是将数据段 1234H 单元的字数据传送到 BX 寄存器。指令执行结果：BX＝2211H。指令 LEA CX,[1234H]是将数据段 1234H 单元的偏移地址传送到 CX 寄存器。指令执行结果：CX＝1234H。

7. 取逻辑地址指令 LDS/LES

指令格式：LDS 目的寄存器，存储单元

LES 目的寄存器，存储单元

指令功能：将存储单元内的 4 个字节，低两个字节的内容传送到目的寄存器，高两个字节的内容传送到 DS(或 ES)。

例 2-16 已知 DS＝0100H，AX＝1234H，BX＝2000H，数据段单元(2000H)＝11H，(2001H)＝22H，(2002H)＝33H，(2003H)＝44H。指令 LDS AX,[BX]的执行结果是什么？

解

```
LDS  AX,[BX]                          ;AX=2211H,DS=4433H
```

指令 LDS AX,[BX]由源地址码访问数据段(2000H)单元,将低两个字节的数据 2211H 传送到 AX 寄存器,将高两个字节的数据 4433H 传送到 DS 段寄存器。指令执行结果:AX=2211H,DS=4433H。

8. 标志寄存器传送指令

标志寄存器传送指令有 LAHF、SAHF、PUSHF、POPF。

LAHF 指令的功能:将标志寄存器的低 8 位传送到 AH 寄存器中。

SAHF 指令的功能:将 AH 寄存器的值传送到标志寄存器的低 8 位。

PUSHF 指令的功能:将标志寄存器入栈。

POPF 指令的功能:将栈顶数据字传送到标志寄存器。

9. 输入输出指令 IN/OUT

8086 微处理器与接口中的端口进行数据交换时,需要用专用的输入输出(IN/OUT)指令。IN 指令的功能是将 I/O 端口中的数据输入到微处理器的累加器 AX 或 AL 中,OUT 指令的功能是将微处理器的累加器 AX 或 AL 中的数据输出到 I/O 端口中。

IN/OUT 指令的寻址方式有直接寻址和间接寻址两种。当端口地址不大于 0FFH 时,采用直接寻址方式,即在指令中直接写端口地址。当端口地址大于 0FFH 时,要采用间接寻址方式。在 DX 中存放 I/O 端口地址,指令中用 DX 或(DX)寻址端口。端口地址不大于 0FFH 时也可以采用间接寻址方式。在 IN/OUT 指令中,只能使用 AL 或 AX 与端口交换数据。选择 AL 还是 AX,取决于端口内数据的位数和数据总线的宽度。表 2.2 给出了 IN/OUT 指令格式的几种情况。

表 2.2 IN/OUT 指令的几种格式

IN/OUT 指令格式	含 义
IN AL,端口地址	端口地址不大于 0FFH 时,从端口输入字节数据到 AL
IN AX,端口地址	端口地址不大于 0FFH 时,从端口输入字数据到 AX
IN AL,DX	端口地址大于 0FFH 时,从端口输入字节数据到 AL,端口地址在 DX 中
IN AX,DX	端口地址大于 0FFH 时,从端口输入字节数据到 AX,端口地址在 DX 中
OUT 端口地址,AL	端口地址不大于 0FFH 时,将 AL 中的字节数据输出到端口
OUT 端口地址,AX	端口地址不大于 0FFH 时,将 AX 中的字数据输出到端口
OUT DX,AL	当端口地址大于 0FFH 时,将 AL 中的数据输出到端口,端口地址在 DX 中
OUT DX,AX	当端口地址大于 0FFH 时,将 AX 中的数据输出到端口,端口地址在 DX 中

例 2-17 写出完成下面功能的程序段:

①读取 30H 号端口字节数据; ②读取 208H 端口的字数据; ③将 AL 中的数据输出到

30H 端口；④将 AX 中数据写到 203H 端口。

解 ①端口地址 30H≤0FFH,可以采用直接寻址或者间接寻址,传送字节数据用 AL 寄存器。读数据用 IN 指令。

```
IN  AL,30H
```

或者

```
MOV  DX,30H
IN   AL,DX
```

② 端口地址 208H>0FFH,必须采用间接寻址,字数据传送用 AX 寄存器。读数据用 IN 指令。

```
MOV  DX,208H
IN   AX,DX
```

③ 端口地址 30H≤0FFH,可以采用直接寻址或者间接寻址,字节数据传送用 AL 寄存器。输出数据用 OUT 指令。

```
OUT  30H,AL
```

或者

```
MOV  DX,30H
OUT  DX,AL
```

④ 端口地址 203H>0FFH,必须采用间接寻址,字数据传送用 AX 寄存器。写端口用 OUT 指令。

```
MOV  DX,203H
OUT  DX,AX
```

2.3.3 算术运算类指令

算术运算类指令执行数据的加、减、乘、除运算。算术运算类指令执行的结果除了将运算结果保存到目的操作数以外,通常还会涉及或影响状态标志位。

1. 算术加法指令 ADD

指令格式：ADD 目的操作数,源操作数

指令功能：源操作数＋目的操作数的和放入目的操作数中,同时根据运算情况改变标志寄存器中的状态标志位。带符号数运行可能产生溢出,要考虑根据 OF 标志位进行溢出处理。

2. 带进位加法指令 ADC

指令格式：ADC 目的操作数,源操作数

指令功能：源操作数＋目的操作数＋当前标志寄存器中CF的值，将运算的和放入目的操作数中，同时根据运算情况改变标志寄存器中的状态标志位。运算时的CF是指令执行前的CF状态值。带符号数运行可能产生溢出，要考虑根据OF标志位进行溢出处理。

例 2-18 分析下列程序段的执行结果。

解

```
MOV  AX,1234H                    ;AX=1234H
MOV  CX,1234H                    ;CX=1234H
ADD  AX,0F000H                   ;AX=0234H,CF=1,AF=0,SF=0,ZF=0,PF=0,OF=0
ADC  CX,0F000H                   ;CX=0235H,CF=1,AF=0,SF=0,ZF=0,PF=1,OF=0
```

前两条指令执行后，AX＝1234H，CX＝1234H。指令 ADD AX,0F000H 执行时，将1234H＋0F000H的结果送入AX，则AX＝0234H，并且影响标志位，使得CF＝1，AF＝0，SF＝0，ZF＝0，PF＝0，OF＝0。指令 ADC CX,0F000H 执行时，因为当前的CF＝1，所以做1234H＋0F000H＋1的运算，结果送入CX，则CX＝0235H，并且影响标志位，使得CF＝1，AF＝0，SF＝0，ZF＝0，PF＝1，OF＝0。

例 2-19 编程序求12345678H＋87654321H的和。

解 因为8086 CPU的寄存器是16位的，不能一次计算两个32位数的和。将运算分为两次进行，先求低16位的和，再求高16位的和。高16位求和时，要考虑低16位产生的进位。

```
MOV  AX,5678H                    ;AX=5678H,放第一个加数的低16位
ADD  AX,4321H                    ;AX=5678H+4321H,两个数的低16位相加
                                 ;AX=9999H,CF=0,AF=0,SF=1,ZF=0,PF=0,OF=0
MOV  BX,1234H                    ;BX=1234H,放第一个加数的高16位
ADC  BX,8765H                    ;BX=1234H+8765H+CF,两个数高16位相加,考虑低位进位
                                 ;BX=9999H,CF=0,AF=0,SF=1,ZF=0,PF=0,OF=0
```

3. 加1指令 INC

指令格式：INC　目的操作数

指令功能：对目的操作数＋1后结果放入目的操作数，影响除CF外的其他状态标志位。

例 2-20 分析下列程序段的执行结果。

```
MOV  AX,0FFFFH                   ;AX=0FFFFH
INC  AX                          ;AX=0000H,CF无变化,AF=1,SF=0,ZF=1,PF=1,OF=0
MOV  BX,0FFFFH                   ;BX=0FFFFH
ADD  BX,1                        ;BX=0000H,CF=1,AF=1,SF=0,ZF=1,PF=1,OF=0
```

解 AX中为0FFFFH，做INC指令时执行0FFFFH＋1的操作，结果为AX＝0000H，同时标志寄存器中各位情况为：CF无变化，AF＝1，SF＝0，ZF＝1，PF＝1，OF＝0。BX中

送入 0FFFFH，做 ADD 指令时执行 0FFFFH＋1 的操作，结果 BX＝0000H，同时 CF＝1，AF＝1，SF＝0，ZF＝1，PF＝1，OF＝0。

4. 压缩 BCD 码加法运算结果校正指令 DAA

指令格式：DAA

指令功能：按照 BCD 码运算的修正规则，将 AL 中的数调整为压缩 BCD 码形式。本指令执行前先要做压缩 BCD 码的加法运算，结果必须在 AL 中。

例 2-21　分析下列程序段的执行结果。

```
MOV  AL,85H                    ;AL=85H
ADD  AL,96H                    ;AL=1BH,CF=1,AF=0,SF=0,ZF=0,PF=1,OF=0
DAA                            ;AL=81H,CF=1,AF=1,SF=1,ZF=0,PF=1,OF=0
```

解　前两条指令将 85H＋96H 的二进制加法结果放到 AL 中，则 AL＝1BH，同时标志寄存器中 CF＝1，AF＝0，SF＝0，ZF＝0，PF＝1，OF＝0。执行 DAA 指令后，AL＝81H，同时 CF＝1，AF＝1，SF＝1，ZF＝0，PF＝1，OF＝0。

5. 非压缩 BCD 码加法运算结果校正指令 AAA

指令格式：AAA

指令功能：按照 BCD 码运算的修正规则，将 AL 中的数调整为非压缩 BCD 码形式，最后结果在 AH、AL 中。本指令执行前先要做非压缩 BCD 码的加法运算，结果必须在 AL 中。调整时会使用 AH，应先将 AH 清零。AH、AL 调整后是非压缩 BCD 码，所以高 4 位都是 0。

例 2-22　分析下列程序段的执行结果。

```
MOV  AX,0005H                  ;AX=0005H
ADD  AL,08H                    ;AL=0DH,CF=0,AF=0,SF=0,ZF=0,PF=0,OF=0
AAA                            ;AL=03H,AH=01,CF=1,AF=1,SF=0,ZF=0,PF=0,OF=0
```

解　指令 MOV AX，0005H 将 AH 清 0，并且 AL 中为非压缩 BCD 码 05H。做二进制加法运算后，AL＝0DH，CF＝0，AF＝0，SF＝0，ZF＝0，PF＝0，OF＝0。AL 中不是非压缩 BCD 码数。指令 AAA 进行修正调整，AL＝03H，AH＝01，CF＝1，AF＝1，SF＝0，ZF＝0，PF＝0，OF＝0。

6. 算术减法指令 SUB

指令格式：SUB　目的操作数，源操作数

指令功能：目的操作数－源操作数的差放入目的操作数，同时根据运算结果情况改变标志寄存器中的状态标志位。减法操作中产生的借位信息放在 CF 中。带符号数减法运算可能产生溢出，要考虑根据 OF 标志位进行溢出处理。

7. 带借位的减法指令 SBB

指令格式：SBB　目的操作数，源操作数

指令功能：目的操作数－源操作数－当前标志寄存器中 CF 的差放入目的操作数，同时根据运算结果情况改变标志寄存器中的状态标志位。运算时的 CF 是指令执行前的 CF 状态值。带符号数减法运算可能产生溢出,要考虑根据 OF 标志位进行溢出处理。

8. 减 1 指令 DEC

指令格式: DEC　目的操作数

指令功能: 目的操作数−1 的结果放入目的操作数,影响除 CF 外的其他状态标志位。

9. 比较指令 CMP

指令格式: CMP　目的操作数,源操作数

指令功能: 目的操作数减去源操作数,差不放入目的操作数,但是影响状态标志位。

例 2-23　分析下列程序段的执行结果。

```
MOV  AX,1234H                    ;AX=1234H
MOV  CX,AX                       ;CX=1234H
MOV  BX,0001H                    ;BX=0001H
CMP  AX,BX                       ;AX=1234H,BX=0001H,CF=0,AF=0,SF=0
                                 ;ZF=0,PF=1,OF=0
STC                              ;CF=1
SUB  AX,BX                       ;AX=1233H,BX=0001H,CF=0,AF=0,SF=0
                                 ;ZF=0,PF=1,OF=0
STC                              ;CF=1
SBB  CX,BX                       ;CX=1232H,,BX=0001H,CF=0,AF=0,SF=0
                                 ;ZF=0,PF=0,OF=0
```

解　前 3 条传送指令执行后,AX=1234H,CX=1234H,BX=0001H。CMP AX,BX 指令执行,运算器做 AX−BX 的操作,但是不产生差,即 AX、BX 的数不变。但是运算会影响标志寄存器中的状态标志,所以 CF=0,AF=0,SF=0,ZF=0,PF=1,OF=0。STC 将 CF 置为 1。再执行 SUB AX,BX 指令,则做 AX−BX 的操作,差放在 AX 中,AX=1233H。且影响所有状态标志位,CF=0,AF=0,SF=0,ZF=0,PF=1,OF=0。STC 将 CF 置为 1。再执行 SBB CX,BX 指令,则做 CX−BX−1 的操作,差放在 CX 中,CX=1232H。且影响所有状态标志位,CF=0,AF=0,SF=0,ZF=0,PF=0,OF=0。

10. 取补指令 NEG

指令格式: NEG　目的操作数

指令功能: 0 减去目的操作数的结果放入目的操作数,影响所有状态标志位。

例 2-24　分析下列程序段的执行结果。

```
MOV  AX,0                        ;AX=0
DEC  AX                          ;AX=0FFFFH,AF=1,SF=1,ZF=0,PF=1,OF=0
NEG  AX                          ;AX=0001H,CF=1,AF=1,SF=0,ZF=0,PF=0,OF=0
```

解　MOV AX,0 指令执行后,AX=0。DEC AX 指令执行 0−1 操作,执行结果 AX=0FFFFH,即−1 的补码形式。DEC 指令执行状态标志中 CF 不受影响,其他标志位为 AF=

1,SF=1,ZF=0,PF=1,OF=0。NEG　AX 指令执行 0-FFFFH 操作,执行结果: AX=0001。状态标志受到影响,CF=1,AF=1,SF=0,ZF=0,PF=0,OF=0。

11. 压缩 BCD 码减法运算结果校正指令 DAS

指令格式: DAS

指令功能: 按照 BCD 码运算的修正规则,将 AL 中的数调整为压缩 BCD 码形式。本指令执行前先要做压缩 BCD 码的减法运算,结果必须在 AL 中。

12. 非压缩 BCD 码减法运算结果校正指令 AAS

指令格式: AAS

指令功能: 按照 BCD 码运算的修正规则,将 AL 中的数调整为非压缩 BCD 码形式,最后结果在 AH、AL 中。本指令执行前先要做非压缩 BCD 码的减法运算,结果必须在 AL 中。调整时会使用 AH,应先将 AH 清零。AH、AL 调整后是非压缩 BCD 码,所以高 4 位是 0。

13. 无符号数乘法指令 MUL

指令格式: MUL　源操作数

指令功能: 如果源操作数是字节类型,则指令执行 AL×源操作数,将乘积放入 AX 中。如果源操作数是字类型,则指令执行 AX×源操作数,将乘积放入 DX 和 AX 中。源操作数不允许为立即数。做乘法运算时,两个乘数是无符号数,即最高位不是符号位,而是有权值的二进制数据位。MUL 指令仅影响 CF 标志位,用于标示乘积中高一半是否有有效数值。

14. 带符号数乘法指令 IMUL

指令格式: IMUL　源操作数

指令功能: 如果源操作数是字节类型,则指令执行 AL×源操作数,将乘积放入 AX 中。如果源操作数是字类型,则指令执行 AX×源操作数,将乘积放入 DX 和 AX 中。源操作数不允许为立即数。做乘法运算时,两个乘数按带符号数补码运算,最高位是符号位,得到的乘积也是补码形式。IMUL 指令仅影响 CF 标志位,用于标示乘积中高一半是否有有效数值。

例 2-25　分析下列程序段的执行结果。

```
MOV   AL,11H                          ;AL=11H
MOV   BL,0B2H                         ;BL=0B2H
MUL   BL                              ;AX=0BD2H,CF=1
MOV   AL,11H                          ;AL=11H
MOV   CL,05H                          ;CL=05H
IMUL  BL                              ;AX=0FAD2H,CF=1
```

解　前两条指令执行后,AL=11H,BL=0B2H。执行 MUL BL 指令,因为 BL 是字节类型,所以用 AL×BL。MUL 指令是做无符号数乘法,所以 11H 表示的无符号数是十进制 17,0B2H 表示的无符号数是十进制 178。17×178 的乘积 3026 的二进制形式放入 AX,所以 AX=0BD2H。并且 AX 中乘积的高一半有有效数据,所以 CF=1。

接着 MOV 指令执行,AL=11H,CL=05H。执行 IMUL BL 指令,因为 BL 是字节类

型，所以用 AL×BL。注意，并不是 CL×BL，因为乘法指令隐含的另一个乘数在 AL 或 AX 中。IMUL 指令是做带符号数乘法，所以 11H 表示的带符号数是十进制+17，0B2H 表示带符号数是十进制－78 的补码。(+17)×(－78)的乘积－1326 的补码形式放入 AX 中，所以 AX=0FAD2H。并且 AX 中乘积的高一半有有效数据，所以 CF=1。

15. 无符号数除法指令 DIV

指令格式：DIV　源操作数

指令功能：如果源操作数是字节类型，则指令执行 AX÷源操作数，将商放入 AL 中，余数放入 AH 中。如果源操作数是字类型，则 DX 和 AX 组成 32 位的被除数÷源操作数，将商放入 AX 中，将余数放入 DX 中。源操作数不允许为立即数。被除数和除数都是无符号数据，最高位不是符号位，而是有权值的二进制数据位。DIV 指令不影响标志位。DIV 指令的商放在被除数的高一半中，如果商的数值超过高一半数据表示的范围，则会产生除法溢出错误。

16. 带符号数除法指令 IDIV

指令格式：IDIV　源操作数

指令功能：如果源操作数是字节类型，则指令执行 AX÷源操作数，将商放入 AL 中，余数放入 AH 中。如果源操作数是字类型，则 DX 和 AX 组成 32 位的被除数÷源操作数，将商放入 AX 中，将余数放入 DX 中。源操作数不允许为立即数。被除数和除数都是带符号数据的补码，最高位是符号位，得到的商也是补码形式。IDIV 指令不影响标志位。IDIV 指令的商放在被除数的高一半中，如果商的数值超过高一半数据表示的范围，会产生除法溢出错误。

例 2-26　分析下列程序段的执行结果。

```
MOV     AX,0400H                    ;AX=0400H
MOV     CX,5678H                    ;CX=5678H
MOV     BL,0B4H                     ;BL=0B4H
DIV     BL                          ;AX=7C05H
MOV     AX,0400H                    ;AX=0400H
IDIV    BL                          ;AX=24F3H
```

解　前 3 条 MOV 指令使得 AX=0400H，CX=5678H，BL=0B4H。执行 DIV BL 指令时，因为除数 BL 是字节类型，所以被除数在 AX 中。执行 0400H÷0B4H 的操作。0400H 做无符号数是十进制的 1024。0B4H 做无符号数是十进制的 180。1024÷180 的商 5 放入 AL，所以 AL = 05H；余数 124 放入 AH，所以 AH = 7CH。DIV BL 指令执行后，AX=7C05H。

接着 MOV 指令执行，AX=0400H。执行 IDIV BL 指令时，因为除数 BL 是字节类型，所以被除数在 AX 中。执行 0400H ÷ 0B4H 的操作。0400H 做带符号数是十进制的+1024。0B4H 做带符号数是十进制－76 的补码。(+1024)÷(－76)的商－13 的补码放入 AL，所以 AL＝0F3H；余数 36 放入 AH，所以 AH＝24H。IDIV BL 指令执行后，

AX＝24F3H。

例 2-27 分析下列程序段的执行结果。

```
MOV  AX,1234H                    ;AX=1234H
MOV  BL,2                        ;BL=2
DIV  BL                          ;除法溢出
```

解 因为1234H÷2的商是91AH，超出了放商的AL的数据表示范围，发生了溢出。要完成这个除法，可以做字除法。被除数32位，除数16位，这样商放在16位AX中就可以放下了，或者可以采用AX的数算术右移的方法求商。

17. 带符号数字节扩展指令 CBW

指令格式：CBW

指令功能：将AL中的8位数据扩展为AX中的16位数据。扩展方法是将AL的符号位扩展到AH。

18. 带符号数字扩展指令 CWD

指令格式：CWD

指令功能：将AX中的16位数据扩展为DX、AX组合的32位数据。扩展方法是将AX的符号位扩展到DX。

例 2-28 分析下列程序段的执行结果。

```
MOV  AX,1234H                    ;AX=1234H
CWD                              ;DX=0000H
MOV  BX,2                        ;BX=2
DIV  BX                          ;AX=091AH,DX=0000H
```

解 指令MOV AX,1234H执行结果：AX＝1234H。指令CWD将AX的符号位扩展到DX中，DX＝0000H。指令MOV BX,2执行后，BX＝2。指令DIV BX执行时，因为除数BX是字类型，所以用DX、AX中32位数做被除数，商放入AX中，余数放入DX中。所以执行结果AX＝091AH，DX＝0000H。避免了例2-27中的溢出问题。

程序段中第二条CWD指令非常重要，如果没有这条指令，执行DIV指令时，DX中的数据是不确定的，则执行的操作就是xxxx1234H÷2了。

2.3.4 位操作类指令

位操作类指令是数据的某一个或几个二进制位进行操作，包括逻辑运算指令和移位指令。

1. 逻辑与运算指令 AND

指令格式：AND 目的操作数，源操作数

指令功能：目的操作数和源操作数按位做逻辑与运算，结果放入目的操作数中，使CF＝OF＝0，并根据结果设置SF、ZF和PF标志。与运算规则是两位同时为1，与的结果才

为 1，否则结果为 0。

2. 逻辑或运算指令 OR

指令格式：OR　目的操作数，源操作数

指令功能：目的操作数和源操作数按位做逻辑或运算，结果放入目的操作数中。使 CF＝OF＝0，并根据结果设置 SF、ZF 和 PF 标志。或运算的规则是两位中只要有 1，或的结果就为 1，否则为 0。

3. 逻辑非运算指令 NOT

指令格式：NOT　目的操作数

指令功能：对目的操作数按位做逻辑非运算，结果放入目的操作数中。不影响状态标志位。非运算规则是 0 非为 1，1 非为 0。

4. 逻辑异或运算指令 XOR

指令格式：XOR　目的操作数，源操作数

指令功能：目的操作数和源操作数按位做逻辑异或运算，结果放入目的操作数中。使 CF＝OF＝0，并根据结果设置 SF、ZF 和 PF 标志。异或运算规则是两位不同，异或结果为 1；两位相同，异或结果为 0。

例 2-29　分析下列程序段的执行结果。

```
MOV  AL,0D5H                    ;AL=0D5H
MOV  BL,AL                      ;BL=0D5H
MOV  CL,AL                      ;CL=0D5H
AND  AL,2AH                     ;AL=00H,CF=0,SF=0,ZF=1,PF=1,OF=0
OR   BL,2AH                     ;BL=0FFH,CF=0,SF=1,ZF=0,PF=1,OF=0
XOR  CL,2AH                     ;CL=0FFH,CF=0,SF=1,ZF=0,PF=1,OF=0
```

解　程序段中的数据是十六进制表示，做逻辑运算时，要对二进制数按位进行运算。所以前 3 条 MOV 指令执行后 AL＝BL＝CL＝0D5H＝11010101B。指令 AND AL，2AH 执行，则将 11010101B 和 00101010B 做与运算，AL＝00H，CF＝0，SF＝0，ZF＝1，PF＝1，OF＝0。指令 OR BL，2AH 执行，则将 11010101B 和 00101010B 做或运算，BL＝0FFH，CF＝0，SF＝1，ZF＝0，PF＝1，OF＝0。指令 XOR CL，2AH 执行，则将 11010101B 和 00101010B 做异或运算，CL＝0FFH，CF＝0，SF＝1，ZF＝0，PF＝1，OF＝0。

5. 测试指令 TEST

指令格式：TEST　目的操作数，源操作数

指令功能：目的操作数和源操作数按位做逻辑与运算，不将运算结果放目的操作数。使 CF＝OF＝0，并根据结果设置 SF、ZF 和 PF 标志。和 AND 指令的区别就是不产生与的结果。

例 2-30　分析下列程序段的执行结果。

```
MOV   AL,0D5H                   ;AL=0D5H
```

```
MOV   BL,AL                          ;BL=0D5H
AND   AL,2AH                         ;AL=00H,CF=0,SF=0,ZF=1,PF=1,OF=0
TEST  BL,2AH                         ;BL=0D5H,CF=0,SF=0,ZF=1,PF=1,OF=0
```

解 AND 指令和 TEST 指令都是做与运算，都影响标志位，区别是 TEST 指令不影响目的操作数。程序执行后，AL=00H，BL=0D5H，ZF=1，PF=1，SF=0，CF=0，OF=0。

逻辑运算指令除了用于数据的逻辑运算外，也常用于对数据的某些位进行设置为 0、为 1 或求反的操作。常用的操作有以下几个。

- AND 指令可以对数据中某位清 0(该位和 0 与)，而某位不变(该位和 1 与)。
- OR 指令可以对数据中某位置 1(该位和 1 或)，而某位不变(该位和 0 或)。
- XOR 指令可以对数据中某位变反(该位和 1 异或)，而某位不变(该位和 0 异或)。

例 2-31 编写程序段，将 AL 的第 5 位和第 0 位清 0，其他位不变。将 BL 的低 4 位全置为 1，其他位不变。将 CL 的低 4 位变反，高 4 位不变。

解

```
AND  AL,11011110B              ;AL 第 5 位和第 0 位和 0 与清 0,其余和 1 与不变
OR   BL,00001111B              ;BL 的低 4 位与 1 或置 1,其他位与 0 或不变
XOR  CL,00001111B              ;CL 的低 4 位与 1 异或变反,高 4 位与 0 异或不变
```

下面介绍位操作类指令中的移位操作指令。移位操作指令包括逻辑左移、算术左移、逻辑右移、算术右移、循环左移、循环右移、带进位循环左移、带进位循环右移。移位指令中，移位次数为 1 时，直接写在指令源操作数位置。移位次数大于 1 时，要将移位次数放在 CL 中。

6. 逻辑左移指令 SHL

指令格式：SHL　目的操作数，1

　　　　　SHL　目的操作数，CL

指令功能：将目的操作数进行左移，低位的空位用 0 填充，最后移出的高位在 CF 标志位中。根据结果设置 SF、ZF、PF 状态标志位。

7. 算术左移指令 SAL

指令格式：SAL　目的操作数，1

　　　　　SAL　目的操作数，CL

指令功能：将目的操作数进行左移，低位的空位用 0 填充，最后移出的高位在 CF 标志位中。根据结果设置 SF、ZF、PF 状态标志位。

数据左移 n 位，可以实现乘以 2^n 的运算。逻辑左移指令和算术左移指令功能相同。左移指令操作时，要注意考虑结果溢出的情况。

例 2-32 分析下列程序段的执行结果。

```
MOV  CL,2                        ;CL=2
MOV  BL,0F1H                     ;BL=0F1H
SHL  BL,CL                       ;BL=0C4H,CF=1,SF=1,ZF=0,PF=0
```

解 程序段指令对 BL 的数逻辑左移 2 位，BL=0C4H。同时影响状态标志位，CF=1，SF=1，ZF=0，PF=0。BL 中原有数据 0F1H，表示带符号数是 −15D，左移两位，完成 (−15D)×4 的运算，结果 0C4H 是 −60D 的补码。BL 中原有数据 0F1H 表示无符号数是 241D，左移两位，完成的是 241D×4 的运算，结果 964D 超过 BL 的表示范围，则发生溢出，BL 中的 0C4H 不是正确结果。

8. 逻辑右移指令 SHR

指令格式：SHR 目的操作数，1

SHR 目的操作数，CL

指令功能：将目的操作数进行右移，高位的空位用 0 填充，最后移出的低位在 CF 标志位中。根据结果设置 SF、ZF、PF 状态标志位。数据逻辑右移 n 位，完成无符号数除以 2^n 的运算。

9. 算术右移指令 SAR

指令格式：SAR 目的操作数，1

SAR 目的操作数，CL

指令功能：将目的操作数进行右移，高位的空位用符号位填充，最后移出的低位在 CF 标志位中。根据结果设置 SF、ZF、PF 状态标志位。数据算术右移 n 位，完成带符号数除以 2^n 的运算。

例 2-33 分析下列程序段的执行结果。

```
MOV  AL,0F1H                        ;AL=0F1H
SHR  AL,1                           ;AL=78H,CF=1,SF=0,PF=1,ZF=0
MOV  BL,0F1H                        ;BL=0F1H
SAR  BL,1                           ;BL=0F8H,CF=1,SF=1,PF=0,ZF=0
```

解 前两条指令将 AL 中的 0F1H 逻辑右移 1 位，AL=78H，CF=1，SF=0，PF=1，ZF=0。AL 中原数据 0F1H 是无符号数 241D。逻辑右移 1 位，完成 241D÷2 运算，AL 中的商 78H 是无符号数 120。

后两条指令将 BL 中的 0F1H 算术右移 1 位，BL=0F8H，CF=1，SF=1，PF=0，ZF=0。BL 中原数据 0F1H 是带符号数 −15D。逻辑右移 1 位，完成 −15D÷2 运算，BL 中的商 0F8H 是带符号数 −8。

10. 循环左移指令 ROL

指令格式：ROL 目的操作数，1

ROL 目的操作数，CL

指令功能：将目的操作数进行左移，高位移出送入低位空位，最后移出的高位同时存入 CF 标志位中。除了 CF 和 OF，不影响其他状态标志位。

11. 循环右移指令 ROR

指令格式：ROR 目的操作数，1

　　　　ROR　目的操作数,CL

指令功能：将目的操作数进行右移，低位移出送入高位空位，最后移出的低位同时存入CF标志位中。除了CF和OF，不影响其他状态标志位。

12. 带进位循环左移指令 RCL

指令格式：RCL　目的操作数,1

　　　　　RCL　目的操作数,CL

指令功能：将目的操作数和CF一起进行左移，CF送入低位空位，目的操作数高位送入CF。除了CF和OF，不影响其他状态标志位。

13. 带进位循环右移指令 RCR

指令格式：RCR　目的操作数,1

　　　　　RCR　目的操作数,CL

指令功能：将目的操作数和CF一起进行右移，CF送入高位空位，目的操作数低位送入CF。除了CF和OF，不影响其他状态标志位。

例 2-34　分析下列程序段的执行结果。

```
MOV  AL,80H                    ;AL=80H
ROL  AL,1                      ;AL=01H,CF=1,OF=1
MOV  BL,80H                    ;BL=80H
RCR  BL,1                      ;BL=0C0H,CF=0,OF=0
```

解　AL中放入80H后，做ROL循环左移操作，最高位的1移入最低位和CF中，所以AL=01H,CF=1。AL中符号位发生变化，所以产生了溢出，OF=1。

BL中放入80H后，做RCR带进位循环右移操作。执行指令前CF=1。循环右移时，数据右移，CF的1移入BL最高位，最低位0移入CF。执行结果BL=0C0H,CF=0。BL的符号位没有发生变化，所以OF=0。

例 2-35　编写程序，完成32位数1234FABCH×2的运算。

解　左移一位有乘2的功能。但是8086 CPU寄存器是16位的，所以需要分两次移位。低16位左移移出的最高位在CF中，通过带进位的循环左移可以将CF移入高16位数据的最低位。

```
MOV  DX,1234H                  ;DX=1234H
MOV  AX,0FABCH                 ;AX=0FABCH
SHL  AX,1                      ;AX=0F578H,CF=1,OF=0
RCL  DX,1                      ;DX=2469H,CF=0,OF=0
```

2.3.5　串操作类指令

串操作类指令主要用于对主存中一个连续的数据串进行处理。串操作类指令都是隐含寻址，没有操作数。规定源操作数用DS:[SI]寻址，允许加段超越前缀；目的操作数用ES:

[DI]寻址，不允许加段超越前缀。对数据串中的数据可以按字节操作，也可以按字操作。执行一次串操作，源地址指针 SI 和目的地址指针 DI 将根据 DF 标志位自动修改。DF=0，地址指针自动增加；DF=1，地址指针自动减少。如果是按字节操作，则 SI 和 DI 自动±1；如果是按字操作，则 SI 和 DI 自动±2。

1. 串传送指令 MOVSB 和 MOVSW

指令功能：将 DS:[SI] 单元的数据传送到 ES:[DI] 单元。MOVSB 指令执行时，根据 DF 设置，SI、DI 的值±1。MOVSW 指令执行时，根据 DF 设置，SI、DI 的值±2。

2. 串存储指令 STOSB 和 STOSW

指令功能：将 AL/AX 的值存入 ES:[DI]单元中。STOSB 指令执行时，根据 DF 设置，DI 的值±1。STOSW 指令执行时，根据 DF 设置，DI 的值±2。

3. 串装入指令 LODSB 和 LODSW

指令功能：将 DS:[SI] 单元的值送入 AL/AX 中。LODSB 指令执行时，根据 DF 设置，SI 的值±1。LODSW 指令执行时，根据 DF 设置，SI 的值±2。

4. 串比较指令 CMPSB 和 CMPSW

指令功能：将 DS:[SI] 单元的数据与 ES:[DI] 单元的数据做比较（即减法运算），不产生差，仅影响状态标志位。CMPSB 指令执行时，根据 DF 设置，SI、DI 的值±1。CMPSW 指令执行时，根据 DF 设置，SI、DI 的值±2。

5. 串搜索指令 SCASB 和 SCASW

指令功能：将 AL/AX 中的数与 ES:[DI] 单元的数据做比较（即减法运算），差不保存，仅影响状态标志位。SCASB 指令执行时，根据 DF 设置，DI 的值±1。SCASW 指令执行时，根据 DF 设置，DI 的值±2。

6. 重复前缀

串操作类指令执行一次只对数据串中一个数据操作，指针修改一次。除了 LODSB/LODSW 指令不能加重复前缀外，其他串操作类指令都可以加重复前缀进行重复执行，重复的次数由 CX 设定。

可与串操作类指令配合使用的重复前缀有以下几个。

(1) REP。

功能：重复执行之后的串操作类指令。重复的次数在 CX 中，执行串操作指令时，CX=CX-1，重复直至 CX=0。一般与 MOVSB、MOVSW、STOSB、STOSW 指令配合使用。

(2) REPE/REPZ。

功能：重复执行之后的串操作类指令。重复的次数在 CX 中，执行串操作指令时，CX=CX-1，重复直至 CX=0 或者 ZF=0。一般与 CMPSB、CMPSW 指令配合使用。

(3) REPNE/REPNZ。

功能：重复执行之后的串操作类指令。重复的次数在 CX 中，执行串操作指令时，CX=CX-1，重复直至 CX=0 或者 ZF=1。一般与 SCASB、SCASW 指令配合使用。

例 2-36 分析下列程序段的执行结果。

```
MOV  AX,0A00H                         ;AX=0A00H
MOV  DS,AX                            ;DS=0A00H
MOV  ES,AX                            ;ES=0A00H
MOV  SI,0100H                         ;SI=0100H
MOV  DI,0110H                         ;DI=0110H
MOV  CX,7                             ;CX=0007
CLD                                   ;DF=0
REP  MOVSB                            ;0A00H:0100H 数据区 7 个字节数据
                                      ;被传送到 0A00H:0110H 区。SI=0107H,DI=0117H,CX=0
```

解　数据段 0A00H:0100H 开始的数据区作为源数据区，附加段 0A00H:0110H 开始的数据区作为目的数据区。设定 CX＝7，则 REP 后的 MOVSB 指令会执行 7 次，每次将 DS:[SI]指示单元的字节传送到 ES:[DI]指示的单元，同时根据 DF＝0，将 SI、DI 都加 1，指向下一个单元。本程序段执行后，0A00H:0100H 数据区的 7 个字节数据被传送到 0A00H:0110H 区。SI＝0107H，DI＝0117H，CX＝0。

2.3.6　控制转移类指令

程序中的分支、循环和子程序等结构都需要与控制转移类指令配合才能实现，所以这一类的指令都很重要。控制转移类指令分为无条件转移指令、条件转移指令、循环控制指令、子程序调用指令、中断指令。不同指令对转移距离的大小有不同的限制。控制转移类指令的地址码都是要执行的下一条指令的地址码。根据跳转的范围，寻址方式有段内相对寻址、段内间接寻址、段间直接寻址、段间间接寻址 4 种情况。这 4 种情况可以分别采用不同的 PTR 运算符加以说明。关于 PTR 运算符，将在后面的章节介绍。

1. 无条件转移指令 JMP

指令格式：JMP　目的地址

指令功能：根据指令中目的地址的寻址方式，确定新的 CS、IP 的值，转去执行目的地址的指令。

2. 条件转移指令

条件转移指令中指定要判断的标志位，根据标志位当前的状态值，决定程序是否发生转移。条件转移指令中转移地址都是采用相对寻址方式，即要转去的指令地址与当前转移指令在同一段，并且距离在－128～＋127B 之内。掌握条件转移指令的助记符、判断的标志位、转移的条件及含义，是正确运用这些指令的关键。为了便于查阅，将所有条件转移指令列表说明。一个单元格中的指令虽然助记符不同，但是功能等同。表 2.3 是条件转移指令列表。

表 2.3 条件转移指令列表

助 记 符	标志位及转移条件	说 明
JZ 或 JE	ZF=1	等于零/相等
JNZ 或 JNE	ZF=0	不等于零/不相等
JS	SF=1	符号为负
JNS	SF=0	符号为正
JP 或 JPE	PF=1	"1"的个数为偶
JNP 或 JPO	PF=0	"1"的个数为奇
JO	OF=1	溢出
JNO	OF=0	无溢出
JC 或 JB 或 JNAE	CF=1	进位/无符号数比较低于/不高于等于
JNC 或 JNB 或 JAE	CF=0	无进位/无符号数不低于/高于等于
JBE 或 JNA	CF=1 或 ZF=1	无符号数低于等于/不高于
JNBE 或 JA	CF=0 且 ZF=0	无符号数不低于等于/高于
JL 或 JNGE	SF≠OF	带符号数比较小于/不大于等于
JNL 或 JGE	SF=OF	带符号数比较不小于/大于等于
JLE 或 JNG	ZF≠OF 或 ZF=1	带符号数比较小于等于/不大于
JNLE 或 JG	SF=OF 且 ZF=0	带符号数比较不小于等于/大于

无符号数和带符号数比较时，需要用不同的标志位判断结果，所以分别对应各自的条件转移指令。为了区别两者，助记符号中，无符号数的大小采用"高 Above""低 Below"；带符号数的大小采用"大 Greater""小 Less"。

例 2-37 分析下列程序段的执行结果。

```
        MOV  AL,0FFH            ;AL=0FFH
        MOV  BL,00H             ;BL=00H
        CMP  AL,BL              ;CF=0,ZF=0,PF=1,SF=1,OF=0,AF=0
        JA   L1                 ;转移
        MOV  AL,1               ;不执行
        JMP  EXIT               ;不执行
L1:     MOV  AL,0               ;AL=0
EXIT:
```

解 前两条传送指令执行后 AL=0FFH 和 BL=00H。CMP 指令做 AL-BL 运算，AL 和 BL 不变，设置状态标志位，CF=0，ZF=0，PF=1，SF=1，OF=0，AF=0。接着 JA 指令判断转移条件，ZF=0 且 CF=0，转移条件成立，则跳转到指令中指定的标号 L1，执行 L1

处的指令。所以 AL=0。程序段结束。本程序段实现对 0FFH 和 00H 这两个无符号数的比较,0FFH 表示无符号数 255,所以 0FFH>00H,JA 指令“高于”条件成立,跳转执行。

例 2-38　分析下列程序段的执行结果。

```
      MOV   AL,0FFH                  ;AL=0FFH
      MOV   BL,00H                   ;BL=00H
      CMP   AL,BL                    ;CF=0,ZF=0,PF=1,SF=1,OF=0,AF=0
      JG    L1                       ;不转移
      MOV   AL,1                     ;AL=1
      JMP   EXIT                     ;跳转到 EXIT
L1:   MOV   AL,0
EXIT:
```

解　本程序段和上例的程序段,只有条件转移指令不同。转移的判断条件是 SF=OF 且 ZF=0,执行的功能就成了带符号数比较。AL 中的 0FFH 是带符号数−1,所以 AL<BL,JG 指令转移的条件不成立,不会跳转,而是顺序执行 JG 指令后面的指令,所以 AL=1。

在设计程序的时候要注意,多分支的最后要用 JMP 指令区分。如本例中,如果没有 JMP 指令,在 AL=1 后,又会顺序执行后面的指令,使 AL=0,则最终的结果不正确了。

3. 循环控制指令

在循环程序结构中,需要设置循环次数。循环控制指令都是利用 CX 寄存器作为计数器,实现循环次数控制。循环控制指令只能实现−128~+127B 范围内的短转移。

(1) 测试 CX 指令 JCXZ。

指令格式:JCXZ　目的地址

指令功能:测试 CX 是否等于 0,当 CX=0 则转移到目的地址。

(2) 循环指令 LOOP。

指令格式:LOOP　目的地址

指令功能:对 CX−1 操作后,当 CX≠0 时,循环转移到目的地址。

(3) 为零循环指令 LOOPZ/LOOPE。

指令格式:LOOPZ　目的地址

　　　　　或 LOOPE　目的地址

指令功能:对 CX−1 操作后,判断 CX≠0 且 ZF=1 时,循环转移到目的地址。

(4) 不为零循环指令 LOOPNZ/LOOPNE。

指令格式:LOOPNZ　目的地址

　　　　　或 LOOPNE　目的地址

指令功能:对 CX−1 操作后,判断 CX≠0 且 ZF=0 时,循环转移到目的地址。

例 2-39　分析下列程序段的执行结果。

```
      MOV   AL,1                     ;AL=1
      MOV   CX,5                     ;CX=5
```

```
L1:   INC    AL                       ;AL=AL+1
      LOOP   L1                       ;CX=CX-1≠0,转移到 L1 重复,CX-1=0,结束循环
                                      ;5 次重复后,CX=0,AL=6
```

解 LOOP 指令对 CX 做减 1 操作并不影响标志位,循环结束后 CX=0,但是 ZF=0。

4. 子程序指令调用和返回指令

将某些具有独立功能的部分写成独立的模块,以便在程序中多次使用,或被其他程序使用,这种模块称为子程序。使用子程序的程序称为主程序。主程序使用子程序,称为调用子程序。子程序执行完后,回到主程序继续主程序的执行,称为子程序返回。主程序调用子程序指令的下一条指令的地址,称为断点地址。

(1) 子程序调用指令 CALL。

指令格式:CALL 目标地址

指令功能:根据指令中的目标地址转移到目标地址处执行指令。CALL 指令执行时,自动将 CALL 指令的下一条指令的地址入栈保护,也即断点地址入栈。如果目标地址是段内转移,则将 IP 入栈,然后指令中的目标地址置入 IP。如果目标地址是段间转移,则将 CS、IP 入栈,然后将 CS、IP 设置为指令中的目标地址。目标地址的寻址方式有直接寻址和间接寻址两种。目标地址通常是用子程序名、标号表示,也可以由寄存器或存储单元给出。

(2) 子程序返回指令 RET。

指令格式:RET

指令功能:在子程序结束后,返回到主程序 CALL 指令的下一条指令执行,也即断点出栈。RET 指令与 CALL 指令对应。如果 CALL 指令是段内调用,RET 指令执行时,从栈顶出栈一个字到 IP 中。如果 CALL 指令是段间调用,RET 指令执行时,从栈顶出栈两个字到 CS、IP 中。

(3) 加参数返回指令 RET n。

指令格式:RET n

指令功能:n 可以是 0000~0FFFFH 范围内的任何一个偶数。RET n 指令执行时,先根据 CALL 调用类型从栈顶出栈断点地址到 CS、IP 中,再将 SP+n。

例 2-40 设内存中有两个程序段,一个在 0100H~0104H 单元区域,一个在 0110H~0112H 单元区域。0100H 单元指令标号为 L1。0110H 单元指令标号为 L2。从 L1 处指令开始执行程序,分析程序执行结果。

```
内存地址      程序段
0100       L1:MOV    AL,1          ;AL=1
0102          CALL   L2            ;断点 0105H 入栈,SP-2,IP=0110H
0105
....          ....
0110       L2:MOV    AL,0          ;AL=0
0112          RET                  ;断点出栈,SP+2,IP=0105H
```

0113

解　执行CALL指令前AL=1。执行CALL指令时，将断点地址0105H入栈保存，IP为L2的目标地址，IP=0110H，转移执行L2处的指令，使AL=0。子程序最后一条为RET指令，从栈顶出栈0105H到IP中，IP=0105H，又回到了主程序CALL指令的下一条指令。

在CALL指令执行时，SP指针减2，在堆栈栈顶存放了主程序的断点地址，而执行RET指令时，SP指针加2，从栈顶出栈断点，所以主程序调用子程序后，能够正确回到断点处继续执行主程序。

2.3.7　中断指令和系统功能调用

在PC的系统软件（Windows操作系统、DOS操作系统、BIOS基本输入输出系统）中有一组专门的例行程序。在系统运行期间遇到某些特殊情况时，计算机暂停当前程序的执行，转而执行这组例行程序来处理这些特殊情况。这些特殊情况称为中断，而处理中断的例行程序称为中断服务子程序。中断服务子程序有很多，通过中断类型号进行区分。通过中断指令可以使用一部分中断服务子程序。

要注意的是，如果一个微机系统中系统软件没有提供调用的中断服务子程序，则不能实现中断调用。

1. 中断指令INT n

指令格式：INT　n

指令功能：n是0～255的整数。INT n指令使程序转入中断类型号n所对应的中断服务子程序执行。INT n执行时，自动将断点地址入栈。

2. 中断返回指令IRET

指令格式：IRET

指令功能：中断服务子程序结束后，将断点出栈，返回到主程序断点继续执行主程序。

3. DOS系统功能调用

DOS操作系统中有许多常用的子程序可供用户调用。这些子程序主要完成基本输入输出管理、磁盘管理、控制管理等功能。对这些子程序进行中断调用，称为DOS系统功能调用。中断子程序有不同的编号，称为DOS功能调用号。

DOS系统功能调用时的基本方法如下。

- 将DOS功能调用号送入AH中。
- 如果子程序要求输入参数，则设置输入参数。
- 执行中断调用指令INT 21H。
- 如果子程序有输出参数，到子程序指定的地方获得输出参数进行处理。

下面介绍几个常用的与输入输出有关的DOS功能调用。

(1) 字符输入调用：1号。

功能：执行键盘输入字符的子程序，等待键盘输入，直到从键盘输入1个字符。

输入参数：无。

输出参数：AL＝按键的 ASCII 码。

(2) 字符输出调用：2 号。

功能：在屏幕上输出 1 个字符。

输入参数：DL＝要输出的字符的 ASCII 码。

输出参数：无。

例 2-41 从键盘接收一个字符，然后输出显示到屏幕上。

解

```
MOV  AH,1                  ;AH=1
INT  21H                   ;AH=1,DOS 系统 1 号调用。键盘输入字符的 ASCII 码在 AL 中
MOV  DL,AL                 ;将 AL 的字符 ASCII 码送 DL
MOV  AH,2                  ;AH=2
INT  21H                   ;AH=2,DOS 系统 2 号调用。将 DL 中的字符在屏幕上输出
```

(3) 字符串输入调用：10 号。

功能：从键盘接收多个字符输入到内存缓冲区。输入字符串以回车结束。

输入参数：DS:DX＝输入缓冲区的首地址，第一个字节为缓冲区预定的单元个数，最多 255。

输出参数：DS:DX 区域第一个字节是预定的单元个数，第二个字节是实际输入的字符个数。从第三个单元开始为输入字符串的 ASCII 码。最后一个字节为回车符(不计入实际个数)。

(4) 字符串输出调用：9 号。

功能：将内存缓冲区的字符串输出到屏幕上，遇到'$'输出结束。

输入参数：DS:DX＝输出字符串的首地址，输出字符串必须以'$'结尾。

输出参数：无。

例 2-42 从键盘输入一个字符串，放到数据段 0200H～020FH 的区域。该字符串以'$'符号结尾。然后将该字符串显示在屏幕上。

解

```
MOV  AH,0AH                ;AH=0AH
MOV  DX,0200H              ;DX=0200H
INT  21H                   ;DOS 系统功能调用,AH=10,执行输入字符串子程序
                           ;输出参数在 DS:0200H 缓冲区中
                           ;第二个字节单元中能获得实际输入字符数(回车前的字符数)
                           ;第三个单元开始存放输入字符串每个字符的 ASCII 码
MOV  AH,9                  ;AH=9
MOV  DX,0202H              ;DX=0202H
INT  21H                   ;DOS 系统功能调用,AH=9,执行输出字符串子程序
                           ;输出 DS:0202H 缓冲区中的字符串
```

本例中要注意输入字符串时，缓冲区前两个字节单元是有特定含义的。输入时的回车键也会存放到缓冲区，但是不计入输入字符数中。要输出字符串时，DX要为第一个字符的单元地址，并且保证从该单元开始显示输出，能够遇到'$'结束；否则会出现乱码或死机等情况。

(5) 过程结束调用：4CH号。

功能：结束当前程序，返回调用它的系统。

输入参数：无。

输出参数：无。

一般在汇编语言程序结束处加上过程结束调用，以便程序执行完毕，返回操作系统控制。

2.4　实验项目

2.4.1　PC指令系统实验项目

1. 汇编语言调试工具DEBUG

DEBUG是MS-DOS中的调试工具软件，Microsoft的操作系统自带此软件。DEBUG的主要用途在于调试汇编语言程序，还可用来检查和修改内存位置、载入存储和执行程序、检查和修改寄存器等。DEBUG通过单步、设置断点等方式为汇编语言程序员提供了有效的调试手段。

使用DEBUG命令时应该注意以下几点。

- 命令不区分大小写。
- 只使用十六进制数。数据不加后缀字母H。以字符开始的数据前不需要加0。
- 每个命令只有按下回车键后才有效，可以用Ctrl+Break中止命令的执行。
- 如果命令错误，将提示“error”，并用“^”指示错误所在的位置。

启动DEBUG的方法有以下几种。

(1) 在Windows的【开始】菜单中单击【运行】命令，直接在【运行】对话框中输入“DEBUG”并按回车键。

(2) 在【运行】对话框中输入“CMD”，启动DOS命令窗口，并在DOS命令提示符“>”后面输入“DEBUG”并按回车键。

(3) 在Windows的【开始】菜单中，依次单击【程序】→【附件】→【命令提示符】命令，启动DOS命令窗口，在DOS命令提示符“>”后输入“DEBUG”并按回车键。

(4) 如果要用DEBUG调试EXE类型文件，可以在DEBUG命令后带上文件名。输入“DEBUG 文件名.EXE”并按回车键，即可在启动DEBUG的时候装入EXE文件。

2. DEBUG的常用命令

(1) 寄存器显示或修改命令R。

格式1：R

功能：显示 CPU 内所有寄存器的当前值，以及下一条要执行的指令情况。

格式 2：R 寄存器名

功能：显示和修改指定寄存器的值。先显示指定寄存器的值，然后冒号后等待用户输入新数据，如果需要修改就输入新的数据（字符用 ASCII 码）；如果不修改则按回车键结束命令。

格式 3：RF

功能：显示和修改标志寄存器中的标志位值。屏幕上会显示当前标志寄存器的标志位情况，在"-"后，输入要修改的标志位的符号表示即可。不修改或修改完成按回车键。标志寄存器的值要用表 1.1 的字符形式输入。输入的顺序可以任意。

例 2-43 查看当前 CPU 中各寄存器的值。

```
-R
```

从图 2.2 显示结果可以知道当前 CPU 中各寄存器的值（通用寄存器、标志寄存器、段寄存器）。最后一行可以看到下一条要执行的指令的地址、机器代码、汇编代码。如果下一条指令要访问存储单元，则还会显示要访问的存储单元当前的值。

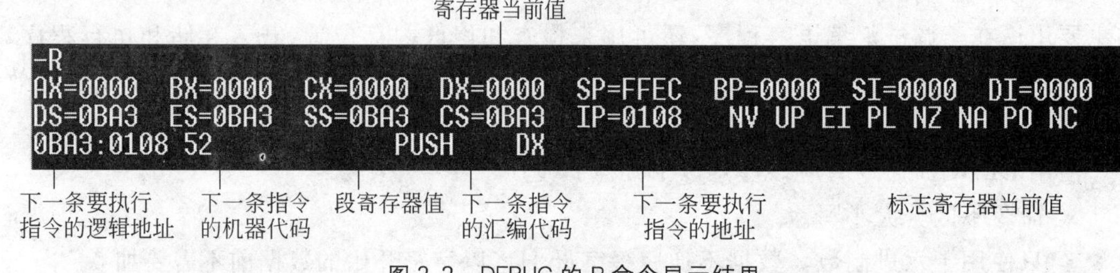

图 2.2 DEBUG 的 R 命令显示结果

（2）显示存储单元命令 D。

格式 1：D

功能：显示数据段当前地址单元开始的 128 个字节数据。

格式 2：D 地址

功能：显示指定单元开始的 128 个字节数据。地址可以是"段地址：偏移地址"形式，或者"DS：偏移地址"形式，也可以只有偏移地址。在只有偏移地址时，默认当前数据段。

格式 3：D 起始单元偏移地址 结束单元偏移地址

功能：显示从起始单元到结束单元的数据。注意结束地址不能有段地址，必须和起始单元同一个段。

格式 4：D 起始单元地址 L 单元个数

功能：显示从起始单元开始指定个数的单元的数据。

例 2-44 显示从当前地址单元开始的 128 个单元中的字节数据。

```
-D
```

图 2.3 中区域分为三部分。最左边的为地址列表区，列出每行 16 个数据的起始地址，同行中的每个单元的地址采用类推得到。中间区域为数据列表区，每行 16 个数据，8 行共 128 个数据。为了查找方便，在一行中，前 8 个数据和后 8 个数据用短横“-”分隔。第三部分为可显示字符区，用来表示一行的 16 个数据中哪些是 ASCII 码表中的可显示字符。如果是可显示字符，则显示出该字符；如果不是可显示字符，则用黑点“.”表示。所有的数据都默认为十六进制。

```
-d
0AF9:0100  EB 02 88 D8 88 C8 06 89-46 F8 89 56 FA A1 B8 17   .........F..V....
0AF9:0110  43 4F 4D 53 50 45 43 3D-43 3A 5C 57 34 00 E8 0A   COMSPEC=C:\W4...
0AF9:0120  57 53 5C 53 59 53 54 45-4D 33 32 5C 43 4F 4D 4D   WS\SYSTEM32\COMM
0AF9:0130  41 4E 44 2E 43 4F 4D 00-41 4C 4C 55 53 45 52 53   AND.COM.ALLUSERS
0AF9:0140  50 52 4F 46 49 4C 45 3D-43 3A 5C 44 4F 43 55 4D   PROFILE=C:\DOCUM
0AF9:0150  45 7E 31 5C 41 4C 4C 55-53 45 7E 31 00 41 50 50   E~1\ALLUSE~1.APP
0AF9:0160  44 41 54 41 3D 43 3A 5C-44 4F 43 55 4D 45 7E 31   DATA=C:\DOCUME~1
0AF9:0170  5C 6C 69 75 6A 75 6E 5C-41 50 50 4C 49 43 7E 31   \liujun\APPLIC~1
```

地址列表区　　数据列表区　　可显示字符区

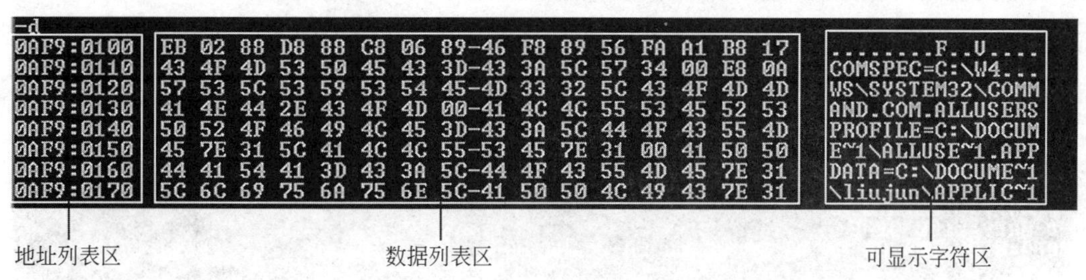

图 2.3　DEBUG 的 D 命令显示结果

(3) 修改存储单元命令 E。

格式 1：E　地址　数据表

功能：用数据表的数据修改从指定地址单元开始的数据区内容。数据表可以是一个或多个数据。数据表中的数据，可以是十六进制数据，也可以是单引号括起来的字符或字符串。数据和数据间要用空格间隔，数据和字符可以不分隔。

格式 2：E　地址

功能：显示指定单元的数据，查看后根据需要选择是否修改，需要修改时再输入修改的值。

例 2-45　用数据表形式修改 0AF9:0100H 单元开始的多个单元的值。

```
-E 0AF9:0100 01 02
```

E 命令执行过程如图 2.4 所示。要确认是否已经修改成功，用 D 命令查看，结果如图 2.5 所示。

```
-E 0AF9:0100 01 02
-
```

图 2.4　DEBUG 的 E 命令执行过程

```
-D 0AF9:0100 0101
0AF9:0100  01 02                                             ..
-_
```

图 2.5　DEBUG 的 E 命令执行结果

```
-D 0AF9:0100 0101
```

(4) 填充命令 F。

格式：F　起始地址　L单元个数　数据表

功能：将数据表的数据写入从指定起始地址开始的一定范围的主存区域中。如果数据个数超过指定的单元个数范围，则忽略多出的数据项；如果数据个数小于指定的单元个数范围，则重复使用这些数据，直到填满指定的范围区域。

例 2-46　将 0AF9:0100H 单元开始的 16 个单元全部填充为数据十进制的 10。

```
-F 0AF9:0100 L10 0A
```

执行结果如图 2.6 所示。

```
-F 0AF9:0100 L10 0A
-D 0AF9:0100 010F
0AF9:0100  0A 0A 0A 0A 0A 0A 0A 0A-0A 0A 0A 0A 0A 0A 0A 0A   ................
-
```

图 2.6　DEBUG 的 F 命令执行结果

(5) 汇编命令 A。

格式 1：A

功能：将输入的一条或多条汇编语言指令汇编成机器代码，存放在内存。若之前没有使用过 A 命令，则从当前 CS:IP 所指存储区开始存放。若之前使用过 A 命令，则接着上一个 A 命令的最后一个单元开始存放。

格式 2：A　地址

功能：将输入的一条或多条汇编语言指令汇编成机器代码，存放在内存指定地址开始的存储区中。使用时，指令中不能出现变量和标号。段跨越指令要在相应指令前单独一行输入。段间(远)返回的助记符要使用 RETF。支持伪指令 DB 和 DW。

例 2-47　将下面的程序段输入存放到内存 0100:0100H 开始的存储区。

```
-A 0100:0100
```

A 命令执行过程如图 2.7 所示。在输入过程中，会自动分配内存单元以存放指令的机器代码。输入指令过程中如果出错，会出现错误指示，并且不会分配内存单元，所以只要重新输入即可。但是若已经输入了几条指令之后，要对前面的指令进行修改，就可能因为指令长度变化的原因，使指令之间出现覆盖或有存储单元为空，这样的程序段在执行时会出现问题。这时，只有将程序段重新输入。

```
-A 0100:0100
0100:0100 MOV AX,1234
0100:0103 MOV BX,AX
0100:0105 MOV [0000],AX
0100:0108
```

图 2.7　DEBUG 的 A 命令执行过程

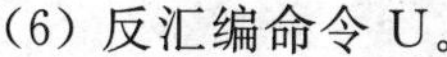

(6) 反汇编命令 U。

格式 1：U

功能：将存储区 32 个字节的二进制数据反汇编为汇编指令。如果使用过 U 命令，从上一次 U 命令最后一条指令的下一个单元开始反汇编。如果没有使用过 U 命令，则从当前 CS:IP 所指存储区开始反汇编。

格式 2：U 起始地址

功能：将指定起始地址开始的存储区中 32 个字节的二进制数据反汇编为汇编指令。

格式 3：U 起始地址 结束地址

功能：将指定的起始地址到结束地址的存储区中的二进制数据反汇编为汇编指令。

格式 4：U 地址 L 单元个数

功能：将指定的起始地址开始的指定个数的存储单元中的二进制数据反汇编为汇编指令。

例 2-48 用 U 命令将指定地址 0100:0100H 单元开始的 8 个字节的数据反汇编。

```
-U 0100:0100 L8
```

由图 2.8 可以看到，0100H～0102H 这 3 个单元的数据 0B83412H 反汇编为指令 MOV AX，1234；0103H～0104H 单元的数据 89C3H 反汇编为指令 MOV BX，AX；0105H～0107H 单元的数据 0A30000H 反汇编为指令 MOV [0000]，AX。

```
-U 0100:0100 L8
0100:0100 B83412        MOV     AX,1234
0100:0103 89C3          MOV     BX,AX
0100:0105 A30000        MOV     [0000],AX
```

图 2.8 DEBUG 的 U 命令执行结果

(7) 运行命令 G。

格式：G[＝地址][断点地址 1[，断点地址 2[，…[，断点地址 10]]]]

功能：连续执行多条指令。等号后的[地址]指定程序段中第一条指令的起始偏移地址。如不指定偏移地址，则从当前 CS:IP 所指的指令开始运行。断点地址指示 G 命令执行时停下来的指令地址，断点可以没有，但最多只能有 10 个。程序会停在第一个断点，后面要继续，仍要使用 G 命令设置新断点。设置多个断点主要是为了在分支结构中能够在分支点停止程序执行。G 命令输入后，从指定地址处开始运行程序，直到遇到设置的断点指令或者程序正常结束，停止执行并显示当前所有寄存器和标志位的内容，以及下一条将要执行的指令（显示内容同 R 命令），以便观察程序运行到此的情况。程序遇到结束指令正常结束，如果是 EXE 文件或 COM 文件在 DEBUG 中执行，将显示"Program terminated normally"。倘若存储区内没有结束指令，则可能会出现死机。

例 2-49 执行在 0100:0100H 单元开始的指令，断点设在 0100:0108H 单元（0108H 单元的指令不执行，停在 0108H 单元指令处）。

```
-G=0100 0108
```

指定执行 0100H 单元至 0108H 单元之间的指令，执行结果如图 2.9 所示。

```
-G=0100 0108

AX=1234  BX=1234  CX=0000  DX=0000  SP=FFEE  BP=0000  SI=0000  DI=0000
DS=0AF9  ES=0AF9  SS=0AF9  CS=0100  IP=0108   NV UP EI PL NZ NA PO NC
0100:0108 0000          ADD     [BX+SI],AL                         DS:1234=BE
```

图 2.9　DEBUG 的 G 命令执行结果

(8) 单步跟踪命令 T。

格式 1：T

功能：执行当前的 CS:IP 所指存储单元中的一条指令。执行时会进入子程序或中断服务程序中。

格式 2：T=地址

功能：从指定地址起执行一条指令。执行时会进入子程序或中断服务程序中。

格式 3：T=地址 指令条数

功能：从指定地址起执行指定条数的指令。执行时会进入子程序或中断服务程序中。

例 2-50　用 A 命令输入下面程序段，然后用 T 命令查看每条指令执行后的情况。

```
MOV  AX,1234H                  ;AX=1234H
MOV  BX,AX                     ;BX=1234H
MOV  [0000],AX                 ;(0000H)=1234H
```

执行结果如图 2.10 所示。

```
-A
0AF9:0100 MOV AX,1234
0AF9:0103 MOV BX,AX
0AF9:0105 MOV [0000],AX
0AF9:0108
-T

AX=1234  BX=0000  CX=0000  DX=0000  SP=FFEE  BP=0000  SI=0000  DI=0000
DS=0AF9  ES=0AF9  SS=0AF9  CS=0AF9  IP=0103   NV UP EI PL NZ NA PO NC
0AF9:0103 89C3          MOV     BX,AX
-T

AX=1234  BX=1234  CX=0000  DX=0000  SP=FFEE  BP=0000  SI=0000  DI=0000
DS=0AF9  ES=0AF9  SS=0AF9  CS=0AF9  IP=0105   NV UP EI PL NZ NA PO NC
0AF9:0105 A30000        MOV     [0000],AX                          DS:0000=20CD
-T

AX=1234  BX=1234  CX=0000  DX=0000  SP=FFEE  BP=0000  SI=0000  DI=0000
DS=0AF9  ES=0AF9  SS=0AF9  CS=0AF9  IP=0108   NV UP EI PL NZ NA PO NC
0AF9:0108 CD21          INT     21
-
```

图 2.10　DEBUG 的 T 命令执行结果

由图 2.10 可知，T 命令执行会显示每一条指令执行后的寄存器结果。但是如果指令的结果在存储单元中，则必须用 D 命令才能查看到。本例中第 3 条指令，AX 中的数据 1234 送入内存数据段 0000 单元，指令执行只显示寄存器的值。要查看 0000 单元，要用 D 命令指定地址查看。

(9) 继续命令 P。

格式 1：P

功能：执行当前的 CS:IP 所指存储单元中的一条指令。执行时不会进入子程序或中断服务程序中。

格式 2：P＝地址

功能：从指定地址起执行一条指令。执行时不会进入子程序或中断服务程序中。

格式 3：P＝地址 指令条数

功能：从指定地址起执行指定条数的指令。执行时不会进入子程序或中断服务程序中。

例 2-51　跟踪下面程序段的执行。

```
MOV   AH,2                          ;AH=02H
MOV   DL,30H                        ;DL=30H
INT   21H                           ;调用 DOS 输出字符子程序
MOV   AX,1234H                      ;AX=1234H
```

从图 2.11 中可以看到，0AF9:0104H 单元的 INT 21H 指令执行完后，CS:IP 的值变成了 00A7:107CH，这说明进入了中断服务子程序。只有等中断服务子程序结束，才能返回到 0AF9:0106H 单元的指令执行。一般情况下，在调用系统子程序时都不需要跟踪执行结果，所以，可以用 P 命令执行一条系统调用指令，但是不进入系统子程序内部跟踪。执行结果如图 2.12 所示。

```
-a
0AF9:0100 mov ah,2
0AF9:0102 mov dl,30
0AF9:0104 int 21
0AF9:0106 mov ax,1234
0AF9:0109
-t=0100

AX=0200  BX=0000  CX=0000  DX=0000  SP=FFEE  BP=0000  SI=0000  DI=0000
DS=0AF9  ES=0AF9  SS=0AF9  CS=0AF9  IP=0102   NV UP EI PL NZ NA PO NC
0AF9:0102 B230          MOV     DL,30
-t

AX=0200  BX=0000  CX=0000  DX=0030  SP=FFEE  BP=0000  SI=0000  DI=0000
DS=0AF9  ES=0AF9  SS=0AF9  CS=0AF9  IP=0104   NV UP EI PL NZ NA PO NC
0AF9:0104 CD21          INT     21
-t

AX=0200  BX=0000  CX=0000  DX=0030  SP=FFE8  BP=0000  SI=0000  DI=0000
DS=0AF9  ES=0AF9  SS=0AF9  CS=00A7  IP=107C   NV UP DI PL NZ NA PO NC
00A7:107C 90            NOP
-
```

图 2.11　DEBUG 的 T 命令进入子程序跟踪

用 P 命令查看 0AF9:0104H 单元的指令执行结果后(屏幕显示字符 0)，可以看到 CS:IP 为 0AF9:0106H，即再用 P 命令，能够看到执行的是 MOV AX,1234H 这条指令。

对用户自编的子程序，要想调试跟踪程序是否执行正确，还是需要用 T 命令跟踪到子程

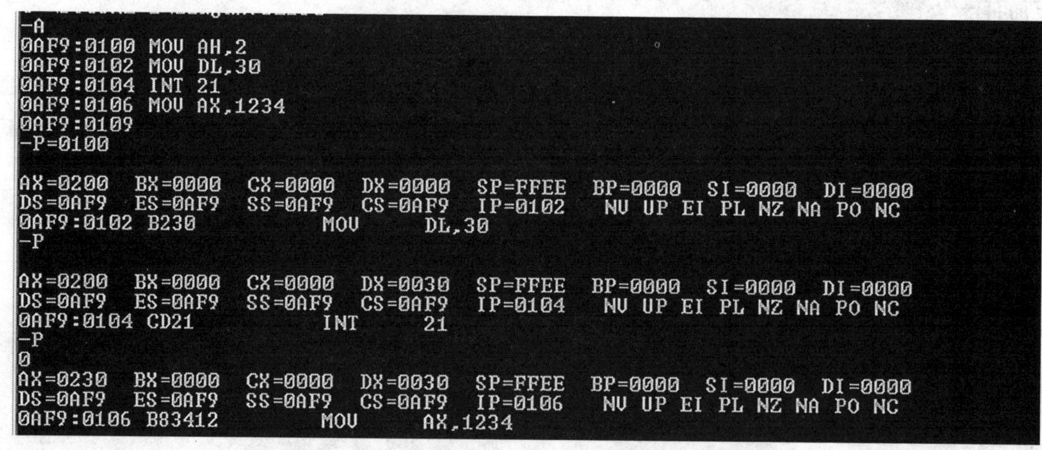

```
-A
0AF9:0100 MOV AH,2
0AF9:0102 MOV DL,30
0AF9:0104 INT 21
0AF9:0106 MOV AX,1234
0AF9:0109
-P=0100

AX=0200  BX=0000  CX=0000  DX=0000  SP=FFEE  BP=0000  SI=0000  DI=0000
DS=0AF9  ES=0AF9  SS=0AF9  CS=0AF9  IP=0102   NV UP EI PL NZ NA PO NC
0AF9:0102 B230          MOV     DL,30
-P

AX=0200  BX=0000  CX=0000  DX=0030  SP=FFEE  BP=0000  SI=0000  DI=0000
DS=0AF9  ES=0AF9  SS=0AF9  CS=0AF9  IP=0104   NV UP EI PL NZ NA PO NC
0AF9:0104 CD21          INT     21
-P
0
AX=0230  BX=0000  CX=0000  DX=0030  SP=FFEE  BP=0000  SI=0000  DI=0000
DS=0AF9  ES=0AF9  SS=0AF9  CS=0AF9  IP=0106   NV UP EI PL NZ NA PO NC
0AF9:0106 B83412        MOV     AX,1234
```

图 2.12　DEBUG 的 P 命令不进入子程序内部跟踪

序内部指令的。

(10) 退出 DEBUG 命令 Q。

格式：Q

功能：使 DEBUG 程序退出，返回操作系统的命令提示符状态。Q 命令没有存盘功能，若需要，应使用 W 命令存盘。

3. 实验内容

在 DEBUG 中完成以下操作，记录操作结果。

(1) 查看所有寄存器的值。

(2) 查看内存 0FFFF:0000H 单元开始的 16 个字节数据。

(3) 用 E 命令，将数据 0B8H、34H、12H、0BBH、78H、56H、0B9H、0BCH、9AH 放入 0AF9:0100H 单元开始的存储区，对这些数据反汇编，记录得到的程序段代码。

(4) 输入下面程序段。采用单步跟踪方式执行，了解程序在内存中的分段情况，写出每条指令的执行结果(循环体语句写最后的结果即可)，并总结程序的功能。

```
      ;①
      MOV    AX ,1234H
      MOV    CX,16
L1:   SHL    AX,1
      RCR    BX,1
      LOOP   L1
      ;②
      MOV    AL,11H
      MOV    CL,22H
      MOV    BX,0200H
      MUL    CL
```

```
        MOV     CX,60H
        SUB     AX,CX
        MOV     CX,33H
        CWD
        DIV     CX
        MOV     [BX],AX
        MOV     [BX+2],AX
        ;③
        MOV     AX,0FFFFH
        INC     AX
        DEC     AX
        NEG     AX
        ;④
        MOV     AX,9ABCH
        CWD
        XOR     AX,DX
        SUB     AX,DX
        ;⑤
        MOV     AX,5678H
        MOV     BL,0
        MOV     DL,0
L1:     SHL     AX,1
        JC      L2
        INC     BL
        JMP     L3
L2:     INC     DL
L3:     LOOP    L1
        ;⑥
        MOV     DX,1234H
        MOV     AX,5678H
        MOV     CL,4
        SHL     DX,CL
        MOV     BL,AH
        SHL     AX,CL
        SHR     BL,CL
        OR      DL,BL
        MOV     SI,0200H
        MOV     [SI],DX
        ADD     SI,2
        MOV     [SI],AX
```

2.4.2 EL 实验机指令系统实验项目

1. EL 实验机集成开发环境

EL 实验机采用的是 8086 CPU，支持 8086 指令系统。EL 型微机 8086 集成开发环境 TECH 软件，是为 Intel 8086 系列程序开发的多窗口程序级开发调试软件，它的界面简单易用，极大地提高了程序的开发效率。在该集成环境下，每个源文件的最大长度为 64KB。

2. EL 实验机微机系统开发步骤

(1) 将 EL 实验机与上位机(PC)用串行通信线相连。打开 EL 实验机电源，EL 实验机上的数码管大约 3 秒后显示“P_”。

(2) 启动 TECH 集成开发软件。按下 EL 实验机的 RESET 键，出现设置串口对话框，单击【确定】按钮，操作界面如图 2.13 所示。若 EL 实验机与上位机通信连接成功，则显示“C_”。TECH 软件也会提示连接成功。连接成功界面如图 2.14 所示。

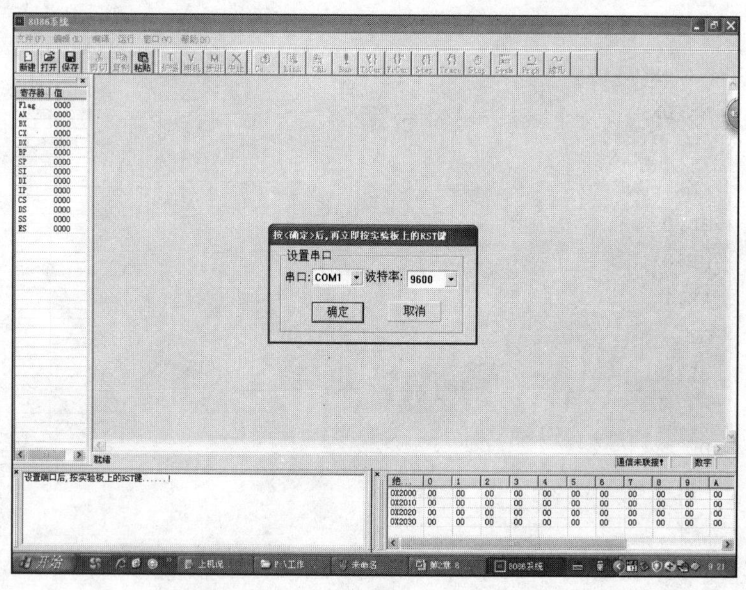

图 2.13 EL 实验机通信连接设置

(3) TECH 软件界面上包括菜单栏、工具栏、工作区和调试区。工作区是进行程序编辑的地方。调试区包含寄存器显示窗口、内存显示窗口、操作结果提示区。可以在寄存器显示窗口中，看到当前 EL 实验机内所有寄存器的值。在内存显示窗口，可以查看到内存单元的值，注意内存单元地址用物理地址表示。在操作结果提示区会显示操作成功或错误的提示。

(4) 新建一个文件，输入源代码。注意 TECH 汇编程序要求的源程序结构，和 PC 上汇编源程序的结构有些不同。模板如下。

```
assume   cs:code                        ;段假设语句,必须写最前,和 PC 上格式不一样
code segment public                     ;代码段定义
```

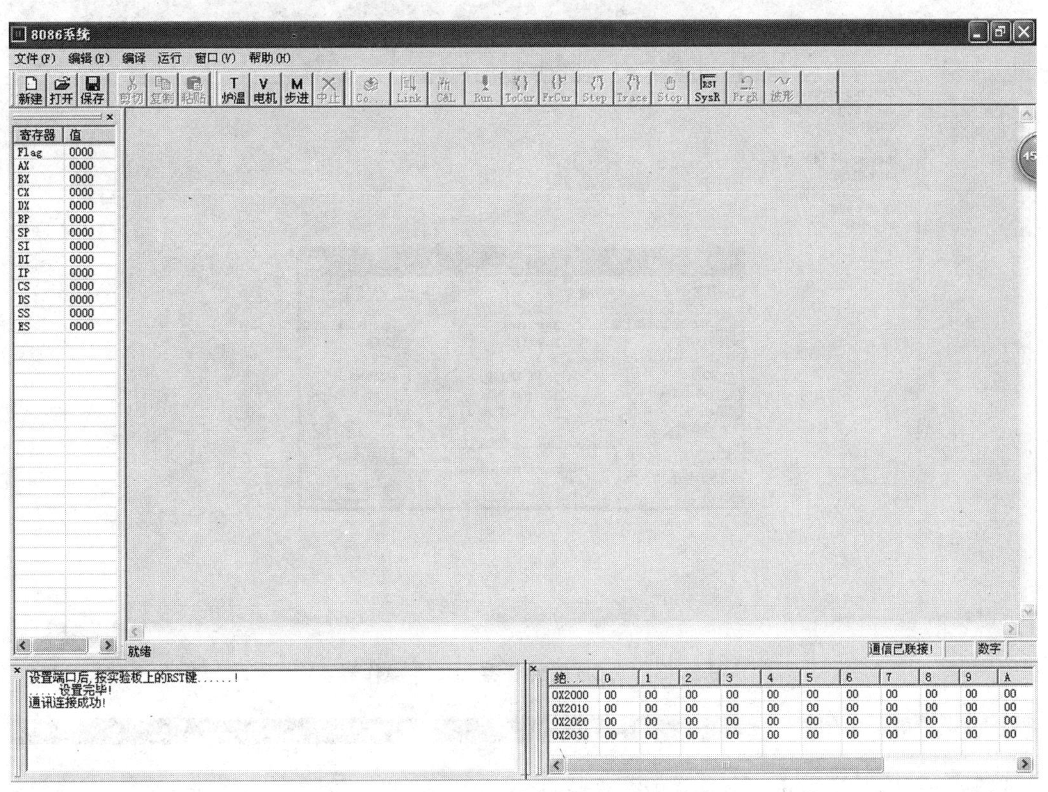

图 2.14　EL 实验机串口通信连接成功界面

```
org 100h                                     ;代码段在内存的偏移地址,规定为 0100H
start:  …                                    ;第一条指令的标号必须为"start"
        …
        …
code ends                                    ;代码段定义结束
end start                                    ;汇编结束
```

注意：在 org　100h 的下一行，必须写标号 start；否则，不能通过连接。

(5) 保存源文件，源文件名后缀必须为.ASM。注意文件名最好使用英文字母和数字组成，不要用中文命名。文件保存路径最好为磁盘根目录或者某个文件夹，文件夹命名不要有中文和空格。保存源程序操作界面如图 2.15 所示。

(6) 执行【编译】菜单中的【编译】命令，编译源文件，若有错误，需要对源代码进行修改，再重新进行编译，直到没有错误为止。编译后生成的目标文件名后缀为.OBJ。编译操作界面如图 2.16 所示。

(7) 执行【编译】菜单中的【连接】命令，对目标文件进行连接。调试过程中会生成.LST 文件(机器代码与源文件对照列表文件)和.Map 文件(连接后的符号对应表及连接后的错误

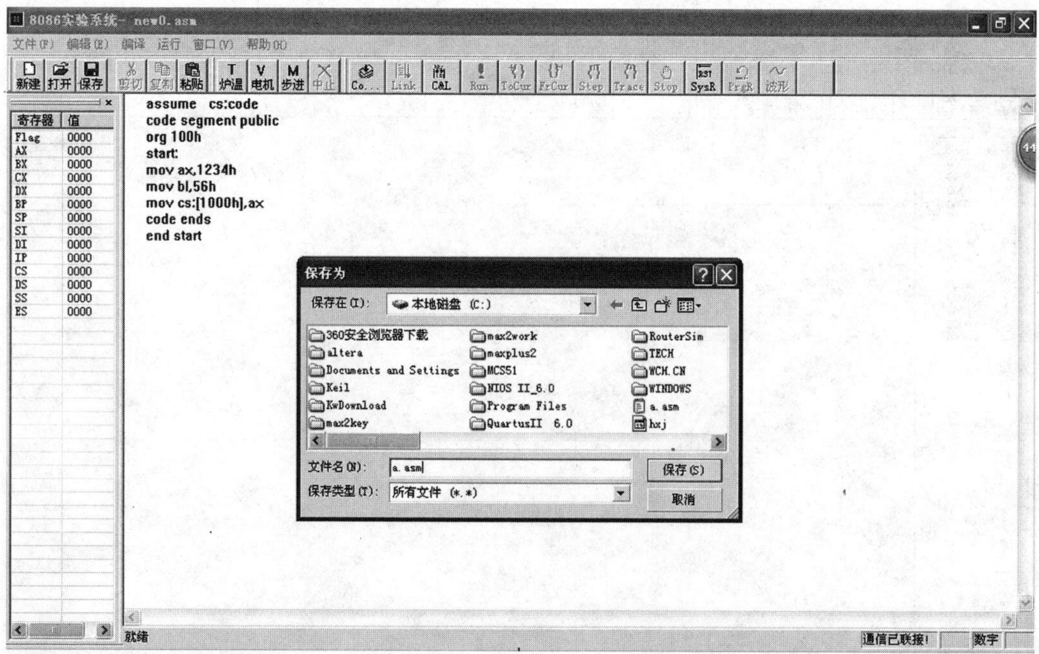

图 2.15　TECH 软件保存源文件操作界面

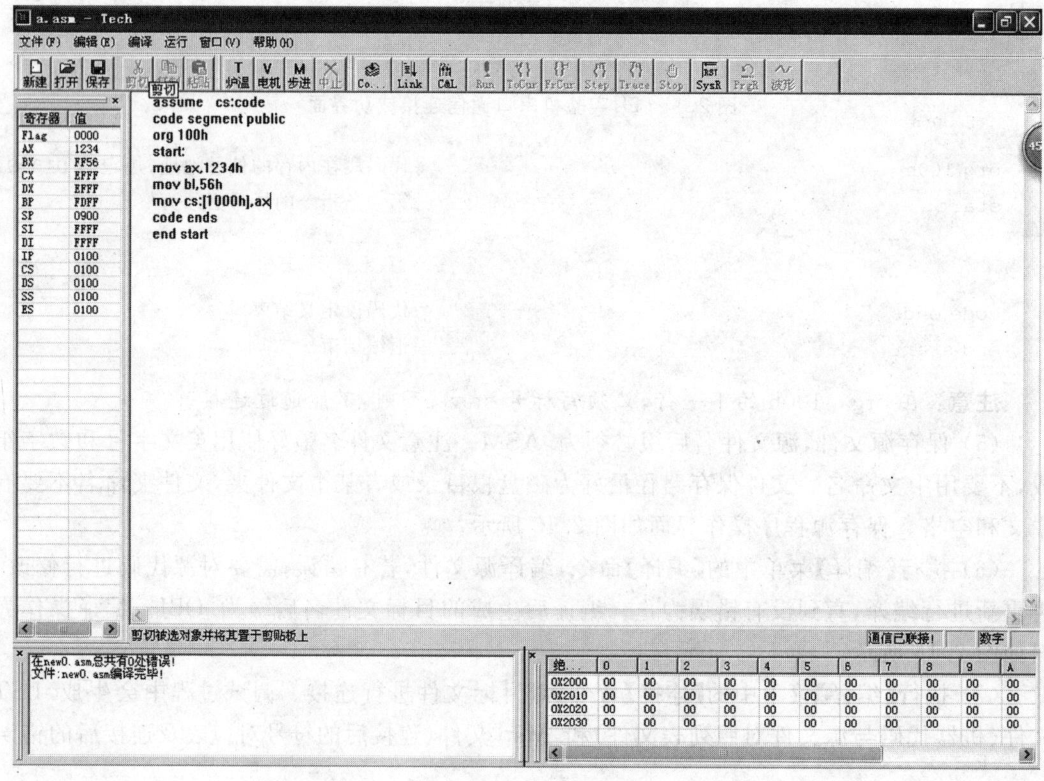

图 2.16　TECH 软件编译操作界面

报告)以及.EOB文件(实验系统调试的下载文件)。连接操作界面如图2.17所示。

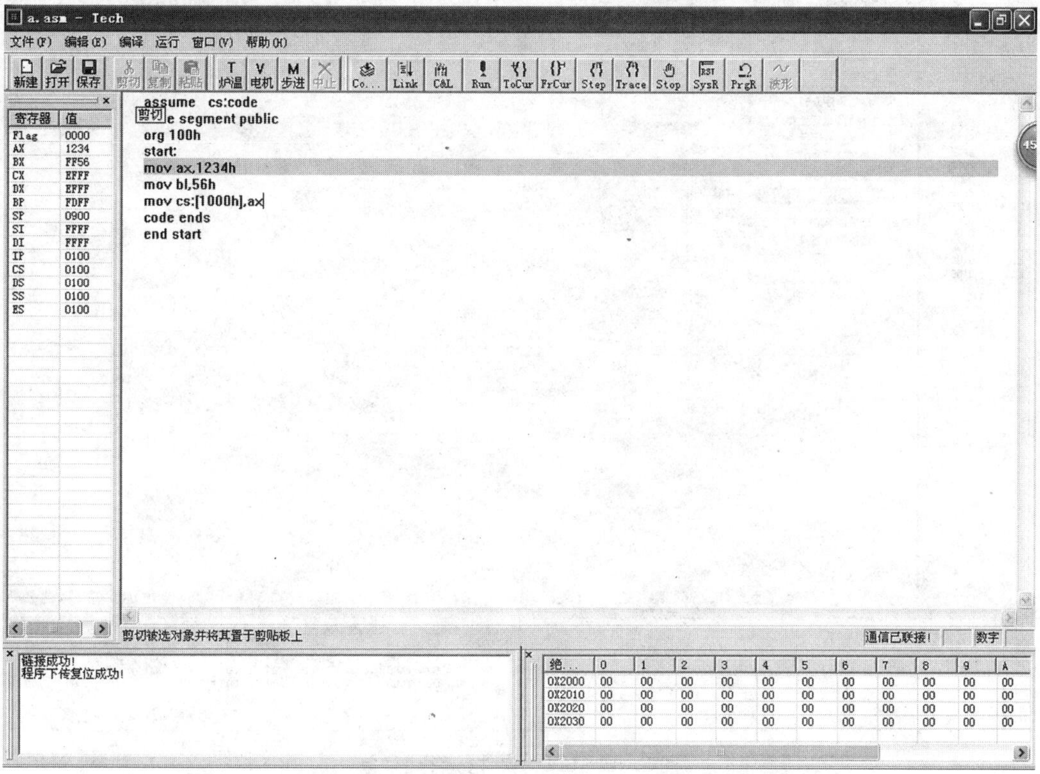

图2.17　TECH软件连接操作界面

(8) 执行【运行】菜单中的【调试】命令或者【运行】命令,可以运行程序或对程序进行调试。运行时可选择全速运行或单步运行,同时可打开寄存器窗口、内存窗口及观察窗口等各窗口来辅助调试。运行操作界面如图2.18所示。

3. EL实验机集成开发环境注意事项

EL实验机集成开发环境TECH软件在上位机(PC)上运行。在TECH上完成汇编程序的编辑、汇编、连接后生成可执行代码。可执行代码的执行是通过下载到EL实验机上运行的。所以编写代码的时候,要根据EL实验机的硬件进行。

首先,EL实验机的内存为40KB,不需要进行分段管理。EL实验机上运行的汇编程序,只有一个代码段,没有数据段等。访问存储器的时候,段地址都是同一个。并且用户程序规定从内存0100H:0100H单元存放。

其次,EL实验机上操作系统是厂家开发的实验机管理软件,没有安装DOS操作系统。所以,不能使用DOS系统功能调用指令。

4. 实验内容

将前一节PC平台上实验内容中的程序段,在EL实验机环境下完成,采用单步跟踪方

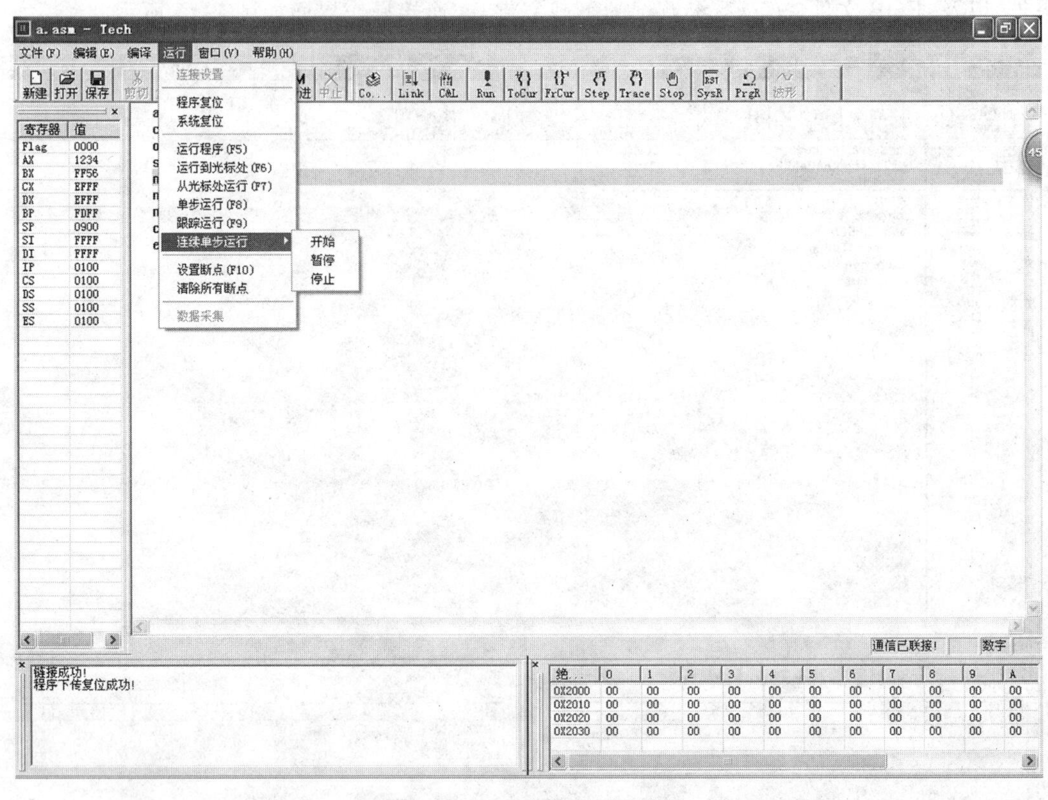

图 2.18　TECH 软件【运行】菜单

式执行，了解程序在内存中的分段情况，写出每条指令的执行结果(循环体语句写最后的结果即可)，并总结程序的功能。

2.5　本章小结

8086 CPU 的指令系统具有 8 位和 16 位的处理能力，具有多种寻址方式和多种指令类型。熟练掌握 8086 指令系统的应用，是汇编语言程序设计的重要基础。

本章重点介绍了 8086 指令系统的寻址方式。掌握 8086 指令系统寻址方式的形式和用法，可以灵活地进行数据访问，提高程序的编制效率。

本章还重点介绍了 8086 指令系统中各类指令的格式和功能。学习时，要注意每条指令的特殊规定、隐含寻址的操作数，以及对标志寄存器的影响等方面。全面、准确地理解和掌握每条指令的功能、用法，是编写汇编语言程序的关键。

在实验中介绍了常用的汇编语言调试工具 DEBUG。掌握 DEBUG 中的命令，可以有效地调试汇编语言程序，提高汇编语言程序设计的能力。

习题 2

1. 分析下面指令中操作数的寻址方式和数据类型。

(1) MOV　AL,[DI]

(2) MOV　[BX],AX

(3) PUSH　BX

(4) MOV　[BX][SI],CX

(5) AND　DS:[BP],AX

(6) CBW

(7) MOV　DX,[SI+20H]

(8) JMP [BX]

2. 判断下面指令的正误。

(1) MOV　AX,[CX]

(2) MUL　AL,CL

(3) ROL　AX,3

(4) DIV　3

(5) POP　BL

(6) INC　[SI]

(7) XCHG　[2000H],[2005H]

(8) ADD　[SI],4

3. 已知 BX=0100H,SI=0002H,(0100H)=12H,(0101H)=34H,(0102H)=56H,(0103H)=78H,(1200H)=2AH,(1201H)=4CH,(1202H)=0B7H,(1203H)=65H,说明下面指令执行之后 AX 的值。

(1) MOV　AX,[BX][SI]

(2) MOV　AX,[BX]

(3) MOV　AX,BX

(4) MOV　AX,1200H

(5) MOV　AX,[1200H]

4. 已知 SS=0FF00H,SP=2400H,AX=1234H,BX=5678H。写出下面程序段每条指令的执行结果,画出堆栈变化示意图。

```
PUSH    AX                          ;
PUSH    BX                          ;
POP     AX                          ;
POP     BX                          ;
```

5. 写出下面操作完成后,标志位的值代表的含义。

(1) SUB AL,BL 指令执行后,CF=1,说明原 AL、BL 中数据的大小关系是怎样的?

(2) CMP AX,BX 指令执行后,SF=1,说明 AX、BX 中数据的大小关系是怎样的?

(3) TEST AL,80H 指令执行后,SF=1,说明原 AL 中的数是正数还是负数?

(4) SHR AL,1 指令执行后,CF=1,说明原 AL 中的数是奇数还是偶数?

(5) AND AL,01H 指令执行后,ZF=1,说明原 AL 中的数最后一位是 0 还是 1?

(6) ADD AL,0 指令执行后,SF=1,说明原 AL 中的数是正还是负?

(7) CMP AL,0 指令执行后,SF=OF,说明 AL 和 0 的大小关系怎样?

(8) SHL AL,1 指令执行后,CF=1,说明原 AL 中的数是正数还是负数?

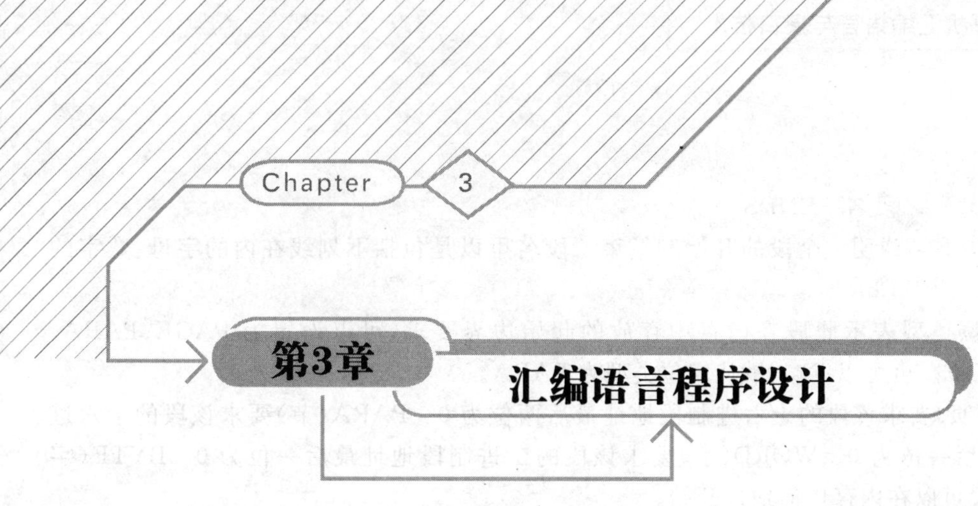

本章学习目标

- 熟练掌握汇编语言程序的伪指令定义；
- 熟练掌握汇编语言程序的循环结构设计方法；
- 熟练掌握汇编语言程序的分支结构设计方法；
- 熟练掌握汇编语言程序的子程序结构设计方法；
- 熟练掌握汇编语言程序的开发、调试过程。

本章首先向读者介绍了汇编语言程序中伪指令定义方式，然后讲解了汇编语言源程序的一般格式，最后介绍了汇编语言程序设计的几种结构和开发调试程序的基本方法和实例。

3.1 结构类伪指令

汇编语言程序中有两种语句：一种是程序运行时由 CPU 执行的语句，是指令性语句；另一种是由汇编程序在将源程序汇编为机器代码的时候执行的语句，是指示性语句。指示性语句又称为伪指令。

8086 系统按照逻辑段组织程序，有代码段、数据段、附加段和堆栈段。因此，汇编语言源程序也由段组成。一个汇编语言源程序可以包含若干个代码段、数据段、附加段或堆栈段，段与段之间的顺序可随意排列。需独立运行的程序必须包含一个代码段，并指示程序执行的起始点，一个程序只有一个起始点。所有的指令性语句必须位于某一个代码段内。指示性语句可根据需要位于任一段内。

3.1.1 程序结构相关伪指令

1. 段定义伪指令

伪指令格式：段名　SEGMENT　[定位类型][组合类型][类别]

⋮

段名　ENDS

伪指令功能：说明一个段的开始和结束。段名可以是包括下划线在内的字母、数字的组合。

(1) 定位类型表示此段在内存中存放的起始边界要求，可以设置为 PAGE、PARA、WORD、BYTE。也可以省略，默认定位类型为 PARA。

PAGE(页)要求该段的十六进制段地址最后两位为 0。PARA(节)要求该段的十六进制段地址最后一位为 0。WORD(字)要求该段的二进制段地址最后一位为 0。BYTE(字节)表示此段可以在内存任何地址开始。

(2) 组合类型用来指明本段与其他段的关系，是提供给连接程序的信息。组合类型可以设置为 NONE、PUBLIC、COMMON、STACK、MEMORY、AT 表达式。可以省略，默认组合类型是 NONE。

NONE 表示本段与其他段没有逻辑关系。PUBLIC 表示连接时将本段与其他模块中同名、同类别的段相邻地连接在一起，指定共同的段地址，连接成一个物理段。COMMON 表示将本段与其他模块中同名、同类别的段指定一个相同的段地址，段间可以互相覆盖。STACK 连接有 STACK 属性的堆栈段，段与段相邻地连接在一起。MEMORY 把本段定位为几个互连段中地址最高的段。AT 将表达式计算出来的 16 位地址作为段地址。

(3) 类别是给段取的别称，用单引号引起来。用于连接程序根据类别进行定位。可以省略。

(4) 在程序中直接使用段名表示取用段名对应的段地址。

2. 段假设伪指令

伪指令格式：ASSUME　段寄存器：段名，段寄存器：段名…

伪指令功能：ASSUME 语句用于汇编时，指明段名和各段寄存器 CS、DS、SS、ES 之间的对应关系。虽然指定了段名和段寄存器之间的关系，但并没有把段地址装入段寄存器中，还必须在代码段中用指令将段地址装入相应的段寄存器(除 CS)中。

3. 程序结束伪指令

伪指令格式：END 标号

伪指令功能：汇编程序的结束处写一条 END 伪指令，告知汇编程序到此汇编结束。汇编程序在汇编可执行程序时，会将最后一条带标号的伪指令中标号指示的地址送 CS、IP。所以 END 伪指令中的标号应该是程序要执行的第一条指令的地址，这样可以确定程序执行的起始地址。

4. 过程定义伪指令

伪指令格式：过程名 PROC [类型]

⋮

RET

过程名 ENDP

伪指令功能：将程序中某些具有独立功能的模块定义成过程，可以作为子程序多次调用。其中过程名是子程序的标识符，代表了子程序第一条指令的地址。类型可以为NEAR或FAR，表示子程序和调用的主程序之间的关系。NEAR是段内调用，FAR是段间调用。一般子程序的最后一条是RET指令，以便返回到主程序CALL调用指令之后正确执行。

5. ORG伪指令

伪指令格式：ORG 表达式

伪指令功能：指定后面的代码或数据存放的起始单元偏移地址，如ORG 100H表示后面的指令或数据在0100H单元开始存放。

6. PUBLIC和EXTRN伪指令

伪指令格式：PUBLIC 名字

EXTRN 名字：类型，名字：类型…

伪指令功能：PUBLIC伪指令指明连接时，本模块中能够提供给其他模块访问的标号或变量。EXTRN伪指令指明连接时，本模块中用到的其他模块中定义的标号或变量。

3.1.2 汇编语言源程序格式

汇编语言源程序主要有两种定义格式，即完整段定义格式和简化段定义格式。完整段定义格式是MASM 5.0以前版本具有的，而从MASM 5.0开始支持简化段定义格式。

例3-1 下面是一个完整段定义源程序结构。

```
STACK  SEGMENT                         ;段名为STACK的段起始
   ⋮                                   ;段内具体内容
STACK  ENDS                            ;段名为STACK的段结束
DATA  SEGMENT                          ;段名为DATA的段起始
   ⋮                                   ;段内具体内容
DATA  ENDS                             ;段名为DATA的段结束
CODE  SEGMENT                          ;段名为CODE的段起始
    ASSUME CS:CODE,DS:DATA,SS:STACK    ;指明STACK段做堆栈段
                                       ;DATA段做数据段
                                       ;CODE段做代码段，确定各个逻辑段的类型
START:                                 ;程序段第一条指令命名标号
    MOV  AX,DATA                       ;将DATA段的段地址传送到AX
    MOV  DS,AX                         ;设置DS中段地址为DATA段对应的段地址
    MOV  AX,STACK                      ;将STACK段的段地址传送到AX
    MOV  SS,AX                         ;设置SS中段地址为STACK段对应的段地址
    ⋮                                  ;代码段内具体内容
    MOV  AH,4CH                        ;DOS系统功能调用4CH号
    INT  21H                           ;程序执行结束，返回操作系统
```

```
CODE   ENDS                                    ;段名为 CODE 的段结束
   END   START                                 ;汇编结束,指明程序第一条指令标号
```

本例的典型格式可以作为模板文件建立起来,这样在以后的程序设计中,可以根据需要修改数据段和堆栈段定义、增加段内具体内容设计,减少重复输入。

另外,汇编程序 MASM 5.0 及以后版本还支持一种简化段定义的格式。简化段定义格式中,以圆点开始的伪指令说明程序的结构。其中,.DATA、.CODE 和.STACK 依次说明数据段、代码段和堆栈段,段名不能随意取。

例 3-2 下面是一个典型的简化段定义源程序结构。

```
       .MODEL SMALL                            ;定义程序存储模式(SMALL 为小型模式)
       .STACK                                  ;定义堆栈段(默认是 1KB 空间)
       .DATA                                   ;定义数据段
        ⋮                                      ;数据段内具体内容
       .CODE                                   ;定义代码段
START: MOV   AX,@DATA                          ;程序第一条指令
       MOV   DS,AX                             ;设置 DS 指向数据段(@DATA 表示数据段)
        ⋮                                      ;代码段内具体内容
       MOV   AH,4CH                            ;DOS 系统功能调用 4CH 号
       INT    21H                              ;程序执行结束,返回操作系统
       END   START                             ;汇编结束,指明程序第一条指令标号
```

简化段格式简洁,引入的存储模式使得程序能够方便地与其他微软开发工具组合;完整段格式烦琐,但可以提供更多的段属性。

3.2 数据定义伪指令

3.2.1 常量定义伪指令

1. 等值定义伪指令

伪指令格式:符号名 EQU 表达式

伪指令功能:给表达式赋予一个名字,在程序中需要用到该表达式的地方,可以用名字代替。等值定义伪指令中的符号名只允许定义时赋值一次。

表达式主要有以下几种形式。

(1) 十、十六、二和八进制形式的常数,分别用后缀字母 D、H、B 和 Q 区分。以字母开头的十六进制常数需要在前面加一个“0”。

(2) 用单引号或双引号括起来的字符或字符串,其值是每个字符的 ASCII 码值。

(3) 用+(加)、-(减)、*(乘)、/(除)等运算符连接起来的数值表达式。

(4) 有效的操作数寻址方式。

(5) 有效的助记符。

例 3-3 分析下面指令中的符号值。

```
X  EQU    1234H                              ;符号 X 表示 1234H 这个数
Y  EQU    X+1                                ;符号 Y 表示 1235H 这个数
Z  EQU    'A'                                ;符号 Z 表示'A'的 ASCII 码值,即 41H
MOV  AX,X                                    ;AX=1234H
MOV  BX,Y                                    ;BX=1235H
MOV  CL,Z                                    ;CL=41H
```

2. 等号伪指令

伪指令格式:符号名=表达式

伪指令功能:给表达式赋予一个名字,在程序中需要用到该表达式的地方,可以用名字代替。等号定义伪指令中的符号名可以被多次赋值。

常量定义中的表达式有多种形式,经汇编程序汇编后,都是一个确定的值。常量定义不分配内存存储空间。

3.2.2 变量定义伪指令

变量是存储器中的存储空间,该存储空间具有所在地址、大小类型、存放的数据值这些属性。该存储空间还可以取个符号名,称为变量名。

伪指令格式:[变量名] 变量类型 变量值

伪指令功能:在存储器中按指定类型定义和分配存储空间,将表达式值存入该存储空间内,用变量名指示该存储空间,在程序中用变量名可以访问该存储空间。

1. 变量名

变量名可有可无。以字母、数字、下划线的组合命名。程序指令中直接使用变量名表示取用存储单元的内容。表达式中使用变量名运算,表示取用变量名对应单元的偏移地址做运算。

例如,MOV AX,X 指令,表示将 X 变量名对应的存储单元中的字数据传送给 AX;而 MOV AX,X+1 指令,表示将 X 变量名对应存储单元的偏移地址+1,得到新的单元地址,再去新单元中取字数据传送给 AX。

2. 变量类型

变量类型可以设置为 DB、DW、DD、DQ、DT。汇编程序根据类型给变量分配大小不同的存储空间。DB 是字节类型(8 位);DW 是字类型(16 位);DD 是双字类型,即 4 个字节(32 位);DQ 是 8 字节类型(64 位);DT 是 10 字节类型(80 位)。由于变量中的数据需要在指令中进行存取操作,而 8086/8088 CPU 数据线只有 16 条,所以常用的是 DB 字节类型、DW 字类型。其他类型空间访问时需要多次按字节、字类型进行存取。

3. 变量值

变量值是存放在变量存储空间内的数据。变量值可以是常数、常量、表达式、字符、字符串、?、符号名、DUP 操作符等。多个值之间用逗号分隔。

(1) 常数：十、十六、二和八进制形式的常数，分别用后缀字母 D、H、B 和 Q 区分。以字母开头的十六进制常数需要在前面加一个"0"。

(2) 常量：用 EQU 或者＝定义的常量。将常量的值存入变量存储空间。

(3) 表达式：汇编程序计算出表达式的值，存入变量存储空间。

(4) 字符：用单引号引起来的字符，将字符的 ASCII 码值存入变量存储空间。

(5) 字符串：用单引号引起来的字符串，将字符串中每个字符的 ASCII 码值按序存入变量存储空间。如果字符串中字符个数少于 2 个，则变量类型可以为 DB 字节类型，也可以为字类型。如果字符串中字符个数多于 2，则变量类型必须为 DB 字节类型。存放字符串的变量存储空间，如果为 DB 类型，则字符串字符的 ASCII 码顺序存放；如果为 DW 类型，则第一个字符 ASCII 码放高地址存储单元，第 2 个字符 ASCII 码放低地址存储单元。

(6) ?：预留存储单元，初始值由机器随机确定，一般为 0。

(7) 符号名：可以是标号或变量名或子程序名。将符号名指示的单元地址存放到变量存储空间中。如果变量类型是 DW，则取偏移地址；如果变量类型是 DD，则取段地址和偏移地址。

(8) DUP：重复操作符。使用格式是：重复次数 DUP(值)。将括号内的值按照重复次数和变量类型重复存入存储空间。括号内的值可以是上述变量值的各种表达形式。

例 3-4 下面的 DATA 段是数据段，内存中段地址为 0B4CH，段中定义了一些变量数据，画出这些变量的存储空间示意图。

```
DATA  SEGMENT                                   ;数据段定义
  DB  10, 10H, 2 * 3, -5, 'AB',?, 2 DUP(1,2)
                                                ;变量定义多数据项，分配存储空间
  X  EQU    3                                   ;EQU 语句不分配存储空间
  Y  DW   'AB'                                  ;字类型字符串存放有高低字节规定
  Z  DD     Y                                   ;用已有变量名定义，放变量的地址
DATA  ENDS                                      ;数据段定义结束
```

解 从数据段第一个单元开始根据变量定义伪指令分配变量空间，存入变量值。注意 EQU 伪指令不分配存储空间。存储空间示意如图 3.1 所示。

数据段中第一个单元偏移地址默认是 0000，除非用 ORG 伪指令指定过。第一行的变量定义没有命名变量名，按照字节类型存放后面的数据。第 1 个数 10 是十进制，存放到内存后为二进制数据，所以单元(0000H)＝0AH。第 2 个数是 10H，所以单元(0001H)＝10H。第 3 个数是表达式 2 * 3，汇编后将表达式的运算结果存放到单元中，所以单元(0002H)＝06H。第 4 个数是－5，机器中带符号数是以补码的编码方式表示，－5 的补码是 0FBH，所以单元(0003H)＝0FBH。第 5 个数是字符串'AB'，存放时将每个字符的 ASCII 码依次存放，所以单元(0004H)＝41H，(0005H)＝42H。第 6 个数是"?"，预留字节，初始值放 00H。第 7 个值 2 DUP(1,2)，是用重复方式定义的变量值，重复两次将括号内数据 01H 和 02H 存入存储单元，每个数据类型是字节，所以分配 4 个字节，地址是 0007H～000AH。

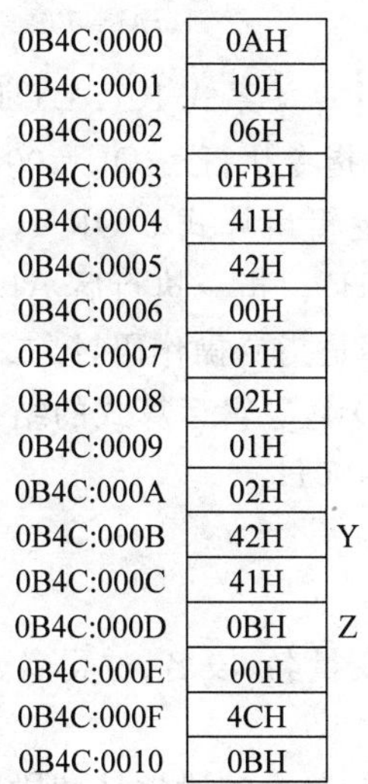

图 3.1 例 3-4 存储空间分配

接下来用 EQU 定义的 X 符号常量，不分配存储空间。

Y 变量从 000BH 单元分配，存入字类型的字符串'AB'。将字符'A'的 ASCII 码存入高地址 000CH 单元，将字符'B'的 ASCII 码存入低地址 000BH 单元。

Z 变量是 4 字节类型，用 Y 变量名定义，存入 Y 变量的段地址和偏移地址。段地址 0B4CH 放在高地址 000FH 单元，偏移地址 000BH 放入低地址 000DH 单元。

3.3 运算符和操作符

在指令和伪指令中，可以使用表达式来表示一个值。表达式通过运算符和操作符连接起来。表达式的计算，由汇编程序在将源程序汇编为机器代码的时候完成，此时程序并没有运行，表达式的结果就已经计算出。

3.3.1 运算符

算术运算符包括＋(加)、－(减)、*(乘)、/(除)、MOD(求余)，用于数字操作数或者存储器地址运算中。

逻辑运算符包括 AND、OR、XOR、NOT，用于对数字操作数做逻辑运算。

关系运算符包括 EQ(相等)、NE(不等)、LT(小于)、GT(大于)、LE(小于等于)、GE(大于等于)。关系运算为真，则结果为全 1；否则为全 0。

例 3-5 分析下面程序段的执行结果。

```
MOV   DL,10H LT 16                        ;DL=00H
MOV   AL,3 OR 4                           ;AL=07H
```

```
AND   AL,3 AND 4                       ;AL=00H
```

解 第一条指令，汇编程序先计算关系式 10H LT 16，关系运算为假，则结果为全 0。第一条指令汇编后为“MOV DL,0”。指令执行后 DL＝00H。

第二条指令，汇编程序先计算逻辑运算式 3 OR 4，逻辑运算式的结果为 07H。所以第二条指令汇编后为“MOV AL,07H”。指令执行后 AL＝07H。

第三条指令中的第一个“AND”是指令操作码，第二个“AND”是逻辑运算符。汇编程序汇编的时候计算逻辑运算式 3 AND 4，逻辑运算式的结果为 00H，所以第三条指令汇编后为“AND AL,0”。指令执行后 AL＝00H。

3.3.2 属性操作符

名字是伪指令的第一部分，有变量名、段名、过程名、标号等多种形式。这些名字具有以下属性。

(1) 逻辑地址：名字对应的存储单元的段地址和段内偏移地址。

(2) 类型：数值型的名字，如变量名，具有字节 BYTE、字 WORD 或双字 DWORD 等类型；地址型的名字，如段名、过程名和标号，具有近 NEAR(段内)、远 FAR(段间)调用类型。

可以通过属性操作符来获得名字的属性。

1. 求段地址操作符 SEG

格式：SEG 名字

功能：求名字对应的存储单元在内存的段地址。

2. 求偏移地址操作符 OFFSET

格式：OFFSET 名字

功能：求名字对应的存储单元在内存的偏移地址。这个运算符的结果，和 LEA 指令结果相同。例如，有 BUFF 单元，用 MOV AX,OFFSET BUFF 可以求得 BUFF 单元的偏移地址送入 AX。而 LEA AX,BUFF 指令执行也是取得 BUFF 单元的偏移地址送入 AX。只不过 OFFSET 是汇编程序汇编时求得偏移地址，在执行 MOV 指令的时候传送到 AX。而 LEA 是执行指令的时候求得结果完成传送。

3. 求类型操作符 TYPE

格式：TYPE 名字

功能：求名字表示的变量或标号的类型。类型值用数字表示。对于变量，字节类型是 1，字类型是 2，双字型是 4。对于标号和过程名，段内(NEAR)是－1，段间(FAR)是－2。

4. 求长度操作符 LENGTH

格式：LENGTH 名字

功能：对使用 DUP 定义的变量计算元素个数，即重复次数。对其他方式定义的变量长度结果为 1。

5. 求大小操作符 SIZE

格式：SIZE 名字

功能：对使用 DUP 定义的变量计算所有元素分配的字节数，SIZE = TYPE × LENGTH。

例 3-6　分析下面程序的执行结果。

```
DATA  SEGMENT                              ;数据段定义
      X  DB  12H                           ;定义 X 变量
      Y  DW  34H                           ;定义 Y 变量
      Z  DB  3 DUP(1,2)                    ;定义 Z 变量
DATA   ENDS                                ;数据段定义结束
CODE   SEGMENT                             ;定义代码段
       ASSUME  CS:CODE,DS:DATA             ;指明段名和段寄存器关系
START: MOV  AX,DATA                        ;AX=DATA 段段地址
       MOV  DS,AX                          ;DS=AX=DATA 段段地址
       MOV  AL,TYPE  X                     ;AL=1,X 是字节类型
       MOV  BL,TYPE  Y                     ;BL=2,Y 是字类型
       MOV  CL,LENGTH  Z                   ;CL=3,Z 的重复次数
       MOV  AH,4CH                         ;DOS 系统调用号 4CH
       INT  21H                            ;DOS 系统调用返回操作系统
CODE  ENDS                                 ;代码段定义结束
       END  START                          ;汇编结束,指明第一条指令地址
```

6. 重定义类型操作符 PTR

格式：WORD　PTR 操作数

　　　BYTE　PTR 操作数

功能：重新定义操作数的类型。变量在定义时就具有了相应的类型，可以利用 PTR 操作符在使用时暂时改变。对于类型不明确的存储单元，也可以通过 PTR 操作符说明其类型。

例 3-7　已知数据段用伪指令 X DB 2 定义了变量 X。判断下面指令的正误。

```
MOV  AL,X                                  ;正确
MOV  AX,X                                  ;错误。类型不一致。AX 是 16 位,X 是字节类型
MOV  [BX],5                                ;错误。类型不明确
MOV  BYTE PTR [BX],5                       ;正确
MOV  AX,WORD PTR X                         ;正确
```

7. 指示操作符 THIS

格式：THIS 类型

功能：建立一个指定类型的指示，段地址和偏移地址与下一存储单元相同，但是具有不同类型。例如：

```
F  EQU    THIS   BYTE
X  DW     1234H
```

F 具有和 X 相同的地址。在用 X 访问数据时，是字类型。用 F 访问时是字节类型。

8. 地址计数器 $

汇编程序在汇编时，会有一个隐含的地址计数器，记录当前所使用的存储单元的偏移地址。“$”代表的是地址计数器的值。

例 3-8 下面的 DATA 段是数据段，段中定义了一些变量数据，画出这些变量的存储空间示意图。

```
DATA  SEGMENT                           ;数据段定义,分配如图 3.2 所示
    ORG     0100H                       ;指定从数据段 0100H 单元开始分配
    X  DB  1,2                          ;X 变量在 0100 单元,(0100H)=01H,(0101H)=02H
    Y  DW  3                            ;Y 变量字类型,地址(0102)=0003H
    Z  DW  $                            ;$是当前地址 0104H,放入 Z 变量,即(0104H)=0104H
DATA   ENDS                             ;数据段结束
```

地址	内容	变量
DS:0100	01H	X
DS:0101	02H	
DS:0102	03H	Y
DS:0103	00H	
DS:0104	04H	Z
DS:0105	01H	

图 3.2 例 3-8 存储空间分配

3.4 汇编语言程序设计

汇编语言程序设计的基本步骤如下。

- 分析问题，确定解决问题的算法。
- 绘制程序流程图，将算法逐步具体化。
- 设计数据结构，分配内存空间，根据流程图编写程序。
- 上机调试程序。

汇编语言不同于高级语言，设计时需要立足于硬件实现设计的要求，要注意指令的选择、指令的格式和功能以及对标志位的影响、程序的结构、存储空间的合理分配等问题。

汇编语言程序的基本结构有顺序结构、分支结构、循环结构和子程序结构。

3.4.1 汇编语言顺序程序设计

顺序程序，是指没有控制转移类指令的程序，将按照源程序指令书写的前后顺序依次执行。顺序程序设计是所有程序设计的基础。

例 3-9 编写程序，实现求 Y=10×X，X 在 0～255 之间。

解

方案一：采用乘法指令实现。X是0～255之间的无符号数，所以X可以定义为字节类型变量。Y是乘积，要定义为字类型变量。

```
DATA   SEGMENT                                ;数据段定义
       X  DB  ?                               ;X 预留单元
       Y  DW  ?                               ;Y 预留单元
DATA   ENDS                                   ;数据段定义结束
CODE   SEGMENT                                ;程序段定义
       ASSUME CS:CODE,DS:DATA                 ;指明段名和段寄存器关系
START: MOV  AX,DATA                           ;取数据段段地址送 AX
       MOV  DS,AX                             ;数据段段地址送 DS
       MOV  AL,X                              ;取被乘数 X
       MOV  BL,10                             ;BL 中为乘数 10
       MUL  BL                                ;无符号数乘法运算,AL×BL
       MOV  Y,AX                              ;乘积 AX 送入 Y 单元
       MOV  AH,4CH                            ;4CH 号 DOS 系统调用
       INT  21H                               ;程序结束,返回操作系统
CODE   ENDS                                   ;程序段定义结束
       END  START                             ;汇编结束,指明第一条指令标号
```

方案二：$Y=10\times X=2^3X+2X$，乘法转换为移位指令实现。X定义为字节类型左移可能发生溢出，所以要定义为字类型。

```
DATA   SEGMENT                                ;数据段定义
       X  DW  ?                               ;X 预留单元
       Y  DW  ?                               ;Y 预留单元
DATA   ENDS                                   ;数据段定义结束
CODE   SEGMENT                                ;程序段定义
       ASSUME  CS:CODE,DS:DATA                ;指明段名和段寄存器关系
START: MOV  AX,DATA                           ;取数据段段地址送 AX
       MOV  DS,AX                             ;数据段段地址送 DS
       MOV  AX,X                              ;取被乘数 X
       MOV  BX,AX                             ;BX 中保存 X
       MOV  CL,3                              ;移位次数 3 次
       SHL  AX,CL                             ;左移 3 位,实现 X*2^3
       SHL  BX,1                              ;左移 1 位,实现 X*2
       ADD  AX,BX                             ;累加
       MOV  Y,AX                              ;结果 AX 送入 Y 单元
       MOV  AH,4CH                            ;4CH 号 DOS 系统调用
       INT  21H                               ;程序结束,返回操作系统
CODE   ENDS                                   ;程序段定义结束
```

```
        END  START                              ;汇编结束,指明第一条指令标号
```

两种方案的流程图如图 3.3 所示。

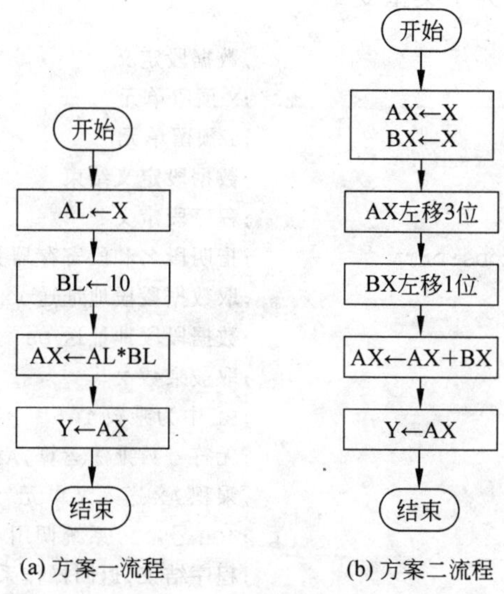

(a) 方案一流程　　(b) 方案二流程

图 3.3　例 3-8 流程图

同样的问题采用不同的算法,程序实现不同。方案一程序段长度是 18B。方案二程序段长度 24B。执行时间也会有差异。

3.4.2　汇编语言循环程序设计

程序中某些操作需要重复执行一定的次数,可以写成循环结构。循环程序由以下 3 部分组成。

- 循环初值:设置循环参数,如循环次数、数据初值等。
- 循环体:重复执行的程序段,包括要重复的操作和循环条件的改变。
- 循环控制:判断循环条件,确定是否继续循环。

例 3-10　编写程序,将数据区 X 单元开始的字节数据,传送到 Y 单元开始的区域。源数据区数据个数不确定。

解　定义数据段中 X 和 Y 区域。由于数据个数不确定,可以用 $ 地址计数器动态计算。数据重复传送,可以使用循环结构,也可以用字符串传送类指令。程序流程图如图 3.4 所示。

```
DATA  SEGMENT                                   ;数据段定义
       X  DB  ?                                 ;定义 X 预留单元,运行前可改为具体数据
       COUNT  EQU     $-X                       ;用$地址计数器动态计算 X 单元数据个数
       Y  DB  COUNT  DUP(?)                     ;定义 Y 单元,长度和 X 区域数据个数一样
DATA  ENDS
```

```
CODE   SEGMENT                                   ;代码段定义
  ASSUME  CS:CODE,DS:DATA                        ;指明段名和段寄存器关系
START: MOV   AX,DATA                             ;将 DATA 段地址送 DS
       MOV   DS,AX
       LEA   BX,X                                ;BX 中为 X 单元偏移地址
       LEA   SI,Y                                ;SI 中为 Y 单元偏移地址
       MOV   CX,COUNT                            ;CX 为数据个数
L1:    MOV   AL,[BX]                             ;将[BX]单元内容送 AL
       MOV   [SI],AL                             ;将 AL 的值送[SI]
       INC   SI                                  ;SI 加 1,为源数据区下一个单元地址
       INC   BX                                  ;BX 加 1,为目的数据区下一个单元地址
       LOOP  L1                                  ;CX=CX-1, CX≠0 则转 L1,CX=0 则执行下一条指令
       MOV   AX,4C00H                            ;4CH 号 DOS 系统调用
       INT   21H                                 ;程序结束,返回操作系统
CODE   ENDS
       END   START
```

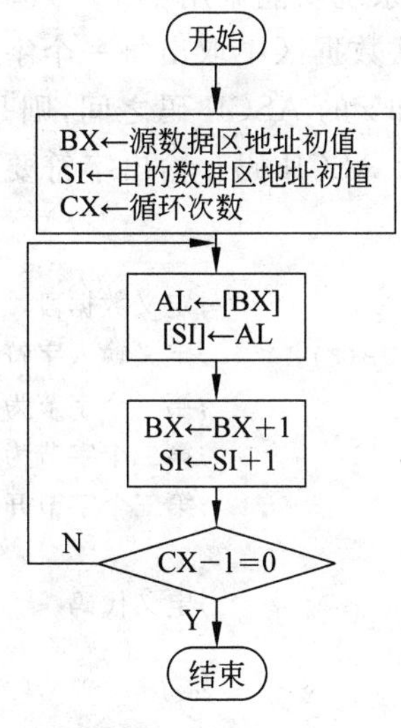

图 3.4　例 3-10 流程

3.4.3　汇编语言分支程序设计

分支结构程序是指程序根据不同的条件进行判断后,选择下一步要执行的指令,而不是顺序执行。分支主要有单分支结构、双分支结构、多分支结构 3 种,如图 3.5 所示。

单分支结构：在条件成立时执行分支体;否则跳过分支体。

双分支结构：条件成立则执行分支体 1;否则执行分支体 2。对双分支结构的汇编语言程序,要注意在分支体 1 的语句后面加上 JMP 指令以跳过分支体 2。

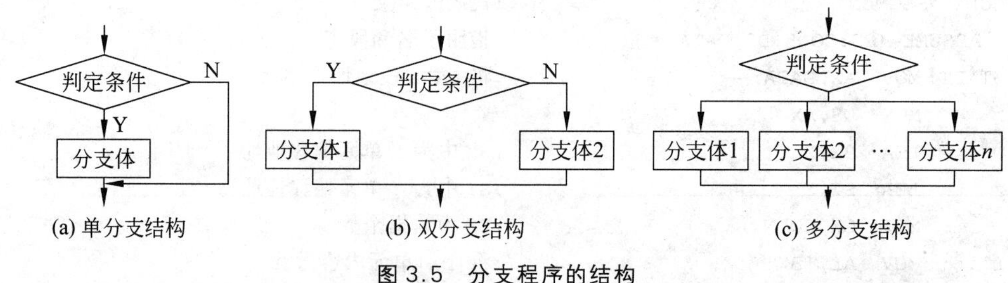

(a) 单分支结构　　(b) 双分支结构　　(c) 多分支结构

图 3.5　分支程序的结构

多分支结构：多个条件对应各自的分支体，哪个条件成立就转入哪个分支体执行。多分支可以化解为双分支或单分支结构的组合，也可以用诸如地址分支表等方法实现。

在汇编语言程序中，为实现分支，一般先采用运算类指令，使相关标志位得到改变，再用条件转移指令实现转移。

例 3-11　编写程序实现将输入字符串中的小写字母转换为大写字母输出。字符串长度最大为 9。

解　输入字符串需要用 DOS 系统功能调用中 10 号调用。数据区中格式要按照 10 号调用对数据区格式的规定定义。从数据区中取出每一个字符，判断是否是小写字母。判断方法是一个字符的 ASCII 码在'a'和'z'的 ASCII 码之间，则是小写字母。小写字母的 ASCII 码减 20H 后，便是对应大写字母的 ASCII 码。输出字符要用 DOS 系统功能调用中 2 号调用。程序流程图如图 3.6 所示。

```
DATA   SEGMENT                                 ;定义数据段
       KBUFFER  DB  9,?,9  DUP(?)              ;定义输入字符串调用时的缓冲区格式
                                               ;第一个字节为缓冲区长度
                                               ;第二个字节为实际输入的字符数
                                               ;第三个字节开始为输入的字符串每个字符

DATA   ENDS
CODE   SEGMENT                                 ;定义代码
       ASSUME CS:CODE,DS:DATA
START: MOV    AX,DATA
       MOV    DS,AX
       MOV    DX,OFFSET KBUFFER                ;DX 为 KBUFFER 单元偏移地址
       MOV    AH,0AH                           ;DOS 系统调用 10 号
       INT    21H                              ;键盘输入字符串调用
       MOV    BX,OFFSET KBUFFER+1              ;BX 指向 KBUFFER 区的第二个字节
                                               ;即实际输入字符个数的字节单元
       MOV    CL,[BX]                          ;CL 为实际输入的字符数
       MOV    CH,0                             ;字符数存放在 CX 中,CL 为有效值,CH 置 0
L1:    INC    BX                               ;BX 为第三个字节单元地址
       MOV    AL,[BX]                          ;将 BX 中地址所指单元中的字符送 AL
```

```
        CMP     AL,'a'                      ;AL 中的字符和'a'比较
        JB      L2                          ;小于'a'转 L2,即不是小写字母
        CMP     AL,'z'                      ;AL 中的字符和'z'比较
        JA      L2                          ;大于'z'转 L2,即不是小写字母
        SUB     AL,20H                      ;不转 L2 的情况则 AL 中值减 20H
                                            ;将小写字母转换为大写字母
L2:     MOV     DL,AL                       ;AL 中字符放 DL 中
        MOV     AH,02H                      ;AH 为功能号 2
        INT     21H                         ;调用字符显示输出
        LOOP    L1                          ;CX 字符个数减 1,是否处理完所有字符
        MOV     AH,4CH
        INT     21H
CODE   ENDS
        END     START
```

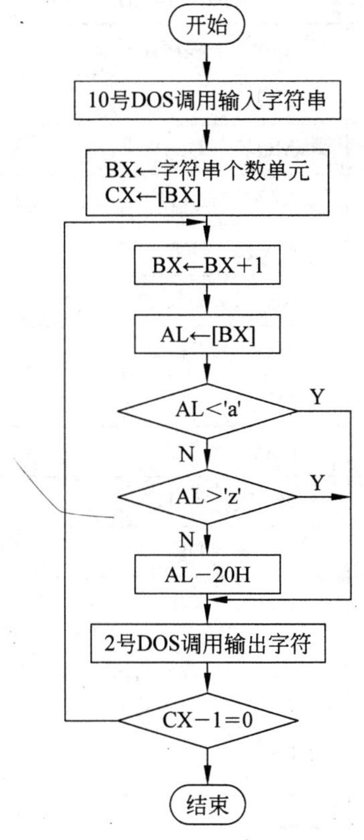

图 3.6 例 3-11 流程

3.4.4 汇编语言子程序设计

采用子程序结构设计，有利于程序设计的模块化。主程序调用子程序，进入子程序执行后，可能会影响主程序放在寄存器、标志寄存器和内存单元的数据。所以子程序中应该对这些现场数据进行保护，返回主程序之前进行现场数据恢复。

例 3-12 编写程序，实现在屏幕上显示'X8Z' 这 3 个字符，每个字符一行。分别用顺序程序和子程序结构实现。

解 输出字符串可以用 DOS 系统 9 号功能调用，但是字符串中字符顺序输出，不能换行。要实现屏幕输出换行，要在输出一个字符后，输出回车、换行符，再输出下一个字符。

采用顺序程序结构，需要重复输出回车、换行符。将输出回车、换行符的程序段定义为子程序，然后在主程序中要用到的地方调用，程序结构比顺序结构的程序简洁。表 3.1 是本例分别采用顺序结构和子程序结构做的对比表。可以看出子程序结构占用存储空间少。

表 3.1 顺序结构和子程序结构对比

序号	顺 序 结 构	子程序结构 1	子程序结构 2
1	MOV AH, 2	MOV AH,2	MOV DL,'X'
2	MOV DL,'X'	MOV DL,'X'	CALL P2
3	INT 21H	INT 21H	MOV DL,'8'
4	MOV DL,0DH	CALL P1	CALL P2
5	MOV AH,2	MOV AH,2	MOV DL,'Z'
6	INT 21H	MOV DL,'8'	CALL P2
7	MOV AH,2	INT 21H	MOV AH,4CH
8	MOV DL,0AH	CALL P1	INT 21H
9	INT 21H	MOV AH,2	P2 PROC NEAR
10	MOV AH,2	MOV DL,'Z'	MOV AH,2
11	MOV DL,'8'	INT 21H	INT 21H
12	INT 21H	CALL P1	MOV DL,0DH
13	MOV DL,0DH	MOV AH,4CH	MOV AH,2
14	MOV AH,2	INT 21H	INT 21H
15	INT 21H	P1 PROC NEAR	MOV AH,2
16	MOV AH,2	MOV DL,0DH	MOV DL,0AH
17	MOV DL,0AH	MOV AH,2	INT 21H
18	INT 21H	INT 21H	RET

续表

序号	顺 序 结 构	子程序结构 1	子程序结构 2
19	MOV　AH,2	MOV　AH,2	P2　ENDP
20	MOV　DL,'Z'	MOV　DL,0AH	
21	INT　21H	INT　21H	
22	MOV　DL,0DH	RET	
23	MOV　AH,2	P1　ENDP	
24	INT　21H		
25	MOV　AH,2		
26	MOV　DL,0AH		
27	INT　21H		
28	MOV　AH,4CH		
29	INT　21H		

3.4.5　宏汇编程序设计

在汇编语言源程序中，有的程序部分需要重复使用。若定义成子程序，只需书写一次，多次调用。但是子程序执行时会有调用时的入栈、现场保护，返回时有现场恢复、出栈等操作，程序执行的速度会受到影响。

宏汇编是一种类似子程序但又与之有本质区别的一种技术。将汇编语言程序中的一段代码定义为宏，在程序书写时用宏名代替。对源程序进行汇编时，汇编程序将定义的宏展开为宏所代表的那段代码。这是在汇编阶段实现的一种帮助程序设计的方法，所以被称为宏汇编。

```
宏定义的格式：宏名 MACRO[形参表]
              …                              ;宏定义体
              宏名　ENDM
```

宏调用的格式：宏名［实参表］

形参和实参列表中的项目用逗号分隔。

3.5　汇编语言程序设计实例

3.5.1　数据运算类实例

汇编程序中可以对数据进行加、减、乘、除、移位、逻辑等运算。但是汇编程序不适合编写复杂的运算应用。

例 3-13 求 1～100 的数据和。

```
CODE   SEGMENT                                     ;代码段定义,没有数据段
  ASSUME  CS:CODE
START: MOV    AX,0                                 ;AX 放结果和
       MOV    BX,1                                 ;BX 是 1~100 的数据
       MOV    CX,100                               ;CX 循环次数
L1:    ADD    AX,BX                                ;累加
       INC    BX                                   ;BX 为下一个加数
       LOOP   L1                                   ;循环判断
       MOV    AH,4CH                               ;程序结束
       INT    21H
CODE   ENDS
    END    START                                   ;汇编结束
```

本实例没有定义数据段,运算的数据和结果都在寄存器中。所以不需要数据段定义和传送 DS 段地址的指令。

例 3-14 对数据区 BUFF 单元开始的 100 个字数据做加 1 运算。

```
DATA   SEGMENT                                     ;数据段定义
       BUFF  DW  100  DUP(?)                       ;数据区
DATA   ENDS
CODE   SEGMENT                                     ;代码段定义
       ASSUME  CS:CODE,DS:DATA
START: MOV    AX,DATA                              ;数据段地址送 DS
       MOV    DS,AX
       LEA    BX,BUFF                              ;数据区首地址放 BX
       MOV    CX,100                               ;循环次数为数据个数
L1:    INC    WORD PTR [BX]                        ;数据字+1
       ADD    BX,2                                 ;改变地址到下一个字单元
       LOOP   L1                                   ;循环判断
       MOV    AH,4CH                               ;程序结束
       INT    21H
CODE   ENDS
       END    START                                ;汇编结束
```

本实例中,访问数据区先设定一个地址指针 BX,再通过间接寻址[BX]访问数据区单元,通过 BX+2 移动地址指针。这是常用的访问数据区连续数据的方法。对内存单元运算时,单元类型要明确。

例 3-15 将 16 位的二进制数转换为十进制数。

```
DATA   SEGMENT                                     ;数据段定义
       X  DW  ?                                    ;要转换的二进制数据
```

```
        Y  DB   5 DUP(0)                          ;转换后的十进制存放区
DATA   ENDS
CODE   SEGMENT                                    ;代码段定义
        ASSUME  CS:CODE,DS:DATA
START: MOV     AX,DATA                            ;数据段地址送 DS
        MOV     DS,AX
        MOV     AX,X                              ;取要处理的数据
        LEA     SI,Y                              ;设定结果区的首地址指针
        MOV     BX,10                             ;除数 10
L1:     MOV     DX,0                              ;被除数 32 位,DX 要设 0
        DIV     BX                                ;除 10
        MOV     [SI],DX                           ;余数放结果单元
        INC     SI
        OR      AX,AX                             ;是否商为 0
        JNZ     L1                                ;商不为 0,继续转换
        MOV     AH,4CH
        INT     21H
CODE   ENDS
        END     START                             ;汇编结束
```

本实例中考虑 16 位二进制数转换的十进制数可能有 5 位,所以结果单元定义为 5 个字节单元。二进制数除以 10,余数为十进制的个位;商再除以 10,即十进制的十位。依次类推,可以求得十进制的每一位。本程序只能对无符号数进行转换。

3.5.2 判断统计类实例

判断统计类程序,主要有判断数据正负、奇偶、最大值、最小值和排序等。

例 3-16 求数据区 BLOCK 中带符号数的最大值。

```
DATA   SEGMENT
        BLOCK    DW   1, -2,3,-4, 5, 6,-7,8,-9          ;数据区数据
        COUNT    EQU     ($-BLOCK)/2          ;数据区数据个数
        RESULT   DW    ?                      ;放结果的单元
DATA   ENDS
CODE   SEGMENT
        ASSUME  CS:CODE,DS:DATA
START: MOV     AX,DATA                            ;获得数据段段地址
        MOV     DS,AX
        LEA     BX,BLOCK                          ;设定数据区首地址指针
        MOV     CX,COUNT                          ;设定数据个数为循环次数
        MOV     AX,[BX]                           ;最大值初值为第一个数
L1:     CMP     AX,[BX]                           ;现有 AX 中最大值与数据区每个数比较
```

```
        JGE     L2                          ;AX 中数大,则跳转
        MOV     AX,[BX]                     ;AX 中数小,将数据区数据送 AX
L2:     ADD     BX,2                        ;地址指针增加,指向下一个数
        LOOP    L1
        MOV     RESULT,AX                   ;AX 中最大值送结果单元
        MOV     AH,4CH
        INT     21H
CODE    ENDS
        END     START
```

本实例中用地址计数器＄－数据区首地址,算出来是数据区单元个数,因为数据是字类型,所以要除以 2 求得数据区数据个数。带符号数比较,要用 CMP 运算,结合带符号数的条件转移指令实现判断。如果用 JAE,则结果完全不同,是无符号数比较。

例 3-17 统计数据区中负数的个数。

```
DATA    SEGMENT                             ;数据段定义
        DA1  DW  -1,-3,5,6,9                ;数据区数据值
        RS  DW  ?                           ;放结果的单元
DATA    ENDS
CODE    SEGMENT
        ASSUME  CS:CODE,DS:DATA
START:  MOV     AX,DATA                     ;获得数据段段地址
        MOV     DS,AX
        MOV     BX,OFFSET DA1               ;BX 为数据区地址指针
        MOV     CX,(RS-DA1)/2               ;CX 为数据区数据个数
        MOV     DX,0                        ;DX 为负数个数,初值为 0
L1:     MOV     AX,[BX]                     ;取出数据区数据
        ADD     AX,0                        ;和 0 运算,为了影响标志位
        JNS     L2                          ;不小于 0 的数,不统计,转移
        INC     DX                          ;小于 0 的数,增加负数个数
L2:     INC     BX                          ;地址指针增加+2
        INC     BX
        DEC     CX                          ;数据个数-1
        JNZ     L1                          ;数据是否都判断结束
        MOV     RS,DX                       ;统计结果放内存单元
        MOV     AH,4CH
        INT     21H
CODE    ENDS
        END     START
```

本实例中,用 RS－DA1 求得 DA1 数据区单元个数,因为数据是字类型,除以 2 求得数据个数。判断正负的方法有很多,都要先将数据做运算后,判断标志位。

① 将数据±0,判断符号位 SF。

② 将数据左移,判断 CF。

③ 将数据和 80H 做与运算,判断 ZF。

④ 通过和 0 比较,判断和 0 的大小关系等。

地址指针增加可以用 ADD 指令,也可以用 INC 指令。INC 指令比 ADD 指令执行速度快。

例 3-18 统计 X 单元字数据中 1 和 0 的个数。

```
DATA   SEGMENT
       X  DW  ?                              ;X 单元数据定义
       Y  DB  2  DUP(0)                      ;放结果的单元
DATA   ENDS
CODE   SEGMENT
       ASSUME  CS:CODE,DS:DATA
START: MOV     AX,DATA
       MOV     DS,AX
       MOV     AX,X                          ;取 X 数据
       MOV     BL,0                          ;BL 为 0 的个数结果,初值为 0
       MOV     DL,BL                         ;DL 为 1 的个数结果,初值为 0
       MOV     CX,16                         ;CX 为位数,做循环次数
L1:    SHL     AX,1                          ;左移数据,最高位移入 CF
       JC      L2                            ;判断移出的位,是 1,转移
       INC     BL                            ;不为 1,则 0 的个数加 1
       JMP     L3
L2:    INC     DL                            ;为 1,则 1 的个数加 1
L3:    LOOP    L1                            ;循环次数判断
       MOV     Y,BL                          ;将结果送到内存
       MOV     Y+1,DL
       MOV     AH,4CH
       INT     21H
CODE   ENDS
       END     START
```

3.5.3 字符处理类实例

数据区中的字符处理,包括字符串的传送、比较、搜索、大小写转换、输入输出等。可以选择串操作类指令,也可以用普通指令来完成。

例 3-19 将数据区中的字符串中大写字母变为小写字母。

```
DATA   SEGMENT
  STR  DB 'Hello','$'                        ;定义字符串,结尾有$符号作为结束标志
DATA   ENDS
```

```
CODE  SEGMENT
      ASSUME  CS:CODE,DS:DATA
START:MOV    AX,DATA
      MOV    DS,AX
      LEA    BX,STR                 ;设置字符串地址指针
L1:   MOV    AL,[BX]                ;取出字符到寄存器中
      CMP    AL,'$'                 ;判断是否结束符号$
      JE     L3                     ;是$,则程序结束
      CMP    AL,'A'                 ;与'A'比较
      JB     L2                     ;小于,不是大写字母,转移
      CMP    AL,'Z'                 ;与'Z'比较
      JA     L2                     ;大于,不是大写字母,转移
      ADD    AL,20H                 ;是大写字母,+20H为对应小写字母ASCII码
      MOV    [BX],AL                ;保存回原字符单元
L2:   INC    BX                     ;地址指针修改
      JMP    L1
L3:   MOV    AH,4CH
      INT    21H
CODE  ENDS
      END    START
```

本实例中字符串长度不确定,通过设置字符串结尾符号'$'进行重复次数判断。一个字符的ASCII码在'A'和'Z'的ASCII码之间,则是大写字母。大写字母的ASCII码+20H后,便是对应小写字母的ASCII码。

例3-20 从键盘读入一字符串(长度小于40),再将该串反转后输出显示。

```
MAXNO  EQU   41                          ;定义常量MAXNO
DATA   SEGMENT
       MES1  DB  'Input a string:$'      ;定义提示字符串1,以$结尾
       MES2  DB  'Its reverse is:$'      ;定义提示字符串2,以$结尾
       BUF  DB  MAXNO,?,MAXNO DUP(?)     ;定义输入字符串的缓冲区
DATA   ENDS
CODE   SEGMENT
       ASSUME  CS:CODE,DS:DATA
START: MOV    AX,DATA
       MOV    DS,AX
       MOV    DX,OFFSET MES1             ;屏幕输出提示字符串信息
       MOV    AH,9
       INT    21H
       LEA    DX,BUF                     ;输入字符串缓冲区地址
       MOV    AH,0AH                     ;10号DOS调用
       INT    21H
```

```
        XOR    AX,AX                     ;AX 清 0
        MOV    AL,BUF+1                  ;AX 为实际输入字符数
        LEA    DI,BUF+2                  ;DI 为字符串实际字符串第一字符地址,做+1 移动
        MOV    SI,DI
        ADD    SI,AX                     ;SI+字符数,为字符串最后回车符地址
        MOV    BYTE PTR [SI],'$'         ;放入结束符$
        DEC    SI                        ;SI 指向最后一个字符,做-1 移动
        CMP    DI,SI                     ;比较首地址指针和结束地址指针
        JAE    L2                        ;DI≥SI,则已经反转完毕
        MOV    AL,[SI]                   ;将前后指针的数据互换
        XCHG   AL,[DI]
        MOV    [SI],AL
        DEC    SI                        ;SI 指针从后往前移动
        INC    DI                        ;DI 指针从前往后移动
        JMP    L1
L2:     LEA    DX,MES2                   ;输出第 2 个提示字符串
        MOV    AH,9
        INT    21H
        LEA    DX,BUF+2                  ;输出已经反转的字符串
        MOV    AH,9
        INT    21H
        MOV    AH,4CH
        INT    21H
CODE  ENDS
        END    START
```

本例中通过字符串输出,在程序执行时给出提示信息,这样使得操作界面友好。一般汇编程序中不进行过多的屏幕显示和键盘输入,这样会让程序太长,效率低下。字符串输入时,要特别注意缓冲区的格式,第 2 个字节是实际输入的字符串个数,第 3 个字节开始输入的字符依次存放。本实例采用两个指针分别指向字符串首尾的方法访问数据进行互换,再移动指针,效率比较高。

3.5.4　子程序设计类实例

采用子程序方式设计程序,程序模块清晰,调试方便。

例 3-21　统计字数据 X 和 Y 中 1 的个数,分别放在 CL 和 CH 中。

```
DATA  SEGMENT
        X  DW  ?                         ;定义 X 字数据
        Y  DW  ?                         ;定义 Y 字数据
DATA  ENDS
CODE  SEGMENT
```

```
        ASSUME  CS:CODE,DS:DATA
START: MOV     AX,DATA
        MOV     DS,AX
        MOV     AX,X                            ;取 X 数到 AX 中
        CALL    P1                              ;调用子程序求 AX 中 1 的个数
        MOV     CL,DL                           ;子程序返回结果在 DL 中,保存到 CL 中
        MOV     AX,Y                            ;取 Y 数到 AX 中
        CALL    P1                              ;调用子程序求 AX 中 1 的个数
        MOV     CH,DL                           ;子程序返回结果在 DL 中,保存到 CH 中
        MOV     AH  4CH
        INT     21H
P1      PROC                                    ;过程定义,统计 AX 中 1 的个数,结果在 DL 中
        PUSH    CX                              ;CX 主程序、子程序都要使用,需要入栈保护
        PUSHF                                   ;标志寄存器入栈保护
        MOV     CX,16                           ;循环次数
        MOV     DL,0                            ;DL 中放求出 1 的个数,初值为 0
L1:     ROR     AX,1                            ;AX 循环右移,16 次移位后数据不变
        JNC     L2                              ;CF 不为 1,转移
        INC     DL                              ;CF 为 1,DL+1
L2:     LOOP    L1                              ;循环控制
        POPF                                    ;恢复标志寄存器
        POP     CX                              ;恢复 CX
        RET                                     ;子程序返回
P1      ENDP                                    ;子程序定义结束
CODE   ENDS
        END     START
```

本实例定义子程序 P1,完成求 AX 中 1 的个数,结果在 DL 中。由于子程序和主程序都要用到 CX 和标志寄存器,所以需要进行入栈保护。

3.6 实验项目

用汇编语言编写的源程序,需要经过汇编转换为二进制机器代码,再经过连接形成可执行文件才能运行。完成汇编的程序称为汇编程序。完成连接的程序称为连接程序。汇编语言源程序的开发过程包括编辑、汇编、连接等步骤,才能生成可执行文件。

3.6.1 PC 汇编源程序开发实验项目

1. MASM 汇编开发环境

在 PC 上有很多的汇编开发环境,本书介绍使用微软的汇编程序 MASM. EXE 和连接程序 LINK. EXE 进行汇编语言程序开发的过程。

1）编辑源程序

采用纯文本编辑软件(如记事本软件)输入和编辑汇编语言源程序。程序保存时,文件的扩展名必须是.ASM。

2）汇编生成目标程序

格式：>MASM　文件名.ASM

功能：汇编操作能够将源程序转换为二进制目标程序,并在转换过程中检查源程序的错误。

汇编过程中可以生成 3 种文件,即以 OBJ 为扩展名的目标文件、以 LST 为扩展名的列表文件和以 CRF 为扩展名的交叉参照文件。可以在冒号后面输入指定的新文件名,也可以直接按回车键表示采用冒号前[ ]内的默认文件名。

汇编过程会给出源程序中的出错信息,包括错误行号和错误原因。错误有两种,即 Warning 类文件结构错误和 Severe 类语法错误。如果两类错误的个数不是 0,则需要回到编辑步骤,采用编辑软件改正源程序中错误的内容,重新汇编至没有错误,才能进入下一步。

3）连接生成可执行程序

格式：>LINK　文件名.OBJ

功能：连接操作是将目标程序连接为可执行程序。连接过程如果出错,则需要回到编辑步骤,采用编辑软件改正源程序中错误的内容,重新汇编至没有错误,再重新连接,才能得到正确的可执行程序。

连接过程会生成两种文件：第一种是扩展名为 EXE 的可执行文件;第二种是扩展名为 MAP 的连接映像文件。连接过程中有一个输入文件,即需要用到的库文件,扩展名为 LIB。冒号提示后面可根据需要输入文件名,也可以直接按回车键,表示采用默认文件名。

4）运行可执行文件

格式：>文件名　或　>文件名.EXE

功能：EXE 文件是可直接执行的文件。在 Windows 环境下直接双击 EXE 文件图标就可执行,也可以在 DOS 命令提示符下直接输入可执行文件名后按回车键执行,文件扩展名 EXE 可写可不写。也可以在 DEBUG 中装入该 EXE 文件,用 G 命令执行。

例 3-22　下面是一个将 X 单元中的 1 位数字显示在屏幕上的源程序。以该程序为例,讲解汇编语言程序的开发过程。

```
DATA  SEGMENT                          ;定义数据段 DATA,其中有一个变量 X,字节型,初值为 1
      X   DB  1
DATA  ENDS
CODE  SEGMENT                          ;定义程序段 CODE,完成数字转 ASCII 码及屏幕输出
      ASSUME  CS:CODE,DS:DATA
START: MOV    AX,DATA
       MOV    DS,AX
       MOV    DL, X                    ;取 X 单元的数传送到 DL
```

```
        ADD    DL,30H                    ;0~9 的数字+30H,可以得到数字字符的 ASCII 码
        MOV    AH,2                      ;输出字符 DOS 调用
        INT    21H
        MOV    AH,4CH
        INT    21H
CODE  ENDS
        END    START
```

(1) 编辑：采用纯文本编辑软件输入源程序。保存文件名为 A. ASM。

(2) 汇编：进入 DOS 命令窗口，在命令提示符后输入汇编命令：>MASM　A. ASM。执行命令结果如图 3.7 所示。

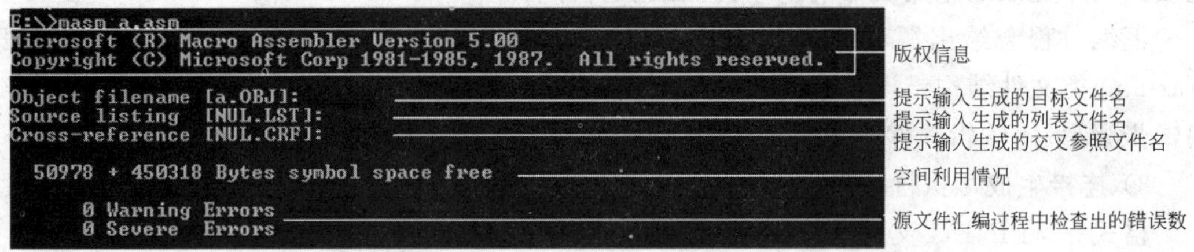

图 3.7　汇编操作结果

(3) 连接：在命令提示符后输入连接命令：>LINK　A. OBJ。执行命令结果如图 3.8 所示。

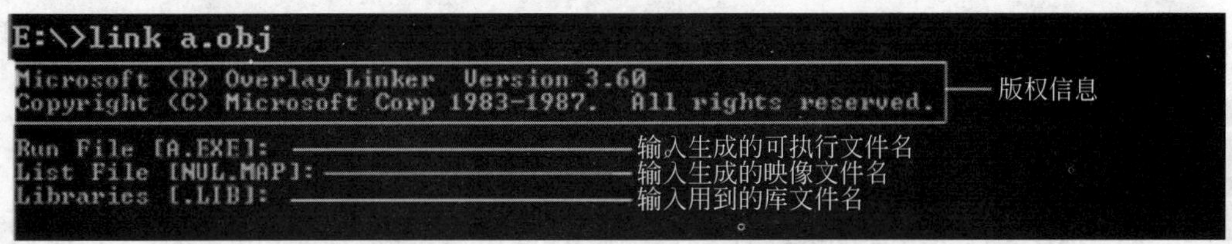

图 3.8　连接操作结果

(4) 运行：命令提示符后输入文件名运行。运行程序结果如图 3.9 所示。

图 3.9　程序运行结果

5) DEBUG 下对 EXE 可执行文件的调试过程

DEBUG 工具可以对 EXE 文件进行反汇编或者调试了解程序执行情况，如程序在内存中的存放情况等，采用 T 命令还可以知道程序中每条指令的执行结果。一般在逆向工程、计算机安全等领域会用到这样的方法。

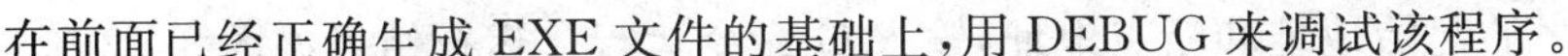

在前面已经正确生成 EXE 文件的基础上，用 DEBUG 来调试该程序。

(1) 在 DEBUG 中装入要调试的 EXE 文件。

在启动 DEBUG 时带上要调试的 EXE 文件名。DOS 提示符下输入命令：

```
>DEBUG  A.EXE
```

(2) 用 U 命令查看 EXE 文件的程序段情况。

DEBUG 将 EXE 文件装入内存后，会给程序中各段分别分配内存空间，而这些内存空间的情况可以通过 DEBUG 命令获得。

用 U 命令查看 A.EXE 中程序段在内存的情况以及反汇编的情况，如图 3.10 所示。

```
E:\>debug a.exe
-u
0B4F:0000 B84E0B        MOV     AX,0B4E
0B4F:0003 8ED8          MOV     DS,AX
0B4F:0005 8A160000      MOV     DL,[0000]
0B4F:0009 80C230        ADD     DL,30
0B4F:000C B402          MOV     AH,02
0B4F:000E CD21          INT     21
0B4F:0010 B44C          MOV     AH,4C
0B4F:0012 CD21          INT     21
0B4F:0014 FE737D        PUSH    [BP+DI+7D]
0B4F:0017 8B9EFEFE      MOV     BX,[BP+FEFE]
0B4F:001B D1E3          SHL     BX,1
0B4F:001D D1E3          SHL     BX,1
0B4F:001F 8B87BE22      MOV     AX,[BX+22BE]
-
```

图 3.10　DEBUG 调试例 3-21 的 EXE 文件

在 U 命令的执行结果中可以获得很多信息。DEBUG 中看到的是汇编后的程序在内存中装入后的确定值，所以和源程序有些不同，主要表现在原来程序中的段名、变量、标志符、转移地址等都以实际的地址出现。

可以查看到程序装入内存后，程序段的存储空间为 0B4F:0000H～0B4F:0013H 单元。

(3) 用 D 命令查看 EXE 文件的数据段情况。

源程序的第 1 条指令是 MOV AX,DATA，反汇编指令中第 1 条指令变成了 MOV AX,0B4EH。这就指明了 A.EXE 的数据段(DATA)段地址在机器中的实际值是 0B4EH。

可以用 D 命令查看到装入 A.EXE 后数据段中数据(变量)的存放情况。在源程序中，DATA 段中只有一个变量 X，所以，数据段的长度是 1 个字节，输入 D 命令可查看该字节数据，要注意的是，虽然 A.EXE 的数据段已经装入内存，但并不是当前数据段，所以不能只是用 D 命令查看，要记得在 D 命令后指定地址。查看数据段结果如图 3.11 所示。

```
-d 0b4e:0000 0000
0B4E:0000  01
```

图 3.11　例 3-21 的 EXE 文件的数据段

(4) 用 G/T 命令执行 EXE 文件。

用 G 命令可以一次执行完整个程序，在学习调试阶段最好能够带上起止地址运行。根据 U 命令获得程序的起始地址和断点地址，输入 G 命令运行。运行结果如图 3.12 所示。

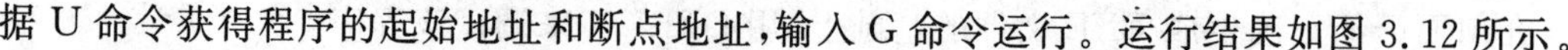

```
>G=0000 14
```

```
-g=0000 14
1
Program terminated normally
```

图 3.12　例 3-21 的 DEBUG 下运行结果

如果程序指令的结果在数据段单元中，还可以在执行 G 或 T 命令后，再用 D 命令查看数据段中内存单元的变化情况。这个方法在后面的调试中会经常使用。

2. 实验内容

(1) 下面程序的功能是将 X 和 Y 单元的字节数据相加并显示在屏幕上，但该程序存在一些错误。借助 MASM 开发环境，查找出错误，完成下面程序的编辑、汇编、连接、执行过程。在 DEBUG 下调试该 EXE 文件。

```
stack segment                                   ;⓪
    db 100dup(0)                                ;①
Stack end                                       ;②
data segment                                    ;③
    x db 1 ,y dw 2                              ;④
data   ends                                     ;⑤
code segment                                    ;⑥
    assvme cs; code, ds; data, ss:stcak         ;⑦
  start:mov ds, data                            ;⑧
    move al, x                                  ;⑨
    mov bl y                                    ;⑩
    add al, bl                                  ;⑪
    add al, 30h                                 ;⑫
    mov dl, al                                  ;⑬
    mov ah, 2                                   ;⑭
    int 21h                                     ;⑮
      mov ah, 4ch                               ;⑯
      int 21h                                   ;⑰
end begin                                       ;⑱
      ends code                                 ;⑲
```

(2) 在 PC 上完成习题中的程序设计题目。

3.6.2　EL 实验机汇编源程序开发实验项目

EL 实验机提供了集成开发环境 TECH。在集成开发环境下进行开发，可以直接在菜单中选择保存、汇编、连接、运行等操作，比 PC 的命令方式方便。在 EL 机上编写汇编语言程序，只有一个代码段。数据和指令放在一个段内，注意第一条指令的标号位置。另外，EL 实验机不能使用 DOS 系统功能调用指令 INT 21H。

在 EL 实验机上完成前一节 PC 平台上的实验项目。

3.7　本章小结

8086 系统按照逻辑段组织程序，有代码段、数据段、附加段和堆栈段。因此，汇编语言源程序也由段组成。汇编语言程序中有指令和伪指令。指令在程序运行时由 CPU 执行。伪指令是程序在汇编时由汇编程序执行。

本章重点介绍了汇编语言程序伪指令。掌握各种伪指令对于汇编语言程序设计很重要。段定义伪指令是搭建汇编语言程序结构的基本伪指令。变量定义伪指令，实现变量数据的存储空间分配和赋值。

本章还重点介绍了汇编语言程序的设计方法和实例。熟练运用汇编语言指令和伪指令，将算法描述出来，解决程序设计的任务，是学习汇编语言程序设计的目标。

本章的实验环节介绍了 MASM 汇编开发环境的操作命令。熟练掌握汇编语言程序编辑、汇编、连接和运行的开发过程，才能完成微机系统的设计。

习题 3

1. 编写程序，实现将 X 单元开始的数据区中 100 个字节数的平均值放入 Y 单元。

2. 编写程序，实现将 X 数据区的数据，往后搬移两个单元，前两个单元清 0。

3. 在 BUFFER 单元为首地址的数据区中有若干个数据，编程序实现将奇数加 1，偶数不变。

4. 在 X 单元和 Y 单元分别放两个整数，编程序实现：

① 当 X、Y 中有一个是奇数时，将奇数放在 X 中，偶数放在 Y 中。

② 当 X、Y 均为奇数时，原存储单元内容不变。

③ 当 X、Y 均为偶数时，都加 1 后放回原存储单元。

5. 内存中连续存放 N 个整数，将其中为 0 的数全部抹掉，只保留不为 0 的数据在原数据区连续存放。

6. 编写程序，实现将寄存器 AX 的数据按相反顺序存入 BX 中。

7. 编写程序，实现将 BUFF 区的带符号字节数据，正数存入 BUFF1 区，负数存入 BUFF2 区。

8. 编写程序，实现将数据区中带符号数据按从大到小排序。

本章小结

习题

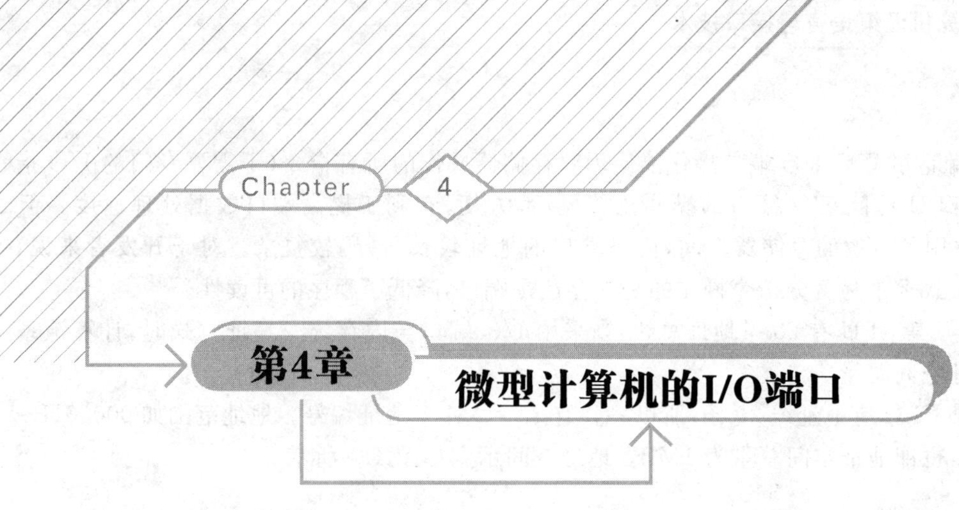

本章学习目标

- 掌握微机 I/O 端口编址方式、地址的分配及选用；
- 掌握独立编址方式的 I/O 端口访问方法及指令格式；
- 掌握 I/O 端口地址译码电路的分析和设计方法；
- 掌握不同 I/O 控制方式的软硬件设计方法。

本章首先向读者介绍了 I/O 端口的编址方式，然后介绍了 80x86 微机系统中 I/O 端口分配情况，之后介绍了 I/O 端口地址译码技术，最后介绍了 CPU 与 I/O 接口之间数据交换的方式。

4.1 I/O 端口编址

CPU 与接口之间的数据交换是通过对接口内部的寄存器进行的。接口内部的寄存器就是 I/O 端口(I/O Port)。I/O 端口有数据端口、控制端口和状态端口 3 种。接口内部有多个端口。CPU 以端口地址来区分不同的端口。

CPU 地址总线上既连接了内存储器，也连接了多个 I/O 接口。微机系统通过编址方式来区分不同的内存单元和 I/O 端口。根据微机系统的不同，I/O 端口的编址方式通常有两种形式：一种是 I/O 端口与内存统一编址；另一种是 I/O 端口与内存独立编址。

4.1.1 I/O 端口与内存单元统一编址

I/O 端口与内存统一编址方式也称为存储器映射编址方式。微机系统中，将 I/O 端口与内存单元统一进行地址分配，使用统一的指令访问 I/O 端口或者访问内存储器单元。Motorola 公司的 68 系列、Apple 系列微计算机就是采用这种编址方式。

这种编址方式下，I/O 端口操作能使用对存储器操作的所有指令（不需要专门的 I/O 指令），它使 CPU 访问 I/O 端口的操作比较灵活、方便，有利于提高端口数据处理速度。但 I/O 端口占用了有效的存储器空间，而且端口的地址较长，译码较复杂。对于开发者来说，从指令的形式上不易区分指令操作的是内存还是端口，降低了程序的可读性。

例 4-1 某 CPU 有 20 条地址总线，当采用 I/O 端口与内存统一编址方式时，计算该系统中的地址空间总量。

解 某 CPU 有地址线 20 条，所以一共有 $2^{20}=1M$ 个地址编号。地址范围如 00000H～0FFFFFH，也即地址空间总量为 1MB。地址空间示意如图 4.1 所示。

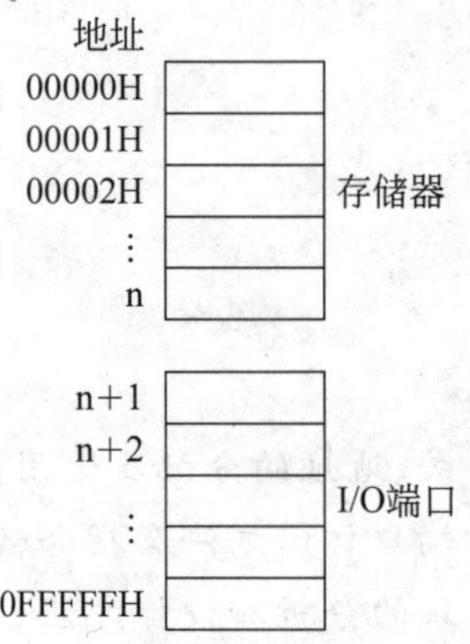

图 4.1 I/O 端口与内存单元统一编址示意

4.1.2 I/O 端口与内存单元独立编址

I/O 端口与内存单元独立编址方式称为 I/O 映射编址方式。这种编址方式中，对内存储器单元和 I/O 端口分别进行编址，通过不同的指令区别访问的是 I/O 端口还是内存单元。大型计算机通常采用这种编址方式，Intel、AMD、Zilog 等一些公司生产的微处理器也是采用这种编址方式。

这种编址方式中，设置了专门的 I/O 指令用以访问 I/O 端口，程序可读性好，并且由于 I/O 端口的数目比存储器单元数量少，相应的地址位数也短，地址译码简单，指令执行速度快。但是专用 I/O 指令的类型少，功能弱，使得程序设计灵活性较差。另外，CPU 对存储器和 I/O 端口提供的控制信号不同，增加了控制逻辑的复杂性。

例 4-2 某 CPU 有 20 条地址总线，当采用 I/O 端口与内存单元独立编址方式时，计算该系统中的地址空间总量。

解 某 CPU 有 20 条地址线。访问存储器时，内存地址范围为 00000H～0FFFFFH，总共可寻址 $2^{20}=1M$ 存储单元。访问 I/O 端口时，端口地址范围也是 00000H～0FFFFFH，总共可寻址 $2^{20}=1M$ 个端口。系统中最大可以有 2MB 地址空间。所以 I/O 端口与内存单元独立编址方式能够扩大系统的地址空间。图 4.2 是 I/O 端口与内存单元独立编址方式示意图。

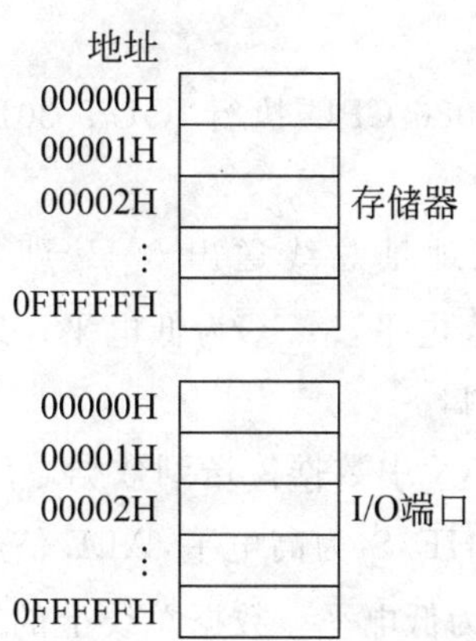

图 4.2　I/O 端口与内存单元独立编址示意

4.2　80x86 系统 I/O 端口

4.2.1　8086 系统的 I/O 端口访问

8086 系统的 I/O 端口编址采用 I/O 映射编址方式，I/O 端口与内存单元分开独立编址。8086 CPU 有 20 条地址总线，理论上可以寻址 2^{20} =1M 个端口。由于系统中的 I/O 端口比内存单元要少得多，因此采用 CPU 低 16 位地址线寻址 I/O 端口。I/O 端口地址范围为 0000H～0FFFFH，可寻址 2^{16} =64K 个端口。实际应用中，一般用低 10 位地址线，I/O 端口地址范围是 000～3FFH。在 I/O 地址线少的情况下，可以简化 I/O 译码电路，使 I/O 寻址速度更快。

8086 指令系统中，采用专门的 I/O 指令访问 I/O 端口，即 IN/OUT 指令。IN/OUT 指令属于数据传送类指令，可以查阅第 2 章的 2.3.2 小节，学习 IN/OUT 指令的格式、寻址方式和功能。

CPU 对 I/O 端口和存储单元寻址时，产生不同的控制信号。在 8086 CPU 最小模式下，执行存储器访问指令，CPU 控制信号 $M/\overline{IO}$ 为 1；执行 IN/OUT 指令时，CPU 控制信号 $M/\overline{IO}$ 为 0。8086 CPU 最大模式下，执行存储器访问指令时，8288 总线控制器产生 $\overline{MRDC}$、$\overline{MWTC}$ 和 $\overline{AMWC}$ 信号控制存储器的读、写。执行 IN/OUT 指令时，8288 总线控制器产生 $\overline{IORC}$、$\overline{IOWC}$ 和 $\overline{AIOWC}$ 控制 I/O 的读写。

执行 I/O 指令时，CPU 和 I/O 端口通过总线进行通信。CPU 完成一次访问存储器或 I/O 端口操作所需要的时间称为总线周期。在 CPU 访问 I/O 端口总线周期的 T_1 时钟周期，CPU 将端口地址输出到地址总线上，同时产生地址锁存信号。在 T_2、T_3 时钟周期，CPU

和 I/O 端口通过数据总线进行数据传送。T_4时钟周期则完成总线操作。一条 I/O 指令执行完毕。

例 4-3 写出最小模式下,8086 CPU 执行"OUT 30H,AX"指令时,总线上信号变化过程。

(1) T_1时钟周期。CPU 从地址总线送出 30H,即 $A_9 \sim A_0 = 00\ 0011\ 0000$。同时$\overline{BHE}/S_7$为低电平,ALE 信号为高电平,M/$\overline{IO}$为低电平。地址信号到达 I/O 接口的地址译码电路,寻址到要访问的 30H 端口。

(2) T_2时钟周期。CPU 将 AX 中数据传送到数据总线上,$A_9 \sim A_0$上的地址信号撤销,$AD_{15} \sim AD_0$上出现数据信号。$\overline{BHE}/S_7$为高电平,ALE 信号为低电平,$\overline{WR}$为低电平,DT/$\overline{R}$为高电平,$\overline{DEN}$为低电平,M/$\overline{IO}$为低电平。数据总线上的数据传送到 I/O 接口的数据缓冲器/锁存器,再传送到 30H 端口中。

(3) T_3时钟周期。数据稳定传输,控制信号保持。若外设需等待,则增加等待时钟周期,信号保持。

(4) T_4时钟周期。总线传送结束,控制信号撤销,总线空闲。

4.2.2 80x86 系统的 I/O 端口地址分配

80x86 微机系统中,采用 CPU 低 16 位地址线寻址 I/O 端口。I/O 端口地址范围为 0000H~0FFFFH,可寻址 $2^{16} = 64K$ 个端口。在 80x86 系统微机主板中,实际仅使用 $A_9 \sim A_0$共 10 条地址线寻址 I/O 端口,寻址范围 $2^{10} = 1K = 1024$ 个 I/O 端口,其端口地址空间范围是 000~3FFH。0400H~0FFFFH 以上的端口地址空间留给用户扩展使用。

按照 PC 系列微机系统中 I/O 接口电路的复杂程度及应用形式,I/O 接口的硬件电路有系统板上的 I/O 接口芯片和扩展槽上的 I/O 接口控制卡两大类。

系统板上的 I/O 接口芯片大多是可编程的大规模集成电路,如定时/计数器、中断控制器、DMA 控制器、并行接口等。扩展槽上的 I/O 接口控制卡是独立的电路板,又称为适配器,如声卡、网卡、显卡、软盘驱动卡、硬盘驱动卡、串行通信卡等。可以在 Windows 操作系统的设备管理器中,查看到 I/O 设备的端口地址。图 4.3 是某台 PC 上 I/O 端口分配情况。

在微机系统设计时,要避免发生端口地址的冲突。在选用 I/O 端口地址时,凡是被系统配置占用了的端口地址、计算机厂家声明保留的地址一律不能使用。I/O 端口重叠和冲突,会造成所设计的产品与系统不兼容而不能正常工作。

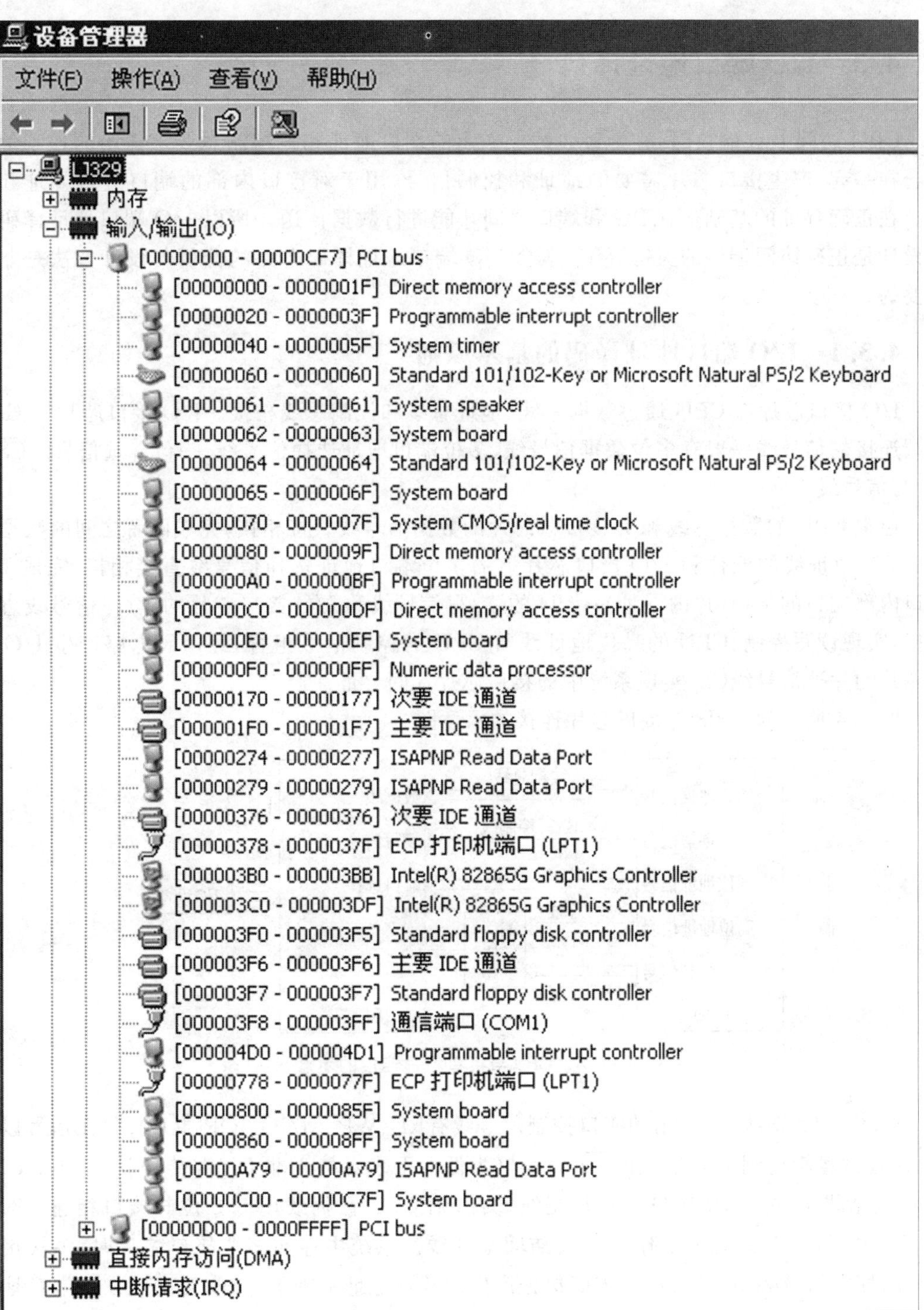

图 4.3　某台 PC 上 I/O 端口分配情况

4.3 I/O 端口地址译码

CPU 访问 I/O 端口时,在地址总线上送出的端口地址和在控制总线上送出的控制信号组合在一起,产生接口芯片需要的地址和控制信号,用于对接口内部的端口进行寻址和控制。在正确寻址的基础上,CPU 和端口之间才能进行数据传送。所以 I/O 端口地址译码电路设计是正确访问端口的关键环节,学会 I/O 端口地址译码电路的分析与设计方法是非常重要的。

4.3.1 I/O 端口地址译码的基本原则

I/O 接口芯片与 CPU 通过数据总线、地址总线和控制总线相接。I/O 接口芯片与 CPU 这端连接的信号线一般有多位数据信号线、多位端口地址选择信号线、一位片选信号线$\overline{CS}$和读/写信号线。

通常 CPU 的数据总线和 I/O 接口芯片的数据信号线直接相接,完成两者之间的数据传递;CPU 地址线的低位和 I/O 接口芯片上的多位端口地址选择信号线直接相接,完成 I/O 接口内部端口的选择(片内寻址);CPU 的读/写信号线和 I/O 接口芯片的读/写信号线直接相接,实现读写控制;CPU 的高位地址线与 CPU 的控制信号组合,经译码电路产生 I/O 接口芯片的片选信号线$\overline{CS}$,实现系统中的接口芯片片间寻址。

图 4.4 所示为 CPU 与接口芯片连接的示意图。

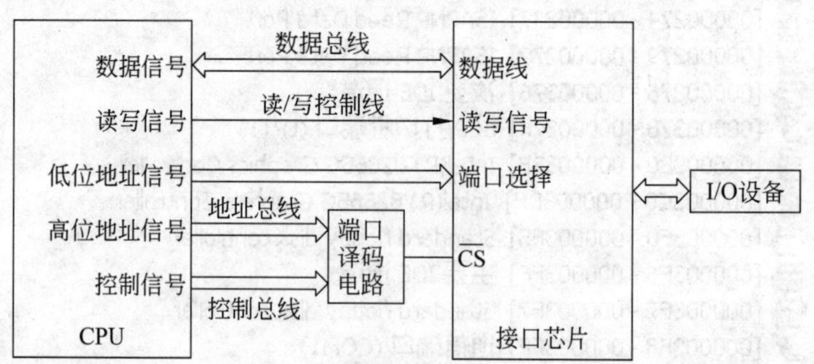

图 4.4　CPU 与接口芯片连接的示意

8086 CPU 系统中,常用的接口控制信号线有$\overline{RD}$、$\overline{WR}$、$M/\overline{IO}$、$\overline{IOR}$、$\overline{IOW}$、$\overline{BHE}$信号以及 DMA 控制逻辑送到 I/O 槽上的$\overline{AEN}$信号(为低电平表示处于非 DMA 传送状态)等。8086 CPU 数据线 16 位,如果接口芯片数据线 8 位,则 CPU 数据线用低 8 位与接口相连。8086 CPU 采用 A_9～A_0的地址线作为 I/O 访问地址线。系统中存在多块接口芯片时,多块接口芯片的片选信号必须不同,这样才能保证产生的片选地址范围不一样;否则就发生端口地址冲突了。

图 4.5 所示为一个典型的端口译码连接方式。图中有 k 个接口芯片。接口芯片的数据

线都与系统总线的数据线相连，读写信号$\overline{RD}$、$\overline{WR}$分别与系统总线提供的$\overline{IOR}$、$\overline{IOW}$相连。各接口芯片的内部端口选择地址线与系统地址总线的低位相连。不同接口芯片的端口数目不一样，端口选择线的条数不一样。图中接口芯片 1 端口选择线连 $A_n \cdots A_0$，接口芯片 k 端口选择线连 $A_m \cdots A_0$。剩下的地址线是高位地址线。高位地址信号 $A_9 \sim A_{n+1}$ 和$\overline{AEN}$控制信号，经译码电路产生各块接口芯片的片选信号。

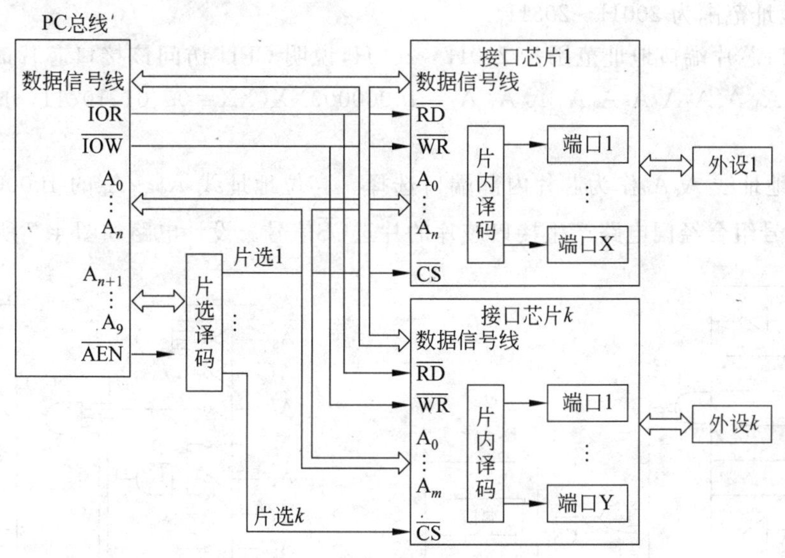

图 4.5　一种典型的端口译码连接方式

在某些系统中，端口地址采用偶地址连接方式。在这种连接方式下，CPU 地址线的 A_0 信号线为 0，不接到接口芯片上，而是从 A_1 开始分配低位地址线作为端口选择。这样，接口芯片内部的每个端口地址都是偶数。

I/O 端口地址译码技术主要研究片选译码电路的设计。按译码电路的形式来看，又可分为固定式译码和可选式译码。

4.3.2 I/O 端口地址的固定式译码

固定式译码是指译码电路设计好后，接口芯片中的端口地址就固定了，不能更改。为该接口编写驱动程序时，一定要按固定的端口地址编写。大部分接口卡中都采用固定式译码。固定式译码可用门电路和译码器进行设计。

1. 采用门电路进行地址译码

采用门电路设计地址译码电路，是指采用与门、与非门、反相器、或门等基本门电路构成地址译码电路。CPU 高位地址线和控制信号，经过门电路逻辑，产生接口芯片的片选信号$\overline{CS}$。

例 4-4　图 4.6 所示为用门电路设计的端口地址译码电路，分析端口的地址范围。

解　图 4.6 中接口芯片内部只有一个端口，要访问该端口，只要接口芯片的片选$\overline{CS}$有效即可。要使$\overline{CS}$有效，则或门两个输入端必须为 0。这样，两个与非门的输出必须为 0。则与非门输入端，直接接与非门的地址线必须为 1，经过非门接到与非门的地址线必须为 0。$\overline{AEN}$控制信号必须为 0。这样 $A_9\ A_8 A_7 A_6 A_5 A_4 A_3\ A_2 A_1\ A_0$ 地址线上的信号组合必须为 1011111000B 时才能让$\overline{CS}$有效，即端口的地址为 1011111000B＝2F8H。

例 4-5 使用门电路为一个接口芯片设计端口地址译码电路。该接口芯片内部有 4 个端口，要求地址范围为 200H～203H。

解 接口芯片端口地址范围是 200H～203H，说明 CPU 访问该接口芯片时，地址线上出现的地址 $A_9\ A_8 A_7 A_6 A_5 A_4 A_3\ A_2 A_1\ A_0$＝10000000XX(XX＝00、01、10、11，分别对应 4 个端口)。

用低位地址线 $A_1 A_0$ 作为芯片内部端口选择。高位地址线 A_9～A_2 的 10000000 电平信号与$\overline{AEN}$信号组合经门电路产生接口芯片的片选$\overline{CS}$信号。设计电路如图 4.7 所示。

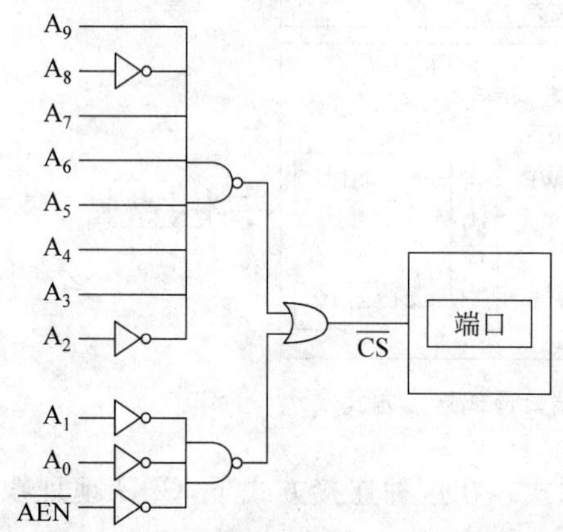

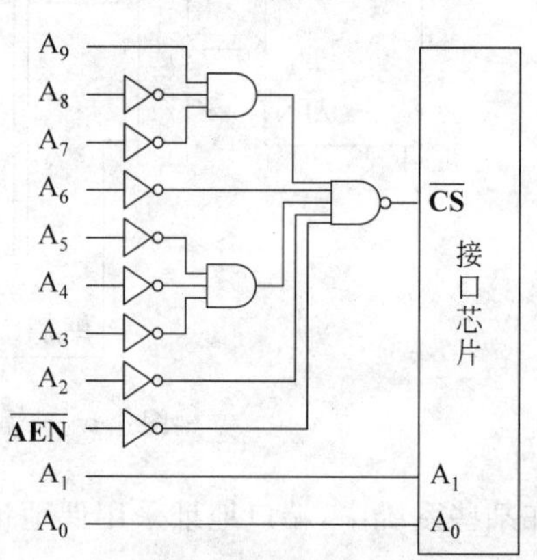

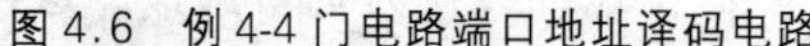

图 4.6 例 4-4 门电路端口地址译码电路　　图 4.7 例 4-5 门电路端口地址译码电路

2. 采用译码器进行地址译码

当系统中有多个接口芯片时，常采用专用的译码器进行片选地址译码设计。译码器的种类很多，常见的译码器有 3-8 译码器 74LS138、双 2-4 译码器 74LS139、4-16 译码器 74LS154 等。下面介绍 3-8 译码器 74LS138 的应用。

图 4.8 是 3-8 译码器 74LS138 的引脚和真值表。表中电平为正逻辑，即高电平表示逻辑“1”，低电平表示逻辑“0”，“X”表示不定。

译码器的 3 个使能输入端 G_1、$\overline{G}_{2A}$、$\overline{G}_{2B}$，共同决定了译码器当前是否被允许工作。当 $G_1=1$，$\overline{G}_{2A}=\overline{G}_{2B}=0$ 时，译码器处于使能状态(Enable)；否则就被禁止(Disable)。译码器的 3 条输入线 C、B、A 可以输入 3 位二进制，8 种组合对应在 8 个输出端 $\overline{Y}_0$～$\overline{Y}_7$ 上产生一个有效输出。

例 4-6 已知并行接口芯片 8255A 有 4 个端口，片选信号$\overline{CS}$为低电平有效。试设计一个译码电路，使该芯片的 4 个端口地址为 2F0H～2F3H。

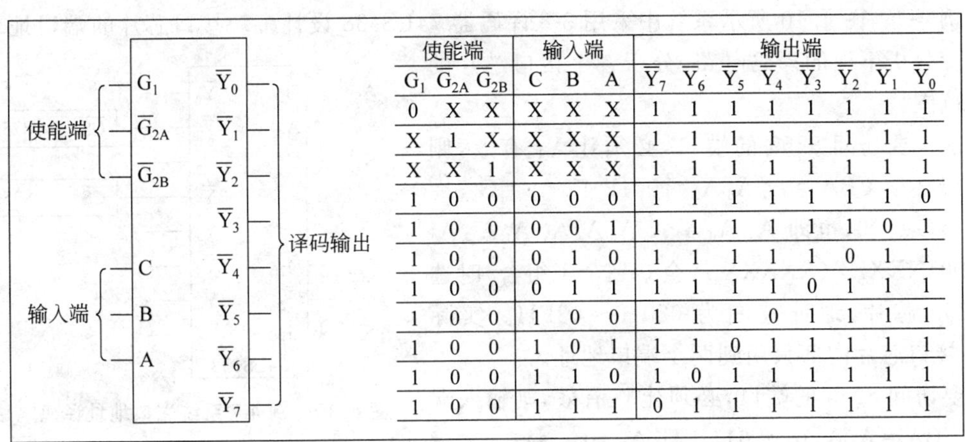

使能端			输入端			输出端							
G_1	$\overline{G}_{2A}$	$\overline{G}_{2B}$	C	B	A	$\overline{Y}_7$	$\overline{Y}_6$	$\overline{Y}_5$	$\overline{Y}_4$	$\overline{Y}_3$	$\overline{Y}_2$	$\overline{Y}_1$	$\overline{Y}_0$
0	X	X	X	X	X	1	1	1	1	1	1	1	1
X	1	X	X	X	X	1	1	1	1	1	1	1	1
X	X	1	X	X	X	1	1	1	1	1	1	1	1
1	0	0	0	0	0	1	1	1	1	1	1	1	0
1	0	0	0	0	1	1	1	1	1	1	1	0	1
1	0	0	0	1	0	1	1	1	1	1	0	1	1
1	0	0	0	1	1	1	1	1	1	0	1	1	1
1	0	0	1	0	0	1	1	1	0	1	1	1	1
1	0	0	1	0	1	1	1	0	1	1	1	1	1
1	0	0	1	1	0	1	0	1	1	1	1	1	1
1	0	0	1	1	1	0	1	1	1	1	1	1	1

图 4.8　74LS138 的引脚和真值表

解　8255A 芯片内 4 个端口，可以由地址线 A_1A_0 进行片内端口寻址。接口芯片的片选信号$\overline{CS}$连到 3-8 译码器 74LS138 的一个输出端，只要高位地址线 $A_9 \sim A_2$ 和控制信号组合能让这个输出端有效，则片选$\overline{CS}$有效，如选择 $\overline{Y}_4$ 端。那么要让$\overline{CS}$有效，就要译码器的 $\overline{Y}_4$ 端有效。根据 3-8 译码器 74LS138 的真值表可以知道，$\overline{Y_4}$端有效必须译码器输入端为 $G_1\overline{G}_{2A}\overline{G}_{2B}$＝100B，且 CBA＝100B。

8255A 芯片 4 个端口的地址要求为 2F0H～2F3H，意味着 CPU 访问接口时，高位地址线 $A_9 \sim A_2$＝10111100B。将 $A_9A_7A_6A_5$ 通过与门运算后产生 1 信号让 G_1＝1。将 A_8 接到 $\overline{G}_{2B}$，使 $\overline{G}_{2B}$＝0。将$\overline{AEN}$信号接到 $\overline{G}_{2A}$，使 $\overline{G}_{2A}$＝0。将 $A_4A_3A_2$ 接到 CBA，使 CBA＝100。这样，当 CPU 高位地址线 $A_9 \sim A_2$＝10111100B 时，译码器工作，在 $\overline{Y}_4$ 端产生低电平输出，即接口芯片$\overline{CS}$有效。

根据前述思路设计的译码电路如图 4.9 所示。

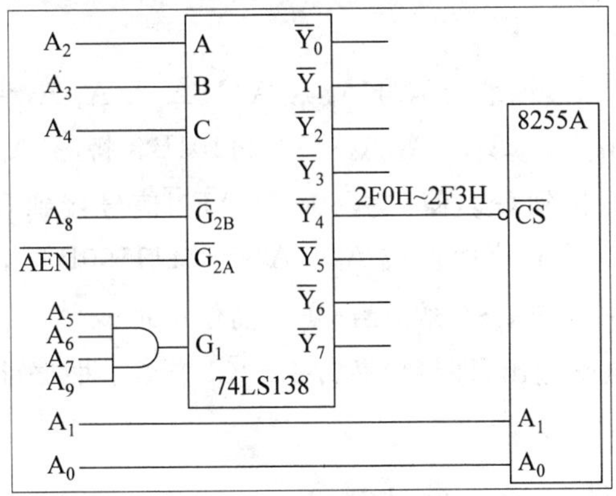

图 4.9　例 4-6 采用译码器的端口译码电路

例 4-7 图 4.10 所示系统中采用 3-8 译码器 74LS138 设计多块接口芯片的端口地址译码器。分析下面的译码电路，分析各个接口芯片的地址范围。

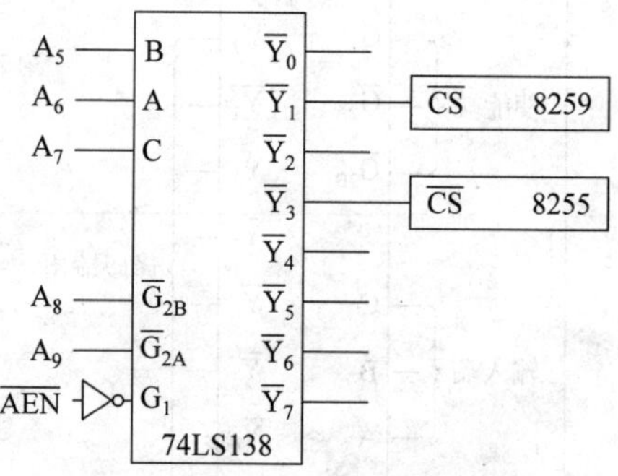

图 4.10 例 4-7 系统端口地址译码电路

解 要访问 8259 的端口，必须让 $\overline{Y}_1$ 有效，则输入端必须 $CBA=A_7A_6A_5=001B$ 且 $A_9=\overline{G}_{2A}=0$、$A_8=\overline{G}_{2B}=0$，也即 $A_9\ A_8A_7A_6A_5A_4A_3\ A_2A_1\ A_0=00001XXXXX$（XXXXX 从全 0 到全 1 组合）时选择 8259 芯片，地址范围为 020H～03FH。实际 8259 接口芯片内部只用到两个端口地址。

要访问 8255 的端口，必须让 $\overline{Y}_3$ 有效，则输入端必须 $CBA=A_7A_6A_5=011B$ 且 $A_9=\overline{G}_{2A}=0$、$A_8=\overline{G}_{2B}=0$，也即 $A_9\ A_8A_7A_6A_5A_4A_3\ A_2A_1\ A_0=00011XXXXX$（XXXXX 从全 0 到全 1 组合）时选择 8255 芯片，地址范围为 060H～07FH。实际 8255 接口芯片内部只用到 4 个端口地址。

本系统中，一个端口占用了多个端口地址。如 8259 内部只用到两个端口地址，如果 8259 的端口选择线接 A_0，$A_4A_3\ A_2A_1$ 不接到译码电路上，则 020H～03FH 的端口地址中，$A_0=0$ 访问的都是同一个端口，$A_0=1$ 访问的都是同一个端口。这种端口地址冗余的设计方法，使得译码电路适应性强，改接端口数不同的接口芯片时，不需要做改动。

例 4-8 某系统中有两块接口芯片，每个芯片内部都有 4 个端口。试设计一个译码电路，使接口芯片 1 的 4 个端口地址为 2F0H～2F3H，接口芯片 2 的 4 个端口地址为 2F4H～2F7H。

解 两块接口芯片内部都有 4 个端口，都需要 CPU 提供端口选择地址。可以由地址线 A_1A_0 进行片内端口寻址。两块接口芯片的端口地址不同，$\overline{CS}$信号也必须接到译码器不同的输出端上。选择接口芯片 1 连接到 3-8 译码器 74LS138 的 $\overline{Y}_4$ 输出端，而接口芯片 2 连接到 $\overline{Y}_5$ 输出端。这样，当 CBA=100 时，产生接口芯片 1 的$\overline{CS}$信号；当 CBA=101 时，产生接口芯片 2 的$\overline{CS}$信号。

CPU 访问接口芯片 1 时，地址线信号 $A_9\ A_8A_7A_6A_5A_4A_3\ A_2=10111100B$，访问接口芯片 2 时，地址线信号 $A_9\ A_8A_7A_6A_5A_4A_3\ A_2=10111101B$。将 $A_9A_7A_6A_5$ 通过与门运算后产生 1 信号让 $G_1=1$。将 A_8 接到 $\overline{G}_{2B}$，使 $\overline{G}_{2B}=0$。将$\overline{AEN}$信号接到 $\overline{G}_{2A}$，使 $\overline{G}_{2A}=0$。将 $A_4A_3\ A_2$ 接到 CBA。这样，当 CPU 高位地址线 $A_9\sim A_2=10111100B$ 时，译码器工作，在 $\overline{Y}_4$ 端产生低电平输出，即接口芯片 1 的$\overline{CS}$有效。当 CPU 高位地址线 $A_9\sim A_2=10111101B$ 时，译码器工作，在 $\overline{Y}_5$ 端产生低电平输出，即接口芯片 2 的$\overline{CS}$有效。根据前述思路设计的译码电路如图 4.11 所示。

4.3.3 I/O 端口地址的可选式译码

如果要求接口的端口地址具有一定的可变性，以适应不同的地址分配场合，或为系统以

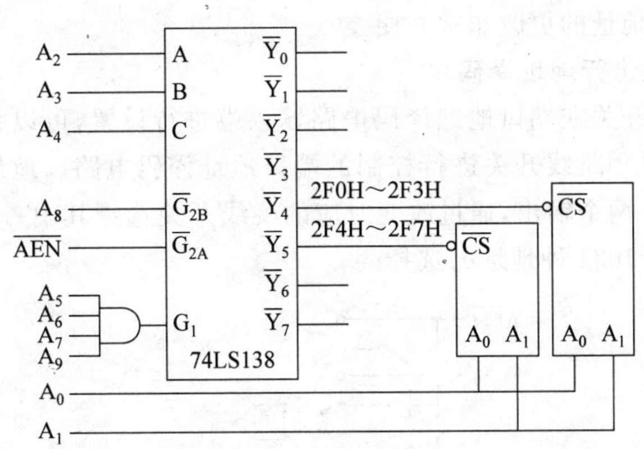

图 4.11 例 4-8 端口译码电路

后留有扩充的余地，则可以使用开关式端口地址译码。开关式端口地址译码电路中，可以通过开关改变接口的 I/O 端口地址。I/O 端口地址的可选式译码电路，一般采用比较器、地址开关或跳线器等元器件实现。

1. 采用比较器和地址开关进行地址译码

常用的比较器有 4 位比较器 74LS85 和 8 位比较器 74LS688。图 4.12 是用 8 位比较器 74LS688 设计的端口译码电路。该端口地址译码电路可以对 8 个端口进行寻址。

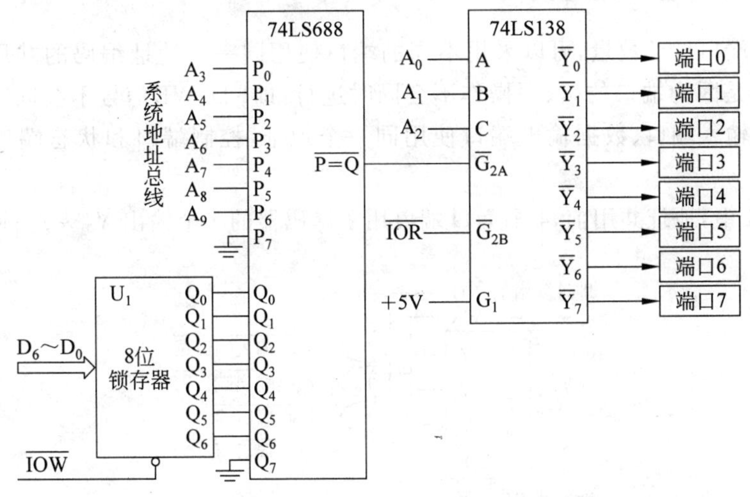

图 4.12 采用比较器/配置寄存器/译码器构成的译码电路

在 8 位锁存器 U_1 中可以为端口配置一个预设的地址高 7 位。当 CPU 执行 I/O 指令时，如果地址总线 $A_9 \sim A_3$ 送来的地址和预设的地址一样，则 8 位比较器 74LS688 的“相等”输出端 $\overline{P=Q}$ 有效，3-8 译码器 74LS138 的 $\overline{G}_{2A}$，与其他使能控制端一起控制使得译码器开始译码，则 $A_9 \sim A_0$ 的组合便是相应端口的地址。

通过程序往 8 位锁存器 U_1 中输入新的预设地址，则所有端口的地址便发生了更改。这种方式使得实现端口地址的更改非常方便。

2. 采用跳接开关进行地址译码

采用跳线或跳接开关在端口地址译码电路输入端进行设置，可以根据需要改变译码输出的结果。图 4.13 是用跳线开关进行控制的端口地址译码电路。地址线每一根可以接或不接反相器，这样就有两个输出，通过改变对应的跳线开关选择其中一个输出。这样，10 根地址线就可以有 $2^{10}=1024$ 种地址的选择。

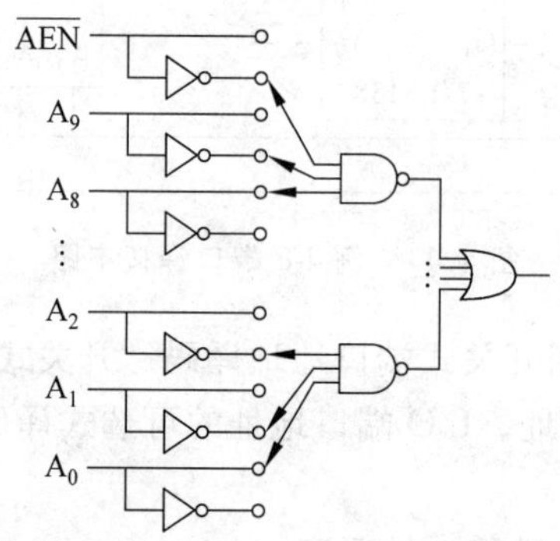

图 4.13　跳线开关控制的可选式端口译码电路

4.3.4　I/O 端口地址共用

为了减少端口地址数量，可以采用不同的端口使用同一个地址编码的共用方式。端口地址可以共用是因为端口的读、写操作不会同时进行，即 $\overline{RD}$、$\overline{WR}$ 信号不会同时有效。这样可以安排数据输入端口、数据输出端口使用同一个地址，控制端口和状态端口使用同一个地址。

在图 4.14 中，地址共用前，4 个 I/O 端口用了译码器的 4 个输出 $\overline{Y}_0 \sim \overline{Y}_3$；而在地址共用

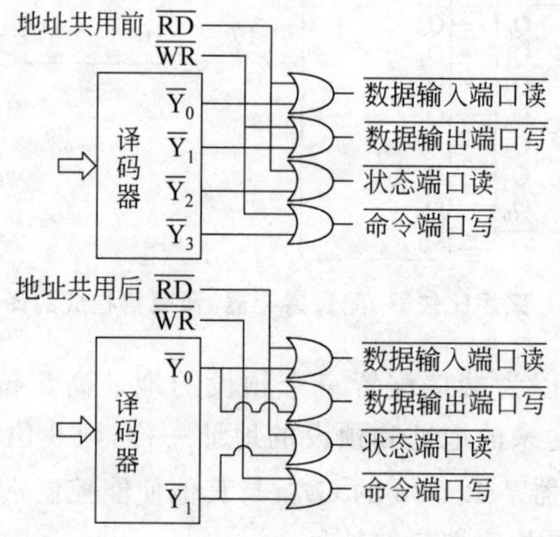

图 4.14　I/O 端口地址共用前后的比较

后，只用到了 $\overline{Y}_0$～$\overline{Y}_1$ 两个输出。译码器输出 $\overline{Y}_0$ 有效时，如果$\overline{RD}$信号有效，$\overline{WR}$无效，选择数据输入端口；如果$\overline{RD}$信号无效，$\overline{WR}$有效，选择数据输出端口。所以对于同一个端口地址，却可以操作两个各自独立的端口。

4.4　输入输出控制方式

CPU 与 I/O 设备进行数据交换时，为了保证数据的正确传输，必须考虑到 I/O 设备的特点和使用场合，采用不同的 I/O 控制方式。

例如，打印机速度特别慢，如果打印机接口中的数据还没被打印机取走打印，而 CPU 直接送新的数据到打印机接口中，可能会发生数据丢失的情况。所以，CPU 在传送数据到打印机接口前，必须先确认接口为空才能发送新的数据去打印。直接发送数据和查询状态后再发送数据，就是不同的 I/O 控制方式。

目前微机系统中常用的 I/O 控制方式有 5 种，分别是程序控制方式、中断方式、DMA 方式、通道方式和外围处理机方式。

4.4.1　程序控制方式

程序控制方式是指数据的传送由 CPU 执行 I/O 指令完成。程序控制方式的特点是 I/O 过程完全处于 CPU 指令控制下，I/O 设备的启动、停止、数据传送都由程序中的指令指定。程序控制方式，又分为无条件传送方式和条件传送方式两种。

1. 无条件传送方式

在无条件传送方式下，CPU 始终假定外部设备是准备好的，不管 I/O 设备的实际状态，程序中直接用输入或输出指令对 I/O 接口进行操作和数据传送。这种方式实现简单，但是必须在外部设备已准备好的情况下才能使用；否则就会出错。无条件传送方式多用于驱动类似于 LED 或继电器这样简单的应用场合。

例 4-9　图 4.15 所示的 8086 微机系统中，CPU 送出地址 200H 和$\overline{WR}$信号可以使 8 位锁存器的输入端使能信号 LE 有效，数据总线上的数据存入锁存器。锁存器的输出端使能信号$\overline{OE}$一直有效，将锁存器内的数据输出到 8 个发光二极管上显示。假设系统中的硬件电

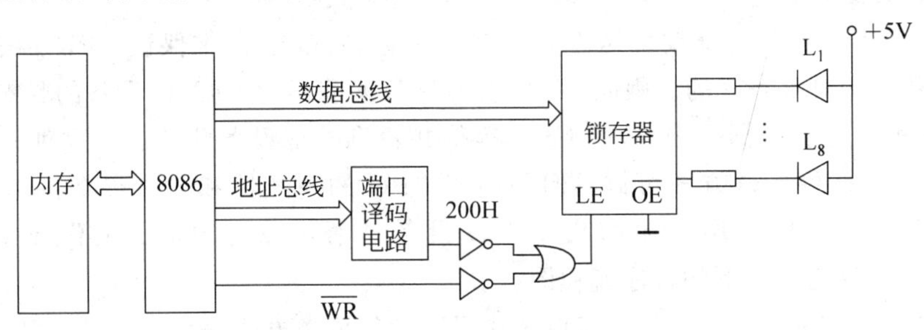

图 4.15　例 4-9 系统示意

路都是准备好状态。采用无条件传送方式，编程实现将内存中的100个数据输出到发光二极管上显示。

解

```
DATA  SEGMENT
      BUFFER  DB  100  DUP(?)          ;内存数据区 100 个数据
DATE  ENDS
CODE  SEGMENT
      ASSUME  CS:CODE,DS:DATA
START:
      MOV    AX,DATA
      MOV    DS,AX
      LEA    BX,BUFFER                 ;设置数据区首地址指针
      MOV    CX,100                    ;数据个数做循环次数
L1:   MOV    AL,[BX]                   ;取数据区数据传送到 AL
      MOV    DX,200H                   ;设定输出地址 200H 在 DX 中
      OUT    DX,AL                     ;OUT 指令将 DX 中的地址送到地址总线
                                       ;同时产生WR写信号,在 T1 时钟周期选通锁存器
                                       ;在 T2 时钟周期 AL 数据传送到数据总线,存入锁存器
      INC    BX                        ;地址指针改变,指向下一个数据单元
      NOP                              ;CPU 空操作,延时,让 I/O 设备稳定数据
      LOOP   L1                        ;循环判断
      MOV    AH,4CH
      INT    21H
CODE  ENDS
      END    START
```

本实例中，CPU 循环 100 次，将 100 个数据连续传送到锁存器，没有考虑锁存器的速度、数据的稳定显示等问题。锁存器存入、输出数据电路都有延迟时间，和 CPU 速度相比差异很大，所以这种传送方式很容易造成数据丢失。因此一般的无条件传送方式中，都会设计延时程序，让 CPU 等待一段时间，以保证 I/O 设备完成数据的处理。

2. 条件传送方式

条件传送方式也称为查询传送方式。在大多数情况下，很难保证 CPU 传送数据的时候，I/O 设备一定是准备好的。因此，CPU 在传送数据前，先查询 I/O 设备的状态，确认外部设备准备好时才进行数据传送；否则 CPU 等待并轮询外部设备状态。在这种方式下，程序控制简单，比无条件传送方式可靠。但是由于 CPU 的高速性和 I/O 设备的低速性，致使 CPU 绝大部分的时间都用于轮询测试 I/O 设备是否准备好，CPU 工作效率比较低。图 4.16 是条件传送方式下的程序流程图。

例 4-10 已知 8086 CPU 与某接口芯片采用条件传送方式通信。接口芯片内都为 8 位端口。数据端口地址为 200H，状态端口地址为 201H，控制端口地址为 203H。启动接口芯

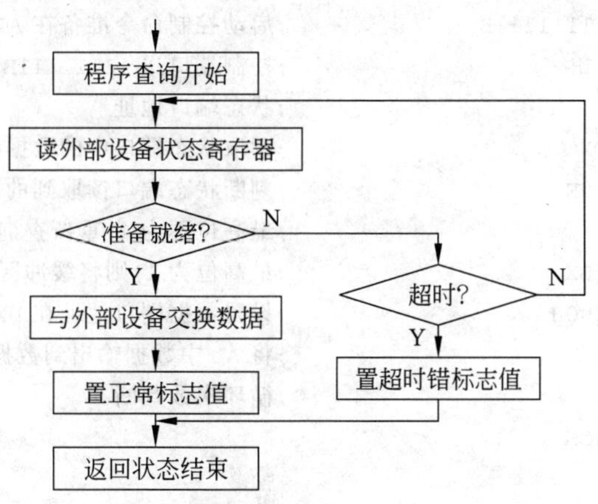

图4.16 条件传送方式程序流程

片需要在控制端口内设置数据 11111111B。状态端口内最高位为 1 时,表示数据端口已空,可以接收 CPU 传送的数据。图 4.17 所示为系统连接示意图。编程实现将缓冲区 100 个数据传送到接口芯片的数据端口内。

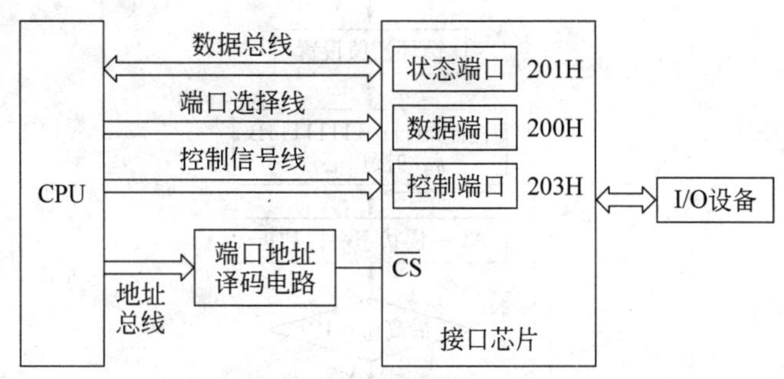

图 4.17 例 4-10 系统连接示意

解

```
DATA  SEGMENT
      BUFFER  DB  100  DUP(?)           ;数据区定义数据
DATA  ENDS
CODE  SEGMENT
      ASSUME  CS:CODE,DS:DATA
START:
      MOV    AX,DATA
      MOV    DS,AX
      LEA    BX,BUFFER                  ;设置数据区地址指针
      MOV    CX,100                     ;循环次数为 100
      MOV    DX,203H                    ;控制端口地址
```

```
        MOV     AL,11111111B            ;启动控制命令准备在 AL 中
        OUT     DX,AL                   ;控制端口送 11111111B 以启动接口芯片
L1:     MOV     DX,201H                 ;状态端口地址
        IN      AL,DX                   ;读取状态端口中的数据到 AL
        TEST    AL,80H                  ;判断状态端口读取到的数据最高位是否为 1
        JZ      L1                      ;最高位不为 1,重新查询状态数据
        MOV     AL,[BX]                 ;最高位为 1,则将缓冲区数据取出送 AL
        MOV     DX,200H                 ;设置数据端口地址在 DX 中
        OUT     DX,AL                   ;将 AL 中数据输出到数据端口
        LOOP    L1                      ;循环次数判断
        MOV     AH,4CH
        INT     21H
CODE  ENDS
        END     START
```

程序流程图如图 4.18 所示。

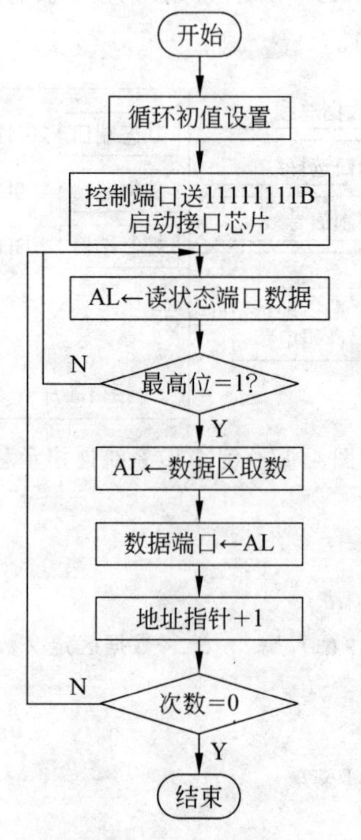

图 4.18　例 4-10 程序流程

例 4-11　已知 8086 微机系统硬件连接如图 4.19 所示。接口芯片的端口选择线 $A_2A_1A_0$ 组合经内部译码后分别寻址 8 个 8 位端口。编程实现,当端口 3 中最高位为 1 时,从端口 1 中读取一个数据到 AL 中。

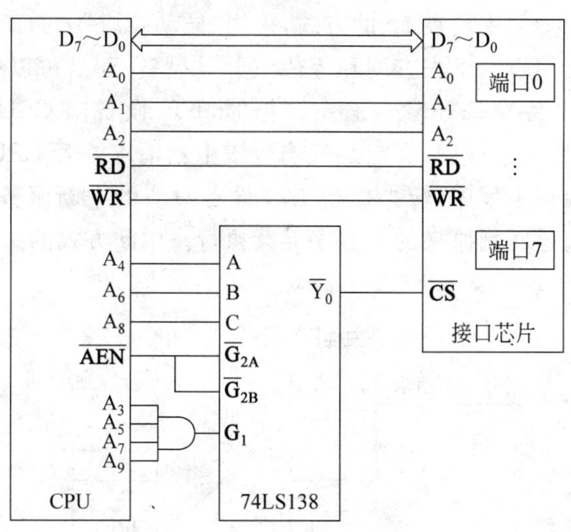

图 4.19　例 4-11 系统硬件连接

解　首先根据端口地址译码电路，分析接口芯片的端口地址范围。要使接口芯片的$\overline{CS}$片选有效，3-8 译码器的输出端 $\overline{Y}_0$ 要有效，那么译码器输入端 $CBA=A_8A_6A_4=000B$、$A_9A_7A_5A_3=1111B$。访问端口 3 时，要使 $A_2A_1A_0=011$，所以端口 3 的地址是 $A_9A_8A_7A_6A_5A_4A_3A_2A_1A_0=1010101011=2ABH$。访问端口 1 时，要使 $A_2A_1A_0=001$，所以端口 1 的地址是 $A_9A_8A_7A_6A_5A_4A_3A_2A_1A_0=1010101001=2A9H$。

程序如下。

```
CODE  SEGMENT
       ASSUME    CS:CODE
L1:    MOV    DX,2ABH                    ;DX 设置为端口 3 的地址
       IN     AL,DX                      ;读取端口 3 数据
       TEST   AL,10000000B               ;判断端口 3 数据最高位是否为 1
       JZ     L1                         ;最高位为 0,重新读取端口 3
       MOV    DX,2A9H                    ;最高位为 1,设置端口 1 地址
       IN     AL,DX                      ;读取端口 1 数据到 AL
       MOV    AH,4CH
       INT    21H
CODE  ENDS
       END    L1
```

4.4.2　中断方式

在查询传送方式下，CPU 要不断地查询接口状态，即使 I/O 设备一直未准备好，CPU 也不能执行别的程序，所以 CPU 利用率降低。

中断方式改变了CPU“主动查询”的方式，采用“被动响应”方式工作。当I/O设备没有准备好输入输出数据时，CPU不去查询和等待该I/O设备，而是可以运行一个其他的程序，称为主程序。当I/O设备准备好输入输出数据时，I/O设备向CPU发出中断请求信号，CPU接收到这个中断请求信号后，决定是否响应该中断请求。若CPU条件允许，可以响应该中断时，CPU暂停执行主程序，转去执行I/O设备对应的中断服务子程序。中断服务子程序执行完后，CPU又返回到原来的主程序继续执行。中断方式的工作过程示意如图4.20所示。

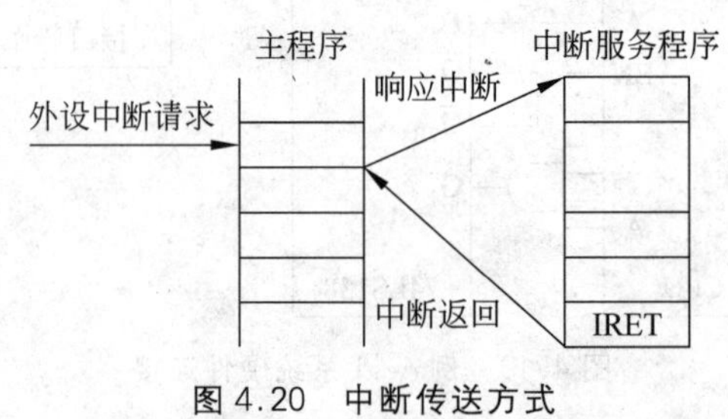

图4.20 中断传送方式

中断方式提高了CPU效率，又能使I/O设备的中断请求得到及时响应，适合在实时性系统中使用。但在中断方式下，仍旧是由CPU执行I/O指令来访问I/O设备传送数据。对于高速I/O设备，以及需要成组交换数据的情况，如磁盘与内存交换信息，中断方式就显得速度太慢。

4.4.3 DMA方式

直接存储器存取(Direct Memory Access，DMA)方式，在I/O设备和内存之间直接进行数据交换，而不需要CPU参与。

在DMA方式下，对数据传送进行控制的硬件称为DMA控制器，简称DMAC。DMA方式传送时，由DMAC向CPU提出总线请求，CPU将总线控制权交给DMAC，此时由DMAC控制外部设备和内存之间的数据传送。

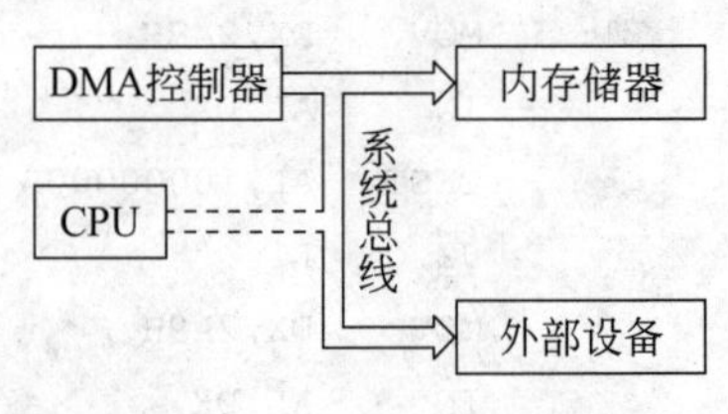

图4.21 DMA方式示意

DMA方式下，数据的传送由DMAC负责，从而大大减轻了CPU的负担，传送速率高。但是这种方式要求设置DMAC，电路结构复杂，硬件开销大。DMA方式示意如图4.21所示。

4.4.4 通道方式

通道方式是DMA方式的发展，进一步提高CPU的效率。I/O通道具有自己的指令系统，能独立地执行用通道命令编写的I/O控制程序，完成I/O过程。I/O通道已具备处理机的初步功能。但是和CPU相比，I/O通道的指令系统简单，仅仅面向外围设备的控制和数据传送。I/O通道的启动、停止，或者数据I/O过程中的码制转换、数据块的错误检测与校正等，一般仍由CPU来完成。例如，Intel 8089 IOP通道处理机，提供了数据的变换、搜索以及字装配/拆卸能力，广泛应用于IBM 370系列机中。

4.4.5　外围处理机方式

外围处理机方式的结构更接近一般处理机，甚至就是一般小型通用计算机或微机。外围处理机基本上独立于主机工作，可以完成I/O通道所要完成的I/O控制、码制变换、格式处理、数据块的检错纠错等操作，并可具有相应的运算处理部件和缓冲部件。从20世纪70年代后期开始，CDC公司首先在其研制的6000大型计算机系统中采用了外围处理机工作方式。外围处理机方式，使得接口由功能集中式发展为功能分散的分布式系统。

4.5　实验项目

4.5.1　PC I/O端口实验项目

1. 实验内容

查看PC上各外部设备的I/O端口资源信息。

2. 实验步骤

在Windows的【控制面板】→【设备管理器】中，查看各外设的【属性】，了解每个外设的I/O端口地址、中断号、采用的数据传输方式以及驱动程序的版本等信息。

4.5.2　EL实验机I/O端口实验项目

1. 实验原理

1) EL实验机的端口地址

EL实验机采用可编程逻辑器件(CPLD)EPM7032/ATF1502作端口地址译码电路。端口地址译码电路有CS_0～CS_6共7个片选地址输出信号。7个输出端的端口地址范围如下。

CS_0：地址04A0～04AFH，偶地址有效。

CS_1：地址04B0～04BFH，偶地址有效。

CS_2：地址04C0～04CFH，偶地址有效。

CS_3：地址04D0～04DFH，偶地址有效。

CS_4：地址04E0～04EFH，偶地址有效。

CS_5：地址04F0～04FFH，偶地址有效。

CS_6：地址0F000～0FFFFH，偶地址有效。

另外，实验机上8250和8279芯片端口地址已经固定。

8250片选地址：0480～048FH，偶地址有效。

8279片选地址：0490～049FH，偶地址有效。

2）简单 I/O 口扩展电路

EL 实验机上有 74LS244 组成的输入缓冲电路，由上升沿锁存器 74LS273 组成的输出锁存电路。74LS244 是一个扩展输入口，74LS273 是一个扩展输出口，同时它们都是单向驱动器，以减轻总线的负担。74LS244 的输入信号由插孔 $IN_0 \sim IN_7$ 输入，插孔 CS244 是其选通信号，其他信号线已接好；74LS273 的输出信号由插孔 $O_0 \sim O_7$ 输出，插孔 CS273 是其选通信号，其他信号线已接好。其原理图如图 4.22 所示。

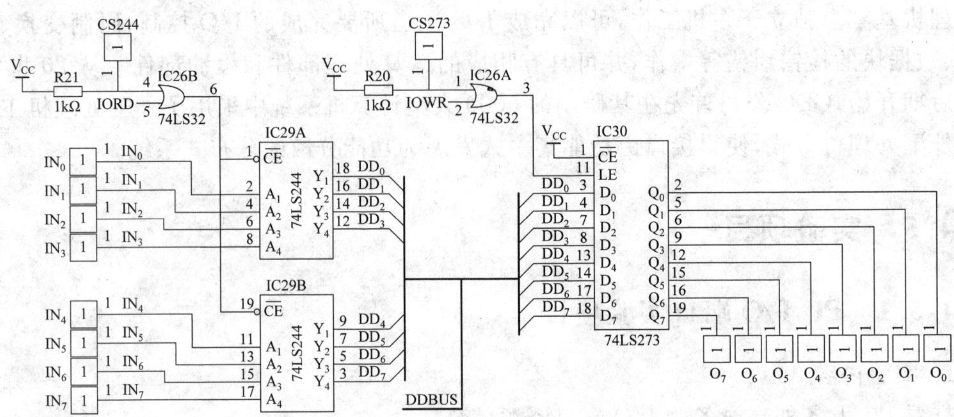

图 4.22　简单 I/O 口扩展电路

2. 实验内容

在微机程序控制下，将逻辑电平开关的状态输入 74LS244，然后通过 74LS273 锁存输出，利用 LED 显示电路作为输出的状态显示。

3. 实验步骤

(1) 实验接线。

系统中大多数信号线都已连接好，只需设计部分信号线的连接。将逻辑电平开关与 74LS244 输入端相接，LED 显示电路与 74LS273 输出端相接，CPU 地址译码输出与 74LS244 选通端相接，CPU 地址译码输出与 74LS273 选通端相接。可以根据实现原理，灵活设计连接方式。

在图 4.23 所示的系统逻辑示意图中，用虚线给出了一种连接方式。

(2) 根据图 4.24 所示的流程图，编程运行，并观察实验结果。

4. 实验思考

(1) 如果实验要求改为：在微机程序控制下，将逻辑电平开关表示的二进制数据加 1 后，在 LED 上显示结果，系统该如何修改？

(2) 如果直接将 CPU 地址译码器的 7 个输出信号，与 LED 显示电路相接，如何实现控制 7 个 LED 灯依次点亮的效果？

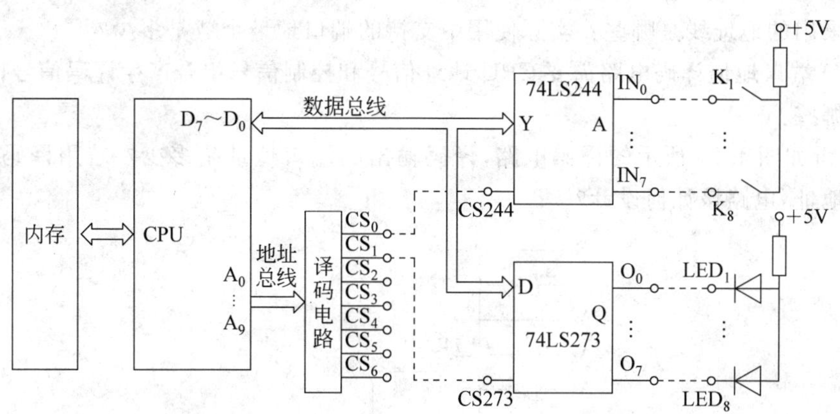

图 4.23　EL 实验机 I/O 端口实验系统逻辑

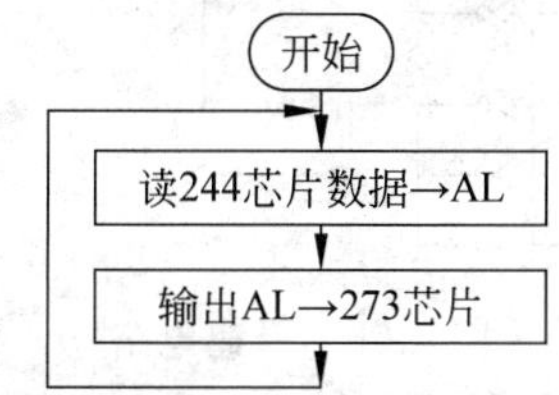

图 4.24　EL 实验机 I/O 实验流程

4.6　本章小结

CPU 与接口之间的数据交换是通过对 I/O 端口进行的。I/O 端口有两种编址方式，即 I/O 端口与内存单元统一编址和 I/O 端口独立编址。8086 系统采用独立编址方式。专用的 I/O 指令是 IN 和 OUT 指令。

本章重点介绍了 8086 系统的 I/O 端口访问方式及总线周期过程。了解 8086 系统中 I/O 端口地址分配，在设计时要避免发生端口地址冲突。

本章还重点阐述了 I/O 端口地址译码电路设计的一般原则。I/O 端口的地址译码方式有固定式译码和可选式译码。要熟练掌握对 I/O 端口地址译码电路的分析与设计，这是 I/O 端口访问的关键环节。

习题 4

1. 什么是 I/O 端口？I/O 端口分为几类？作用分别是什么？

2. 什么是 I/O 端口的编址方式？常用的 I/O 端口编址方式有哪几种？8086 系统采用哪种编址方式？

3. PC 系列微机系统访问端口使用的地址线有多少条？支持的端口数目是多少个？实

际应用中采用的地址线是哪些？实际使用中支持的端口地址个数是多少？

4. I/O 端口地址译码电路需要 CPU 地址信号和控制信号组合产生译码信号，常用的控制信号有哪些？

5. 分析如图 4.25 所示的译码电路，译码输出的端口地址是多少？若用译码器来输出这个端口地址，电路该如何设计？

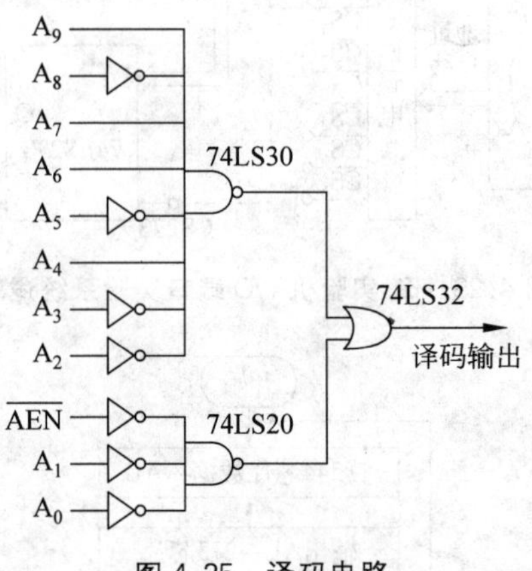

图 4.25　译码电路

6. 分别用门电路和译码器，为某接口芯片设计端口地址译码电路，要求接口芯片的端口地址范围是 200H～20FH。

7. 已知 CRT 终端接口中，数据端口地址为 20H，状态端口地址为 21H。状态端口中 D_7 位为 0 表示输出缓存空，允许向 CRT 接口送数。以查询方式编程实现，将内存 BUFFER 缓冲区的 100 个字节数据，传送到 CRT 终端接口。画出系统逻辑示意图，编写程序实现。

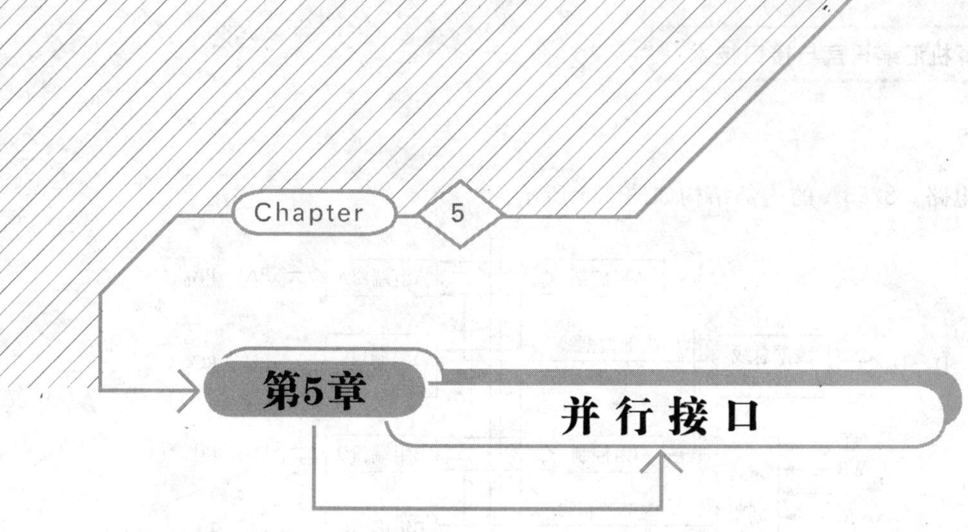

本章学习目标

- 了解并行接口的基本功能；
- 熟练掌握可编程并行接口芯片 8255A 的内部结构及引脚；
- 熟练掌握 8255A 的 3 种工作方式和功能；
- 熟练掌握 8255A 的应用设计方法。

本章首先介绍了可编程并行接口芯片 8255A 的内部结构及引脚，然后介绍了 8255A 的工作方式和编程，最后介绍了 8255A 的应用实例。

5.1 可编程并行接口芯片 8255A

微机系统中数据的存储和传输是以计算机的字长（如 8 位、16 位、32 位、64 位）为单位进行的。这种一次传送一个字长数据的方式即是并行传送方式。微机系统中 CPU 与存储器、CPU 与 I/O 接口、CPU 与磁盘之间的数据交换都是采用并行数据传送方式。并行传送方式的传送速率快，适用于微机之间近距离、大量和快速信息交换的场合。但并行传送时，信号之间容易产生干扰，所以不适合远距离传送。

并行接口电路在 CPU 与 I/O 设备之间传送数据，主要起着缓冲和锁存的功能。并行接口电路有多种，目前，微机系统设计中广泛使用的是可编程并行接口芯片。常用的可编程并行接口芯片有 Intel 公司的 8255A、Motorola 公司的 MC6820 等。

8255A 是 Intel 公司生产的 8 位并行 I/O 接口芯片。8255A 有 3 个 8 位并行 I/O 端口，可通过程序选择多种操作方式，通用性强，广泛应用于几乎所有系列的微机系统中。

5.1.1 8255A 的内部结构

8255A 的内部结构包括 3 个并行输入或输出数据端口、1 个控制端口、数据总线缓冲器、读/写控制电路。8255A 的内部结构如图 5.1 所示。

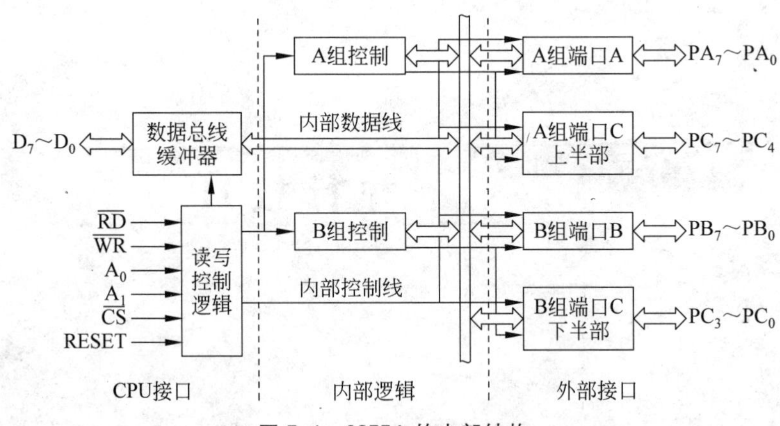

图 5.1　8255A 的内部结构

1. 并行输入或输出数据端口

8255A 内部有 3 个并行输入或输出数据端口，分别是 PA 口、PB 口、PC 口。3 个端口都是 8 位，可分别设置为输入或输出端口。这 3 个端口都可用作 CPU 与 I/O 设备之间的缓冲器或锁存器。

PA 端口：包含一个 8 位数据输出锁存/缓冲器和一个 8 位数据输入锁存器。PA 端口中输入或输出的数据均能得到锁存。

PB 端口：包含一个 8 位数据输出锁存/缓冲器和一个 8 位数据输入缓冲器。PB 端口中输入的数据不能锁存。

PC 端口：包含一个 8 位数据输出锁存/缓冲器和一个 8 位数据输入缓冲器。PC 端口输入的数据不能锁存。PC 端口可以作为一个独立的 8 位输入或输出端口使用，也可分为两个独立的 4 位输入或输出端口使用。另外，PC 端口除了可以作为数据输入或输出端口外，还可以作为控制/状态端口，配合 PA 端口、PB 端口工作。PC 端口还可以由控制电路进行按位置位或复位的操作。

2. A 组和 B 组控制逻辑

A、B 两组控制电路内部有一个控制端口，用来接收数据总线送来的控制字和读/写控制信号，并根据控制字确定各端口的工作方式。A 组控制逻辑电路对 PA 端口和 PC 端口的高 4 位（$PC_7 \sim PC_4$）进行控制。B 组控制逻辑电路对 PB 端口和 PC 端口的低 4 位（$PC_3 \sim PC_0$）进行控制。

3. 数据总线缓冲器

双向、三态的 8 位数据总线缓冲器是 8255A 与 CPU 之间传输数据的通路。CPU 执行输出指令时，将控制字或数据通过数据总线缓冲器送入 8255A 内部的控制端口或数据端口。CPU 执行输入指令时，可将 8255A 内部数据端口内的数据通过数据总线缓冲器送入 CPU。

4. 读/写控制逻辑

读/写控制逻辑电路与 CPU 的控制信号和地址信号线相连，将这些信号转变为 8255A 内部的控制信号，完成片内端口译码、端口读/写操作等。

5.1.2 8255A 的外部引脚

8255A 是 40 引脚的双列直插集成电路芯片，芯片引脚排列如图 5.2 所示。电源引脚采用单一的＋5V 电源供电。除了电源和地线引脚，另外的信号线分为与 CPU 相连的引脚和与 I/O 设备相连的引脚两类。

信号	引脚	8255A	引脚	信号
PA_3	1		40	PA_4
PA_2	2		39	PA_5
PA_1	3		38	PA_6
PA_0	4		37	PA_7
$\overline{RD}$	5		36	$\overline{WR}$
$\overline{CS}$	6		35	RESET
GND	7		34	D_0
A_1	8		33	D_1
A_0	9		32	D_2
PC_7	10		31	D_3
PC_6	11		30	D_4
PC_5	12		29	D_5
PC_4	13		28	D_6
PC_0	14		27	D_7
PC_1	15		26	V_{CC}
PC_2	16		25	PB_7
PC_3	17		24	PB_6
PB_0	18		23	PB_5
PB_1	19		22	PB_4
PB_2	20		21	PB_3

图 5.2 8255A 的引脚排列

1. 与 I/O 设备相连的引脚

(1) $PA_7 \sim PA_0$：PA 端口与 I/O 设备相连的引脚，双向、三态数据线。

(2) $PB_7 \sim PB_0$：PB 端口与 I/O 设备相连的引脚，双向、三态数据线。

(3) $PC_7 \sim PC_0$：PC 端口与 I/O 设备相连的引脚，双向、三态数据线。

2. 与 CPU 相连的引脚

(1) $D_7 \sim D_0$：与 CPU 系统数据总线相连引脚，双向、三态数据线。

(2) A_1A_0：端口地址选择线，输入。当 $A_1A_0=00$ 时，选择 PA 端口；当 $A_1A_0=01$ 时，选择 PB 端口；当 $A_1A_0=10$ 时，选择 PC 端口；当 $A_1A_0=11$ 时，选择控制端口。

(3) $\overline{CS}$：片选信号，输入，低电平有效。$\overline{CS}=0$ 时，表明 8255A 被选中，可以访问芯片进行操作。

(4) $\overline{RD}$：读信号，输入，低电平有效。$\overline{RD}=0$ 时，CPU 可以读取端口的数据。

(5) $\overline{WR}$：写信号，输入，低电平有效。$\overline{WR}=0$ 时，CPU 可以向端口写入信息。

(6) RESET：复位信号，输入，高电平有效。当 RESET＝1 时，清除所有内部寄存器的内容，并将 PA、PB、PC 端口自动设置为方式 0，输入方式。RESET 信号可以与 CPU 的复位信号线相连，也可以分开单独设置。

5.1.3 8255A 的编程

CPU 通过输出指令向 8255A 的控制端口送入控制字。8255A 会根据控制字确定各端口的工作方式。8255A 有两个控制字，即方式选择控制字和 PC 端口置位/复位控制字。如果控制端口内的控制字 $D_7=1$，表示方式选择控制字；$D_7=0$，表示 PC 端口置位/复位控制字。

1. 方式选择控制字

8255A 有 3 种工作方式,即方式 0、方式 1 和方式 2。PA 端口可以工作于方式 2、方式 1 和方式 0;PB 端口可以工作于方式 1 和方式 0;PC 端口只能工作于方式 0。这些方式的操作详情将在 5.1.4 小节讲解。

方式选择控制字用于设置各端口的工作方式。将 8255A 的方式控制字传送到控制端口,完成 8255A 的初始化工作,才可以对 8255A 的数据端口进行访问。方式选择控制字格式如图 5.3 所示。

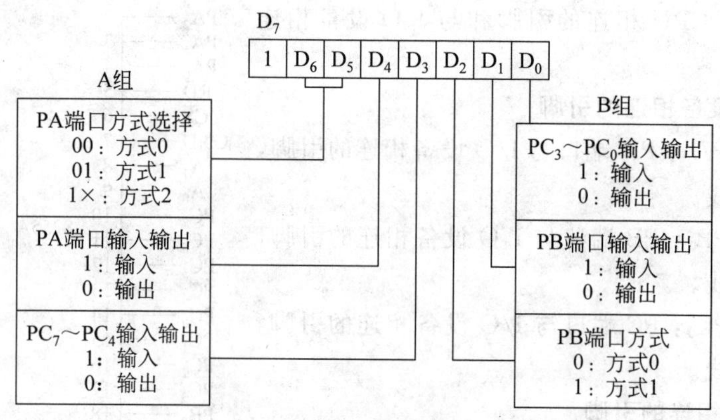

图 5.3 方式选择控制字格式

D_7:1,特征位。D_7=1,表示写入控制端口的是方式选择控制字。

D_6D_5:PA 端口的方式选择。D_6D_5=00,PA 端口工作在方式 0;D_6D_5=01,PA 端口工作在方式 1;D_6D_5=10 或 11,PA 端口工作在方式 2。

D_4:PA 端口的 I/O 方式选择。D_4=0,PA 端口为输出端口;D_4=1,PA 端口为输入端口。

D_3:PC 端口高 4 位(PC_7～PC_4)的 I/O 方式选择。D_3=0,PC 端口高 4 位为输出端口;D_3=1,PC 端口高 4 位为输入端口。

D_2:PB 端口方式选择。D_2=0,PB 端口工作在方式 0;D_2=1,PB 端口工作在方式 1。

D_1:PB 端口的 I/O 方式选择。D_1=0,PB 端口为输出端口;D_1=1,PB 端口为输入端口。

D_0:PC 端口低 4 位(PC_3～PC_0)的 I/O 方式选择。D_0=0,PC 端口低 4 位为输出端口;D_0=1,PC 端口低 4 位为输入端口。

例 5-1 编程实现对 8255A 的工作方式进行设定。已知 8255A 的端口地址为 2A0H～2A6H。采用偶地址连接(即 CPU 的 A_0 地址线为 0,从 A_1 地址线开始分配端口选择线)。要求 PA 端口工作于方式 1,为输入端口;PB 端口工作于方式 0,为输出端口;PC 端口高 4 位(PC_7～PC_4)为 4 位输出端口,PC 端口低 4 位(PC_3～PC_0)为输入端口。

解 首先分析控制端口地址。因为是偶地址连接,所以,CPU 地址线 A_0 悬空未接

8255A,而用 A_2A_1 连接到 8255A 的端口选择引脚 A_1A_0。8255A 的端口地址为 2A0H～2A6H,则 CPU 地址线 $A_9A_8A_7A_6A_5A_4A_3A_2A_1A_0$＝1010100000～1010100110 中的偶地址时,选择 8255A 的某个端口操作。当 CPU 的 A_2A_1 为 11 时,8255A 的端口选择引脚 A_1A_0 为 11,即选中 8255A 的控制端口。所以,8255A 的控制端口地址为 2A6H。

程序段如下。

```
MOV  DX,2A6H                      ;送控制端口地址至 DX
MOV  AL,10110001B                 ;AL 中准备方式选择控制字的值
OUT  DX,AL                        ;AL 数据送到控制端口,因为最高位为 0,
                                  ;所以作为方式选择控制字
```

2. PC 端口置位/复位控制字

PC 端口置位/复位控制字用于对 PC 端口中的任一位单独设置为 1 或 0,而不影响其他位的值。PC 端口置位/复位控制字格式如图 5.4 所示。

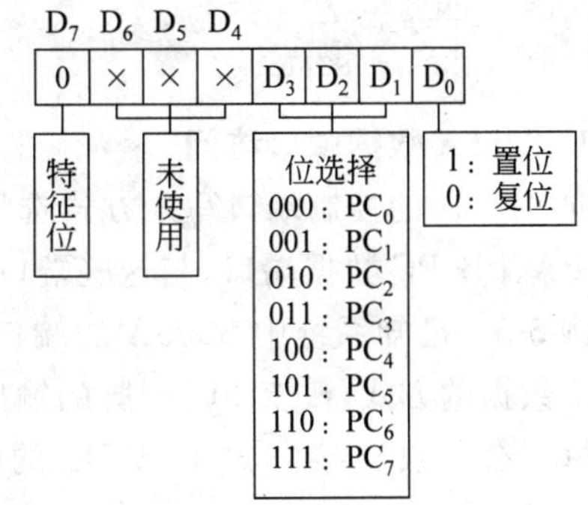

图 5.4　8255A 的 PC 端口置位/复位控制字

D_7:0,特征位。D_7＝0,表明写入控制端口的是 PC 端口置位/复位控制字。

$D_6D_5D_4$:未使用,可为任意值。

$D_3D_2D_1$:选择对 PC 端口的哪一位进行操作。$D_3D_2D_1$ 的组合表示要操作位的编码。

D_0:选择对 PC 端口指定的位是做置位操作还是复位操作。D_0＝1,PC 端口指定的位设置为 1;D_0＝0,PC 端口指定的位设置为 0。

需要特别注意的是,尽管该控制字是对 PC 端口进行操作,但必须写入控制端口,而不是写入 PC 端口。

例 5-2　已知系统中 8255A 的端口地址范围为 4A0H～4A3H。利用 PC 端口置位/复位控制字,编程实现在 8255A 的 PC_3 引脚上输出方波信号。

解　在一般连接方式下,CPU 的低位地址线 A_1A_0 接 8255A 的端口选择线 A_1A_0。8255A 的端口地址为 4A0H～4A3H,则 CPU 地址线 $A_9A_8A_7A_6A_5A_4A_3A_2A_1A_0$＝10010100000～10010100011 时,选择 8255A 的某个端口操作。当 CPU 的 A_1A_0 为 11 时,8255A 的端口选择引脚 A_1A_0 为 11,即选中 8255A 的控制端口。所以,8255A 的控制端口地址为 4A3H。

程序如下。

```
CODE  SEGMENT
      ASSUME   CS:CODE               ;没有数据段,不需要设置数据段段地址
START:
      MOV      DX,4A3H               ;送控制端口地址至 DX
```

```
LL:    MOV    AL,00000111B          ;AL 中数据最高位为 0
       OUT    DX,AL                 ;AL 中数据送控制端口,所以为控制字
                                    ;因为控制字最高位为 0,是 PC 端口置位/复位控制字
                                    ;完成对 PC3 置 1 操作,其他位不变
       MOV    CX,0FFFFH
L1:    LOOP   L1                    ;CX 自减到 0,实现延时,维持方波的高电平
       MOV    AL,00000110B          ;AL 中数据最高位为 0
       OUT    DX,AL                 ;AL 中数据送控制端口,所以为控制字
                                    ;因为控制字最高位为 0,是 PC 端口置位/复位控制字
                                    ;完成对 PC3 置 0 操作,其他位不变
       MOV    CX,0FFFFH
L2:    LOOP   L2                    ;延时,方波的低电平维持一段时间
       JMP    LL                    ;循环,产生周期性的方波信号
CODE   ENDS                         ;系统中没有 DOS 系统,不用 DOS 调用结束程序
       END    START
```

3. 8255A 数据端口访问

向 8255A 的控制端口写入方式选择控制字以后,8255A 的初始化便完成,CPU 就可以访问 PA、PB、PC 数据端口,与这些端口进行数据交换了。

例 5-3 已知系统中 8255A 的端口地址范围为 4A0H～4A3H。采用 CPU 向 PC 端口中输出数据的方式,改变 PC_3 引脚的输出值,从而产生方波信号。

解 在一般连接方式下,CPU 的低位地址线 A_1A_0 接 8255A 的端口选择线 A_1A_0。8255A 的端口地址为 4A0H～4A3H,则 CPU 地址线 $A_9\ A_8\ A_7\ A_6\ A_5\ A_4\ A_3\ A_2\ A_1\ A_0$ = 1001010000～1001010011 时,选择 8255A 的某个端口操作。当 CPU 的 A_1A_0 为 11 时,8255A 的端口选择引脚 A_1A_0 为 11,则选中 8255A 的控制端口。所以,8255A 的控制端口地址为 4A3H。当 CPU 的 A_1A_0 为 10 时,8255A 的端口选择引脚 A_1A_0 为 10,则选中 8255A 的 PC 端口。所以,8255A 的 PC 端口地址为 4A2H。

要往 PC 端口送数,必须先将方式控制字写入控制端口,完成初始化。本例中没有用 PA、PB 端口,所以方式控制字中与 PA、PB 端口有关的设置都无效,一般写 0。PC 端口用作输出端口,以便输出方波信号。所以方式控制字中 PC 端口设置要选择为输出。

对 PC 端口传送数据时,必须一次传送 8 位数据。

程序如下。

```
CODE  SEGMENT
      ASSUME  CS:CODE               ;没有数据段,不需要设置数据段段地址
START:
      MOV     DX,4A3H               ;控制端口地址送 DX
      MOV     AL,10000000B          ;方式选择控制字:最高位为 1,PC 端口设为输出
      OUT     DX,AL                 ;方式选择控制字送控制端口,初始化完成
LL:   MOV     AL,00001000B          ;送 PC 端口的 8 位数据,其中 D3=1
```

```
        MOV    DX,4A2H              ;PC 端口地址送 DX
        OUT    DX,AL                ;PC 端口中 PC3=1,同时其他位被置为 0
        MOV    CX,0FFFFH
L1:     LOOP   L1                   ;延时,方波的高电平维持一段时间
        MOV    AL,00000000B         ;送 PC 端口的 8 位数据,其中 D3=0
        MOV    DX,4A2H              ;PC 端口地址送 DX
        OUT    DX,AL                ;PC 端口中 PC3=0,同时其他位被置为 0
        MOV    CX,0FFFFH
L2:     LOOP   L2                   ;延时,方波的低电平维持一段时间
        JMP    LL                   ;循环,产生周期性的方波信号
CODE   ENDS                         ;系统中没有 DOS 系统,不能用 DOS 调用结束
        END    START
```

对比例 5-2 和例 5-3,虽然都是在 PC_3引脚信号线上产生方波,但是用 PC 端口置位/复位命令字实现时,只会改变指定的 PC_3位输出值,其他位不受影响;但是用写数据到 PC 端口的方法,则会将 PC 端口中的 8 位都置入新数据,PC_3以外的其他位也被改变了。为了保护其他位不受影响,可以将 PC 端口中原有数据读出,和 00001000B 做或运算,再送到 PC 端口中。

5.1.4 8255A 的工作方式

8255A 有 3 种工作方式：方式 0 是基本 I/O 方式;方式 1 是选通 I/O 方式;方式 2 是双向 I/O 方式。

1. 方式 0：基本 I/O 方式

在基本 I/O 方式中,PA 端口、PB 端口、PC 端口的高 4 位和 PC 端口的低 4 位都是独立的数据输入或输出端口。方式 0 一般可用于采用无条件或查询方式传送数据的场合。无条件传送时,CPU 直接与 8255A 的 3 个端口进行数据交换。采用查询方式传送时,可以用一个端口作数据端口,用另外的端口存放 I/O 设备的状态信息。CPU 先读取状态信息,进行条件判断,在条件状态允许时,再对数据端口操作。

例 5-4 在某系统中,需要将内存中的 100 个字节数据传送到 8 个 LED 发光二极管构成的显示电路上显示。设计系统的硬件电路和程序。

解 先进行硬件设计。要将字节数据传送到 8 个 LED 发光二极管显示电路,数据是多位传输的,可以选用 8255A 并行接口作为 CPU 与显示电路的接口。选择 8255A 的 PA 端口作为输出数据的锁存,所以将显示电路连接到 PA 端口的引脚上。CPU 与 8255A 采用一般的连接方式即可。端口地址只要选择系统中不冲突的地址范围即可。设计硬件电路逻辑示意如图 5.5 所示。

再进行软件设计。首先分析端口地址译码电路,确定 8255A 各端口的地址。端口译码电路采用固定式门电路译码方式。CPU 地址线 A_9 A_8 A_7 A_6 A_5 A_4 A_3 A_2必须为 10110000B,才可以使 8255A 的$\overline{CS}$信号有效。所以可知,系统中 8255A 的端口地址范围为 2C0H～

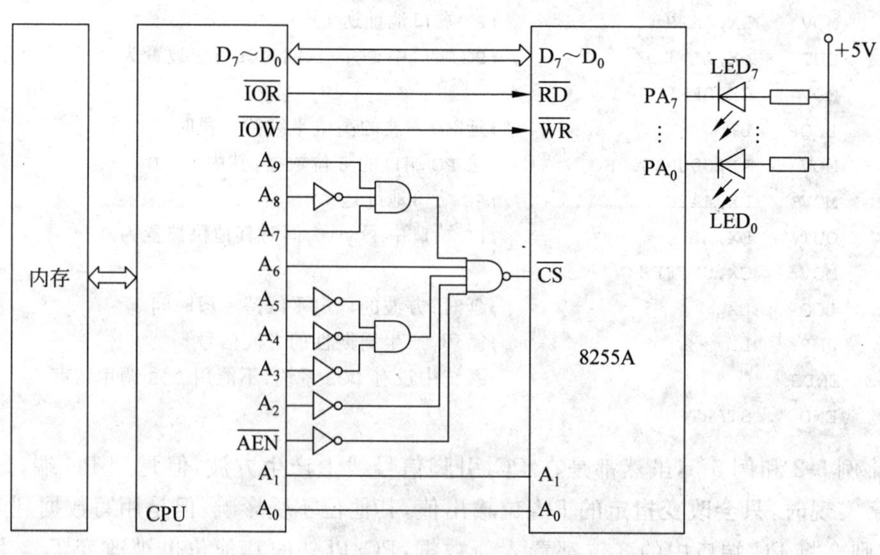

图 5.5　例 5-4 系统硬件电路逻辑示意

2C3H。CPU 的 A_1 A_0 直接连到 8255A 的端口选择线 A_1 A_0，则端口地址中 A_1 A_0 为 00 时，是 PA 端口的地址，A_1 A_0 为 11 时，是控制端口的地址。程序采用循环结构，无条件传送方式。程序的流程是：先对 8255A 初始化，再循环从内存读取数据传送到 PA 端口。

程序如下。

```
DATA  SEGMENT
      BUFF   DB  100   DUP(?)        ;数据区定义
DATA  ENDS
CODE  SEGMENT
      ASSUME  CS:CODE,DS:DATA
START:
      MOV    AX,DATA                 ;设数据段地址
      MOV    DS,AX
      LEA    BX,BUFF                 ;数据区首地址送 BX
      MOV    CX,100                  ;循环次数
      MOV    AL,10000000B            ;方式控制字,PA 端口输出
      MOV    DX,2C3H                 ;控制端口地址
      OUT    DX,AL                   ;方式控制字送控制端口
L1:   MOV    AL,[BX]                 ;数据区取数到 AL
      MOV    DX,2C0H                 ;PA 端口地址送 DX
      OUT    DX,AL                   ;数据输出至 PA 端口
      INC    BX                      ;修改数据区地址指针
      PUSH   CX                      ;CX 入栈保护
      MOV    CX,0FFFFH
```

```
L2:   LOOP   L2             ;延时,使显示电路数据显示稳定
      POP    CX             ;CX 出栈
      LOOP   L1             ;循环次数判断
CODE  ENDS                  ;系统中没有 DOS 系统,不能用 DOS 调用结束
      END    START
```

例 5-5 设计一个系统,使开关 K 合上时,8 个 LED 灯依次循环点亮;开关 K 断开时,8 个 LED 灯全灭。

解 先进行硬件设计。选用 8255A 并行接口,作为 CPU 与开关 K、显示电路的接口。选择 8255A 的 PB 端口作为输出数据的锁存,所以将显示电路连接到 PB 端口的引脚上。选择 PA_7引脚作为开关 K 的输入信号线,开关 K 输入的值会在 PA 端口的 D_7位保存。CPU 与 8255A 的连接,采用一般的连接方式即可。端口地址只要选择系统中不冲突的地址范围即可。设计硬件电路逻辑示意如图 5.6 所示。

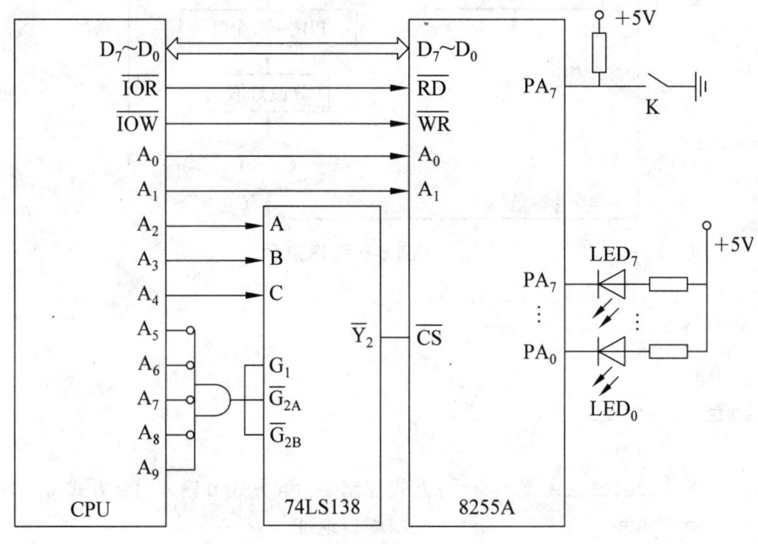

图 5.6 例 5-5 系统硬件电路逻辑示意

再进行软件设计。首先分析端口地址译码电路,确定 8255A 各端口的地址。端口译码电路采用译码器译码方式。CPU 地址线 A_9 A_8 A_7 A_6 A_5 A_4 A_3 A_2 必须为 10000010B,才可以使 8255A 的 $\overline{CS}$ 信号有效。所以可知,系统中 8255A 端口地址范围是 208H～20BH (10000010XXB)。CPU 的 A_1 A_0 直接连到 8255A 的端口选择线 A_1 A_0,则端口地址中最低两位为 00 时,是 PA 端口的地址;最低两位为 01 时,是 PB 端口的地址;最低两位为 11 时,是控制端口的地址。

根据逻辑电路图可知,在 PB 端口的某引脚输出 0,则对应连接的 LED 灯亮;在 PB 端口的某引脚输出 1,则对应连接的 LED 灯不亮。所以要实现 LED 灯的亮灭控制,是由 CPU 向 PB 端口内写入不同数据实现的。

PA 端口是 8 位的锁存/缓冲器，只能进行 8 位数据的读出和写入。在系统逻辑电路图中，PA_6～PA_0 未接信号，则这些引脚上的数据是高阻态。在判断 PA_7 的值时，需要将其他位屏蔽。由输入开关的连接电路可知，K 合上时，PA_7 输入 0 信号；K 断开时，PA_7 输入 1 信号。

程序采用循环结构，查询传送方式。程序流程图如图 5.7 所示。

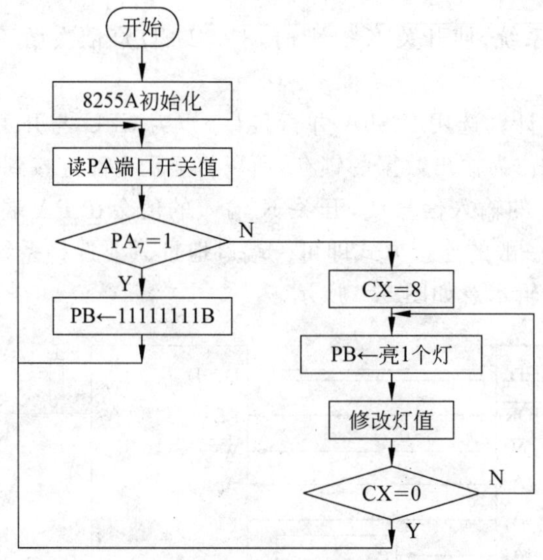

图 5.7　例 5-5 程序流程

程序如下。

```
CODE  SEGMENT
      ASSUME  CS:CODE
START:
      MOV   AL,10010000B            ;方式控制字,PA 方式 0 输入,PB 方式 0 输出
      MOV   DX,20BH                 ;控制端口地址
      OUT   DX,AL                   ;方式控制字送入控制端口
L:    MOV   DX,208H                 ;PA 端口地址
      IN    AL,DX                   ;读 PA 端口值到 AL
      TEST  AL,10000000B            ;判断 PA7 所接开关状态,屏蔽其他位
      JNZ   L1                      ;开关断开转 L1
      MOV   CX,8                    ;开关闭合,依次点亮 8 个 LED 灯
      MOV   AL,11111110B            ;点亮 PB0 所接 LED 灯,PB 端口中放 8 位值
L2:   MOV   DX,209H                 ;PB 端口地址
      OUT   DX,AL
      PUSH  CX                      ;循环次数入栈保护
      MOV   CX,0FFFFH
LL1:  LOOP  LL1                     ;延时,保持 PB 口数据不变,LED 灯显示稳定
```

```
        POP    CX                       ;循环次数出栈
        ROL    AL,1                     ;PB 端口数据改变,得到点亮下一个灯的值
        LOOP   L2                       ;循环判断
        JMP    L                        ;8 个灯亮完后再测试开关状态
L1:     MOV    AL,11111111B             ;PB 端口全 1,对应 8 个 LED 灯全灭
        MOV    DX,209H                  ;PB 端口地址
        OUT    DX,AL
        MOV    CX,0FFFFH                ;延时,保持 PB 口数据不变,LED 灯显示稳定
LL2:    LOOP   LL2
        JMP    L
CODE  ENDS
        END    START
```

该设计方案采用查询方式实现。在 CPU 送 PB 端口数据时,如果这时开关有变化,也不能马上被 CPU 检测到,因为 CPU 没有执行读 PA 端口指令。所以查询方式实时性不够。若采用中断方式,则系统反应会快很多。

2. 方式 1: 选通 I/O 方式

在选通 I/O 方式下,PA 端口、PB 端口可作为数据传输口,而 PC 端口的一些引脚按规定作为 PA 端口、PB 端口的联络控制信号。这些联络控制信号,提供 I/O 设备的状态,可供 CPU 查询,或者用中断方式通知给 CPU。PC 端口中作为联络控制信号的引脚有固定的搭配规定。

1) 方式 1 输入

当 PA 端口工作于方式 1 输入时,规定 PC 端口的 PC_3、PC_4、PC_5 作为 PA 端口的联络控制信号。当 PB 端口工作于方式 1 输入时,规定 PC 端口的 PC_0、PC_1、PC_2 作为 PB 端口的联络控制信号。PC_6、PC_7 则可作为 I/O 数据端口使用。方式 1 输入时信号定义如图 5.8 所示。

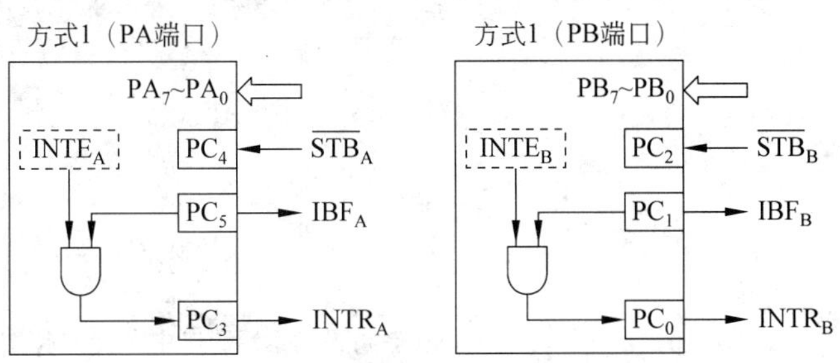

图 5.8　方式 1 输入时信号定义

$\overline{STB}$: 选通输入信号,低电平有效。这是由 I/O 设备产生的数据选通信号。当 $\overline{STB}=0$ 时,I/O 设备将数据输入到 PA 端口或 PB 端口的锁存器中。

IBF: 输入缓冲器满信号,高电平有效。这是接口对 $\overline{STB}$ 的响应信号。当 $\overline{STB}=0$ 时,

I/O 设备把数据传送到输入锁存器中，接口的输入锁存器锁存数据后，发出 IBF＝1 信号。IBF 信号可以提供给 CPU 查询，当查询到 IBF 为 1，CPU 便可以读取输入锁存器中的数据了。CPU 执行 IN 指令读取输入锁存器中的数据时，产生$\overline{RD}$信号，数据读取后，$\overline{RD}$的上升沿使 IBF 清 0。IBF 信号也可以作为通知 I/O 设备的信号，表明输入锁存器中是否有数据还没被 CPU 读取。

INTR：中断请求信号，高电平有效。在 8255A 内部有一个中断允许位 INTE。当 INTE 为 1 时，允许 8255A 在输入锁存器中有数据时，在 INTR 引脚上产生中断请求信号。这个中断请求信号可以送至 CPU，向 CPU 申请一次读数中断操作。设置 8255A 方式 1 输入时的 INTE 中断允许位，要通过 PC 端口置位/复位命令字来实现。将 PC_4 置 1，则 $INTE_A$ 置 1，允许 PA 端口发出中断请求信号；将 PC_2 置 1，则 $INTE_B$ 置 1，允许 PB 端口发出中断请求信号。PC_4、PC_2 清 0，则禁止中断。

例 5-6 用 8 个开关输入 100 个数据，并在 8 个发光二极管构成的显示电路上显示。

解 用开关输入数据，速度很慢。如果 CPU 采用无条件方式读取开关数据，则会将一个输入数据读取 100 遍。所以要采用选通的输入方式。在开关上数据准备好时，才发出选通输入信号，将数据输入到锁存器中。锁存器中有数据，且中断允许位 INTE 为 1，则产生中断信号。CPU 在中断服务子程序中去读取数据，并输出到显示电路上。这样才能确保数据的正确输入。

系统硬件设计如图 5.9 所示，图中简化了端口地址译码电路。8255A 的端口地址为 60H～63H。8259A 的端口地址为 20H、21H，IR_0 的中断类型号为 08H。

系统中，当开关组合为一个有效数据时，按下脉冲开关，PA 端口将开关值锁存，同时 PC_3 上产生一个高电平作为中断请求信号送中断控制器 8259A。8259A 通过 INT 引脚通知 CPU 读取数据。CPU 响应 8259A 提出的中断请求，获得中断类型号，执行中断服务子程序。在中断服务子程序中读取 PA 端口锁存的开关值，送到 PB 端口的 LED 显示，同时做计数值判断。到 100 次数据读取完成后，屏蔽中断，结束程序。

```
CODE  SEGMENT
      ASSUME  CS:CODE
      ;主程序
START:CLI                           ;关中断
      MOV    AL,10110000B           ;设置 8255A 的方式控制字
      OUT    63H,AL
      MOV    AL,00001001H           ;PC4 置 1,设置 PA 端口中断允许位
      OUT    63H,AL
      MOV    AL,00011011B           ;8259A 单片,电平触发,需要 ICW4
      OUT    20H,AL                 ;写 ICW1
      MOV    AL,08H                 ;中断类型号前 5 位设定为 00001
      OUT    21H,AL                 ;写 ICW2
      MOV    AL,00000001B           ;普通全嵌套,非缓冲,非自动中断结束
```

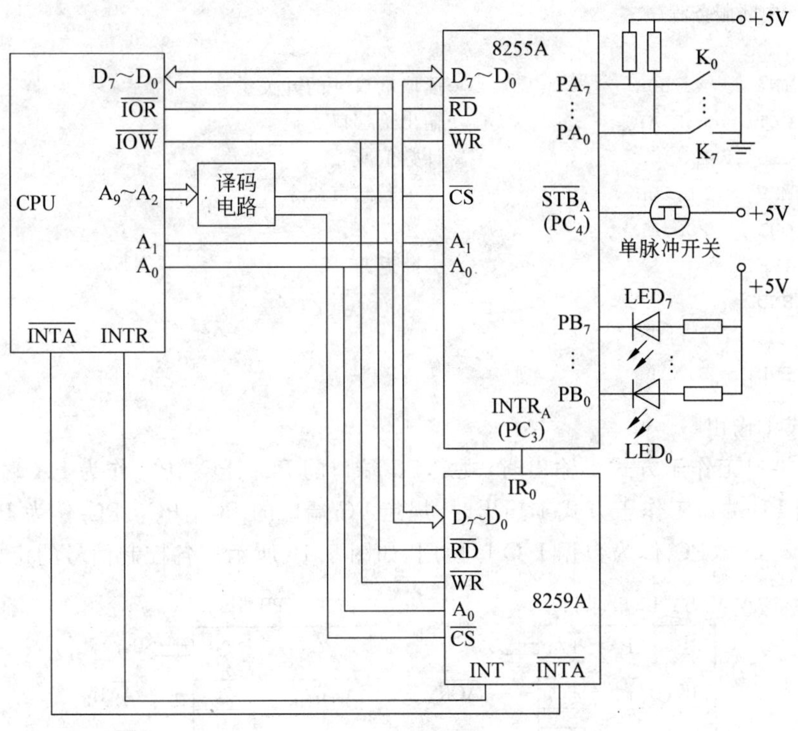

图 5.9 例 5-6 系统硬件逻辑电路示意

```
        OUT   21H,AL             ;写 ICW4
        MOV   AX,0               ;中断向量表段地址
        MOV   DS,AX
        MOV   AX,OFFSET  P1      ;设置中断向量
        MOV   [0020H],AX
        MOV   AX,SEG  P1
        MOV   [0022H],AX
        IN    AL,21H             ;读 8259A 屏蔽字
        AND   AL,0FEH            ;改变屏蔽字,允许 IR0 中断
        OUT   21H,AL
        MOV   BX,100             ;设置计数初值
        STI                      ;开中断
ROTT:   CMP   BX,0               ;BX 减 0
        JNZ   ROTT               ;未完成数据输入,继续等待中断
        IN    AL,21H             ;恢复屏蔽字,禁止 IR0 中断
        OR    AL,01H
        OUT   21H,AL
        MOV   AH,4CH             ;返回 DOS 系统
        INT   21H
```

```
        ;中断服务程序
P1      PROC
        IN      AL,60H              ;读取端口 A 的开关量
        OUT     61H,AL              ;输出给端口 B 显示
        DEC     BX                  ;计数值减 1
        MOV     AL,20H              ;发中断结束命令
        OUT     20H,AL
        IRET                        ;中断返回
P1      ENDP
CODE      ENDS
        END     START
```

2）方式 1 输出

当 PA 端口工作于方式 1 输出时，规定 PC 端口的 PC_7、PC_6、PC_3 作为 PA 端口的联络控制信号。当 PB 端口工作于方式 1 输出时，规定 PC 端口的 PC_0、PC_1、PC_2 作为 PB 端口的联络控制信号。PC_4、PC_5 作为数据 I/O 口使用，如图 5.10 所示。各控制信号的定义如下。

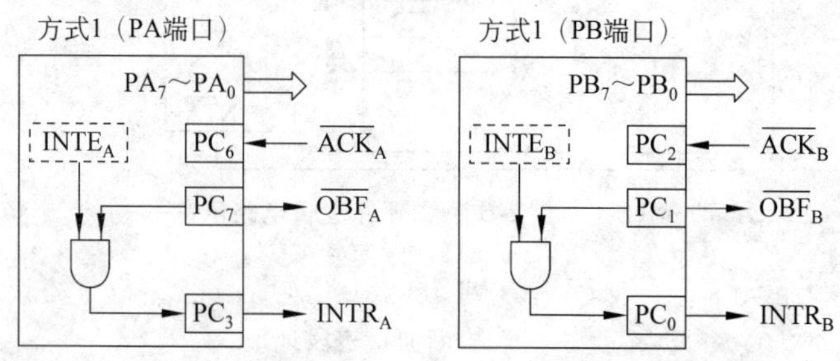

图 5.10　方式 1 输出时信号定义

$\overline{OBF}$：输出缓冲器满信号，低电平有效。当 CPU 把数据输出到 8255A 的输出缓冲器中时，$\overline{OBF}$置 0。$\overline{OBF}$信号可以作为通知 I/O 设备取走数据的信号。CPU 可以查询$\overline{OBF}$信号，如果$\overline{OBF}=0$，表示数据未被 I/O 设备取走，CPU 不能输出新的数据；$\overline{OBF}=1$，表示外部设备已取走数据，CPU 可向 8255A 输出新的数据。

$\overline{ACK}$：I/O 设备的应答信号，低电平有效。当 I/O 设备从 8255A 的输出缓冲器取走数据时，向 8255A 发响应信号$\overline{ACK}=0$，并使$\overline{OBF}$置为高电平。

INTR：中断请求信号，高电平有效。在 8255A 内部有一个中断允许位 INTE。当 INTE=1 时，允许 8255A 在输出缓冲器空时，在 INTR 引脚上产生中断请求信号。这个中断请求信号可以送至 CPU，向 CPU 申请一次读数中断操作。设置 8255A 方式 1 输出时的 INTE 中断允许位，要通过 PC 端口置位/复位命令字来实现。将 PC_6 置 1，则 $INTE_A$ 置 1，PA 端口允许发出中断请求信号；将 PC_2 置 1，则 $INTE_B$ 置 1，PB 端口允许发出中断请求信号。PC_6、PC_2 清 0，则禁止中断。

3）方式 1 的状态字

8255A 方式 1 的状态字记录 IBF、$\overline{OBF}$、INTE 和 INTR 信号情况。状态字地址为 PC 端口的地址。方式 1 的状态字格式如图 5.11 所示。需要强调的是，从 PC 端口读出的状态字与 PC 端口外部引脚的状态无关。

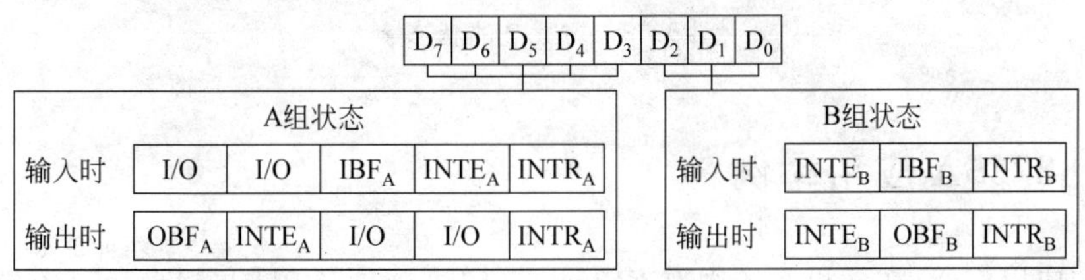

图 5.11 方式 1 的状态字

3. 方式 2：双向 I/O 方式

1）工作特点

双向 I/O 方式只适用于 PA 端口。在双向 I/O 方式下，I/O 设备和 CPU 之间可以通过 PA 端口分时输入或输出数据。PA 端口工作在方式 2 时，PC 端口的 PC_7～PC_3 作为 PA 端口的联络控制信号，如图 5.12 所示。图中控制信号的含义与方式 1 中相同。

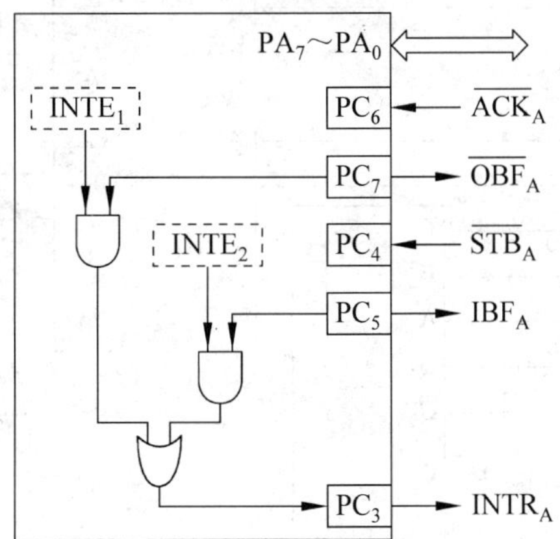

图 5.12 方式 2 时信号定义

8255A 的 PA 端口双向输入输出，是将 PA 端口方式 1 的输入和输出组合了起来。输入的中断允许位由 PC_6 设置，输出的中断允许位由 PC_4 设置。输入或输出时，只要有一个发出中断请求，则 $INTR_A=1$。

2）方式 2 的状态字

8255A 方式 2 的状态字记录 PA 端口方式 2 工作时，IBF、$\overline{OBF}$、$INTE_1$、$INTE_2$ 和 INTR 信号情况。方式 2 的状态字格式如图 5.13 所示。

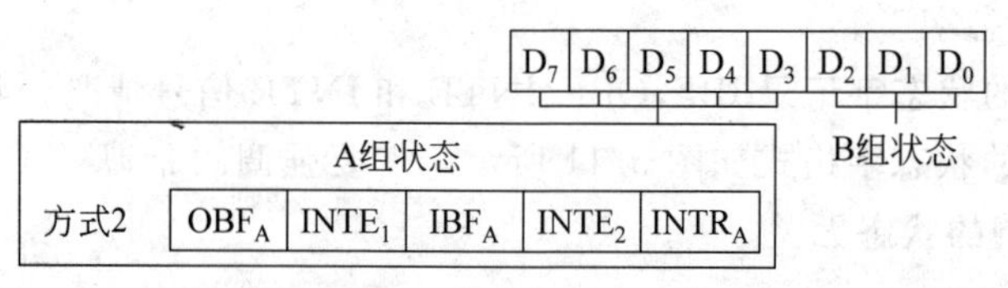

图 5.13 方式 2 的状态字

5.2 8255A 应用举例

8255A 应用广泛，在微机系统中有 CPU 与打印机接口、CPU 与键盘接口等应用。下面举几个 8255A 的应用实例。

例 5-7 设计系统，实现在 4 个开关上输入 4 位二进制值，在七段数码管上显示对应的十六进制符号。例如，输入 1111，数码管上显示 F。

解 硬件设计如图 5.14 所示。开关接在 $PA_3 \sim PA_0$ 上，七段数码管的 8 个输入端接在 PB 端口上。PA 端口和 PB 端口都工作于方式 0。

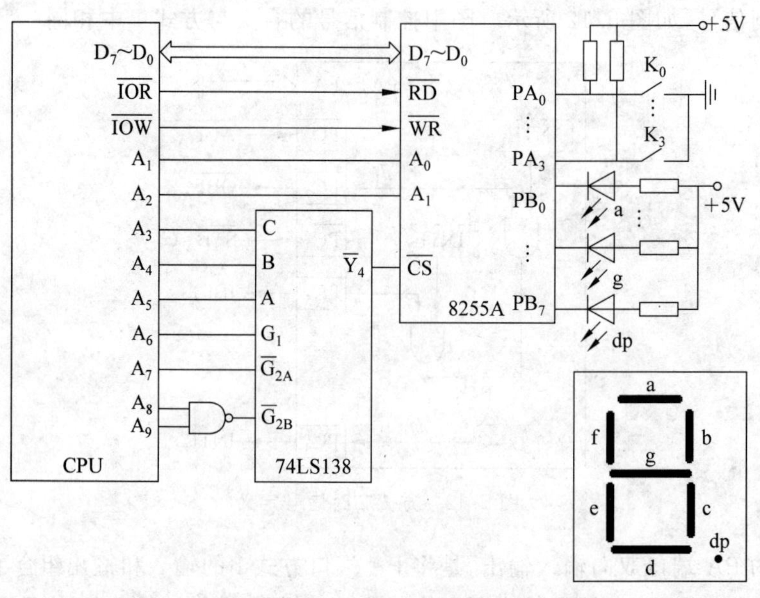

图 5.14 例 5-7 系统硬件逻辑示意

软件设计：先分析 8255A 端口地址。CPU 的 A_2A_1 接 8255A 的 A_1A_0，可知端口地址译码电路采用偶地址连接法。高位地址送 74LS138 后译码产生片选 $\overline{CS}$，则 $A_9A_8A_7A_6A_5A_4A_3$＝1101001。根据 A_2A_1 两位，确定各端口地址。A_2A_1＝00 时，是 PA 端口，所以 PA 端口地址 348H；A_2A_1＝01 时，是 PB 端口，所以 PB 端口地址 34AH；A_2A_1＝10 时，是 PC 端口，所以 PC 端口地址 34CH；A_2A_1＝11 时，是控制端口，所以控制端口地址 34EH。图中七段数

码管是共阳极,要让发光二极管亮,需要在对应的 PB 引脚上输出 0;要让发光二极管灭,需要在对应的 PB 引脚上输出 1。可以将显示的数字与字符的对应关系做一个段码表,存在数据段中。读取开关值以后,用查表方式查找到对应的段码送到 PB 端口。共阳极段码表如表 1.6 所示。

程序如下。

```
A_PORT    EQU  348H               ;定义端口地址为常量,便于修改
B_PORT    EQU  34AH
K_PORT    EQU  34EH
DATA  SEGMENT
      TABLE  DB  3FH,06H,5BH,4FH,66H,6DH,7DH,07H,7FH,6FH
             DB  77H,7CH,39H,5EH,79H,31H        ;定义段码表
DATA  ENDS
CODE  SEGMENT
      ASSUME  CS:CODE,DS:DATA
START:
      MOV    AX,DATA
      MOV    DS,AX
      MOV    AL,10010000B         ;8255A 方式控制字
      MOV    DX,K_PORT            ;控制端口地址
      OUT    DX,AL                ;初始化 8255A
L1:   MOV    DX,A_PORT            ;PA 端口地址
      IN     AL,DX                ;读 PA 端口的开关值
      AND    AL,0FH               ;屏蔽高 4 位,留下低 4 位开关值
      LEA    BX,TABLE             ;BX 为段码表首地址
      XLAT                        ;查表得到段码
      MOV    DX,B_PORT            ;PB 端口地址
      OUT    DX,AL                ;段码送 PB 端口
      MOV    CX,0FFFFH
L2:   LOOP   L2                   ;延时,使显示稳定
      JMP    L1                   ;循环检测开关变化
CODE  ENDS
      END    START
```

例 5-8 在 8 个七段数码管上同时显示 1～8 的数字字符。

解 要实现在 8 个七段数码管上同时显示,有两种方案。一种是静态显示,采用 3 块 8255A 并行接口芯片,每个端口接一个七段数码管。这种方案会增加系统的复杂性,也增加了系统的功耗。第二种是称为动态显示的技术,可以极大地降低硬件开销。动态显示技术又称为扫描显示技术。每个七段数码管的公共端不再预先接好＋5V 或地,而是作为位控制信号。8 个七段数码管接在两个输出端口上。一个端口用于向所有的七段数码管输出段码,另一个端口用于给每个七段数码管输出位控制信号。只有位控制信号有效的七段数码

管会接通显示字符段码。从第 1 到第 8 依次选中每个七段数码管显示一位对应的字符，再重复。当重复显示频率大于 25Hz 时，会因为视觉暂留原理而让人看到同时显示的多位数据。

系统硬件设计如图 5.15 所示。图中用 PA 端口送段码数据，PB 端口做位控制。当 PB 端口送出数据 11111110B 时，只有第 1 个七段数码管的公共端是低电平被选中显示字符。

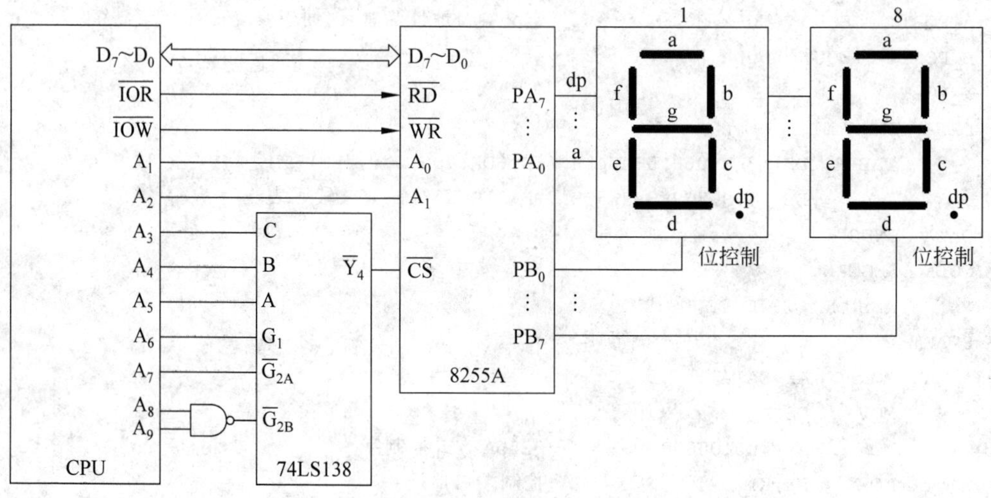

图 5.15　8 位数码管动态显示电路逻辑

软件设计：先初始化 8255A，在 PA 端口送出要显示的字符段码，再送出对应的位控制数据到 PB 端口。显示 8 个字符后再重复显示。

程序如下。

```
A_PORT    EQU  348H                ;定义端口地址为常量，便于修改
B_PORT    EQU  34AH
K_PORT    EQU  34EH
DATA  SEGMENT
      TABLE  DB  3FH,06H,5BH,4FH,66H,6DH,7DH,07H,7FH,6FH
             DB  77H,7CH,39H,5EH,79H,31H        ;定义段码表
      ZIFU   DB  1,2,3,4,5,6,7,8                ;要显示的数字
DATA  ENDS
CODE  SEGMENT
      ASSUME  CS:CODE,DS:DATA
START:
      MOV    AX,DATA
      MOV    DS,AX
      MOV    AL,10000000B              ;8255A 方式控制字
      MOV    DX,K_PORT                 ;控制端口地址
      OUT    DX,AL                     ;初始化 8255A
```

```
LL:    LEA    BX,TABLE              ;BX 为段码表首地址
       LEA    SI,ZIFU               ;显示数字区首地址
       MOV    CX,8                  ;循环次数
       MOV    AH,11111110B          ;第 1 个数码管位控制有效
L1:    MOV    AL,[SI]               ;AL 取得数据区显示的数字值
       XLAT                         ;查表得到段码
       MOV    DX,A_PORT             ;PA 端口地址
       OUT    DX,AL                 ;送段码到 PA 端口
       MOV    AL,AH                 ;位控制数据
       MOV    DX,B_PORT             ;PB 端口地址
       OUT    DX,AL                 ;位控制数据送 PB 口
       PUSH   CX
       MOV    CX,0FFFFH
L2:    LOOP   L2                    ;延时,使显示稳定
       POP    CX
       ROL    AH,1                  ;位控制数据改变,选择下一个七段数码管
       INC    SI                    ;数据区地址指针改变
       LOOP   L1
       JMP    LL
CODE   ENDS
       END    START
```

5.3　PC 中的并行接口应用

在 IBM PC/XT 微机系统中,使用了一片 8255A 并行接口芯片。系统板上,8255A 的端口地址为 60～7FH,常用的是 60H～63H,分别对应 PA 端口、PB 端口、PC 端口和控制端口;64H～7FH 为映像地址。在 80286 以上的微机系统中,8255A 的对应电路被集成到多功能芯片内部。为了保持兼容性,系统保留了 8255A 的端口地址和它的相应功能。

在 IBM PC/XT 微机系统中 8255A 工作在方式 0。PA 端口 60H 用来输入键盘扫描码。PB 端口 61H 用于键盘控制、RAM 和 I/O 通道检验、扬声器的启动和控制。PC 端口为输入方式,低 4 位读取系统配置开关 DIP 的值以确定系统工作状态,如是否使用 8087、选择 RAM 容量大小、显示配置类型以及所连接的软盘驱动器的数量;高 4 位读取系统状态测试位,如扬声器的状态、RAM 和 I/O 通道的奇偶检验结果等。

PC 中 8255A 端口地址及功能如图 5.16 所示。

例 5-9　PC 上扬声器控制电路及原理如图 5.17 所示。编程实现让扬声器发声,直到按下按键“0”。

解　PC 系统板上并行接口电路的 PB 端口中,PB_1 和 PB_0 两位控制系统板上的扬声器开启。PB_0 和 PB_1 同时为高电平“1”,则扬声器发声;PB_0 和 PB_1 之一为低电平“0”,则扬声器停

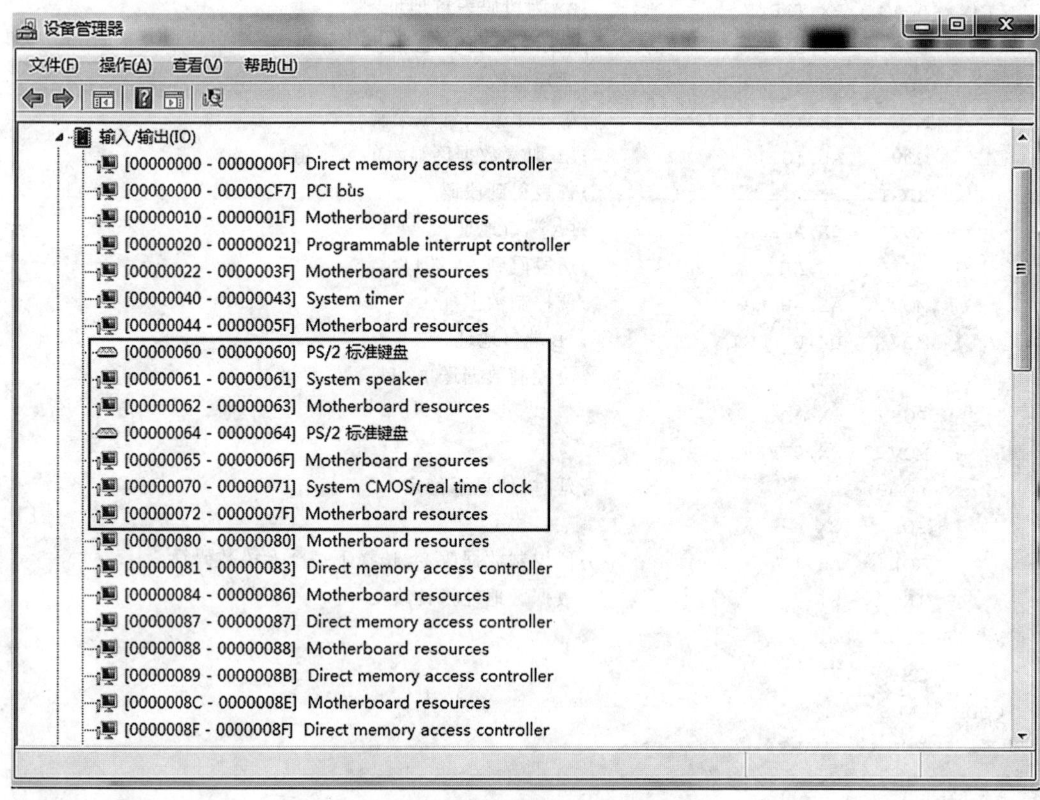

图 5.16 PC 中 8255A 端口地址及功能

图 5.17 PC 上扬声器控制电路

止发声。PB 端口的地址是 61H。

程序如下。

```
CODE  SEGMENT
      ASSUME  CS:CODE               ;只有代码段
START:
      IN     AL,61H                 ;读取 PB 端口当前值
      OR     AL,03H                 ;使 D1 D0 = PB1 PB0 = 11B,其他位不变
      OUT    61H, AL                ;打开扬声器
L1:   MOV    AH, 1                  ;DOS 调用,等待按键字符输入
```

```
        INT     21H                     ;
        CMP     AL,'0'                  ;判断是否为 0 键按下
        JNZ     L1                      ;不是 0 键则持续发声
        IN      AL,61H                  ;是 0 键,则读取 PB 端口当前值
        AND     AL,0FCH                 ;使 D1D0=PB1PB0=00B,其他位不变
        OUT     61H,AL                  ;关掉扬声器
        MOV     AH,4CH
        INT     21H
CODE    ENDS
        END     START
```

5.4　实验项目

5.4.1　PC 并行接口实验项目

1. 实验内容

利用主板上定时器 8253/8254 控制扬声器的开关频率,编程实现让扬声器发出 524Hz 的声音,直到按下键盘上按键停止发声。

2. 实验步骤

在 PC 上输入下面的程序,完成编译、连接后运行,听到 524Hz 的声音。

例 5-10　示例程序如下。

```
CODE  SEGMENT
      ASSUME  CS:CODE
START:
        MOV     AL,0B6H                 ;设置定时器 2 为工作方式 2,控制字为 0B6H
        OUT     43H,AL                  ;输出到定时器 2 的控制端口
        MOV     AX,2277                 ;524Hz 对应的计数值是 2277
        OUT     42H,AL                  ;输出低 8 位计数值
        MOV     AL,AH
        OUT     42H,AL                  ;输出高 8 位计数值
        IN      AL,61H                  ;读 PB 口原控制值
        OR      AL,03H                  ;使 D1D0=PB1PB0=11B,其他位不变
        OUT     61H,AL                  ;输出控制信号,控制扬声器发声
        MOV     AH,1                    ;等待按键输入
        INT     21H
        IN      AL,61H                  ;读 PB 口控制值
        AND     AL,0FCH                 ;使 D1D0=PB1PB0=00B,其他位不变
        OUT     61H,AL                  ;输出控制信号,控制扬声器关闭声音
        MOV     AH,4CH
        INT     21H
CODE  ENDS
```

```
        END    START
```

注意，做本实验时，要确保主板上的扬声器控制信号线是连接上的；否则无法听到声音。

5.4.2 EL 实验机并行接口实验项目

1. 实验原理

EL 实验机中有一片 8255A 并行接口芯片。8255A 与 CPU 之间的数据线、端口选择线、读/写控制线都已连接好。8255A 的片选输入端插孔名称为 8255CS，PA、PB、PC 这 3 个端口的引脚插孔分别为 $PA_0 \sim PA_7$、$PB_0 \sim PB_7$、$PC_0 \sim PC_7$。电路原理如图 5.18 所示。

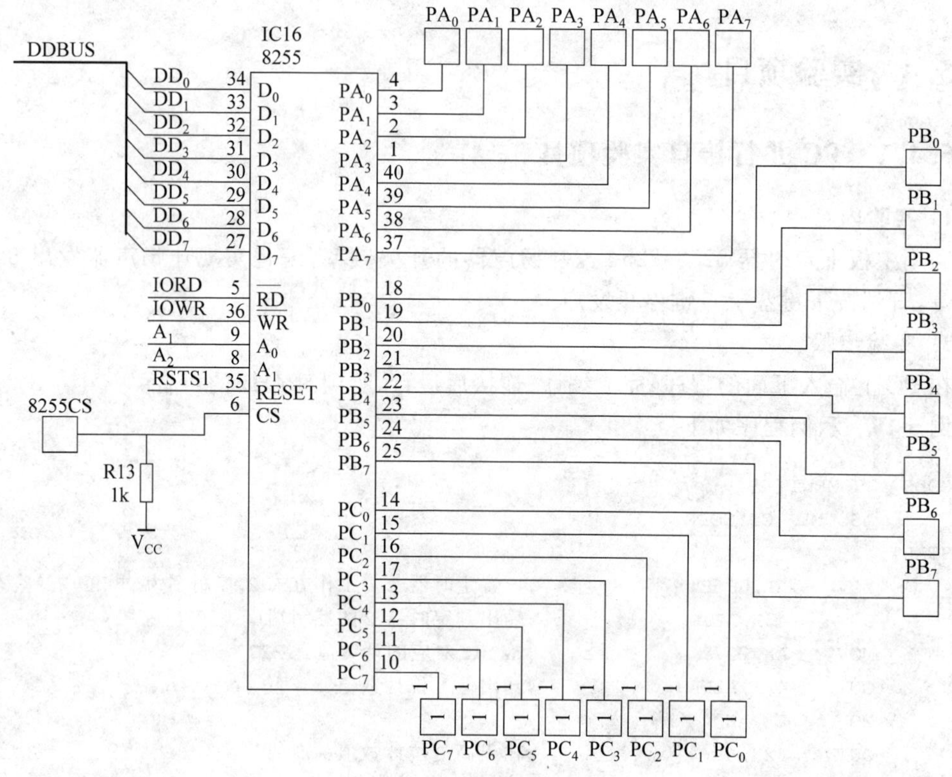

图 5.18 EL 实验机 8255 并行接口电路

2. 实验内容

操作两个逻辑电平开关，当输入不同时，实现 8 个 LED 发光二极管不同的显示状态。开关输入为 00 时，8 个 LED 灯 4 亮 4 灭；开关输入为 01 时，8 个 LED 灯依次点亮；开关输入为 10 时，8 个 LED 灯闪烁显示；开关输入为 11 时，8 个 LED 灯全灭。

3. 实验步骤

(1) 实验接线。

系统中大多数信号线都已连接好，只需设计部分信号线的连接。将逻辑电平开关与

8255A 的一个端口相接,该端口作输入端口。将 LED 显示电路与 8255A 的另一个端口相接,该端口作输出端口。8255A 的片选信号与端口地址译码器的一个输出相接,确定其端口地址范围。可以根据实现原理,灵活设计连接方式。

在图 5.19 所示的系统逻辑示意图中,用虚线给出了一种连接方式。

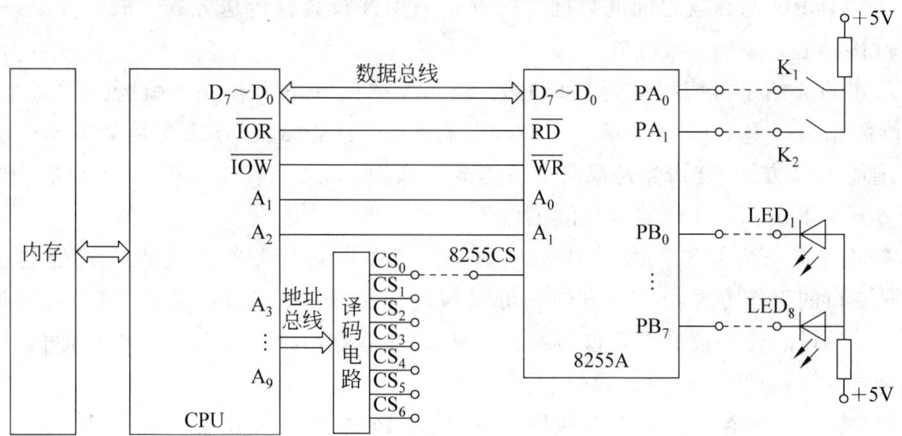

图 5.19 EL 实验机并行接口实验系统逻辑

(2) 根据图 5.20 所示的流程图,编程运行,并观察实验结果。

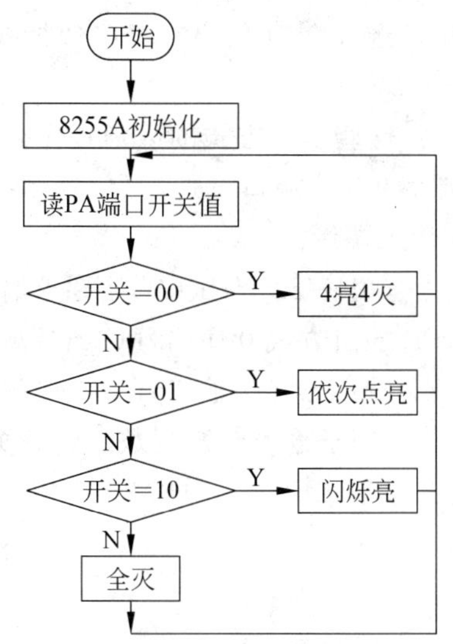

图 5.20 EL 实验机并行接口实验参考流程

5.5 本章小结

一次传送一个字长的数据方式即是并行传送方式。微机系统中 CPU 与存储器、CPU 与 I/O 接口、CPU 与磁盘之间的数据交换都是采用并行数据传送方式。8255A 是一种最常用的并行接口芯片。

本章重点介绍了可编程并行接口芯片 8255A 的内部结构和外部引脚。8255A 有 3 个 8 位并行数据端口 PA、PB、PC 端口。8255A 有 3 种工作方式。方式 0 是基本 I/O 方式，方式 1 是选通 I/O 方式，方式 2 是双向 I/O 方式。PA 端口可工作于 3 种工作方式，PB 端口可工作于方式 0 和方式 1，PC 端口只能工作于方式 0。

本章还重点介绍了 8255A 的初始化编程。可以通过控制端口送入方式控制字，设置 3 个数据端口的工作方式和 I/O 方向。可以通过控制端口送入 PC 端口置位/复位控制字，实现对 PC 端口的任一位进行置位(输出 1)或复位(输出 0)操作，而不影响其他位。两个控制字是通过 D_7 特征位的不同来区分的。

另外，本章还介绍了 8255A 的应用举例，以及 PC 机中的应用实例。

习题 5

1. 8255A 有几个端口？端口选择线有几根？端口选择线的组合分别实现对什么端口的寻址？

2. 8255A 有哪些工作方式？这些工作方式的区别是什么？

3. 8255A 的方式选择控制字和 PC 端口置位/复位控制字的功能分别是什么？如何区分这两个控制字？控制字写入什么端口？

4. 已知 8255A 的端口地址为 200H~203H，试按以下要求编写对 8255A 初始化的程序段：

(1) PA 端口方式 0 输入，PB 端口方式 0 输出，PC 端口高 4 位输入，低 4 位输出。

(2) PA 端口方式 1 输入，PB 端口方式 1 输出，PC 端口的其余引脚为输入。

5. 8255A 的端口接 8 个开关，用于输入二进制数。将开关输入的二进制数做左移一位操作后的结果输出到 8 个发光二极管 LED 显示电路上。完成系统的软、硬件设计。

第6章 定时/计数技术

本章学习目标

- 了解计算机中的定时/计数方法；
- 熟练掌握可编程定时/计数器 8253/8254 的内部结构及引脚；
- 熟练掌握可编程定时/计数器 8253/8254 的工作方式和控制字；
- 熟练掌握可编程定时/计数器 8253/8254 的编程应用。

本章重点介绍了可编程定时/计数器 8253/8254 的内部结构、引脚、工作方式，并介绍了 8253/8254 的编程应用。

6.1 可编程定时/计数器 8253/8254

在微型计算机系统中，经常需要用到定时功能和计数功能。定时功能用来实现定时或延时的控制。计数功能用来对信号进行统计。如果统计的信号是周期性的脉冲信号，计数也具有定时的功能。

常用的定时方法有软件定时、不可编程硬件定时和可编程硬件定时。软件定时是让 CPU 执行一个延时程序段来实现定时。这种方法容易实现，但是占用 CPU 资源且精度不高。不可编程的硬件定时方式，采用分频器、单稳电路或简易定时电路控制定时时间。这种方式电路固定，定时时间不能改变，不够灵活。用可编程定时器芯片构成定时电路，定时时间可以通过软件来设置。这种方法不占用 CPU 资源，定时准确，使用灵活。

目前，可编程的定时/计数器集成芯片种类很多，Intel 8253/8254 定时/计数器使用较为广泛。

6.1.1 8253/8254 的内部结构

8253/8254 内部有 3 个独立的 16 位计数器电路、1 个通道控制端口，另外还有数据总线缓冲器、读/写控制逻辑。8253/8254 内部结构如图 6.1 所示。

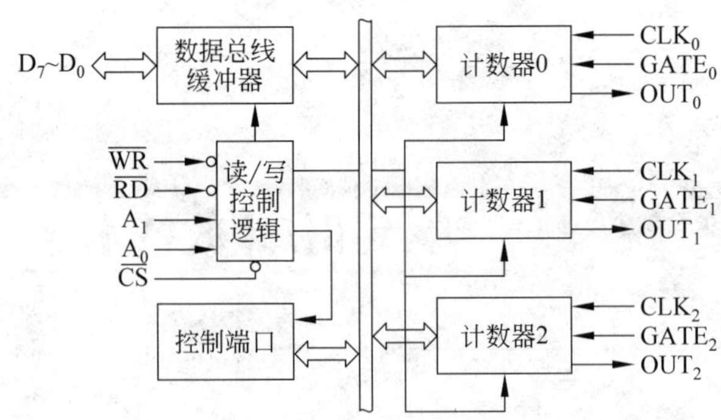

图 6.1　8253/8254 的内部结构

1. 计数器 0～2

8253/8254 具有 3 个功能完全相同、独立的 16 位计数器，分别称为计数器 0、计数器 1、计数器 2。

每个计数器内部包含一个 16 位计数初值寄存器、16 位减 1 计数单元和 16 位输出锁存器。计数器工作之前，首先要向 16 位计数初值寄存器中装入计数初值，然后送到减 1 计数单元。当允许计数的条件满足后，减 1 计数单元在输入时钟脉冲 CLK 的作用下开始进行减 1 计数。在计数过程中和结束时，计数器会有计数输出信号。计数器工作方式不同，则允许计数的条件、计数过程、计数输出信号都有所不同。在计数过程中，可以锁存和读取当前计数值。因为减 1 计数单元的计数值在不断变化，必须先将当前值锁存，再从输出锁存器中读出。

2. 控制端口

8 位控制端口用来暂存 CPU 送来的控制字。根据控制字设定指定计数器的工作方式、读写格式和计数的数制。

3. 数据总线缓冲器

数据总线缓冲器是一个三态双向 8 位的数据缓冲器。CPU 和 8253/8254 内部的端口经过数据总线缓冲器进行数据交换。

4. 读/写控制逻辑

读/写控制逻辑是 8253/8254 内部的控制电路，根据 CPU 送来的读/写信号、片选信号和端口选择信号，产生内部控制信号，以寻址端口，确定数据传输的方向。

6.1.2　8253/8254 的外部引脚

8253/8254 是 24 引脚双列直插式芯片，如图 6.2 所示。电源引脚采用单一的＋5V 电源供电。除了电源和地线引脚，其他引脚分为 8253/8254 与 CPU 端连接的引脚和 8253/8254 与 I/O 设备连接的引脚。

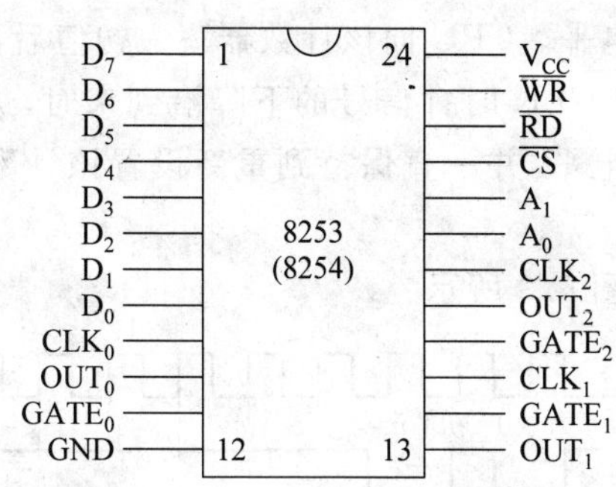

图 6.2 8253/8254 的引脚排列

1. 8253/8254 与 CPU 端连接的引脚

(1) $D_7 \sim D_0$：数据线，双向，三态。将 8253/8254 与系统数据总线相连，供 CPU 向 8253/8254 读写数据、命令和状态信号。

(2) A_1A_0：端口选择信号，用于片内端口寻址。$A_1A_0=00$ 时，选择计数器 0；$A_1A_0=01$ 时，选择计数器 1；$A_1A_0=10$ 时，选择计数器 2；$A_1A_0=11$ 时，选择控制端口。

(3) $\overline{CS}$：片选信号，输入，低电平有效。$\overline{CS}$有效时，表示 8253/8254 被选中，可以进行操作。

(4) $\overline{RD}$：读信号，输入，低电平有效。当$\overline{RD}$有效时，CPU 可以读取当前锁存的计数值，8254 还可以读取状态字。

(5) $\overline{WR}$：写信号，输入，低电平有效。当$\overline{WR}$有效时，CPU 可以向 8253/8254 发送控制字和计数初值。

2. 8253/8254 与 I/O 设备连接的引脚

(1) $CLK_0 \sim CLK_2$：8253/8254 中每个计数器的时钟脉冲信号，输入。计数器在进行计数工作时，每检测到一个时钟脉冲信号，便使计数值减 1。

(2) $GATE_0 \sim GATE_2$：8253/8254 中每个计数器的门控信号，输入，高电平或上升沿跳变有效。门控信号用来禁止、允许或开始计数过程。

(3) $OUT_0 \sim OUT_2$：8253/8254 中每个计数器的计数输出信号。根据工作方式不同，计数输出信号的形式不同。

6.1.3 8253/8254 的工作方式

8253/8254 内部的每个计数器都有 6 种工作方式。这 6 种工作方式的主要区别在于启动计数器的触发方式不同、计数过程中门控信号 GATE 对计数操作的影响不同、计数输出波形不同。要根据 8253/8254 的应用场合选择正确的工作方式。

1. 方式 0：计数结束中断方式

8253/8254 的某个计数器在方式 0 时的工作过程如下。

CPU 向 8253/8254 的控制端口写入控制字，设定某计数器工作在方式 0，则该计数器的计数输出信号 OUT 变为低电平。CPU 向该计数器写入初值后，如果 GATE 门控信号为高电平，则该计数器开始在每个 CLK 时钟信号的下降沿到来时，进行减 1 计数。当计数值减到 0 时，OUT 端立即输出高电平，并一直保持到重新设置该计数器的工作方式或重新写入计数初值为止。

方式 0 计数过程波形如图 6.3 所示。

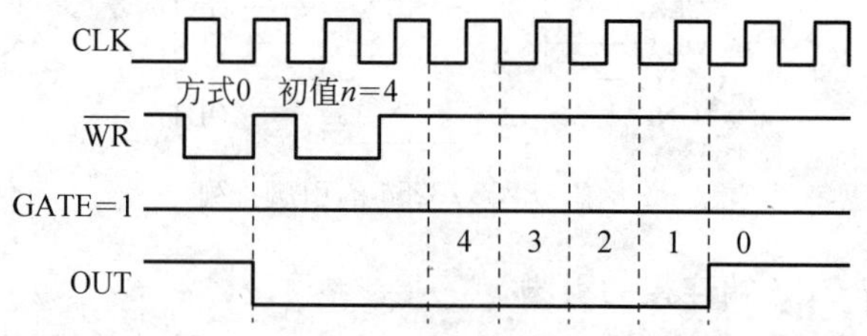

图 6.3 方式 0 的计数过程波形

计数过程中，GATE 为高电平，允许计数；GATE 为低电平，暂停计数，计数值保持不变。GATE 再次变高电平时，计数器从暂停处继续计数。GATE 信号的变化不影响输出端 OUT 的状态。方式 0 计数过程中 GATE 信号发生变化时的计数过程波形如图 6.4 所示。

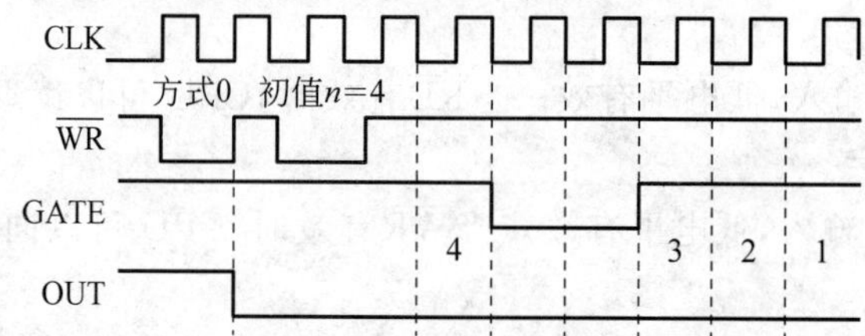

图 6.4 方式 0 计数过程中 GATE 变化时的计数过程波形

如果计数过程中，重新写入计数初值，则计数器将按新写入的计数值重新开始减 1 计数。计数过程中重新写入计数初值时的计数过程波形如图 6.5 所示。

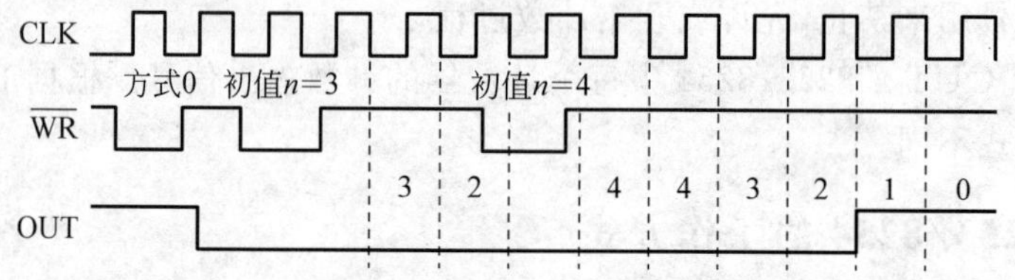

图 6.5 方式 0 计数过程中重新写入计数初值的计数过程波形

由于方式 0 的计数输出信号是从低到高的跳变，可以用作在设定定时时间到了后产生中断请求信号。

2. 方式 1：可编程的单稳负脉冲方式

8253/8254 的某个计数器在方式 1 时的工作过程如下。

CPU 向 8253/8254 的控制端口写入控制字，设定某计数器工作在方式 1，则该计数器的计数输出信号 OUT 变为高电平。CPU 向该计数器写入初值后，若 GATE 门控信号引脚产生上升沿信号，OUT 由高电平变为低电平，并且计数器开始在每个 CLK 时钟信号的下降沿到来时进行减 1 计数。当计数值减到 0 时，OUT 端变成高电平。方式 1 计数过程波形如图 6.6 所示。

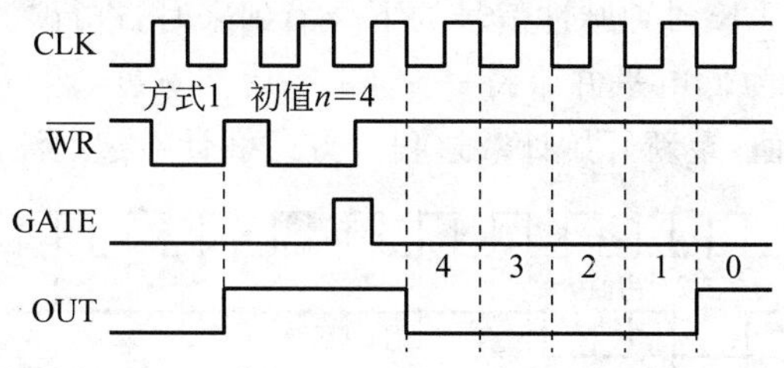

图 6.6 方式 1 的计数过程波形

在计数过程中，GATE 信号又出现上升沿时，计数器将重新装入原计数初值，重新开始减 1 计数。方式 1 计数过程中 GATE 上升沿影响的计数过程波形如图 6.7 所示。

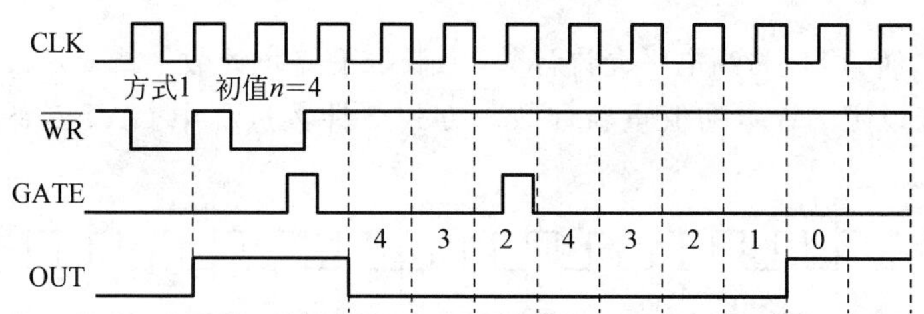

图 6.7 方式 1 计数过程中 GATE 上升沿影响的计数过程波形

如果在计数过程中，CPU 对计数器写入新的计数值，则要等到当前的计数器计到零，并且门控信号 GATE 再次出现上升沿后，才按新写入的计数值开始工作。方式 1 计数过程中重新写入计数值的计数过程波形如图 6.8 所示。

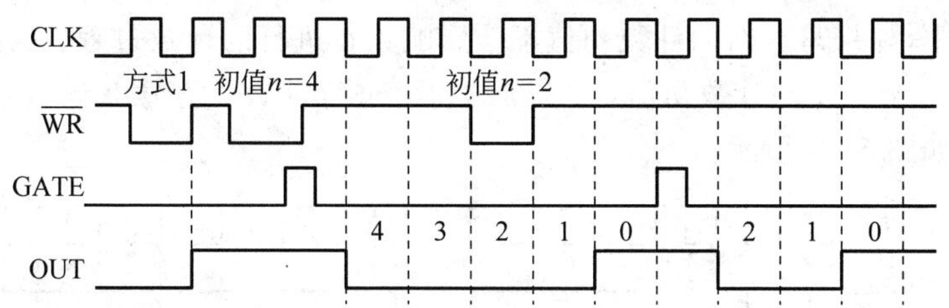

图 6.8 方式 1 计数过程中重新写入计数值的计数过程波形

方式 1 计数过程中是一个负脉冲信号，脉冲宽度可以通过写入计数值设定。只要 GATE 端给一个上升沿触发信号，就会得到一个宽度固定的负脉冲。因而这种方式又称为单拍脉冲方式。

3. 方式 2：频率发生器

8253/8254 的某个计数器在方式 2 时的工作过程如下。

CPU 向 8253/8254 的控制端口写入控制字，设定某计数器工作在方式 2，则该计数器的计数输出信号 OUT 变为高电平。CPU 向该计数器写入初值后，若 GATE 门控信号为高电平，计数器开始在每个 CLK 时钟脉冲信号的下降沿到来时，进行减 1 计数。当计数值减到 1 时，OUT 端由高电平变为低电平并维持一个 CLK 周期宽度，然后 OUT 又变为高电平，并自动重新装入原计数初值，重新开始计数过程。方式 2 计数过程波形如图 6.9 所示。

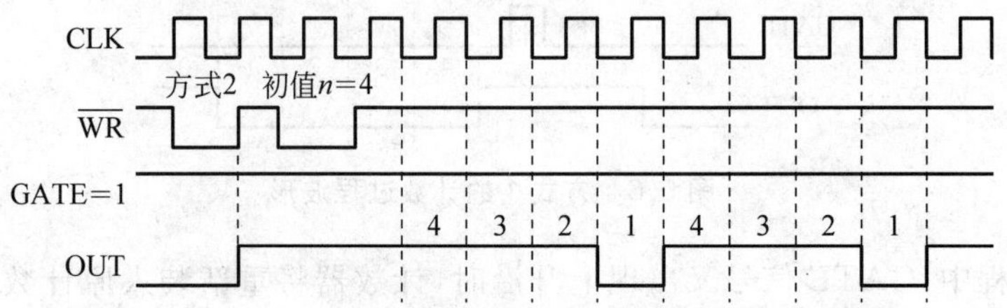

图 6.9 方式 2 计数过程波形

计数过程中，GATE 为高电平允许计数，为低电平终止计数。待 GATE 恢复高电平后，计数器将按原来设定的计数初值重新计数。方式 2 计数过程中 GATE 变化时的计数波形如图 6.10 所示。

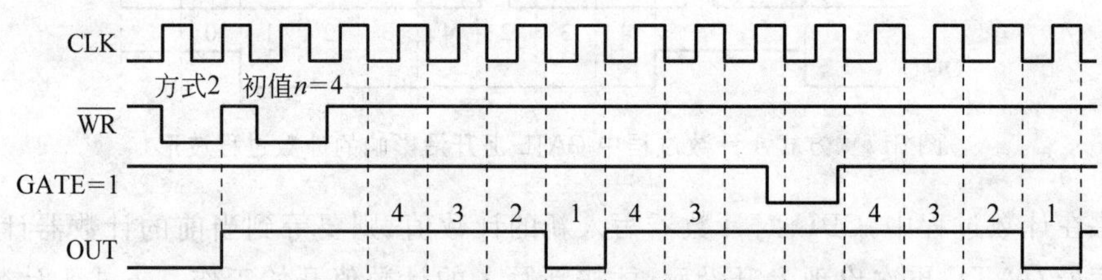

图 6.10 方式 2 计数过程中 GATE 变化时的计数波形

计数过程中，如果写入新的计数初值不会影响正在进行的计数过程，必须等计数器减到 1 之后，计数器才装入新的计数初值，并按新的初值进行计数。方式 2 计数过程中写新计数值的计数波形如图 6.11 所示。

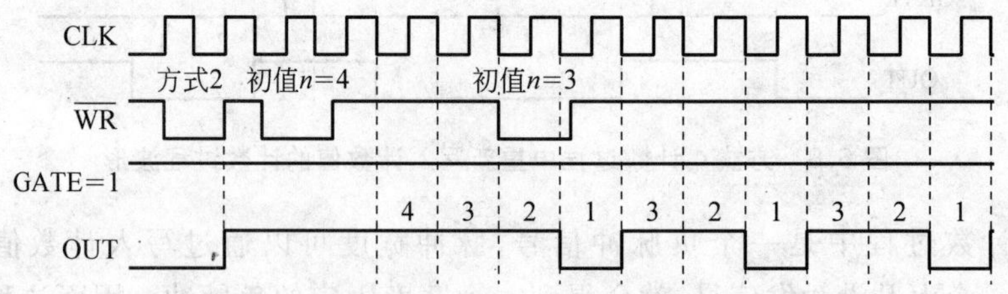

图 6.11 方式 2 计数过程中写入新计数值的计数波形

计数器工作在方式 2 时，一般输入信号是周期性脉冲信号，输出信号也是周期性脉冲信号,所以可以看作可编程的分频电路,分频系数是计数器写入的计数初值。

4. 方式 3：方波发生器

8253/8254 的某个计数器在方式 3 时的工作过程如下。

CPU 向 8253/8254 的控制端口写入控制字,设定某计数器工作在方式 3,则该计数器的计数输出信号 OUT 变为高电平。CPU 向该计数器写入初值后,若 GATE 门控信号为高电平,计数器开始在每个 CLK 时钟信号的下降沿到来时,进行减 1 计数。若计数初值为偶数,减到 $n/2$ 时,输出端 OUT 变为低电平,继续减到 0 时,OUT 又变成高电平;若计数初值为奇数,减到 $(n-1)/2$ 时,输出端 OUT 变为低电平,继续减到 0 时,OUT 又变成高电平。减到 0 后,会自动重新装入原计数初值,开始新的计数过程。方式 3 计数初值为偶数时的计数波形如图 6.12 所示。方式 3 计数初值为奇数时的计数波形如图 6.13 所示。

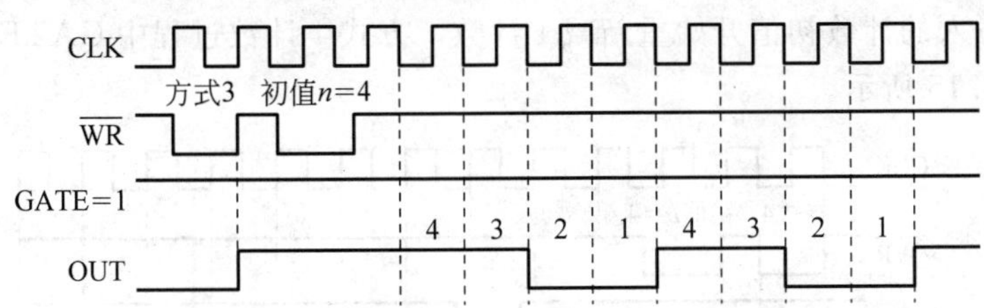

图 6.12 方式 3 计数初值为偶数时的计数波形

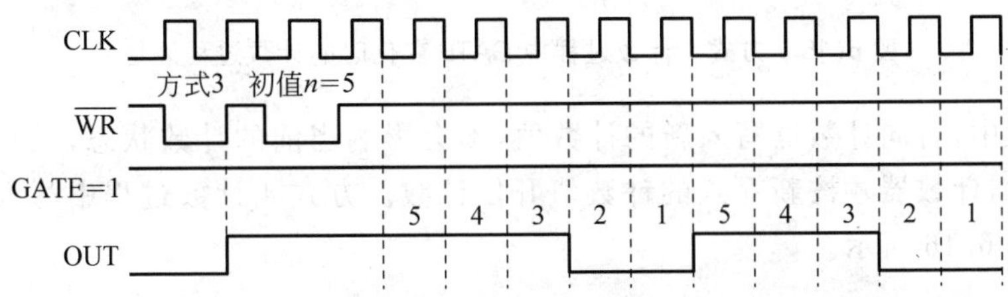

图 6.13 方式 3 计数初值为奇数时的计数波形

计数过程中,GATE 为高电平允许计数,为低电平终止计数。待 GATE 恢复高电平后,计数器将按原来设定的计数初值重新计数。计数过程中,如果写入新的计数初值不会影响正在进行的计数过程,必须等计数器减到 1 之后,计数器才装入新的计数初值,并按新的初值进行计数。这些与方式 2 基本相同。

方式 3 从计数开始后,在 OUT 端将输出连续不断的占空比为 1∶1 或近似 1∶1 的方波,因此称为方波发生器。

5. 方式 4：软件触发方式

8253/8254 的某个计数器在方式 4 时的工作过程如下。

CPU 向 8253/8254 的控制端口写入控制字,设定某计数器工作在方式 4,则该计数器的计数输出信号 OUT 变为高电平。CPU 向该计数器写入初值后,若 GATE 门控信号为高电平,计数器开始在每个 CLK 时钟信号的下降沿到来时,进行减 1 计数。当计数器减到 0 时,在 OUT 端输出一个 CLK 周期宽度的负脉冲,然后恢复到高电平,并保持直到写入新的计数初值重新开始计数。方式 4 的计数过程波形如图 6.14 所示。

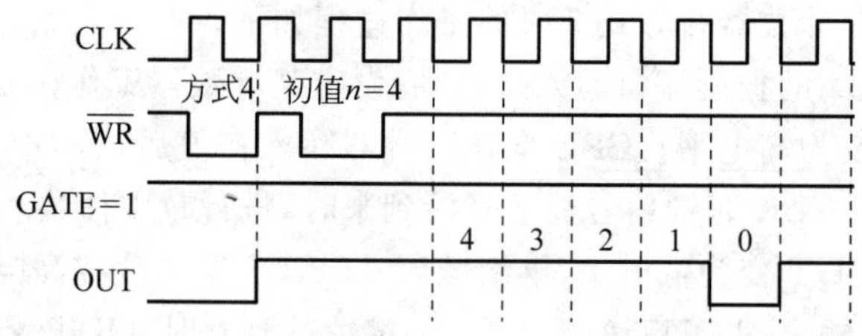

图 6.14 方式 4 的计数过程波形

计数过程中,GATE 为高电平,允许计数;GATE 为低电平,停止计数。恢复高电平后,计数器又从原写入的计数初值开始重新减 1 计数。方式 4 计数过程中 GATE 变化时的计数过程波形如图 6.15 所示。

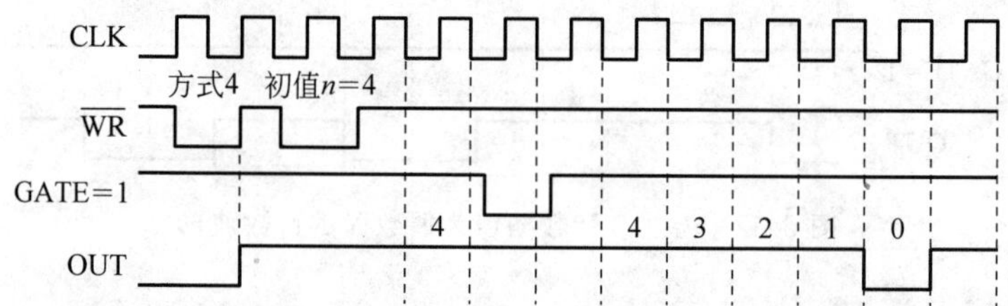

图 6.15 方式 4 计数过程中 GATE 变化时的计数过程波形

计数过程中,若向计数器写入新的计数值,不会影响当前的计数状态,只有在当前计数值减到 0 之后,计数器才按新写入的计数值开始计数。方式 4 计数过程中写入新计数值的计数波形如图 6.16 所示。

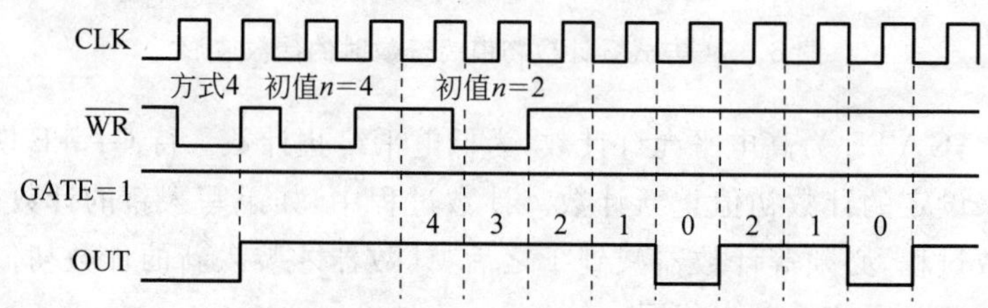

图 6.16 方式 4 计数过程中写入新计数值的计数波形

方式 4 中,不能自动装入初值,要启动下一次计数过程,需要重新写入计数初始值触发计数器做减 1 计数。所以方式 4 是 CPU 通过 8253/8254 的计数器定时给出一个输出信号,这个信号可以作为其他设备的选通信号。

6. 方式 5:硬件触发方式

8253/8254 的某个计数器在方式 5 时的工作过程如下。

CPU 向 8253/8254 的控制端口写入控制字,设定某计数器工作在方式 5,该计数器的计数输出信号 OUT 变为高电平。CPU 向该计数器写入初值后，若 GATE 门控信号出现上升沿，计数器开始在每个 CLK 时钟信号的下降沿到来时进行减 1 计数。当计数器减到 0 时，在 OUT 端输出一个 CLK 周期宽度的负脉冲，然后恢复到高电平，并保持直到 GATE 门控信号出现上升沿，重新写入计数初值开始计数。方式 5 的计数过程波形如图 6.17 所示。

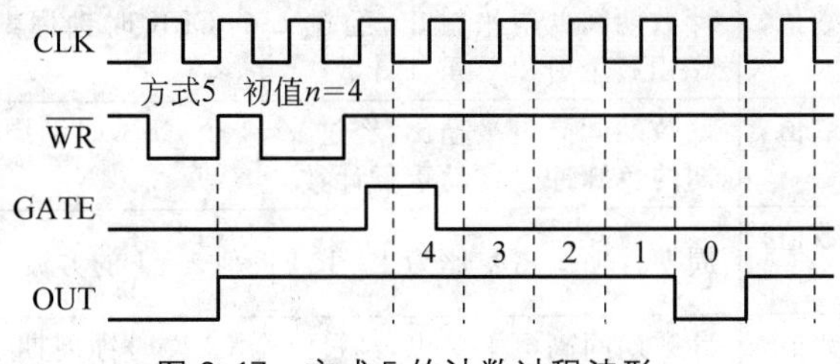

图 6.17 方式 5 的计数过程波形

计数过程中或者计数结束后，如果门控信号 GATE 再次出现上升沿，计数器将从原写入的计数初值重新计数。方式 5 计数过程中 GATE 变化时的计数过程波形如图 6.18 所示。

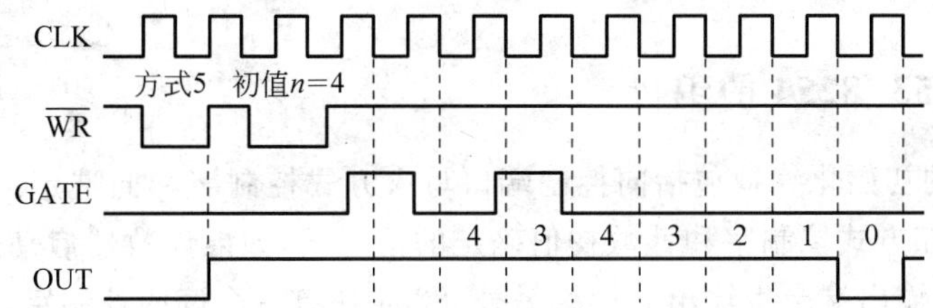

图 6.18 方式 5 计数过程中 GATE 变化时的计数过程波形

计数过程中，CPU 向计数器写入新的计数值，不会影响计数器的工作过程。只有 GATE 门控信号再出现上升沿时，新计数值才会装入计数器，开始做减 1 计数。方式 5 计数过程中写入新计数值的计数波形如图 6.19 所示。

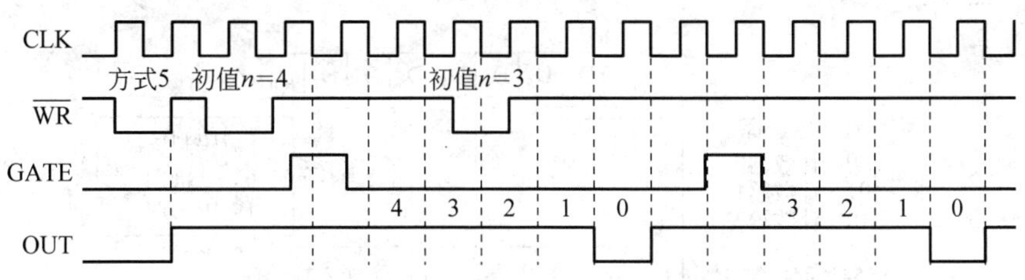

图 6.19 方式 5 计数过程中写入新计数值的计数波形

方式 5 中计数值减到 0 后，要 GATE 门控信号再出现上升沿，才会自动重新装入计数值开始减 1 计数。门控信号 GATE 是由硬件电路产生的，所以叫硬件触发。

7. 8253/8254 的 6 种工作方式的比较

表 6.1 中对 8253/8254 的 6 种工作方式启动条件和输出波形进行比较，设计时要根据需要选择工作方式。

表 6.1　8253/8254 的 6 种工作方式比较

方式	启动条件	OUT 输出波形
0	方式控制字，计数值，GATE 为高电平	计数期间低电平输出，经过 n 个 CLK 时钟周期，由低电平变为高电平。一次计数
1	方式控制字，计数值，GATE 上升沿	计数期间低电平输出，经过 n 个 CLK 时钟周期，由低电平变为高电平。GATE 上升沿可重新计数
2	方式控制字，计数值，GATE 为高电平	计数期间高电平输出，经过 $n-1$ 个 CLK 时钟周期，输出 1 个 CLK 时钟周期的负脉冲。自动重复计数
3	方式控制字，计数值，GATE 为高电平	周期性输出占空比为 1∶1 或近似 1∶1 的方波。自动重复计数
4	方式控制字，计数值，GATE 为高电平	计数期间高电平输出，经过 n 个 CLK 时钟周期，输出 1 个 CLK 时钟周期的负脉冲。重写计数值可重新计数
5	方式控制字，计数值，GATE 上升沿	计数期间高电平输出，经过 n 个 CLK 时钟周期，输出 1 个 CLK 时钟周期的负脉冲。GATE 上升沿可重新计数

注：n 为计数初始值。

6.1.4　8253/8254 的编程

8253/8254 的初始化编程包括向控制端口写入方式控制字和向选定的计数器端口写入计数初值两步。在方式控制字和计数初值确定的情况下，如果计数器启动条件符合，计数器便开始减 1 计数，输出端产生输出波形。另外，8254 还有一个读回控制字，可以锁存计数值，读出计数器的状态信息。

1. 8253/8254 的方式控制字

方式控制字是选定计数器进行工作方式和计数格式的设置。一个方式控制字只能设定一个计数器，使用多个计数器时，要分别进行设置。8253/8254 的方式控制字如图 6.20 所示。

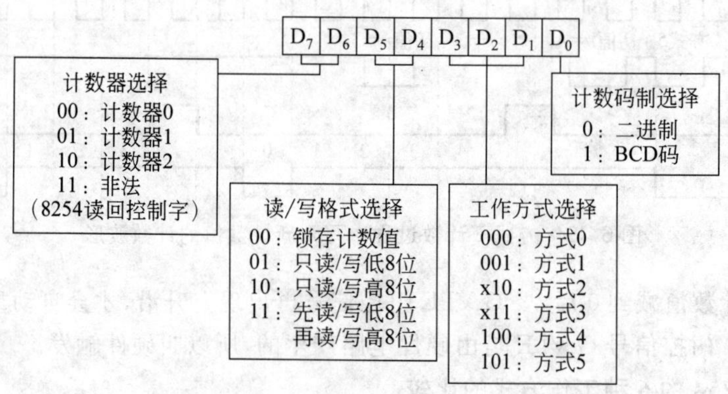

图 6.20　8253/8254 的方式控制字

D_7D_6：计数器选择位。$D_7D_6=00$，选择计数器 0；$D_7D_6=01$，选择计数器 1；$D_7D_6=10$，选择计数器 2；$D_7D_6=11$，在 8253 中为非法，在 8254 中为读回控制字。

D_5D_4：读写格式选择位。$D_5D_4=00$，表示锁存计数器的当前计数值；$D_5D_4=01$，表示写入时只写 8 位计数初值到计数器的低 8 位，计数器的高 8 位自动置 0；读操作时，只读出计数器当前计数值的低 8 位；$D_5D_4=10$ 表示写入时只写 8 位计数初值到计数器的高 8 位，计数器的低 8 位自动置 0；读操作时，只读出计数器当前计数值的高 8 位；$D_5D_4=11$，表示写 16 位计数初值到计数器中，先写低 8 位，后写高 8 位；读操作时，先读出低 8 位，再读出高 8 位。

$D_3D_2D_1$：方式选择位。$D_3D_2D_1=000$，选择方式 0；$D_3D_2D_1=001$，选择方式 1；$D_3D_2D_1=\times10$，选择方式 2；$D_3D_2D_1=\times11$，选择方式 3；$D_3D_2D_1=100$，选择方式 4；$D_3D_2D_1=101$，选择方式 5。

D_0：计数格式选择位。$D_0=0$，采用二进制格式计数，减 1 计数单元按二进制运算规则减 1；$D_0=1$，采用 BCD 码格式计数，减 1 计数单元按 BCD 码运算规则减 1。

2. 8254 读回控制字

8254 中的读回控制字既能锁存计数值又能锁存状态信息，以供 CPU 读回。读回控制字的格式如图 6.21 所示。

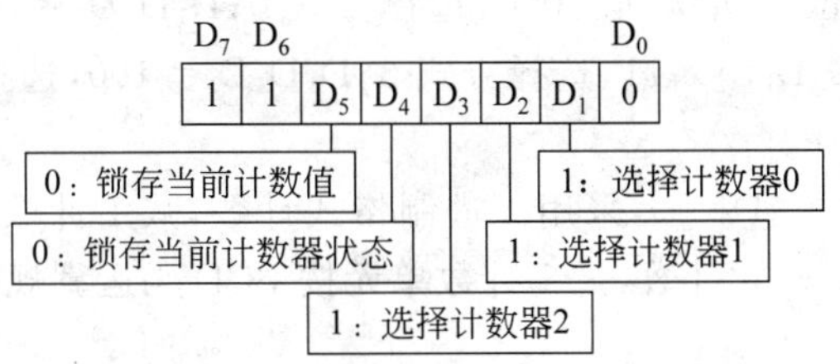

图 6.21 8254 读回控制字格式

D_7D_6：$D_7D_6=11$，表示读回控制字的特征字。

D_5：$D_5=0$，表示锁存计数值，以便 CPU 读取。

D_4：$D_4=0$，表示将状态信息锁存入状态寄存器。

$D_3D_2D_1$：选择要锁存的计数器。$D_3=1$，选中计数器 2；$D_2=1$，选中计数器 1；$D_1=1$，选中计数器 0。

D_0：恒为 0。

3. 8254 状态字

8254 的状态字由 8 位状态组成。8254 状态字格式如图 6.22 所示。

D_7：表示 OUT 引脚的输出状态。$D_7=1$，表示 OUT 引脚为高电平；$D_7=0$，表示 OUT 引脚为低电平。

D_6：计数初值是否已经装入减 1 计数单元。$D_6=1$，无效计数值；$D_6=0$，计数值有效。

D_5D_4：计数器读写方式。读写格式选择位。$D_5D_4=00$，表示锁存计数器的当前计数值；$D_5D_4=01$，表示写入时只写 8 位计数初值到计数器的低 8 位，计数器的高 8 位自动置 0；读操

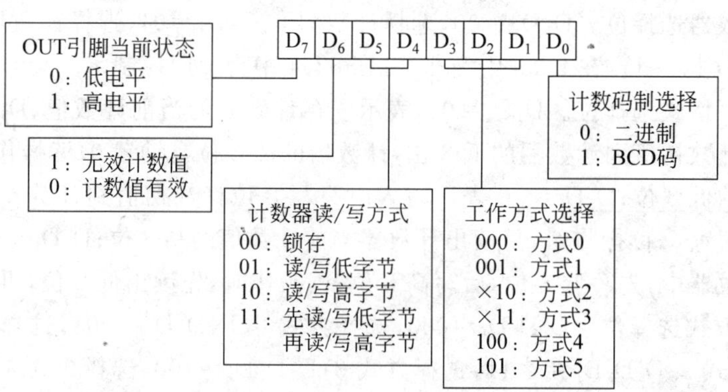

图 6.22　8254 状态字格式

作时，只读出计数器当前计数值的低 8 位；D_5D_4＝10 表示写入时只写 8 位计数初值到计数器的高 8 位，计数器的低 8 位自动置 0；读操作时，只读出计数器当前计数值的高 8 位；D_5D_4＝11，表示写 16 位计数初值到计数器中，先写低 8 位，后写高 8 位；读操作时，先读出低 8 位，再读出高 8 位。

$D_3D_2D_1$：方式选择位。$D_3D_2D_1$＝000，选择方式 0；$D_3D_2D_1$＝001，选择方式 1；$D_3D_2D_1$＝×10，选择方式 2；$D_3D_2D_1$＝×11，选择方式 3；$D_3D_2D_1$＝100，选择方式 4；$D_3D_2D_1$＝101，选择方式 5。

D_0：计数码制选择位。D_0＝0，采用二进制格式计数，减 1 计数单元按二进制运算规则减 1；D_0＝1，采用 BCD 码格式计数，减 1 计数单元按 BCD 码运算规则减 1。

4. 计数初值确定

若用 8253/8254 作计数器使用，只需将计数值传送到对应的计数器端口即可。若用 8253/8254 作定时器使用，则计数器的计数初值和时钟脉冲 CLK 的频率、需要的定时时间有关。

若某计数器 CLK 端接入的时钟频率为 f_{CLK}，则 CLK 时钟周期为 $t_c=1/f_{CLK}$，那么定时时间 T 和计数初值 n 之间的关系为

$$\text{定时时间 } T = \text{CLK 时钟周期 } t_c \times \text{计数初值 } n$$

常用的时间单位关系中，1s＝1000ms＝1000000μs。常用的频率单位 1Hz＝1/1s＝1/1000ms。

例 6-1　某微机系统中 8253/8254 芯片的计数器 0 工作在方式 3。已知 CLK_0 输入端的脉冲频率是 1MHz，计数初值是 1000，则输出端 OUT_0 上产生的方波频率是多少？

解　计数器工作于方式 3，则会自动重复产生方波。CLK_0 时钟周期 t_c＝1/1MHz＝1μs。方波信号产生的周期 T＝CLK_0 时钟周期 t_c×计数初值 n＝1μs×1000＝1ms。方波信号的频率＝1/T＝1000Hz＝1kHz。

例 6-2　某微机系统中 8253/8254 芯片端口地址范围为 40～43H。该芯片的计数器 0，$GATE_0$ 引脚已接高电平。CLK_0 输入端的脉冲频率是 1MHz。若需要在计时过程中在

OUT_0端产生低电平信号，1ms 后变为高电平。不需要重复，完成该计数器的初始化编程。

解　首先确定端口地址。由端口地址的最后两位 A_1A_0组合可知，计数器 0 的端口地址是 40H，计数器 1 的端口地址是 41H，计数器 2 的端口地址是 42H，控制端口的地址是 43H。

然后确定工作方式。计数过程中为低电平，计数结束为高电平，并且不需要重复，则选择方式 0。

再确定计数初值。已知 CLK_0时钟周期 $t_c=1/1MHz=1\mu s$，要求的定时时间 $T=1ms$。由定时时间 T=CLK 时钟周期 $t_c\times$计数初值 n，可计算出计数初值为 1000。$(1000)_{10}=(3E8)_{16}=(0001\ 0000\ 0000\ 0000)_{BCD}$。如果采用二进制计数格式，则计数初值 3E8H 需要传送两次，先送低 8 位的 0E8H，再送高 8 位的 03H。如果采用 BCD 码计数格式，则 1000H 只需传送高 8 位的 10H，低 8 位的 00H 由计数器自动产生。

采用 BCD 码计数格式的程序如下。

```
CODE  SEGMENT
      ASSUME  CS:CODE
START:
      MOV    AL,00100001B          ;计数器 0,只写高 8 位,方式 0,BCD 码计数
      OUT    43H,AL                ;方式控制字送控制端口
      MOV    AL,10H                ;计数值的高 8 位
      OUT    40H,AL                ;送到计数器 0 高 8 位,低 8 位自动为 0
CODE  ENDS
      END    START
```

采用二进制计数格式的程序如下。

```
CODE  SEGMENT
      ASSUME  CS:CODE
START:
      MOV    AL,00110000B          ;计数器 0,先写低 8 位,再写高 8 位
                                   ;方式 0,二进制计数
      OUT    43H,AL                ;方式控制字送控制端口
      MOV    AL,0E8H               ;计数值的低 8 位
      OUT    40H,AL                ;送计数值的低 8 位到计数器 0
      MOV    AL,03H                ;计数值的高 8 位
      OUT    40H,AL                ;送计数值的高 8 位到计数器 0
CODE  ENDS
      END    START
```

例 6-3　某微机系统中 8253/8254 的端口地址为 60H～63H。要求计数器 0 工作在方式 0，计数初值为 168 次。计数器 1 工作在方式 1，计数初值为 2000 次。计数器 2 工作在方式 3，计数初值为 6972 次。写出初始化程序段。

解　首先确定端口地址。由端口地址的最后两位 A_1A_0组合可知，计数器 0 的端口地址

是 60H,计数器 1 的端口地址是 61H,计数器 2 的端口地址是 62H,控制端口的地址是 63H。

工作方式和计数值已知,但是要确定计数值的写方式和计数格式,才能完成方式控制字。

计数器 0 的计数初值$(168)_{10}=(0AB)_{16}=(0000\ 0001\ 0110\ 1000)_{BCD}$。如果按 BCD 码计数格式,计数值需要送两次;按二进制计数格式,只需送一次低 8 位即可。所以计数器 0 的方式控制字为 00010000B=10H。

计数器 1 的计数初值$(2000)_{10}=(7D0)_{16}=(0010\ 0000\ 0000\ 0000)_{BCD}$。如果按 BCD 码计数格式,计数值只需送高 8 位即可;按二进制计数格式,则先送低 8 位再送高 8 位,需要送两次。所以计数器 1 的方式控制字为 01100011B=63H。

计数器 2 的计数初值$(6972)_{10}=(1B3C)_{16}=(0110\ 1001\ 0111\ 0010)_{BCD}$。不论按 BCD 码计数格式,还是按二进制计数格式,都要先送低 8 位再送高 8 位,需要送两次。任选一种计数格式即可。如果选择二进制计数格式,则计数器 2 的方式控制字为 10110110B=0B6H,计数值送 1B3CH。如果选择 BCD 码计数格式,则计数器 2 的方式控制字为 10110111B=0B7H,计数值送 6972H。

程序如下。

```
CODE  SEGMENT
      ASSUME  CS:CODE
START:
      MOV     AL,10H          ;计数器 0,写低 8 位,方式 0,二进制计数
      OUT     63H,AL          ;计数器 0 方式控制字送控制端口
      MOV     AL,0A8H         ;写计数器 0 计数初值低 8 位
      OUT     60H,AL          ;计数器 0 初值低 8 位送计数器 0,高 8 位自动为 0
      MOV     AL,63H          ;计数器 1,只写高 8 位,方式 1,BCD 码计数
      OUT     63H,AL          ;计数器 1 方式控制字送控制端口
      MOV     AL,20H          ;写计数器 1 计数初值高 8 位
      OUT     61H,AL          ;计数器 1 初值高 8 位送计数器 1,低 8 位自动为 0
      MOV     AL,0B6H         ;计数器 2,先送低 8 位再送高 8 位,方式 3,二进制计数
      OUT     63H,AL          ;计数器 2 方式控制字送控制端口
      MOV     AL,3CH          ;写计数器 2 计数初值低 8 位
      OUT     62H,AL          ;计数器 2 计数初值低 8 位送到计数器 2 的端口
      MOV     AL,1BH          ;写计数器 2 计数初值的高 8 位
      OUT     62H,AL          ;计数器 2 计数初值高 8 位送到计数器 2 的端口
CODE  ENDS
      END     START
```

例 6-4 某微机系统中 8253/8254 的计数器 0 输入 CLK_0 的脉冲为 1MHz。方式控制字为 31H,计数初值为 1000H,计算输出端的定时时间。如果方式控制字为 30H,计数初值为 1000H,则输出端的定时时间是多少?

解 从方式控制字 31H＝00110001B 可知，计数器 0 采用 BCD 码计数格式。则计数初值 1000H 是 BCD 码格式，所以，计数次数$(1000H)_{BCD}=(1000)_{10}$。由定时时间 T＝CLK 时钟周期 t_c×计数初值 n＝1/1MHz×1000＝1ms。

方式控制字为 30H＝00110000B，可知采用二进制计数格式，则计数初值 1000H 是二进制值，$1000H=(4096)_{10}$，定时时间 T＝1/1MHz×4096＝4.096ms。

6.2 8253/8254 应用举例

8253/8254 应用非常广泛，如定时中断、定时扫描、定时检测、波形发生器、分频器、定额包装等。下面举几个应用的实例。

1. 计数应用

8253/8254 可用于统计随机性的脉冲信号个数，如生产线上零件个数，高速公路上的车流量等。

例 6-5 采用 8253 设计一个计数系统安装在停车场入口。当汽车开进车库时，司机按下入口处的脉冲开关取卡，当脉冲开关被按下 100 下时，停车场内车位已满，停车场入口的 LED 灯点亮。

解 此计数系统中，总计数次数是 100，每按下脉冲开关一次减 1。计数过程中，LED 灯不亮，计数到 0 时，点亮 LED 灯。选择计数器 0 工作于方式 0，计数初值为 100。将脉冲开关接 CLK_0 输入，作为计数器统计的信号。将 LED 灯接计数器输出 OUT_0。

系统硬件连接如图 6.23 所示。系统中 8253 端口地址为 40H～43H。

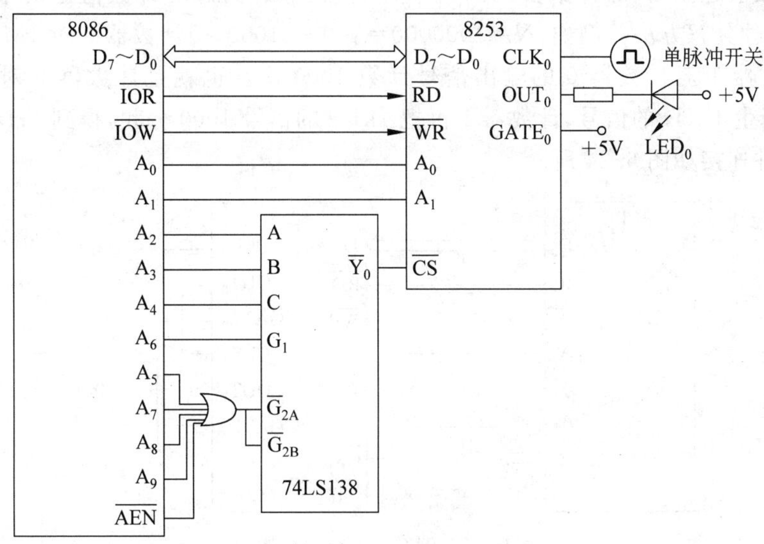

图 6.23 例 6-5 系统硬件逻辑示意

程序如下。

```
CODE  SEGMENT
      ASSUME  CS:CODE
START:
      MOV    AL,00100001B              ;计数器 0,方式 0,采用 BCD 码计数
      OUT    43H,AL                    ;方式控制字写入控制端口
      MOV    AL,01                     ;计数值 100,只送高 8 位 BCD 码
      OUT    40H,AL                    ;计数值 BCD 码高 8 位写入计数器 0
CODE  ENDS
      END    START
```

2. 分频器应用

8253/8254 在方式 2、方式 3 应用时，可以将 CLK 端输入的信号分频后产生新频率的脉冲。

例 6-6 某微机系统中 8253/8254 的端口地址为 250H～253H，使用该定时/计数器接口芯片做一个秒信号发生器，输出端接一个发光二极管，以 0.5s 亮，0.5s 灭的方式闪烁。系统中有晶体振荡器，提供 1MHz 的脉冲波信号。

解 要将已有的 1MHz 脉冲波信号处理后，产生 1s 的周期信号去控制发光二极管，所以是一个分频电路，亮灭的间隔是等间隔，所以输出应该是方波。计数值便是分频系数。

计数值＝定时时间 T/CLK 时钟周期 $t_c=1/1\text{MHz}=1000000$。8253/8254 一个计数器的最大计数值是 65536，所以不能由一个计数器完成计数。可以通过将多个计数器级联的方法来实现计数值超出 2^{16} 的计数要求。两个计数器级联时，总的计数值是两个计数值的乘积，可以有多种分解方法。例如，$N=1000000=1000\times1000$，用计数器 0 对 1MHz 信号计数 1000 次，计数器 1 对计数器 0 的输出信号计数 1000 次。也就是计数器 0 对 1MHz 信号 1000 分频，产生 1kHz 的信号，计数器 1 再把 1kHz 的信号 1000 分频，得到 1Hz 的信号。

系统硬件连接如图 6.24 所示。

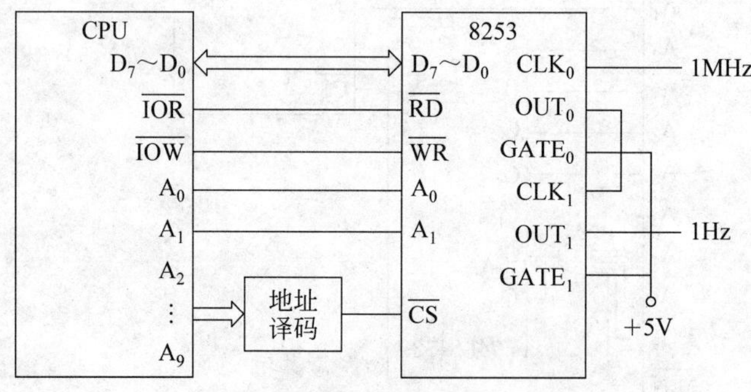

图 6.24 例 6-6 系统硬件逻辑

软件设计：计数器 1 的输出要作为 LED 的信号，所以要工作在方式 3 产生方波信号。

计数器 0 的输出作为计数器 1 的 CLK 输入信号，只要是周期性的脉冲信号即可，所以可以是方式 2 或方式 3。计数器 0 方式 2，计数值 1000，用 BCD 码计数，所以方式控制字为 00100101B=25H。计数器 1 方式 3，计数值 1000，用 BCD 码计数，所以方式控制字为 01100111B=67H。

程序如下。

```
CODE  SEGMENT
      ASSUME  CS:CODE
START:
      MOV    AL,25H                  ;计数器 0 的方式控制字
      MOV    DX,253H                 ;控制端口地址
      OUT    DX,AL                   ;计数器 0 的方式控制字送控制端口
      MOV    AL,67H                  ;计数器 1 的方式控制字
      MOV    DX,253H                 ;控制端口地址
      OUT    DX,AL                   ;计数器 1 的方式控制字送控制端口
      MOV    AL,10H                  ;计数器 0 的计数值 BCD 码高 8 位
      MOV    DX,250H                 ;计数器 0 的端口地址
      OUT    DX,AL                   ;计数器 0 的计数值高 8 位送计数器 0,低 8 位自动置 0
      MOV    AL,10H                  ;计数器 1 的计数值 BCD 码高 8 位
      MOV    DX,251H                 ;计数器 1 的端口地址
      OUT    DX,AL                   ;计数器 1 的计数值高 8 位送计数器 0,低 8 位自动置 0
CODE  ENDS
      END    START
```

3. 脉宽调制应用

在工业生产中经常要对交、直流电机进行转速的调节。在电机供电端接一个开关电源，通过控制电源开、关的时间比例（输出周期固定、占空比可变的脉冲信号），就可以控制输出的有效电压，从而控制电机的转速。这种方法就是脉宽调制 PWM。其中时间的控制可以用 8253/8254 来实现。

例 6-7　某系统的 8253/8254 的端口地址范围是 250H～253H。系统中时钟频率为 2MHz。设计系统实现，输出脉宽调制 PWM 信号周期为 5ms，占空比可变的脉冲信号。

解　要求输出脉宽调制 PWM 信号周期为 5ms，则对系统时钟脉冲计数个数为 5ms/(1/2MHz)=5ms/0.5μs =10000。要求占空比可变，设输出的脉宽调制信号的低电平为 N 个输入脉冲，则高电平输出应该为 10000－N 个输入脉冲。这时输出是占空比为(10000－N)/10000 的脉冲信号。在 5ms 周期到来的时候，需要重新装入计数值 N，重复输出 N 个低电平，10000－N 个高电平。计数器的方式 1 可以通过计数器的 GATE 端产生上升沿重新装入计数值。所以上升沿产生的周期也是 5ms。

系统脉冲、OUT_0($GATE_1$)、OUT_1 信号波形示意如图 6.25 所示。

可以用计数器 0 工作在方式 2，计数 10000 次，产生 5ms 周期的上升沿。计数器 0 的输

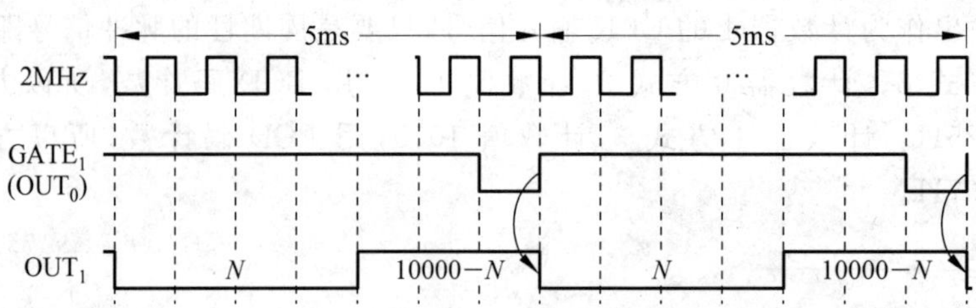

图 6.25　例 6-7 系统信号波形

出 OUT_0 控制计数器 1 的 $GATE_1$ 端，计数器 1 工作在方式 1，计数值为 N，产生 N 个低电平输出，计数结束后为高电平，一直维持到计数器 0 的 OUT_0 上升沿到来。

系统硬件连接如图 6.26 所示。

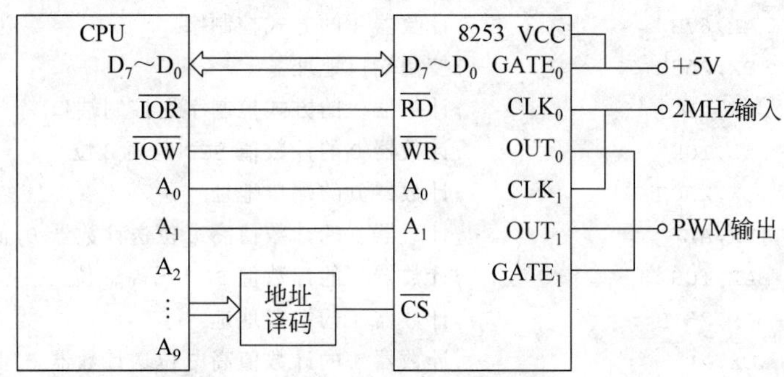

图 6.26　例 6-7 系统硬件连接逻辑示意图

程序如下。

```
CODE  SEGMENT
      ASSUME  CS:CODE
START:
      MOV    DX,253H             ;控制端口地址
      MOV    AL,00110100B        ;计数器 0,写 16 位计数值,方式 2,二进制计数
      OUT    DX,AL               ;写计数器 0 控制字
      MOV    AL,01110010B        ;计数器 1,写 16 位计数值,方式 1,二进制计数
      OUT    DX,AL               ;写计数器 1 控制字
      MOV    DX,250H             ;计数器 0 端口地址
      MOV    AX,10000            ;计数器 0 计数初值 10000
      OUT    DX,AL               ;写计数器 0 初值低 8 位
      MOV    AL,AH
      OUT    DX,AL               ;写计数器 0 初值高 8 位
      MOV    DX,251H             ;计数器 1 端口地址
      MOV    AX,N                ;根据需要设置 N 值,改变 PWM 脉冲宽度
      OUT    DX,AL               ;写计数器 1 初值低 8 位
```

```
       MOV     AL,AH
       OUT     DX,AL                          ;写计数器1初值高8位
CODE   ENDS
       END     START
```

6.3 PC中的定时/计数器应用

PC主板芯片组里集成了8254定时/计数器电路。在操作系统的设备管理器中,可以查到8254的端口地址是40H~43H,如图6.27所示。

图6.27 PC 8254端口地址

8254的3个计数器分别用于电子钟基准、DRAM动态存储器刷新和扬声器发声。其逻辑电路如图6.28所示。

1. 计数器0:系统计时器

计数器0用于为系统电子钟提供一个恒定的时间基准。计数器0工作于方式3,OUT_0接8259中断控制器的IRQ_0。由于f_{CLK}=1.19MHz,计数器设置最大计数值0,则OUT_0端T=65536/1.19MHz≈55ms。计数器0每隔55ms通过8259向CPU发出中断请求,CPU运行系统计时中断服务程序,完成日时钟计数。

初始化程序如下。

```
MOV   AL,00110110B                   ;计数器0,方式3,16位二进制计数
OUT   43H,AL                         ;计数器0的方式控制字送控制端口
```

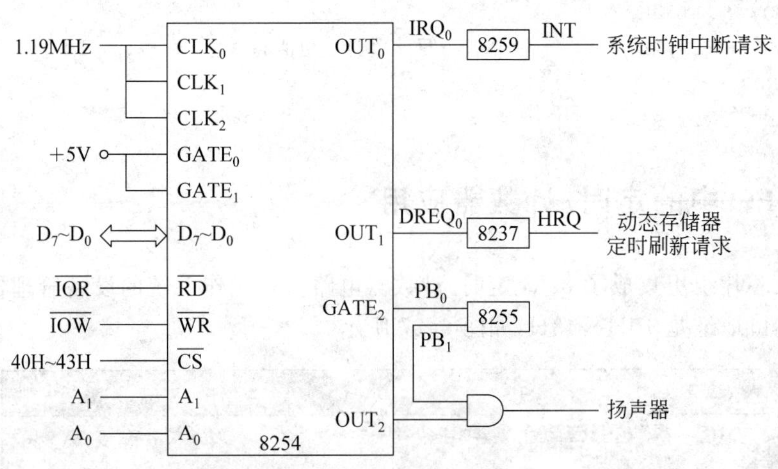

图 6.28　8254 在微机系统的应用

```
MOV   AL,0                              ;计数器 0 的计数值 0
OUT   40H,AL                            ;送计数器 0 计数值低 8 位
OUT   40H,AL                            ;送计数器 0 计数值高 8 位
```

2. 计数器 1：动态存储器定时刷新控制

计数器 1 用于产生动态存储器刷新定时信号。动态存储器必须在 2ms 内刷新 128 行，即每行要求 15.625μs 刷新一次。计数器 1 工作于方式 2，通过 OUT_1 向 8237DMA 控制器产生请求，由 8237 对动态存储器进行刷新。$f_{CLK}=1.19$MHz，定时时间 $T\approx15\mu s$，则计数值 $n\approx15\mu s\times1.19MHz\approx18$。

初始化程序如下。

```
MOV   AL,01010100B                      ;计数器 1,写低 8 位,方式 2,二进制计数
OUT   43H,AL                            ;计数器 1 的方式控制字送控制端口
MOV   AL,18                             ;计数器 1 的计数值 18
OUT   41H,AL                            ;计数器 1 的计数值送计数器端口
```

3. 计数器 2：扬声器音频发生器

计数器 2 用于为系统机箱内的扬声器发声提供音频信号。系统中的扬声器发声用于提示和故障报警，如内存、显卡故障等。当 OUT_2 连续输出不同频率的信号，则可以驱动扬声器发出不同音调声音。计数器 2 工作于方式 3，预置计数值为 533H，OUT_2 端输出频率＝1.19MHz/533H＝896Hz。

初始化程序如下。

```
MOV   AL,10110110B                      ;计数器 2,写 16 位计数值,方式 3,二进制计数
OUT   43H,AL                            ;计数器 2 的方式控制字送控制端口
MOV   AX,0533H                          ;计数器 2 的计数值
OUT   42H,AL                            ;送计数器 2 的低 8 位计数值到计数器 2 端口
```

```
MOV  AL,AH                            ;取得计数器 2 的计数值高 8 位
OUT  42H,AL                           ;送计数器 2 的高 8 位计数值到计数器 2 端口
```

6.4 实验项目

6.4.1 PC 定时/计数器实验项目

1. 实验项目 1

PC 中的定时器电路一直处于重复减 1 的计数过程中，所以计数器中的数据在不停地变化。利用这个原理，编写输出 10 个 0～9 的随机数的程序。

例 6-8 示例程序如下。

```
CODE  SEGMENT
      ASSUME  CS:CODE
START:
      MOV     CX,10                   ;循环次数=10
LL:   IN      AL,40H                  ;读计数器 0 端口
      AND     AL,0FH                  ;取计数值的低 4 位
      CMP     AL,9                    ;和 9 比较
      JBE     L1                      ;0~9 的数字，转去求 ASCII 码输出
      ADD     AL,7                    ;9~F 的值，+7 转为 0~9 范围内的值
L1:   ADD     AL,30H                  ;0~9 的数值+30H，求出 ASCII 码
      MOV     DL,AL                   ;要显示的字符 ASCII 码放 DL 中
      MOV     AH,2                    ;2 号 DOS 调用，输出字符
      INT     21H
      LOOP    LL
      MOV     AH,4CH
      INT     21H
CODE  ENDS
      END     START
```

2. 实验项目 2

利用 PC 系统板上定时器 8253/8254、8255A 和扬声器，编写一个简易乐器程序。扬声器控制电路原理如图 5.17 所示。乐器程序功能如下。

(1) 当按下 1～8 数字键时，分别发出连续的中音 1～7 和高音 İ(对应频率依次为 524Hz、588Hz、660Hz、698Hz、784Hz、880Hz、988Hz 和 1048Hz)。

(2) 当按下其他键时暂停发音。

(3) 当按下 Esc 键(ASCII 码为 1BH)时，程序结束，返回操作系统。

例 6-9 示例程序如下。

```
DATA  SEGMENT
```

```
    TABLE  DW  2277,2138,1808,1709,1522,1356,1208,1139
                                          ;对应中音 1~7 和高音 I 的定时器计数值
DATA  ENDS
CODE  SEGMENT
      ASSUME  CS:CODE,DS:DATA
START:
      MOV    AX,DATA
      MOV    DS,AX
      MOV    AL,0B6H                      ;计数器 2,方式 3,二进制计数
      OUT    43H,AL                       ;计数器控制端口地址
L1:   MOV    AH, 1                        ;DOS 系统调用,等待键盘字符输入
      INT    21H
      CMP    AL,'1'                       ;判断是否为数字 1~8
      JB     L2                           ;不是数字 1~8,则关闭扬声器声音
      CMP    AL,'8'
      JA     L2                           ;
      SUB    AL,30H                       ;将按键 1~8 的 ASCII 码转换为二进制数
      SUB    AL,1                         ;再减 1,将数字 1~8 变为 0~7,以便查表
      XOR    AH,AH                        ;AH=0
      SHL    AX,1                         ;AX 乘以 2
      MOV    BX,AX                        ;计数值表是 16 位数据,无法采用 XLAT 指令
      MOV    AX,TABLE[BX]                 ;取出对应的计数值
      OUT    42H,AL                       ;计数器 2 的计数值低 8 位
      MOV    AL,AH
      OUT    42H,AL                       ;计数器 2 的计数值高 8 位
      IN     AL,61H                       ;读取 8255A 的 PB 端口现有控制值
      OR     AL,03H                       ;使 D1D0=PB1PB0=11B,其他位不变
      OUT    61H, AL                      ;打开扬声器
      JMP    L1
L2:   PUSH   AX
      IN     AL,61H                       ;读取 8255A 的 PB 端口现有控制值
      AND    AL,0FCH                      ;使 D1D0=PB1PB0=00B,其他位不变
      OUT    61H,AL                       ;关闭扬声器
      POP    AX
      CMP    AL,1BH                       ;判断是否为 Esc 键(对应 ASCII 码 1BH)
      JNE    L1                           ;不是 Esc,继续;否则程序执行结束
      MOV    AH,4CH
      INT    21H
CODE  ENDS
      END    START
```

6.4.2 EL 实验机定时/计数器实验项目

1. 实验原理

EL 实验机的定时/计数器电路由一片 8253 组成。8253 的片选输入端插孔为 CS8253。数据信号线、地址线、读写线均已接好。3 个计数器时钟输入插孔分别为 $8252CLK_0$、$8253CLK_1$、$8253CLK_2$。3 个计数器 GATE 控制信号输入插孔分别为 $GATE_0$、$GATE_1$、$GATE_2$，3 个计数器输出信号插孔分别为 OUT_0、OUT_1、OUT_2。EL 实验机的定时/计数器电路原理如图 6.29 所示。

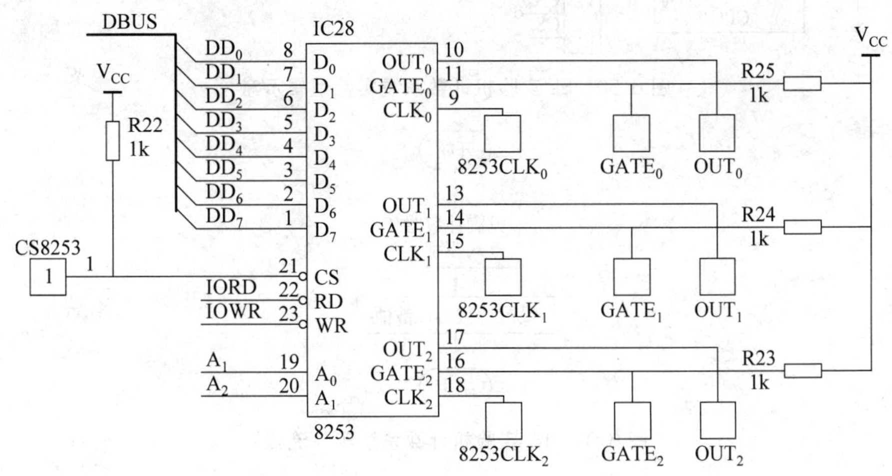

图 6.29 EL 实验机定时/计数器电路

EL 实验机系统板上提供 4 个晶振脉冲信号，分别为 CLK_0(6MHz)、CLK_1(3MHz)、CLK_2(1.5MHz)、CLK_3(750kHz)。8253 的 GATE 信号无输入时为高电平。

2. 实验项目 1

(1) 实验内容。设计一个计数系统，当脉冲开关按下 5 次时，LED 发光二极管亮。

(2) 实验连线。系统中大多数信号线都已连接好，只需设计部分信号线的连接。将 8253 的片选信号与端口地址译码器的一个输出相连接，确定其端口地址范围。将 8253 计数器输入端接脉冲开关输出端。将 8253 计数器输出端接 LED 显示电路。将 8253 计数器门控端接高电平。可以根据实现原理，灵活设计连接方式。

在图 6.30 所示的系统逻辑示意图中，用虚线给出了一种连接方式。

(3) 根据图 6.31 所示的流程图，编程运行，并观察实验结果。

3. 实验项目 2

(1) 实验内容。设计一个 2s 定时信号发生器，使一个发光二极管以 1s 亮，1s 灭的方式闪烁。

(2) 实验连线。要实现 2s 信号周期，计数值比较大，所以需要用两个计数器级联方式。

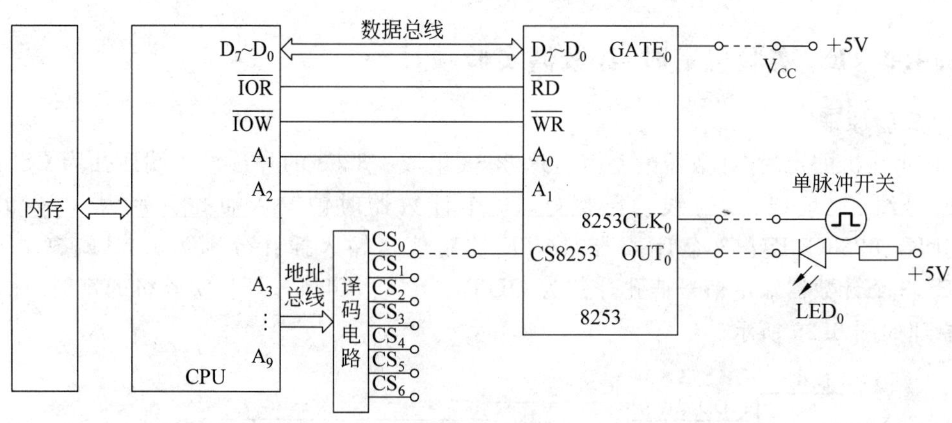

图 6.30　EL 实验机计数系统实验逻辑示意

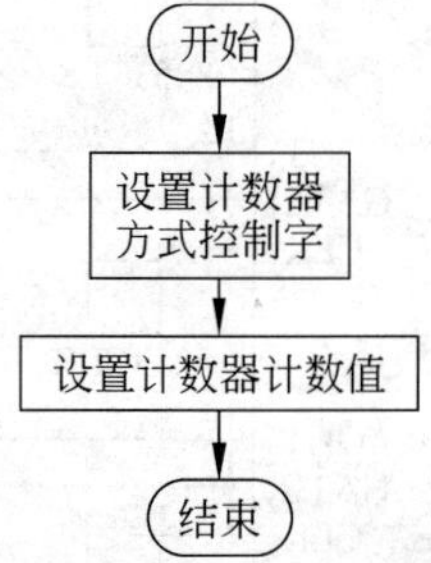

图 6.31　EL 实验机计数系统实验流程

系统中大多数信号线都已连接好，只需设计部分信号线的连接。将 8253 的片选信号与端口地址译码器的一个输出相连接，确定其端口地址范围。选择两个计数器级联，其中一个计数器对系统板上的脉冲信号计数，其输出作为另一个计数器的输入信号。另一个计数器的输出接 LED 显示电路。两个计数器的门控信号都要接高电平。可以根据实现原理，灵活设计连接方式。

在图 6.32 所示的系统逻辑示意图中，用虚线给出了一种连接方式。

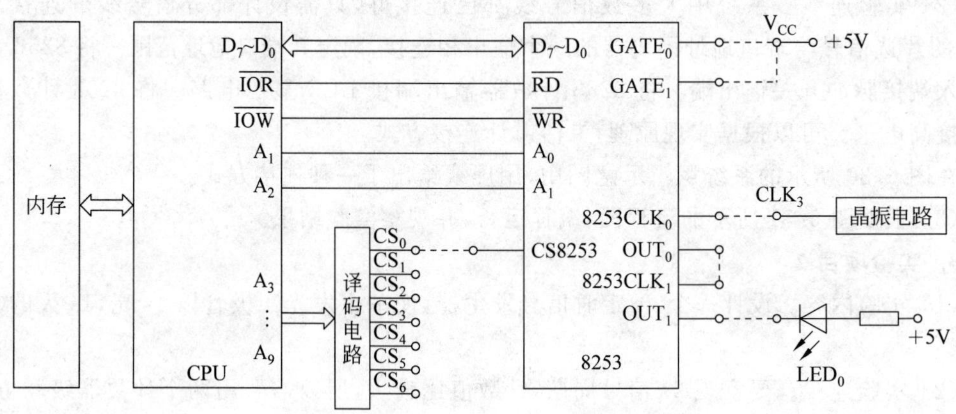

图 6.32　EL 实验机 2s 信号发生器逻辑示意

(3) 根据图 6.33 所示的流程图，编程运行，并观察实验结果。

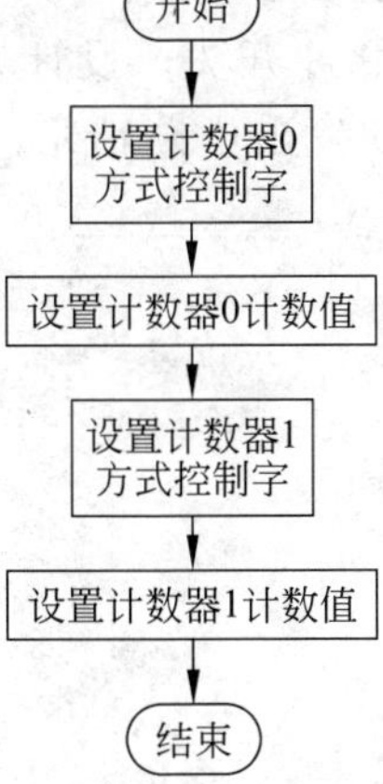

图 6.33　EL 实验机 2s 信号发生器实验流程

6.5　本章小结

在微机系统中经常要用到定时信号。常用的定时方法有软件定时、不可编程的硬件定时和可编程的硬件定时 3 种方式。可编程定时/计数器 8253/8254，定时准确、使用灵活，得到了广泛应用。

本章介绍了 8253/8254 的内部结构，包括 3 个 16 位计数器、1 个 8 位控制端口、数据总线缓冲器和读/写控制逻辑。8253/8254 的每个计数器都有 6 种工作方式。这 6 种工作方式的主要区别在于启动计数器的触发方式不同、计数过程中门控信号 GATE 对计数操作的影响不同、计数输出波形不同。要根据 8253/8254 的应用场合选择工作方式。

本章还介绍了 8253/8254 初始化编程方法。8253/8254 的初始化编程包括向控制端口写入方式控制字和向选定的计数器端口写入计数初值两步。方式控制字是选定计数器进行工作方式和计数格式的设置。在方式控制字和计数初值确定的情况下，如果计数器启动条件符合，计数器便开始减 1 计数，输出端产生输出波形。一个方式控制字只能设定一个计数器，使用多个计数器时要分别进行设置。

另外，还介绍了 8253/8254 的计数应用、分频器应用、脉宽调制应用实例。

习题 6

1. 8253/8254 有哪几种工作方式？各有什么特点和基本用途？
2. 8253/8254 初始化编程步骤是怎样的？使用两个计数器时需要写几个方式控制字？
3. 8253/8254 内部端口地址如何区分？每个端口的位数是多少？

4. 8253/8254 的一个计数器的最大计数值是多少？最长定时周期取决于哪些因素？

5. 某微机系统中 8253/8254 的地址是 40H～43H。计数器 0 的输入 CLK_0 频率为 2MHz，计数器 1 的 CLK_1 连接外部脉冲开关。设计系统，实现计数器 0 输出 1kHz 的方波，脉冲开关按下 1000 次后向 CPU 发出中断请求。画出系统的硬件电路逻辑图，编写程序。

本章学习目标

- 了解中断系统的组成和基本概念;
- 掌握 8086/8088 中断系统组成;
- 掌握可编程中断控制器 8259A 的结构和中断处理过程;
- 熟练掌握 8259A 的初始化编程;
- 掌握中断系统软、硬件设计的方法。

本章首先向读者介绍中断系统的基本组成和基本概念,然后介绍 8086/8088 的中断系统组成,最后介绍用可编程中断控制器 8259A 设计中断系统的方法。

7.1 中断技术概述

CPU 要与 I/O 设备进行信息交换,如果采用查询方式,则 CPU 会浪费很多时间去等待 I/O 设备"准备好"。中断方式改变了 CPU"主动查询"的方式,采用"被动响应"方式工作。在 I/O 设备没有"准备好"时,CPU 不去查询和等待该 I/O 设备,而是可以运行一个称为主程序的程序;当 I/O 设备"准备好"时,由 I/O 设备"主动联络"CPU。这个联络信号称为中断请求信号。CPU 接收到这个中断请求信号后,根据情况决定是否响应该中断请求。若 CPU 响应该中断,则 CPU 暂停执行主程序,转去为 I/O 设备服务,执行对应的中断服务子程序。中断服务子程序执行完后,CPU 又返回到原来的主程序继续执行。

中断方式有效地解决了快速 CPU 与慢速 I/O 设备之间的数据传输矛盾,提高了微处理器的工作效率。微机系统中很多 I/O 设备都是采用中断方式与 CPU 进行通信,如键盘、显示器、实时时钟等。

7.1.1 中断的基本概念

为了便于理解,下面用一个生活中的例子来讲解中断概念。

学校里班主任的工作很多,如要批改学生作业、发放成绩单、让学生填写信息表等。如果班主任采用查询方式工作,则班主任要询问一个个学生:作业是否写好、是否方便填写信息表等。如果学生没写好作业,或者没时间填写信息表,班主任只能等待。这个等待的过程,班主任什么都不能做,效率十分低下。

如果班主任改为中断方式工作,则班主任交待学生,有事情到办公室找老师,如作业写好要交、要领成绩单、要填信息表等。考虑到可能同时会有多个学生来找老师办事,办公室门口秩序太乱,班主任便要安排一个学生干部在门口进行管理。并且可能有些事情今天不能处理,则要给学生干部一张"黑名单",将有这些要求的学生拦住。在没有学生来找的时候,班主任可以专心备课。学生干部对能处理的学生进行登记,按某种规则排出顺序。然后学生干部通知班主任有学生找,并将轮到次序的学生学号报告给班主任。班主任同意后,在备课工作停下来的地方放上书签,方便事情做好可以继续备课。接着班主任根据得到的学号,确认该学生要做什么事情,如领成绩单或是交作业,这些材料处理放在柜子中不同的地方,所以柜子上会有一张事务单,如成绩单在 1 号抽屉、作业交在 2 号抽屉等。班主任为某个学生处理好事情后,如果学生干部没有通知新的学生来找,则可以回去继续备课。如果班主任在处理一个学生交作业的事情时,另一个学生有重要的文件需要班主任签名,则会暂停作业的处理,先做签名的事情,再继续处理作业。

上述班主任和学生的事务处理,构成了一个中断系统。下面用图 7.1 将此中断系统和微机中的中断系统对应,来讲解微机系统中的中断概念。

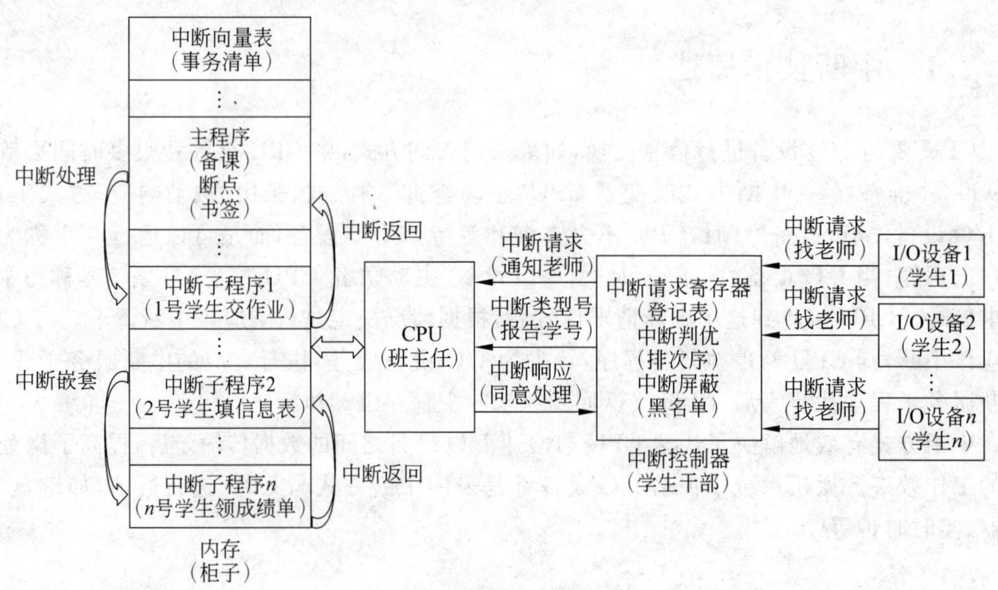

图 7.1 中断系统示意

(1) 中断：在 CPU 执行一个程序的过程中，出现了某些异常情况或者 I/O 设备提出了某种请求，CPU 暂停正在执行的程序，转去执行处理该异常情况或请求的特定程序。这就是发生了中断。

(2) 中断源：微机系统中引起中断的事件或 I/O 设备。

(3) 中断类型号：微型计算机系统中存在多个中断源，为了进行区分，需要为不同的中断源进行唯一编号。

(4) 中断请求：I/O 设备请求 CPU 为本设备进行一次服务处理发出的信号。

(5) 中断控制器：微机系统中管理 I/O 设备中断请求的接口电路。

(6) 中断请求寄存器：将所有中断源的中断请求情况记录下来的寄存器。

(7) 中断判优：对多个中断请求进行优先级排序。

(8) 中断屏蔽：对某些中断源的中断请求进行控制，不将其发给 CPU。

(9) 主程序：没有中断发生时，CPU 执行的程序称为主程序。

(10) 中断服务子程序：完成中断事件处理的程序称为中断服务子程序，或中断子程序。不同类型号的中断有不同的中断服务子程序。

(11) 中断响应：CPU 同意为发出中断请求的 I/O 设备进行处理，发出响应信号。

(12) 中断断点：由于中断的发生，主程序被暂停执行，要转去执行中断服务子程序。被中止的主程序中下一条要执行的指令的地址称为断点。在转去执行中断服务子程序前，要对中断断点进行保护，以便确保中断子程序执行完后，能返回主程序断点处继续执行。

(13) 中断识别：CPU 确定发出中断请求的中断源，最终形成该中断源的中断服务子程序的入口地址。

(14) 中断向量：一个中断服务子程序的入口地址，即第一条指令的地址。

(15) 中断向量表：不同的中断服务子程序在内存不同的地方。将所有中断服务子程序的入口地址集中存放在内存某个区域内，在中断发生的时候 CPU 可以进行查找。这个内存区域便是中断向量表。

(16) 中断处理：执行中断服务子程序的过程。

(17) 中断返回：中断服务子程序执行结束，回到主程序断点处。

(18) 中断嵌套：在 CPU 执行一个中断服务子程序的时候，又被另一个设备的中断请求打断，转去执行另一个设备的中断服务程序，执行后返回到暂停的中断服务子程序继续执行。

(19) 中断禁止：所有的 I/O 设备中断请求都被屏蔽，CPU 不会做出中断响应。

7.1.2　中断管理

中断系统中，存在中断检测、中断识别、中断优先级排队、中断嵌套、中断结束等一系列问题，对这些问题有多种解决方法。

1. 中断检测

中断检测是指确定触发中断请求的有效形式、检测中断请求信号的时机、中断请求如何记录下来。一般中断请求信号的形式有高电平和脉冲形式。在中断接口电路中一般采用中断请求触发器记录中断请求信号。CPU 在指令执行的最后一个时钟周期检测中断请求信号。

2. 中断识别方法

微机系统中有多个中断源。CPU 接收到中断请求之后,需要识别是哪一个中断源发出了中断请求信号,以便执行相应的中断服务子程序。中断源的识别有软件查询法和硬件处理两种方法。软件查询法是 CPU 逐个查询各中断源,从而确定是哪个中断源发出申请。硬件处理则是采用中断控制器识别,然后由中断控制器将中断源的中断类型号传送给 CPU。

3. 中断优先级排队

当有多个中断源同时请求中断时,按照某个规则对多个中断源进行由高到低的顺序排列,称之为中断优先级排队。确定中断优先级的方法有软件查询法、硬件菊花链优先排队法、可编程中断控制器管理法。当前微机系统中一般采用可编程中断控制器来解决优先级管理。优先级排队的规则,有固定优先级、循环优先级等方式。

4. 中断嵌套

若 CPU 正在处理某一中断过程时,又有 I/O 设备发出中断请求,要求 CPU 的服务。CPU 是否暂停当前的中断处理,响应后来设备的中断请求,这就是中断嵌套的处理。CPU 可以设置是否允许中断嵌套。在允许中断嵌套的情况下,一般中断优先级高的中断请求,可以打断优先级低的中断处理过程,等高级别中断处理完毕,再返回处理未处理完的低级别中断。在某些情况下,还要考虑同级中断请求是否允许嵌套的问题。CPU 中可以设置标志位来确定是否允许中断嵌套,还可以通过中断控制器设置中断嵌套的方式。

5. 中断结束

一次中断请求处理完成后,中断接口电路中记录的中断请求和响应的信息如何清除,什么时候清除等问题,这是中断结束的处理方式。一般的中断结束处理方式有自动中断结束处理方式和非自动中断结束处理方式。自动中断结束处理方式是在 CPU 响应中断请求时,中断接口电路就清除中断的相关信息。非自动中断结束处理方式是中断接口电路等 CPU 发来结束命令再清除中断的相关信息。

7.2 8086/8088 微机中断系统

8086/8088 微处理器支持中断控制方式。中断技术实现需要相应的硬件和软件支持。在硬件支持上,8086/8088 内部有中断逻辑电路,提供 NMI、INTR 引脚用于中断请求输入和中断响应。除了有硬件机制的支持外,8086/8088 还有软件运行机制支持,如中断向量表、断点保护机制、中断返回指令等。下面就详细介绍这些软、硬件机制。

7.2.1 8086/8088 的中断类型

8086/8088 微处理器可以支持 256 个中断源,每个中断源的中断类型号是 8 位二进制编

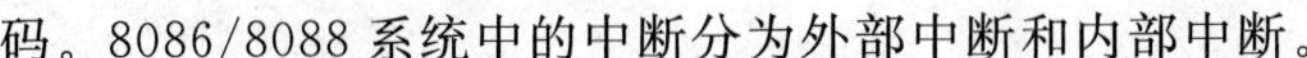

码。8086/8088 系统中的中断分为外部中断和内部中断。

1. 外部中断

外部中断是由 CPU 以外的硬件设备产生的中断，又称硬件中断。CPU 以外的硬件设备可以通过 8086/8088 芯片上的两条中断请求输入引脚，向 CPU 发出中断请求信号。

1）不可屏蔽中断 NMI 引脚

CPU 的 NMI 引脚上输入上升沿信号，并且高电平持续两个时钟周期以上，则 CPU 内部锁存该中断请求。此引脚输入的中断请求确定中断类型号为 2，并且不能被屏蔽和禁止，CPU 在当前指令结束后，必须响应该中断。

一般系统中的 NMI 中断，是由电源、时钟、RAM 或 I/O 通道的检测电路，在有异常情况时，向 CPU 发出的请求，或者是协处理器 8087 的异常请求。

2）可屏蔽中断 INTR 引脚

CPU 的 INTR 引脚输入高电平，并且高电平保持到当前指令结束，则 CPU 锁存该中断请求。8086/8088 CPU 只在每条指令的最后一个时钟周期检测 INTR 引脚上的信号。INTR 引脚上的中断请求可以被禁止。CPU 内部的标志寄存器中 IF 标志位，便是对 INTR 引脚上的中断请求设置禁止或允许的。IF＝0，禁止中断，CPU 将不响应 INTR 引脚送来的中断请求；IF＝1，允许中断，CPU 将响应 INTR 的中断请求。

2. 内部中断

内部中断又称软件中断，是由 CPU 执行某些指令产生的，或者由这些指令运行产生某种特定情况而产生的。内部中断包括以下几种。

1）除法出错中断

运行除法指令时，出现除数为 0，或对带符号数进行除法运算时所得商超出规定范围的情况，产生除法出错中断，需要 CPU 立即转入除法出错处理的中断服务子程序。该子程序在屏幕上给出出错提示信息。除法出错中断的中断类型号为 0。

2）单步中断

CPU 运行程序时，受标志寄存器中 TF 标志位控制。TF＝0 时，CPU 连续执行程序中的指令；TF＝1 时，CPU 每执行一条指令，就进入一次单步中断服务子程序。该子程序的功能是显示一条指令执行后 CPU 内部寄存器的内容，因此在调试程序时非常有用。单步中断的中断类型号为 1。

3）断点中断

8086/8088 指令系统中有一条“INT 3”指令。CPU 执行该指令时，转去执行一个断点中断服务子程序。该子程序的功能是显示 CPU 内部寄存器的内容，并给出一些提示信息。该中断也是用于软件调试中。断点中断的中断类型号为 3。

4）溢出中断

在 8086/8088 指令系统中有一条 INTO 指令。CPU 执行该指令时，进入溢出中断服务子程序。该子程序检测标志寄存器中 OF 的值，若 OF＝1，给出溢出出错信息；若 OF＝0，子程序返回原程序继续执行。溢出中断的中断类型号为 4。

5）用户定义的软件中断

CPU 执行 8086/8088 指令系统的 INT n 指令时，可进入由用户自己定义的一个中断服务子程序。该中断的中断类型号为 n。

8086/8088 中断系统中，除了单步中断以外，所有内部中断的优先权均高于外部中断。所有中断的优先级顺序如表 7.1 所示。另外，除了单步中断外，所有内部中断都不能被屏蔽。

表 7.1　8086/8088 的中断优先级顺序

中断名	中断类型号	优先级
除法出错	类型 0	高
INT n	类型 n	↑
INTO	类型 4	
NMI	类型 2	
INTR	外设送入	
单步	类型 1	低

7.2.2　8086/8088 的可屏蔽中断

8086/8088 CPU 与一般的外部 I/O 设备之间采用中断控制方式交换信息，都是外部可屏蔽中断类型。8086/8088 CPU 通过 INTR 引脚接收外部 I/O 设备的中断请求信号，通过 $\overline{\text{INTA}}$引脚给外部 I/O 设备发回中断响应信号。

INTR 引脚上的中断请求可以被禁止，这由标志寄存器中的 IF 标志位控制。用 CLI 指令使 IF=0，则禁止 CPU 响应从 INTR 引脚输入的中断请求；用 STI 指令使 IF=1，则允许 CPU 响应从 INTR 引脚输入的中断请求。

由于 8086/8088 CPU 只有一条 INTR 引脚接收外部可屏蔽中断，但是系统中可能有多个外部 I/O 设备需要采用中断方式和 CPU 交换信息。所以为了增强处理外部中断能力，Intel 公司设计了专用的可编程中断控制器 8259A，用来管理多个外部中断。

8259A 通过 IR_7～IR_0引脚接收多个外部 I/O 设备的中断请求，进行中断管理后，通过 INT 引脚向 8086/8088 的 INTR 引脚输入中断请求信号。如果中断允许位 IF=1，8086/8088 在指令的最后一个时钟周期检测 INTR 引脚的信号。如果检测到 INTR 有中断请求信号，则 CPU 向 8259A 的$\overline{\text{INTA}}$引脚发送$\overline{\text{INTA}}$信号，通知 8259A 可以响应中断请求，然后进入中断响应周期。

8086/8088 中断系统结构如图 7.2 所示。

7.2.3　8086/8088 的中断向量表

8086/8088 CPU 根据中断类型号区分不同的中断源，采用中断向量表查找对应的中断

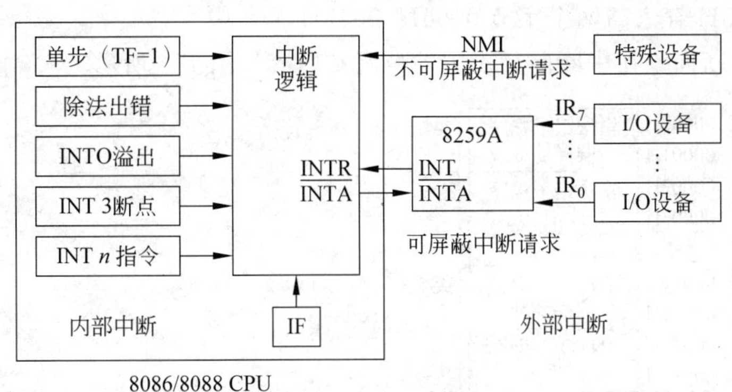

图 7.2　8086/8088 中断系统结构

服务子程序入口地址。8086/8088 的中断系统能够响应 256 个不同的中断源，每个中断源都有相应的中断服务子程序。中断源的中断类型号由可编程中断控制器 8259A 提供给 8086/8088 CPU。

在 8086/8088 系统的内存 00000H～003FFH 的空间内设置了中断向量表。中断向量表用于存放每个中断服务子程序的入口地址。每个中断服务子程序入口地址占用 4 个字节，两个低字节存放中断服务子程序入口的偏移地址，两个高字节存放中断服务子程序入口的段地址。所以 256 个中断共用内存的 1KB 存储空间，逻辑地址为 0000：0000～0000:03FFH。

在 8086/8088 CPU 的中断向量表中，类型 0～4 已由系统定义，用户不能修改。类型 5～31 是系统保留的中断类型号，一般不允许用户修改。剩下的中断类型号 32～255，中断向量表地址为 00080H～003FFH，由 INTR 上的中断源或 INT n 中断使用。

8086/8088 系统中断向量表如图 7.3 所示。

8086/8088 CPU 响应中断后，首先从可编程中断控制器 8259A 获得中断类型号 n。通过类型号计算出该中断的中断向量在中断向量表中的位置。计算方法是：类型号 $n\times4$ 即得到中断向量在中断向量表中的首地址，顺序取出 4 个字节的数据，低两个字节是中断服务子程序第一条指令的偏移地址，高两个字节是中断服务子程序第一条指令的段地址。把从中断向量表中查到的段地址送 CS，偏移地址送 IP，从而 CPU 转向执行中断服务子程序的第一条指令。

例 7-1　已知某中断源的中断类型号为 15H，其对应的中断服务子程序存放在内存的 5678H:0100H～5678H:0123H 区域。作出该中断的中断向量在中断向量表中的位置和内容。

解　中断源的中断类型号 n＝15H，则计算得到其中断向量在中断向量表的位置是 $4n$＝15H×4＝0054H。中断向量表的段地址是 0000H。所以该中断向量在 0000:0054H～0000:0057H 单元的 4 个字节中。中断向量是中断服务子程序的起始地址，即 5678H:0100H。将中断向量的偏移地址 0100H 存入低两个字节 0054H、0055H 单元中，将中断向

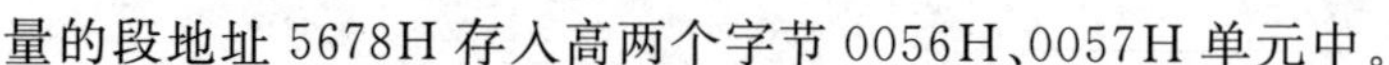

量的段地址 5678H 存入高两个字节 0056H、0057H 单元中。

该中断的中断向量在中断向量表中的位置和内容如图 7.4 所示。

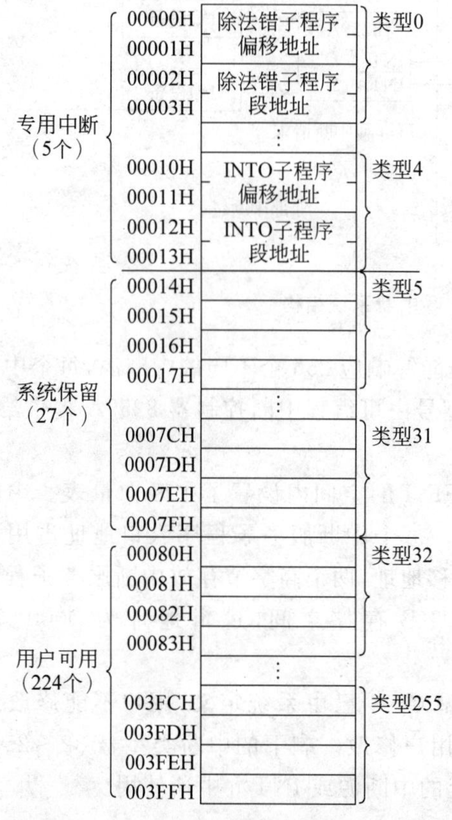

图 7.3　8086/8088 系统中断向量表

地址	内容
	⋮
0000:0054H	00H
0000:0055H	01H
0000:0056H	78H
0000:0057H	56H
	⋮

图 7.4　例 7-1 的中断向量表

7.2.4　8086/8088 的中断向量表设置

中断向量表建立了中断类型号和中断服务子程序之间的对应关系。将中断向量写入中断向量表中相应位置的方法有直接写入法和利用 DOS 调用写入法。注意，写中断向量表之前，要关中断，避免在中断向量准备好之前发生中断响应。

1. 直接写入法

直接使用数据传送指令或串操作指令把中断向量写入中断向量表中对应的单元。

例 7-2　设某中断源的中断类型号为 n，对应的中断服务子程序名为 INTSR，采用直接写入法设置中断向量表。

解　中断类型号为 n，则需要将中断服务子程序 INTSR 的段地址放到内存 0000 段的 [$4n+3$]、[$4n+2$] 单元，偏移地址放到 [$4n+1$]、[$4n$] 单元中。

程序段如下。

```
CLI                          ;关中断
MOV  AX,0
MOV  DS,AX                   ;中断向量表段地址为 0000H
MOV  BX,n*4                  ;中断类型号为 n
MOV  AX,OFFSET  INTSR        ;中断服务子程序偏移地址
MOV  DS:[BX],AX              ;偏移地址放入 4n、4n+1 单元
MOV  AX,SEG  INTSR           ;中断服务程序段地址
MOV  DS:[BX+2],AX            ;段地址写入 4n+2、4n+3 单元
STI                          ;开中断
```

2. 利用 DOS 调用写入法

在有 DOS 操作系统支持的环境下，可以利用 DOS 功能调用 INT 21H 中的 25H 号调用，完成中断向量表的设置。

功能号：AH＝25H

入口参数如下。

DS：中断服务子程序入口地址的段地址。

DX：中断服务子程序入口地址的偏移地址。

AL：中断类型号 n。

返回参数：0000 段的[$4n$]、[$4n+1$]、[$4n+2$]、[$4n+3$]单元写入类型号 n 对应的中断向量。

例 7-3 某外设中断类型号为 20H，中断服务子程序名为 P1。完成在中断向量表中写入该中断的中断向量。

解 (1) 用直接写入法：计算 20H×4＝0080H。

```
CLI                          ;关中断
MOV  AX,0                    ;中断向量表段地址为 0000
MOV  DS,AX
MOV  AX,OFFSET  P1           ;中断服务子程序偏移地址
MOV  [0080H],AX              ;偏移地址写入 0080H、0081H 单元
MOV  AX,SEG  P1              ;中断服务子程序段地址
MOV  [0082H],AX              ;段地址写入 0082H、0083H 单元
STI                          ;开中断
```

(2) 利用 DOS 调用写入法。

```
MOV  AX,SEG  P1              ;中断服务程序段地址
MOV  DS,AX                   ;入口参数 DS 为段地址
MOV  AX,OFFSET  P1           ;中断服务子程序偏移地址
MOV  DX,AX                   ;入口参数 DX 为偏移地址
MOV  AL,20H                  ;中断类型号在 AL 中
MOV  AH,25H                  ;DOS 调用功能号
INT  21H
```

7.2.5 8086/8088的中断过程

从中断源发出中断请求，到CPU完成中断服务子程序返回主程序的全过程，称为中断过程。8086/8088微机系统中断过程大致包括中断请求、中断管理、中断响应、中断服务和中断返回几个阶段。

1. 中断请求

外部中断源向8259A发送中断请求信号，如果这个信号符合8259A的中断触发形式，则8259A记录这个中断请求。

2. 中断管理

8259A对所有的中断请求进行管理。按照8086/8088 CPU送来的屏蔽字对相应的中断源进行屏蔽。按照8086/8088 CPU设定的优先级方式，对有请求但是没被屏蔽的中断源进行优先级判别。若8086/8088 CPU正在处理某中断，则8259A要判断新的中断请求是否比正在处理的中断级别高。确定最高优先级的中断请求后，8259A向8086/8088 CPU的INTR引脚发送中断信号。

3. 中断响应

8086/8088 CPU在没有中断请求时，执行主程序。若标志寄存器IF＝0，则8086/8088 CPU禁止中断，不检测INTR引脚。若标志寄存器IF＝1，则8086/8088 CPU在每一条指令执行的最后一个时钟周期检测INTR引脚。若检测到INTR引脚有中断请求后，8086/8088 CPU通过$\overline{INTA}$引脚向8259A发出响应信号。每一个$\overline{INTA}$信号维持两个时钟周期。CPU发出第一个$\overline{INTA}$时，输出总线锁定信号$\overline{LOCK}$，防止其他处理器或DMA占用总线；8259A收到第一个$\overline{INTA}$负脉冲后，将最高优先级中断信息记录下来。CPU发出第二个$\overline{INTA}$时，撤除总线锁定信号$\overline{LOCK}$，地址允许信号ALE为低电平(无效)，允许数据线工作；8259A收到第二个$\overline{INTA}$负脉冲后，将相应的中断类型号送数据总线。若8259A被设定为自动中断结束方式，则在第二个$\overline{INTA}$脉冲结束时，8259A会自行将已响应中断的相关信息清除；若是非自动中断结束方式，8259A会等待8086/8088 CPU发来中断结束命令时才清除。

8086/8088 CPU在给出中断响应信号$\overline{INTA}$后，马上自动将当前的CS和IP入栈。当前的CS:IP是主程序下一条要执行的指令地址，因为发生了中断暂时不能执行。8086/8088 CPU读取8259A传送的中断类型号，根据中断类型号查找中断向量表，获得中断服务子程序的段地址和偏移地址送入CS和IP，转到中断服务子程序去执行。

这些操作均由CPU的内部硬件逻辑自动完成，无须用户参与。

4. 中断服务

CPU转入中断服务子程序后，执行中断服务子程序的代码，与发出中断请求的I/O设备进行数据I/O操作。

5. 中断返回

中断服务子程序的最后有一条IRET中断返回指令。CPU执行中断返回指令时，自动将堆栈栈顶的断点出栈到 CS 和 IP 中，即可以转回到主程序断点处去继续执行。

例 7-4　设 8086 系统中主程序存放在内存 0100:0100H 单元起始的区域。中断类型号为 20H 的中断源，其对应的中断服务子程序存放在内存 0200:0110H～0200:0112H 单元。内存中主程序、子程序、中断向量表分配示意如图 7.5 所示。设 CPU 正在执行主程序第一条“MOV AL,3”指令时，INTR 引脚输入了 20H 号中断源的中断请求。写出 CS 和 IP 的变化情况。

解　CPU 正在执行主程序第一条“MOV AL,3”的指令，则当前 CS:IP 是下一条指令“MOV BL,5”的地址。所以 CS=0100H，IP=0102H。

主程序第一条指令执行结束，在最后一个时钟周期检测到 INTR 引脚的中断请求，则 CPU 将当前 CS、IP 的值入栈，即堆栈的栈顶放入断点地址 0100:0102H。

CPU 根据中断类型号 20H，去中断向量表中 4×20H 的单元找到中断向量，设置给 CS、IP，所以 CS=0200H，IP=0110H。CPU 执行 0200:0110H 单元的指令，即中断子程序的第 1 条指令，如图 7.5 中①所示。

接着在中断子程序中运行程序，如图 7.5 中②所示。一直到 CPU 取出 IRET 指令执行时，这时 CS:IP=0200:0113H。但是 IRET 指令的功能是中断返回，所以 CPU 从堆栈栈顶将之前保存的断点地址出栈，CS:IP=0100:0102H，CPU 执行 0100:0102H 处的指令，就是主程序中第 2 条指令“MOV BL,5”，如图 7.5 中③所示。

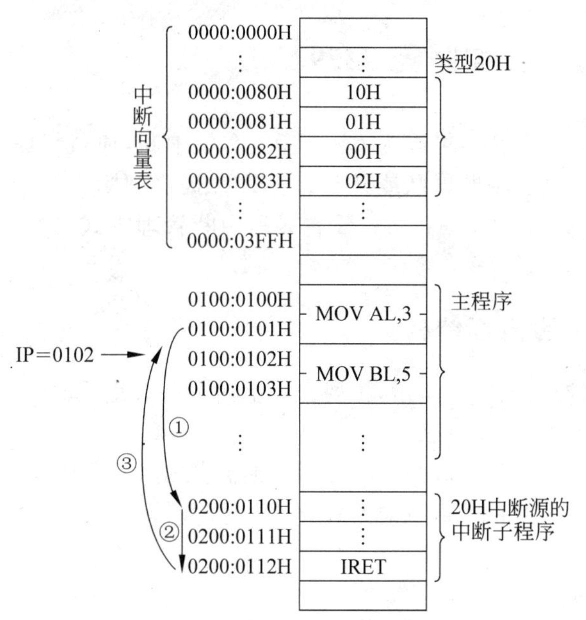

图 7.5　例 7-4 内存分配示意

上述中断过程从表面来看，CPU 响应中断的过程和调用子程序过程很类似，都是从主程序执行过程中跳转到子程序，并且跳转前都由 CPU 自动完成断点地址的保护，在子程序执行完成后，又都能返回到主程序继续执行。但是中断过程和子程序调用有着本质的区别。

中断子程序的执行，是由某个硬件中断请求信号或者软件运行遇到某个特殊情况（中断调用 INT 除外）引发转入子程序的。硬件中断请求和软件运行特殊情况是不可预知的、随机发生的。如果硬件中断请求或者软件运行特殊情况一直没发生，则中断子程序便一直不会执行；若硬件中断请求或者软件运行特殊情况多次发生，则中断子程序便多次执行。所以中断控制方式针对的是随机事件的处理。

子程序调用则是在主程序中由调用指令引起转入子程序的。编写主程序时，如果写了调用指令，则主程序运行遇到调用指令，便一定会去执行子程序；写了几条调用指令，则子程序便会执行几次。子程序调用发生的时间和次数都是确定的。

图 7.6 所示是中断过程和调用子程序过程的对比。

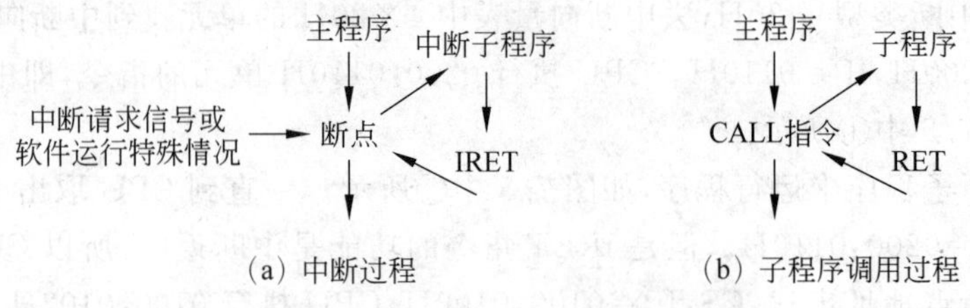

图 7.6　中断过程和调用子程序过程的对比

7.3　可编程中断控制器 8259A

可编程中断控制器 8259A，可以为 CPU 管理 8 级中断，通过级联可扩展至 64 级中断。8259A 可以完成中断判优、中断屏蔽或开放、向 CPU 提供中断类型号、接受 CPU 命令及结束中断等功能。通过对 8259A 编程可以设置多种中断管理方式，以满足多种类型微机中断系统的需要。

7.3.1　8259A 的内部结构

8259A 的内部结构如图 7.7 所示，主要由以下 8 个部分组成。

1. 数据总线缓冲器

数据总线缓冲器是一个 8 位的双向三态缓冲器，构成 CPU 和 8259A 之间的数据通道。数据总线缓冲器和 CPU 的系统数据总线相接，实现 8259A 与 CPU 之间命令、状态、数据信息的传送。

2. 读/写控制逻辑

读/写控制逻辑的功能是接收来自 CPU 的读/写命令、片选信号、端口选择信号，实现对 8259A 芯片内部端口寻址，并指定数据的方向（做读还是写操作）。

3. 级联缓冲/比较器

一片 8259A 只能处理 8 级中断。如果有超过 8 级的中断，则需将多片 8259A 采用主从

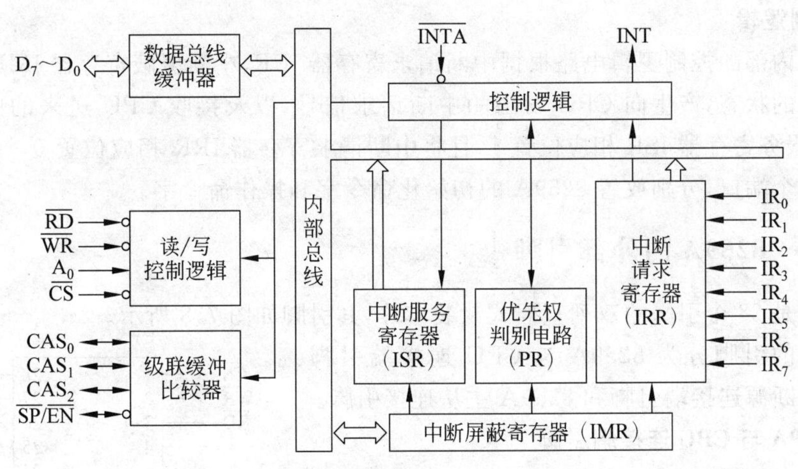

图 7.7 8259A 的内部结构

结构级联。主片 8259A 与 CPU 相连，从片 8259A 连接在主片 8259A 的中断请求输入端。级联缓冲/比较器用来存放和比较系统中各 8259A 的从片选择代码。

4. 中断请求寄存器

中断请求寄存器 IRR 是 8 位寄存器，用来存放 8259A 所连接的中断源中断请求情况。外部中断源连接在 8259A 的中断请求输入端 IR_7～IR_0上。中断请求寄存器中 D_7～D_0对应 IR_7～IR_0的值。如果 IR_i上连接的中断源产生中断请求，则 $IR_i=1$，中断请求寄存器 IRR 的对应第 i 位置 1。

5. 中断屏蔽寄存器

中断屏蔽寄存器 IMR 是 8 位寄存器。当中断屏蔽寄存器 IMR 中第 i 位置 1 时，则 IR_i上的中断源被屏蔽，该中断源发出的中断请求不会被响应。用户可以根据需要，通过软件设置或改变中断屏蔽寄存器 IMR 的值。

6. 中断优先权判别电路

中断优先权判别电路 PR 对中断请求寄存器 IRR 中已经记录，并且未在中断屏蔽寄存器 IMR 中屏蔽的中断请求进行优先级判断。中断优先权判别电路 PR 确定一个级别最高的中断请求，向 CPU 发送中断请求信号。

7. 中断服务寄存器

中断服务寄存器 ISR 是 8 位寄存器，用来记录 CPU 当前正在为哪个或哪几个中断源服务。当 CPU 响应 IR_i的中断请求时，中断服务寄存器 ISR 中第 i 位置 1。当 IR_i的中断处理完毕，中断服务寄存器 ISR 的第 i 位复位。若 8259A 正为某一中断服务时，又出现新的中断请求，则 PR 判断新的中断请求级别是否更高。若是，则进入中断嵌套，中断服务寄存器 ISR 中会出现多个“1”。用户可设置 8259A 在某个中断结束时，自动对中断服务寄存器 ISR 对应位复位。也可以在中断服务子程序运行结束时，通过 CPU 发命令使中断服务寄存器 ISR 对应位复位。

8. 控制逻辑

8259A 内部的控制逻辑电路根据中断请求寄存器 IRR、中断屏蔽寄存器 IMR、中断优先权判别电路的状态，产生向 CPU 发出的中断请求信号，以及接收 CPU 送来的中断响应信号，使中断服务寄存器 ISR 相应位置 1，且将中断请求寄存器 IRR 相应位置 0。控制逻辑电路内部有两个端口，分别放置 8259A 的初始化命令字和操作命令字。

7.3.2 8259A 的外部引脚

8259A 是 28 个引脚的双列直插式封装芯片，其引脚如图 7.8 所示。

8259A 的引脚分为 8259A 与 CPU 连接端引脚、8259A 与中断源连接端引脚和 8259A 主从连接引脚。

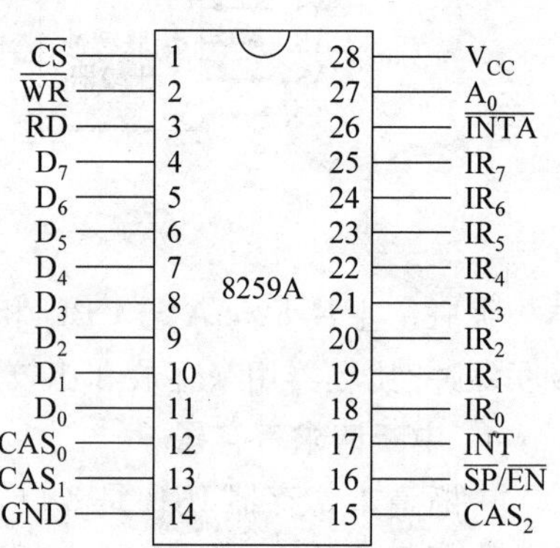

图 7.8 8259A 的引脚排列

1. 8259A 与 CPU 连接端引脚

(1) D_7～D_0：双向、三态数据线，与系统的数据总线连接的数据通路。

(2) $\overline{WR}$：写控制信号，输入，低电平有效。$\overline{WR}$有效时，对 8259A 内部端口做写操作。

(3) $\overline{RD}$：读控制信号，输入，低电平有效。$\overline{RD}$有效时，对 8259A 内部端口做读操作。

(4) $\overline{CS}$：片选信号，输入，低电平有效。$\overline{CS}$有效时，8259A 芯片被选中。

(5) A_0：端口地址选择信号，输入。用来寻址内部端口。8259A 内部有两个端口地址，把 $A_0=0$ 所对应的端口称为“偶端口”，把 $A_0=1$ 所对应的端口称为“奇端口”。

(6) INT：中断请求信号，输出，高电平有效。该引脚是 8259A 发给 CPU 的中断请求信号。

(7) $\overline{INTA}$：中断响应信号，输入，低电平有效。8259A 通过该引脚接收来自 CPU 的中断响应信号$\overline{INTA}$。CPU 响应中断时会给 8259A 发送两个连续的$\overline{INTA}$信号。8259A 收到第一个$\overline{INTA}$负脉冲后，将得到响应的中断在中断服务寄存器 ISR 中的相应位置 1，使中断请求寄存器 IRR 的相应位置 0。8259A 收到第二个$\overline{INTA}$负脉冲后，将得到响应中断的中断类型号经数据总线传送给 CPU。

2. 8259A 与中断源连接端

IR_7～IR_0：中断请求输入信号，输入，高电平或上升沿有效。该引脚接收来自中断源的中断请求。

3. 8259A 主从连接引脚

从片 8259A 连接到主片 8259A 的 IR_i 输入端，还需要连接以下引脚。

(1) CAS_2～CAS_0：级联信号线，双向。当 8259A 被设置为主片时，为输出线；当 8259A 被设置为从片时，为输入线。

(2) $\overline{SP}/\overline{EN}$：主从片设定/允许缓冲信号，双向双功能，低电平有效。在缓冲工作方式下，它作为输出信号，控制缓冲器；在非缓冲方式下，它作为输入信号，表示该片 8259A 是主片($\overline{SP}=1$)还是从片($\overline{SP}=0$)。

7.3.3 8259A 的中断管理方式

8259A 具有非常灵活的中断管理方式，使用者可以进行灵活设置，以满足设计的需求。

1. 8259A 的中断触发方式

连接到 8259A IR_i端的中断请求信号，可以有两种触发中断的信号方式，即电平触发方式和边沿触发方式。

1) 电平触发方式

设置为电平触发方式时，8259A 把 IR_i端出现的高电平作为中断请求信号。要注意，当采用高电平触发方式时，中断源的中断请求信号得到响应后，必须及时撤掉高电平；否则会被 8259A 检测为不必要的又一次中断请求。

2) 边沿触发方式

设置为边沿触发方式时，8259A 把 IR_i端出现的上升沿作为中断请求信号。边沿触发方式下，申请中断的 IR_i端可以一直保持高电平，不会被误判为又一次中断请求。

2. 8259A 的中断屏蔽方式

8259A 有两种屏蔽方式，即普通屏蔽方式和特殊屏蔽方式。

1) 普通屏蔽方式

向中断屏蔽寄存器 IMR 中写入中断屏蔽字。若中断屏蔽字中第 i 位写入"1"，则禁止相应的 IR_i上的中断申请；第 i 位写入"0"，则开放相应的 IR_i上的中断申请。在普通屏蔽方式下，一个中断正在处理时，只允许响应优先级别更高的中断请求。

2) 特殊屏蔽方式

在执行某一中断服务程序时，如果想开放优先级别较低的中断请求，可将中断屏蔽寄存器 IMR 中，当前正在处理的中断相应位设为 1，使当前正在处理的中断源被屏蔽。另外，还应该将中断服务寄存器 ISR 中，当前正在处理的中断相应位复位。这样优先级别较低的中断请求才能被响应。

3. 8259A 的优先级管理方式

8259A 有多种优先级管理方法，具体如下。

1) 普通全嵌套方式

普通全嵌套方式是 8259A 最常用、最基本的工作方式，简称全嵌套方式。在该方式下，$IR_7 \sim IR_0$的优先级顺序是 IR_0最高，IR_7最低。一个中断正在被响应时，只有比它优先级高的中断请求才会被响应。

2) 特殊全嵌套方式

特殊全嵌套方式用在 8259A 有级联的情况下。在 8259A 级联方式中，系统中有一个主片，多个从片。从片的 INT 端接到主片的 IR_i 端。当从片接收到一个中断请求，判断其为当前最高优先级的中断，则通过 INT 向主片 IR_i 端提交请求。主片则在优先级判断后通过 INT 向 CPU 的 INTR 端提交请求。若 CPU 同意响应，则主片 8259A 的中断服务寄存器 ISR 对应第 i 位记上 1，从片 8259A 的中断服务寄存器 ISR 也将申请中断的对应位记上 1。假设这时从片 8259A 又有一个优先级更高的中断请求发生，从片 8259A 再次向主片 8259A 的 IR_i 端提出中断请求。对主片 8259A 来说，便是 IR_i 端来了一个同级的中断请求。在全嵌套方式下，同级的中断请求不会被响应，而特殊全嵌套方式则会响应同级的第二次中断请求。

3）优先权自动循环方式

8259A 的 IR_7～IR_0的优先级初始时，IR_0有最高优先权，IR_7最低。当某个中断源受到中断服务后，它的优先权就自动降为最低，而其相邻中断源的优先级升为最高。也就是，IR_7～IR_0的中断轮流有最高优先权。

4）优先权特殊循环方式

8259A 的 IR_7～IR_0的初始优先级由用户编程指定。当某个中断源受到中断服务后，它的优先权就自动降为最低，而其相邻中断源的优先级升为最高。

4. 中断结束方式

当 8259A 响应某一个中断时，便在中断服务寄存器 ISR 的相应位置 1。当该中断的中断服务子程序结束时，必须将中断服务寄存器 ISR 的相应位清"0"。中断结束方式是指将中断服务寄存器 ISR 的相应位清"0"的方式。

1）自动中断结束方式

8259A 设置为自动中断结束方式时，在 CPU 发出连续两个$\overline{INTA}$信号同意响应某中断请求后，8259A 在第二个$\overline{INTA}$信号结束后自动将中断服务寄存器 ISR 的相应位复 0，虽然此时中断服务子程序并未执行结束。该方式只适用于一片 8259A，且不会发生中断嵌套的场合。

2）普通中断结束方式

在普通中断结束方式下，CPU 向 8259A 控制端口发一个中断结束命令字，使当前中断服务寄存器 ISR 中级别最高的位置 0。该方式只适用于全嵌套方式下，不能用于循环优先级方式。因为只有在全嵌套方式下，当前 ISR 中级别最高的位对应的才是当前正在处理的中断。

3）特殊中断结束方式

在特殊中断结束方式下，CPU 向 8259A 发一个中断结束命令字，但在命令字中指定了要结束哪一个中断源，从而使中断服务寄存器 ISR 相应位置 0。

5. 连接系统总线的方式

8259A 与系统总线的连接分为缓冲方式和非缓冲方式。

1）缓冲方式

在多片 8259A 级联的大系统中，8259A 通过总线驱动器和 CPU 系统数据总线相连。

此时，8259A 的 $\overline{SP}/\overline{EN}$ 与总线驱动器的允许端相连，通过发送一个低电平作为总线驱动器的启动信号（$\overline{EN}=0$）。

2）非缓冲方式

当系统中只有单片或片数不多的 8259A 时，一般将 8259A 直接与 CPU 系统数据总线相连。此时，8259A 的 $\overline{SP}/\overline{EN}$ 是输入信号。单片 8259A 时，$\overline{SP}=1$；若多片互连时，主片的 $\overline{SP}=1$，从片的 $\overline{SP}=0$。

6. 8259A 的级联方式

一片 8259A 最多可管理 8 级中断，在多于 8 级中断的系统中，必须将多片 8259A 级联使用。三片 8259A 级联示意如图 7.9 所示。

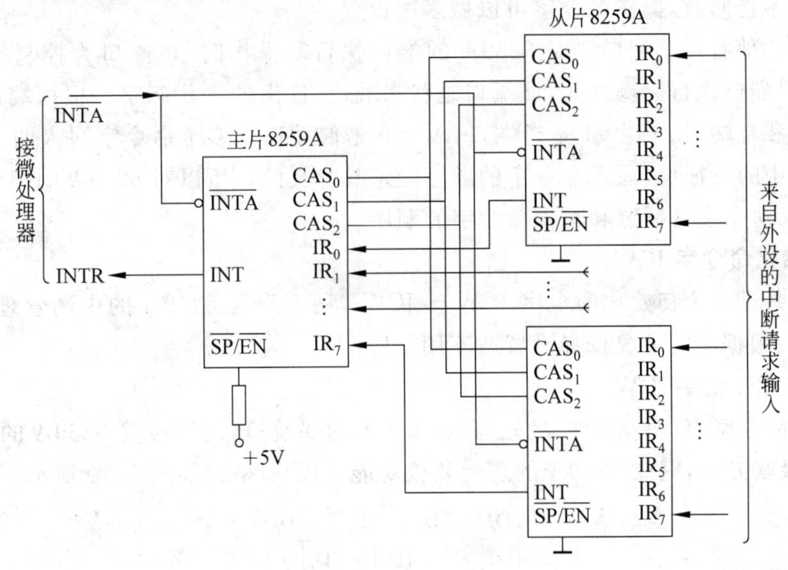

图 7.9　三片 8259A 级联示意

从片的 IR_7～IR_0 直接与中断源相连，其 INT 与主片的 IR_7～IR_0 中的某一个相连，根据需要可以选择从片的片数，最多为 8 片，级联方式最多可扩展 64 个中断源。$\overline{SP}/\overline{EN}$ 引脚可区分 8259A 是主片还是从片。主片 $\overline{SP}/\overline{EN}$ 接高电平，从片 $\overline{SP}/\overline{EN}$ 接低电平。所有 8259A 的 CAS_2～CAS_0 互连。主片的 CAS_2～CAS_0 为输出信号，从片的为输入信号。

如果从片 8259A 上有中断请求经主片 8259A 提交到 CPU，CPU 发回中断响应信号 $\overline{INTA}$。当 CPU 发出第一个 $\overline{INTA}$ 时，主片将自身的中断服务寄存器 ISR 相应位置 1，中断请求寄存器 IRR 相应位清 0，并通过 CAS_2～CAS_0 发出一个编码 ID_2～ID_0 给各从片 8259A。当各从片 8259A 从 CAS_2～CAS_0 接收到主片 8259A 发来的编码，就与自身控制逻辑中的初始化命令字 ICW_3 的 D_2～D_0 位比较。如果相等则说明是自身的某个中断请求被 CPU 响应了，则在 CPU 的第二个 $\overline{INTA}$ 信号到来时，将对应中断的中断类型号送上数据总线，传送给 CPU。

在级联结构中,各8259A都要各自初始化。若是采用非自动中断结束方式,在中断结束时,要给主片和从片分别发中断结束命令字。

7.3.4 8259A的编程

8259A是可编程的接口芯片,要用程序设定芯片工作时的中断触发方式、中断优先级管理方式、中断结束方式等,芯片才能正常工作。

8259A的命令字分为两种,即初始化命令字ICW和操作命令字OCW。初始化命令字ICW_1~ICW_4是在系统启动时设置。操作命令字OCW_1~OCW_3是在8259A工作过程中,由应用程序根据需要来设定,如中断屏蔽、中断结束、中断优先级设定等。初始化命令字一般设置一次后不再修改,操作命令字可以做多次设置。

8259A内部有两个端口。对8259A的端口执行写操作时,该端口为控制端口,写入的是命令字;对端口执行读操作时,该端口是状态端口,读出的是状态字。根据端口选择线A_0分为偶端口和奇端口。$A_0=1$是奇端口,$A_0=0$是偶端口。多个命令字写入两个端口中,是通过命令字中的特征位、写入命令字的顺序确定其含义的。所以对8259A的编程,一定要注意端口地址、命令字特征位和写入命令字的顺序。

1. 初始化命令字ICW

8259A共有4个初始化命令字ICW_1~ICW_4,用于设置8259A的中断管理方式,ICW_3和ICW_4可以根据实际情况选择设置或不用设置。

1) 初始化命令字ICW_1

初始化命令字ICW_1必须被最先写入8259A的偶端口,用于设置8259A的中断触发方式及单片/级联方式,完成8259A的逻辑复位功能。ICW_1格式如图7.10所示。

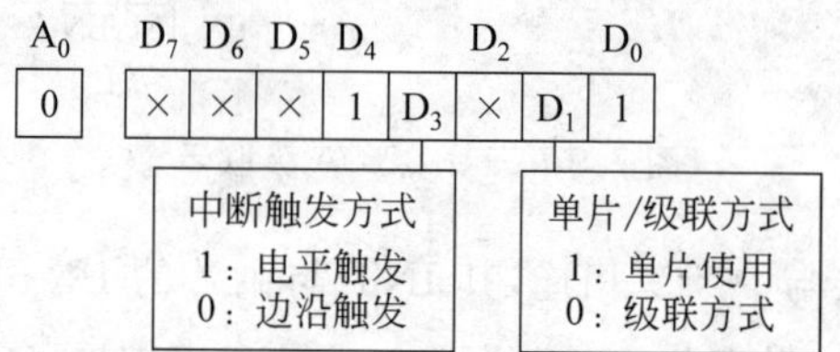

图7.10 ICW_1的命令字格式

$A_0=0$:表示ICW_1要写入偶地址端口。

D_7~D_5:未定义,在8086/8088系统中可为任意值。

D_4:1,特征位。

D_3:中断请求输入信号的触发方式选择。$D_3=1$,采用电平触发方式;$D_3=0$,采用边沿触发方式。

D_2:未定义,在8086/8088系统中可为任意值。

D_1:单片/级联方式指示。$D_1=1$,表示8259A为单片使用;$D_1=0$,表示8259A为级联方式使用。

D_0：1，在 8086/8088 系统中，表明初始化程序中必须设置 ICW_4。

2）初始化命令字 ICW_2

初始化命令字 ICW_2 必须写入 8259A 的奇端口，用于设置中断类型号。其格式如图 7.11 所示。

$A_0=1$：表明 ICW_2 要写入奇地址端口。

$D_7 \sim D_3$：在 8086/8088 系统中，由用户编程指定中断类型号的高 5 位。

$D_2 \sim D_0$：中断源所接的 $IR_7 \sim IR_0$ 引脚编号。在 8086/8088 系统中，用户编程时 $D_2 \sim D_0$ 为任意值，一般为 0。当 8259A 向 CPU 发送中断类型号时，由中断请求所连的 IR_i 的引脚编码自动确定中断类型号的低 3 位。

3）初始化命令字 ICW_3

ICW_3 只在 8259A 级联方式下设置。ICW_3 要分别写入主片 8259A 和从片 8259A 的奇地址端口，但是命令字格式不同。

(1) 主片 8259A 的 ICW_3 命令字格式如图 7.12 所示。

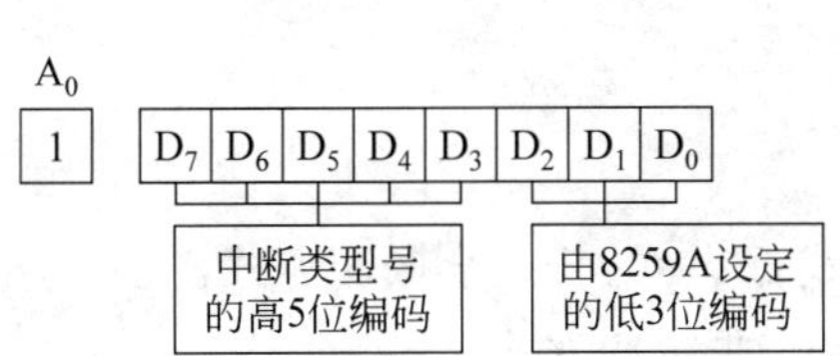

图 7.11 ICW_2 的命令字格式

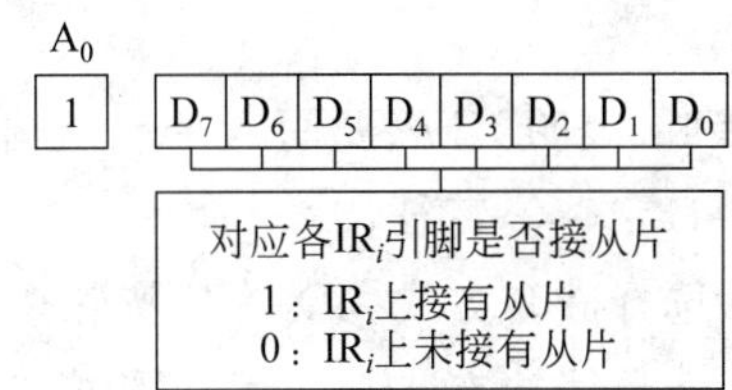

图 7.12 主片 ICW_3 的命令字格式

$A_0=1$：表明 ICW_3 要写入奇地址端口。

$D_7 \sim D_0$：每位对应一个 IR_i 引脚，指明对应引脚上是否接有从片。若 IR_i 上接有从片 8259A，则对应第 i 位置 1。若 IR_i 上没有接从片 8259A，则对应第 i 位置 0。

(2) 从片 8259A 的 ICW_3 命令字格式如图 7.13 所示。

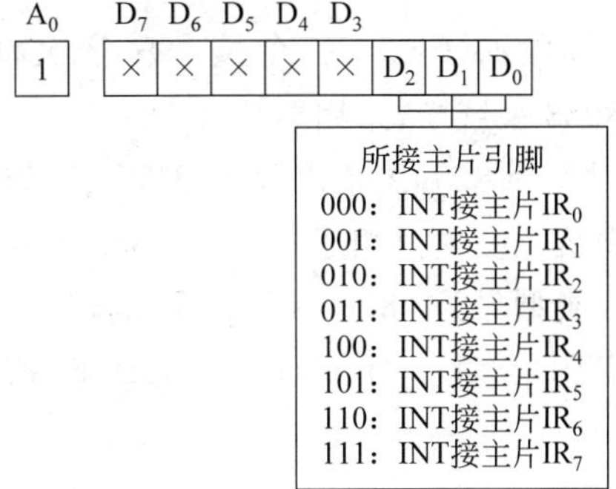

图 7.13 从片 ICW_3 的命令字格式

$A_0=1$：表明 ICW_3 要写入奇地址端口。

D_7～D_3：任意值。

D_2～D_1：表明该从片的 INT 引脚接到主片的 IR_i 引脚的编码。

4) 初始化命令字 ICW_4

初始化命令字 ICW_4 必须写入 8259A 的奇端口，用于设定 8259A 的中断结束方式、缓冲方式、主从片设定、嵌套方式。ICW_4 命令字的格式如图 7.14 所示。

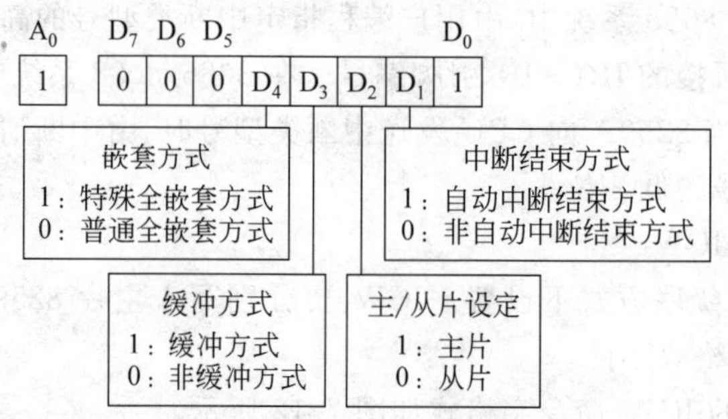

图 7.14　ICW_4 的命令字格式

$A_0=1$：表明 ICW_4 要写入奇地址端口。

D_7～D_5：000，特征位。

D_4：选择嵌套方式。$D_4=1$，特殊全嵌套方式；$D_4=0$，普通全嵌套方式。

D_3：选择缓冲方式。$D_3=1$，缓冲方式；$D_3=0$，非缓冲方式。

D_2：缓冲方式下主从片设定。$D_2=1$，本片是主片；$D_2=0$，本片是从片。采用非缓冲方式时，此位不起作用。

D_1：选择中断结束方式。$D_1=1$，采用自动中断结束方式；$D_1=0$，采用非自动中断结束方式。

D_0：1，指定是 8086/8088 系统。

2. 8259A 初始化编程

要使 8259A 正常工作，CPU 必须通过指令按顺序依次将 ICW_1～ICW_4 命令字写入 8259A 对应端口。在 8086/8088 系统中，采用单片 8259A 时，依次写入 ICW_1、ICW_2、ICW_4；采用多片 8259A 级联时，要对每片 8259A 依次写入 ICW_1、ICW_2、ICW_3、ICW_4。

例 7-5　某 8086/8088 微机系统中只用了一片 8259A，其中断请求信号采用边沿触发；各 IR_i 引脚所接中断源的中断类型号为 08H～0FH；采用普通全嵌套、缓冲、非自动中断结束方式。8259A 的端口地址为 20H、21H。完成对该 8259A 芯片的初始化。

解　初始化程序段如下。

```
MOV  AL,00010011B                    ;边沿触发、单片
OUT  20H,AL                          ;ICW1 送偶端口
MOV  AL,00001000B                    ;设置中断类型号 08H~0FH 的高 5 位
OUT  21H,AL                          ;ICW2 送奇端口
```

```
MOV  AL,00001101B              ;普通全嵌套、缓冲、主片(单片)、非自动中断结束方式
OUT  21H,AL                    ;ICW4 送奇端口
```

例 7-6 某 8086/8088 微机系统中使用两片 8259A 构成主从式中断系统。从片的 INT 与主片的 IR_2 相连。主片的中断类型号为 08H～0FH，端口地址为 20H、21H；从片的中断类型号为 70H～77H，端口地址为 0A0H、0A1H。主片、从片均采用边沿触发、缓冲、非自动中断结束方式。级联方式下，要求主片采用特殊全嵌套方式，从片采用普通全嵌套方式。完成对系统中两片 8259A 的初始化。

解

(1) 主片初始化程序段如下。

```
MOV  AL,00010001B              ;边沿触发、级联
OUT  20H,AL                    ;主片 ICW1 送主片的偶端口
MOV  AL,00001000B              ;设置主片中断类型号 08H~0FH 的高 5 位
OUT  21H,AL                    ;主片 ICW2 送主片的奇端口
MOV  AL,00000010B              ;主片的 IR2 接有从片
OUT  21H,AL                    ;主片 ICW3 送主片的奇端口
MOV  AL,00011101B              ;特殊全嵌套、缓冲/主片、非自动中断结束方式
OUT  21H,AL                    ;主片 ICW4 送主片的奇端口
```

(2) 从片初始化程序段如下。

```
MOV  AL,00010001B              ;边沿触发、级联
OUT  0A0H,AL                   ;从片 ICW1 送从片的偶端口
MOV  AL,01110000B              ;设置从片中断类型号 70H~77H 的高 5 位
OUT  0A1H,AL                   ;从片 ICW2 送从片的奇端口
MOV  AL,00000010B              ;从片接在主片的 IR2 引脚
OUT  0A1H,AL                   ;从片 ICW3 送从片的奇端口
MOV  AL,00001001B              ;普通全嵌套、缓冲/从片、非自动中断结束方式
OUT  0A1H,AL                   ;从片 ICW4 送从片的奇端口
```

3. 操作命令字 OCW

对 8259A 用初始化命令字初始化后，8259A 就进入工作状态，按照设定的方式管理中断。在 8259A 工作期间，随时可以写入操作命令字，对 8259A 中断管理方式进行动态地设置和修改。操作命令字不必按顺序写入。OCW_1 写入奇端口，OCW_2 和 OCW_3 都写入偶端口，通过两位特征位可以进行区别。

1) 操作命令字 OCW_1

操作命令字 OCW_1 是中断屏蔽操作命令字，直接对 8259A 的中断屏蔽寄存器 IMR 的相应位进行设置。操作命令字 OCW_1 的格式如图 7.15 所示。

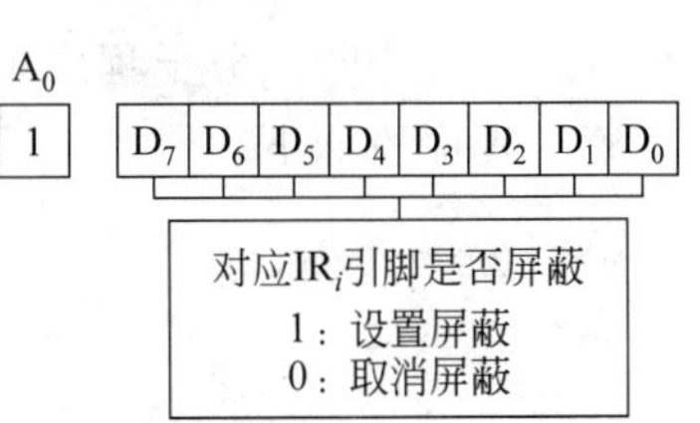

图 7.15 OCW_1 的命令字格式

A_0 = 1：表明 OCW_1 要写入 8259A 的奇地址端口。

$D_7 \sim D_0$：每位对应一个 IR_i 引脚，指明对应引脚上的中断请求是否被屏蔽。$D_i=1$，屏蔽 IR_i 的中断请求信号；$D_i=0$，则取消对应 IR_i 的中断屏蔽。

例 7-7 某 8086 微机系统中，8259A 的端口地址为 20H、21H。在 8259A 工作期间，要将 IR_5、IR_4 和 IR_0 引脚上的中断请求屏蔽，而不改变其余中断源原来的屏蔽情况。编程实现此要求。

解 程序段如下。

```
IN   AL,21H                    ;读取中断屏蔽寄存器当前值,奇端口
OR   AL,00110001B              ;将 D5、D4、D0 位置 1
OUT  21H,AL                    ;送到奇端口,写入中断屏蔽操作命令字
```

2）操作命令字 OCW_2

操作命令字 OCW_2 用于设置中断优先级方式、发送中断结束命令。操作命令字 OCW_2 的格式如图 7.16 所示。

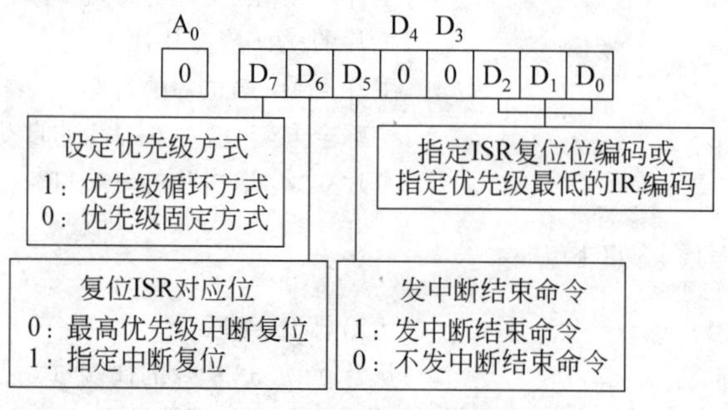

图 7.16 OCW_2 的命令字格式

$A_0=0$：表示 OCW_2 要写入偶地址端口。

D_7：设定优先级方式。$D_7=1$，循环优先级；$D_7=0$，固定优先级。

D_6：复位 ISR 对应位方式。$D_6=0$，将中断服务寄存器 ISR 中最高优先级的中断对应位清 0。$D_6=1$，将中断服务寄存器 ISR 中指定的中断清 0，指定的位编码在 $D_2 \sim D_0$ 中。

D_5：是否发中断结束命令。$D_5=1$，发中断结束命令；$D_5=0$，不发中断结束命令。

D_4D_3：00，特征位。

$D_2 \sim D_0$：指定 ISR 复位位编码，或者指定循环优先级时，最低优先级的 IR_i 引脚编号。

例 7-8 某 8259A 的端口地址为 20H、21H。初始化命令字 ICW_4 中设置了非自动中断结束方式。在中断服务子程序中断返回前，向 8259A 发一个普通中断结束命令。

解 程序段如下。

```
MOV  AL,00100000B              ;D5=1,中断结束命令字
OUT  20H,AL                    ;中断结束命令字 OCW2 要写入偶端口
IRET                           ;中断返回,回到主程序
```

3）操作命令字 OCW_3

操作命令字 OCW_3 完成设置 8259A 的中断屏蔽方式、中断查询方式、读 8259A 内部寄存器。操作命令字 OCW_3 格式如图 7.17 所示。

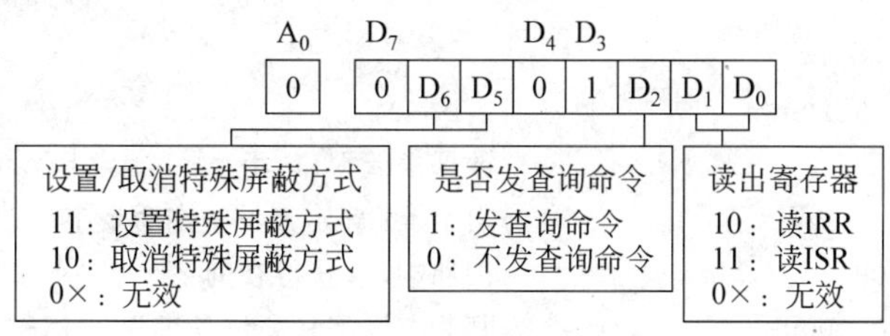

图 7.17　OCW_3 的命令字格式

$A_0=0$：表示 OCW_3 要写入偶地址端口。

D_7：未用，一般为 0。

D_6D_5：设置/取消特殊屏蔽方式。$D_6D_5=11$ 时，设置特殊屏蔽方式；$D_6D_5=10$ 时，取消特殊屏蔽方式。$D_6D_5=0\times$ 时，保持原来屏蔽方式。

D_2：是否发查询命令位。$D_2=1$，将 8259A 置于中断查询方式，CPU 可以读取 8259A 的查询字；$D_2=0$，处于非查询方式。

D_1：读寄存器命令位。$D_1=1$，发读命令；$D_1=0$，不发读命令。

D_0：读出寄存器指定。$D_0=1$，读中断服务寄存器 ISR；$D_0=0$，读中断请求寄存器 IRR。该位只在发读命令的 $D_1=1$ 时起作用。

CPU 向 8259A 偶端口发出查询命令后，然后读取偶端口的查询字，这个查询字中记录了 8259A 当前是否有中断请求以及正在申请的中断源中优先级最高的中断源编码。查询字的格式如图 7.18 所示。这个命令用于 CPU 处于中断禁止状态，无法从 INTR 引脚获得中断信息时。

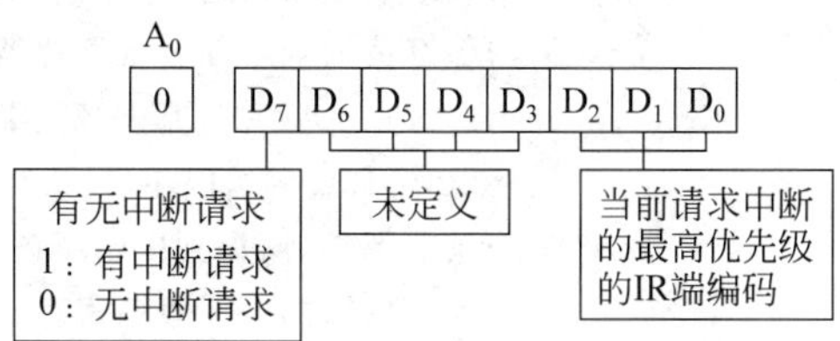

图 7.18　查询字的格式

D_7：表示当前有无中断请求。$D_7=1$，表示有中断请求；$D_7=0$，表示没有中断请求。

$D_6 \sim D_3$：未定义。

$D_2 \sim D_0$：有中断请求时，当前发出申请的中断源中，优先级最高的中断源的 IR_i 引脚编号。

例 7-9　某 8259A 端口地址为 0A0H、0A1H。CPU 中执行 CLI 指令处于关中断状态。若 CPU 需要根据当前是否有中断请求做不同操作。若有中断请求，程序转 L1 处执行。若无中断请求,程序转 L2 处执行。

解 在关中断情况下,要获得当前是否有中断请求,需要用发出 OCW_3 查询命令字,根据查询字的最高位判断是否有中断。

程序段如下。

```
    MOV     AL,00001100B              ;D4D3=01,D2=1
    OUT     0A0H,AL                   ;数据送偶端口,由 D4D3 确定是 OCW3,
                                      ;由 D2=1 确定是发查询命令字
    IN      AL,0A0H                   ;读偶端口,获得查询字
    TEST    AL,10000000B              ;判断查询字最高位是否为 1,D7=1 表示有中断请求
    JNZ     L1                        ;有中断请求转 L1
    JMP     L2                        ;无中断请求转 L2
L1:…
L2:…
```

例 7-10 某 8259A 端口地址为 20H、21H。将 8259A 芯片中的中断屏蔽寄存器 IMR、中断请求寄存器 IRR、中断服务寄存器 ISR 这 3 个寄存器的值读取到 BL、CL、DL 中存放。

解 中断屏蔽寄存器可以直接读取 8259A 的奇端口获得。而读取中断请求寄存器 IRR、中断服务寄存器 ISR 之前,要先发送读寄存器命令,并指明要读取的寄存器类型,才可以读取偶端口获得。

程序段如下。

```
IN    AL,21H                  ;读奇端口,获得中断屏蔽寄存器的值
MOV   BL,AL                   ;保存读取的中断屏蔽寄存器值到 BL
MOV   AL,00001010B            ;D1D0=10,读中断请求寄存器 IRR
OUT   20H,AL                  ;OCW3 命令字送偶端口
IN    AL,20H                  ;读取偶端口,得到中断请求寄存器 IRR 的值
MOV   CL,AL                   ;保存读取的中断请求寄存器 IRR 的值到 CL
MOV   AL,00001011B            ;D1D0=11,读中断服务寄存器 ISR
OUT   20H,AL                  ;OCW3 命令字送偶端口
IN    AL,20H                  ;读取偶端口,得到中断服务寄存器 ISR 的值
MOV   DL,AL                   ;保存读取的中断服务寄存器 ISR 的值到 DL
```

7.4 8259A 应用举例

7.4.1 中断系统设计

中断系统的设计包括硬件电路设计和软件设计。

1. 中断系统硬件电路设计

中断系统的硬件电路设计,包括 CPU 与 8259A 的连接、CPU 与外部 I/O 设备(或接口)

的连接以及 8259A 与外部 I/O 设备(或接口)的连接。

8259A 作为 CPU 外部的一块接口芯片,与 CPU 之间的连接,除了要有数据线、端口选择线、读写信号线、端口地址译码电路连接以外,还要有中断请求输入和中断响应信号的连接。

8259A 只能辅助 CPU 进行中断的管理,并不能完成外部 I/O 设备的数据读写操作。所以,在 CPU 和外部 I/O 设备间,还要有用于数据传递的通道。这要根据外部 I/O 设备的数据特点,采用不同的接口进行信息交换,如并行接口等。

8259A 的 IR_i 中断请求输入端连接来自外部 I/O 设备(或接口)的中断请求信号,这个请求信号可以是外部 I/O 设备提供,也可以是外部 I/O 设备的接口电路提供。

图 7.19 是典型的中断系统硬件电路设计逻辑示意图。

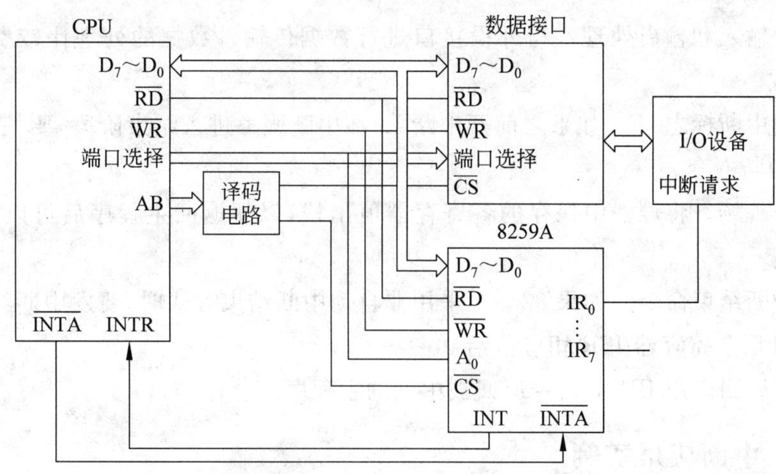

图 7.19　典型的中断系统硬件电路设计逻辑示意

CPU 在中断方式运行,实质就是在硬件产生的中断信号触发下,在主程序和中断子程序间进行切换的过程。所以需要在内存中准备好主程序、中断服务子程序和中断向量表。

2. 主程序设计

主程序完成对中断系统中硬件和软件的初始化工作,一般包括下列步骤。

(1) 设置中断标志 IF 为关中断,因为中断的准备工作还没做好。

(2) 设置中断向量表。

(3) 中断控制器 8259A 的初始化:写入 ICW_1、ICW_2、ICW_3、ICW_4 初始化命令字,设置 8259A 芯片的工作方式、优先级、结束方式等。

(4) 中断源数据传送接口初始化:CPU 和中断源 I/O 设备间要通过数据传送接口进行数据输入和输出,这个数据传送接口芯片也要进行初始化,或者设置和中断相关的信息,如允许产生中断等。

(5) 中断服务程序初始化:进入中断服务程序前,要设置中断服务程序使用的缓冲区指针、状态位等。

(6) 设置中断标志 IF 为开中断,并执行没有中断发生时要执行的其他任务。

(7) 在中断服务子程序完成数据输入和输出后,对中断源的数据进行处理、屏蔽不需要再中断的设备等结束工作。

3. 中断服务子程序的设计

中断服务子程序完成 CPU 和中断源之间数据输入和输出、相关的控制工作。一般包括以下步骤。

(1) 保护现场。把中断服务子程序中要使用和改变的寄存器值入栈,以免破坏主程序需要使用的数据。

(2) 设置中断标志 IF。根据需要设定在本次中断服务子程序运行时,是否允许优先级更高的中断能够被响应。

(3) 数据输入和输出处理。与外设接口进行数据传输。数据的处理比较费时,一般交由主程序完成。

(4) 设置中断标志 IF。如果之前开中断了,在中断服务进入结束阶段,要关闭中断以避免不必要的中断嵌套。

(5) 恢复现场。将堆栈中保存的各寄存器值出栈,以便返回主程序后可以正确使用原数据。

(6) 发中断结束命令。如果 8259A 采用非自动中断结束方式时,要发中断结束命令,使 8259A 的中断服务寄存器 ISR 相应位清 0。

(7) 中断返回。用 IRET 指令返回被中断的主程序。

7.4.2 中断应用实例

在第 5 章并行接口例 5-5 中设计了一个系统,使开关 K 合上时,8 个 LED 灯依次循环点亮;开关 K 断开时,8 个 LED 灯全灭。这个系统采用查询方式实现时,在循环点亮 8 个 LED 灯的时候,即便开关断开,CPU 也不会检测到,也就不会马上将灯全灭。现在改成中断方式来设计这个系统。

例 7-11 实现当 8 个 LED 灯在不停循环亮的时候,按下脉冲开关,8 个灯马上全灭一段时间,再回到原来循环亮的状态。

解 系统中要在循环亮和全灭状态间切换,并且有实时性要求,是一个中断系统。将循环亮的状态作为主程序执行的任务,将脉冲开关信号作为中断请求信号,将灯全灭的操作作为子程序执行的任务。

硬件设计如图 7.20 所示。设 8255A 芯片的端口地址范围是 60H～63H,设 8259A 芯片的端口地址范围是 40H～41H。设 8259A 的 8 个中断类型号分配为 08H～0FH。

软件按照流程图 7.21 所示设计。

程序如下。

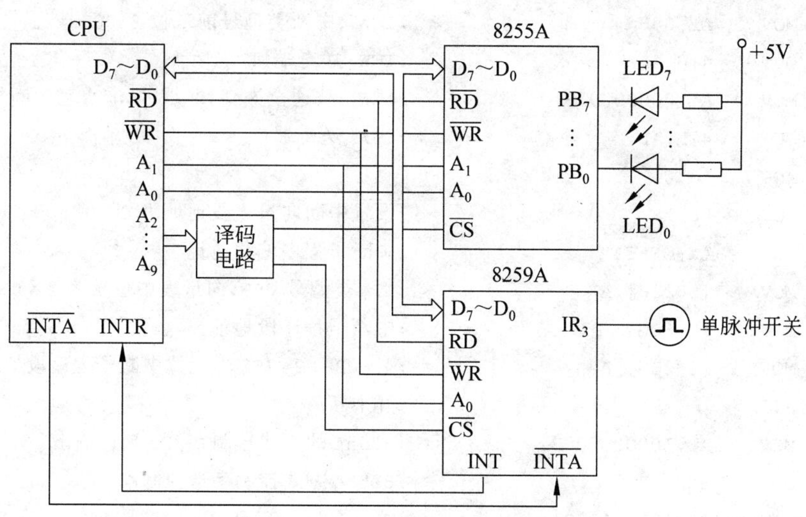

图 7.20 例 7-11 硬件系统逻辑示意

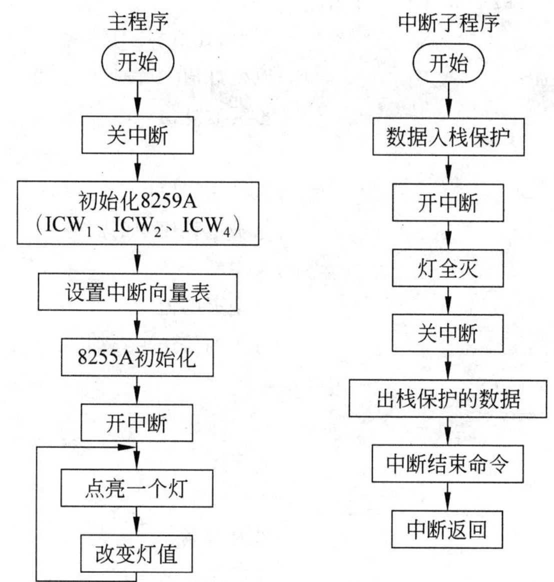

图 7.21 例 7-11 软件流程

```
CODE   SEGMENT
       ASSUME  CS:CODE
START:
       CLI                              ;关中断
       MOV    AL,00010011B              ;ICW1:边沿触发,单片,要 ICW4
       OUT    40H,AL                    ;ICW1 送偶端口
```

```
        MOV     AL,08H                  ;ICW2:中断类型号前 5 位 00001xxx。
        OUT     41H,AL                  ;ICW2 送奇端口
        MOV     AL,00000001B            ;ICW4:普通全嵌套,非缓冲,非自动中断结束
        OUT     41H,AL                  ;ICW4 送奇端口
        MOV     AX,0
        MOV     DS,AX                   ;设置中断向量表段地址为 0
        MOV     AX,OFFSET  P1           ;中断子程序偏移地址
        MOV     [002CH],AX              ;IR3 类型号 0BH,向量表中位置为 4×0BH=2CH
        MOV     AX,SEG  P1              ;中断子程序段地址
        MOV     [002EH],AX              ;4×0BH+2=2EH 单元放中断子程序段地址
        STI                             ;开中断
        MOV     AL,100000000B           ;8255A 的方式控制字,PB 端口输出
        OUT     63H,AL                  ;8255A 方式控制字送控制端口
        MOV     AL,11111110B            ;第一个灯的初值
L1:     OUT     61H,AL                  ;灯值送 PB 端口
        MOV     CX,0FFFFH
LL1:    LOOP    LL1                     ;延时,让灯显示稳定
        ROL     AL,1                    ;改变灯值
        JMP     L1                      ;重复送灯值
P1      PROC
        PUSH    CX                      ;保护主程序中延时用的 CX
        PUSH    AX                      ;保护主程序中的灯值
        CLI                             ;关中断
        MOV     AL,11111111B            ;灯全灭的值
        OUT     61H,AL                  ;灯灭的值送 PB 端口
        MOV     CX,0FFFFH
LL2:    LOOP    LL2                     ;延时
        STI                             ;开中断
        POP     AX
        POP     CX                      ;恢复现场
        MOV     AL,20H                  ;中断结束命令字
        OUT     40H,AL                  ;中断结束命令字送偶端口
        IRET                            ;中断返回
P1      ENDP
CODE    ENDS
        END     START
```

7.5 PC中的中断应用

IBM PC/XT 机使用单片 8259A 来管理可屏蔽中断，8259A 的端口地址为 20H、21H，中断源的中断类型号分别为 08H～0FH。IBM PC/AT 微机系统中使用了两片 8259A 构成了主从式中断控制器。主片的端口地址为 20H、21H，中断类型号为 08H～0FH；从片的端口地址为 0A0H、0A1H，中断类型号为 70H～77H。

PC 中的中断源主要有：IR_0 接系统板上定时/计数器 8253 计数器 0 的输出信号 OUT_0，用作微机系统的电子时钟中断请求；IR_1 是键盘输入接口送来的中断请求信号，用来请求 CPU 读取键盘扫描码；IR_2～IR_7 与 PC 总线上的 IR_2～IR_7 相连，用户可选择某一个连接自己的 I/O 设备中断源。一般来说，IR_3 用于第 2 个串行异步通信接口；IR_4 用于第 1 个串行异步通信接口；IR_5 用于硬盘适配器；IR_6 用于软盘适配器；IR_7 用于并行打印机。从片上的 IR_0 用于实时时钟中断，IR_5 用于协处理器 80287 中断。

IBM PC/AT 机中 8259A 的级联连接如图 7.22 所示。

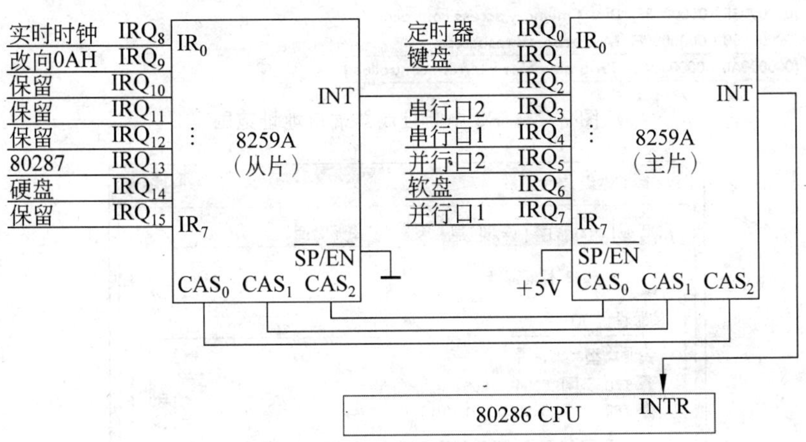

图 7.22 IBM PC/AT 机的 8259A 连接

在 386、486、Pentium 等微机系统中，其外围控制芯片(82C206 等)都集成有与 AT 机的两片 8259A 相当的中断控制电路。可以在微机系统的控制面板中查看到中断控制器的端口，以及每个采用中断的 I/O 设备的中断类型号分配情况。图 7.23 所示是 PC 中断控制器端口地址范围，图 7.24 所示是 PC 中键盘设备的中断资源(IRQ)信息。

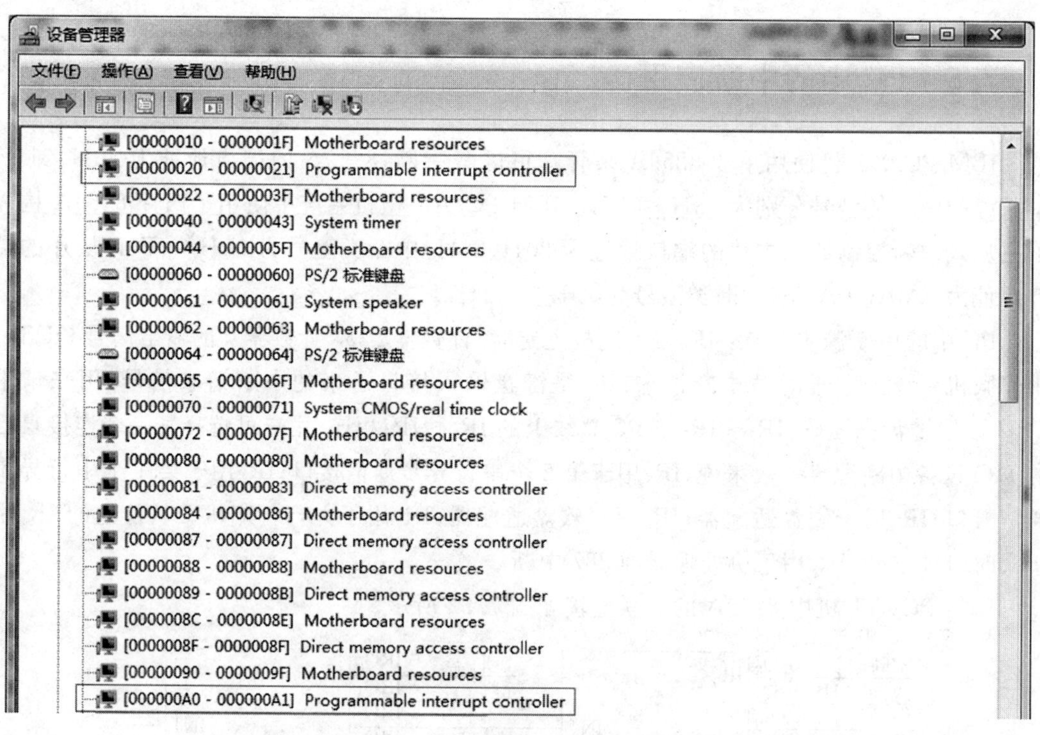

图 7.23 PC 中断控制器端口地址范围

图 7.24 键盘设备的中断资源

7.6　实验项目

7.6.1　PC 中断实验项目

1. 实验原理

PC 机系统中的中断类型号共有 256 个，除数为 0 是系统中的 0 号中断，也就是遇到除数为 0 的指令时，就会去执行该系统中已经有的中断处理子程序。

例 7-12　下面程序运行时，发生除数为 0 的错误，可以看到中断处理子程序执行，在屏幕上提示错误信息。

```
CODE  SEGMENT
      ASSUME  CS:CODE
START:
      MOV    CX,10
      MOV    BL,6
LL:   MOV    AX,9
      DIV    BL                       ;AX/BL 为除数
      ADD    AL,30H                   ;求商的 ASCII 码，显示
      MOV    DL,AL
      MOV    AH,2
      INT    21H
      MOV    AH,2                     ;输出回车换行符
      MOV    DL,0DH
      INT    21H
      MOV    AH,2
      MOV    DL,0AH
      INT    21H
      DEC    BL                       ;除数改变
      LOOP   LL
      MOV    AH,4CH
      INT    21H
CODE  ENDS
      END    START
```

程序运行效果如图 7.25 所示。这里显示字符串“Divide overflow”，便是除法出错的中断服务程序执行的结果。

2. 实验内容

例 7-13　编写一个中断处理子程序，当主程序中除法指令除数为 0 时，执行这个中断子程序，显示字符串“ERROR! DIVIDE BY ZERO!”，并将除数重新置为 3。

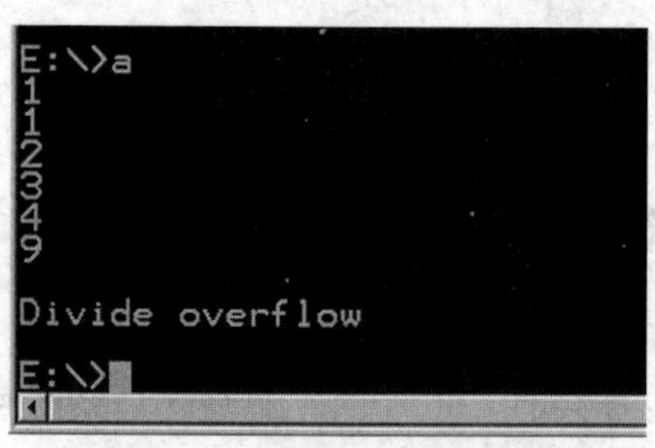

图 7.25　除数为 0 系统原中断子程序运行效果

解　程序如下：

```
CODE  SEGMENT
      ASSUME  CS:CODE
START:
      MAIN   PROC  FAR              ;主程序
      MOV    DX,OFFSET INT0         ;置中断向量表
      MOV    AX,CS
      MOV    DS,AX
      MOV    AL,0
      MOV    AH,25H
      INT    21H
      MOV    CX,10                  ;做 10 次除法
      MOV    BL,6
L1:   MOV    AX,9
      DIV    BL                     ;AX/BL
      ADD    AL,30H                 ;求商的 ASCII 码,显示
      MOV    DL,AL
      MOV    AH,2
      INT    21H
      MOV    AH,2                   ;输出回车换行符
      MOV    DL,0DH
      INT    21H
      MOV    AH,2
      MOV    DL,0AH
      INT    21H
      DEC    BL
      LOOP   L1
      MOV    AH,4CH
      INT    21H
MAIN  ENDP
INT0  PROC                          ;中断子程序
```

```
        PUSH    AX                              ;保护现场
        PUSH    DX
        PUSH    DS
        CLI                                     ;中断关闭
        JMP     L2
STR DB 'ERROR! DIVIDE BY ZERO', 0DH,0AH,'$'
                                                ;自定义提示字符串
L2:     PUSH    CS                              ;显示提示字符串
        POP     DS
        MOV     DX, OFFSET   STR
        MOV     AH, 9
        INT     21H
        MOV     BL, 3                           ;将除数置为 3
        STI                                     ;中断关闭
        POP     DS
        POP     DX
        POP     AX
        IRET                                    ;中断返回
INT0    ENDP
CODE    ENDS
    END   START
```

实验效果如图 7.26 所示。

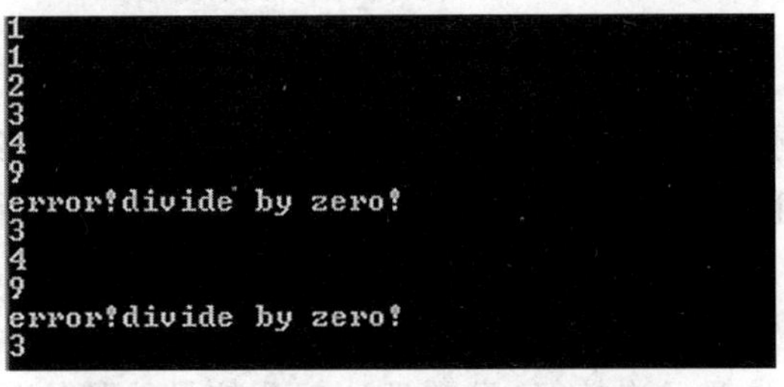

图 7.26　修改 0 号中断子程序实验效果

7.6.2　EL 实验机中断实验项目

1. 实验原理

EL 实验机中断控制电路如图 7.27 所示。

CS8259 是 8259 芯片的片选插孔，$IR_0 \sim IR_7$ 是 8259 的中断申请输入插孔。DDBUS 是系统 8 位数据总线。INT 插孔是 8259 向 8086 CPU 的中断申请线，INTA 是 8086 的中断应答信号。

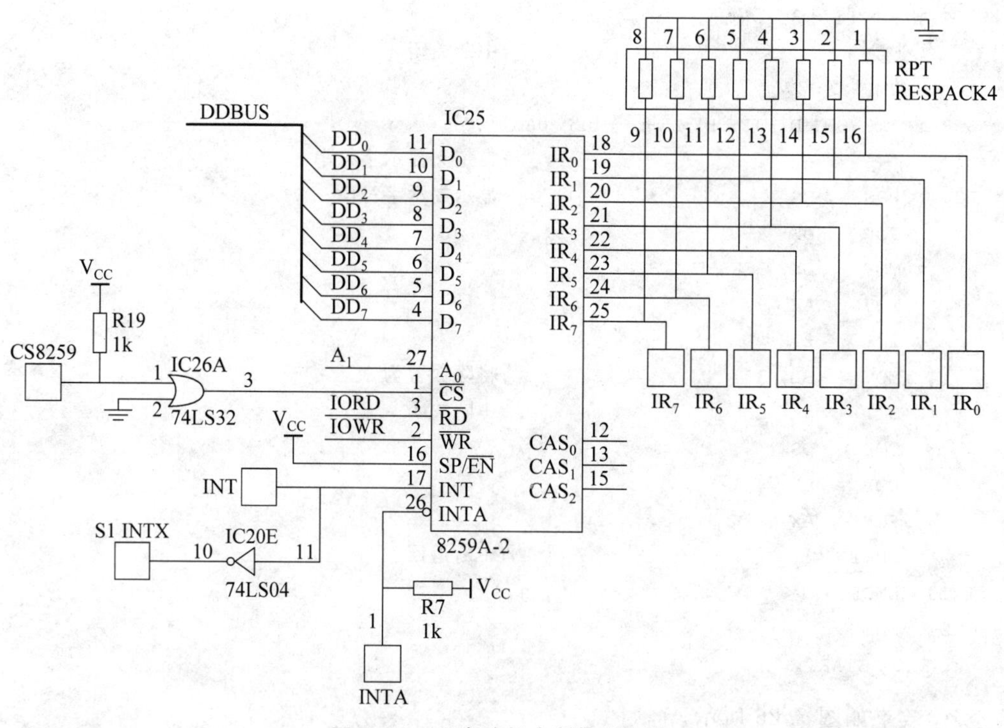

图 7.27　EL 实验机中断控制电路

2. 实验内容

参照例 7-11,用单脉冲发生器作为中断源,实现 8 个 LED 灯循环亮的过程中,按下脉冲开关后,变成 8 个灯闪烁一段时间后,又回到循环亮的状态。

3. 实验步骤

(1) 实验连线。

系统中大多数信号线都已连接好,只需设计部分信号线的连接。将 LED 显示电路与 8255A 的一个端口相接,该端口作输出端口。需要将 8255A、8259A 的片选信号,分别与端口地址译码器的两个输出相接,确定两块芯片不同的端口地址范围。需要将单脉冲开关与 8259A 的一个中断输入端相接。可以根据实现原理,灵活设计连接方式。

在如图 7.28 所示的系统逻辑示意图中,用虚线给出了一种连接方式。

(2) 根据如图 7.29 所示的流程图,编程运行,并观察实验结果。

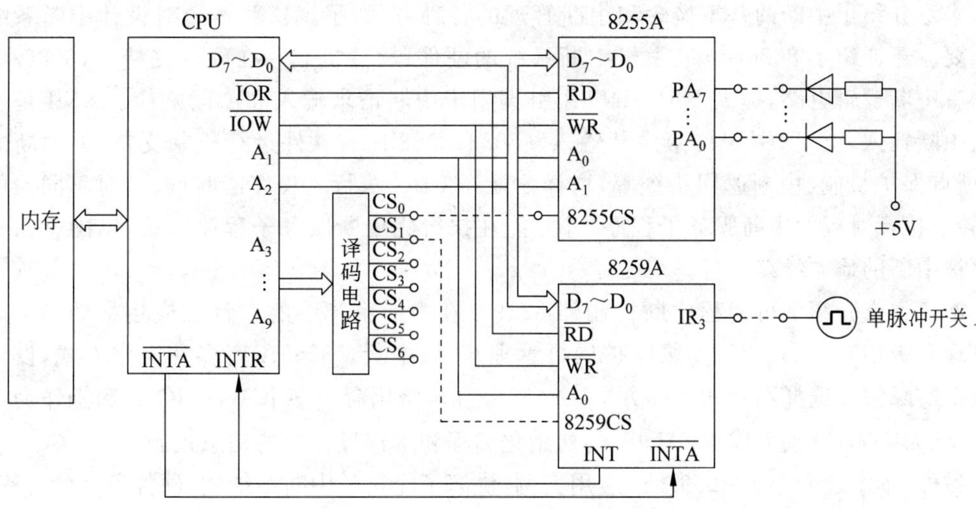

图 7.28　EL 实验机中断实验系统逻辑

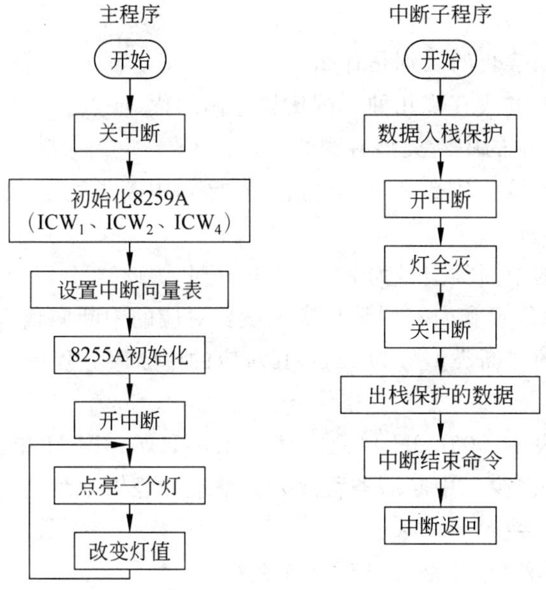

图 7.29　EL 实验机中断实验流程

7.7　本章总结

中断方式改变了 CPU“主动查询”的方式，采用“被动响应”方式工作，大大提高了 CPU 的工作效率。

本章介绍了中断的基本概念和中断管理的各种方式，了解这些概念对设计中断系统非常重要。还介绍了8086/8088微机中断系统的硬件、软件机制。在硬件支持上，8086/8088内部有中断逻辑电路，提供NMI、INTR引脚用于中断请求输入和中断响应。NMI是不可屏蔽中断输入，INTR是可屏蔽中断输入。8086/8088还有软件运行机制支持，如中断向量表、断点保护机制、中断返回指令等，这样才能在CPU执行主程序的时候，针对不同的中断源，转去执行对应的中断服务子程序，并且能在执行完中断服务子程序以后，正确返回到主程序被中断的地方继续执行。

本章重点介绍了可编程中断控制器8259A在中断系统中的设计和应用。8259A可直接管理8级中断，9片8259A级联扩展可管理64级中断。8259A有多种工作方式，设计时要根据实际需要选择不同的工作方式。8259A有初始化命令字ICW_1～ICW_4和操作命令字OCW_1～OCW_3，分别完成对8259A的初始化编程和工作过程中的动态控制。

另外，本章还介绍了8259A的应用实例，讲解了完整的中断系统软、硬件设计的过程。

习题7

1. 中断屏蔽和中断禁止的区别是什么？

2. 常用的中断触发方式有哪几种？试比较它们的优、缺点。

3. 8086/8088系统中的中断类型有哪些？

4. 什么是中断类型号？什么是中断向量表？已知中断类型号，如何计算得到相应的中断服务子程序的入口地址？

5. 已知一个中断的中断类型号为22H，中断向量为1234H:5678H，试画图说明该中断向量在中断向量表中的位置和内容。编程实现设置对应的中断向量表。

6. 已知一个中断的中断类型号为22H，其对应的中断服务程序名称为P1。编程实现设置对应的中断向量表。

7. 已知中断向量表中，003FCH单元中存放1234H，003FEH单元中存放5678H，则对应中断的中断类型号是多少？中断服务程序入口地址的逻辑地址是怎样的？中断服务程序入口地址的物理地址是多少？

8. 8086系统响应可屏蔽中断的条件是什么？

9. 在8259A中，IRR、IMR和ISR这3个寄存器的作用是什么？

10. 在多片8259A级联系统中，主从片怎样连接？如何实现同级的中断嵌套？

11. 按照以下要求对8259A进行初始化编程：单片8259A应用于8086系统，中断请求信号为边沿触发，中断类型号为30H～37H，采用非自动中断结束方式、普通全嵌套、非缓冲方式。8259A的端口地址为04A0H和04A2H（端口译码为偶地址方式，即用CPU的A_1地址线接8259A的A_0）。

12. 设8086系统中有两片8259A。从片8259A接至主片8259A的IR_5。主片的端口地址是 20H、21H，从片的端口地址是 0A0H、0A1H。主片 IR_0～IR_7 的中断类型号为 10H～17H，从片 IR_0～IR_7 的中断类型号为 30H～37H。所有请求都是边沿触发。试写出两块 8259A 的初始化程序段。

13. 8259A 的中断结束方式有哪几种？区别是什么？

14. 中断返回指令和中断结束命令的区别是什么？

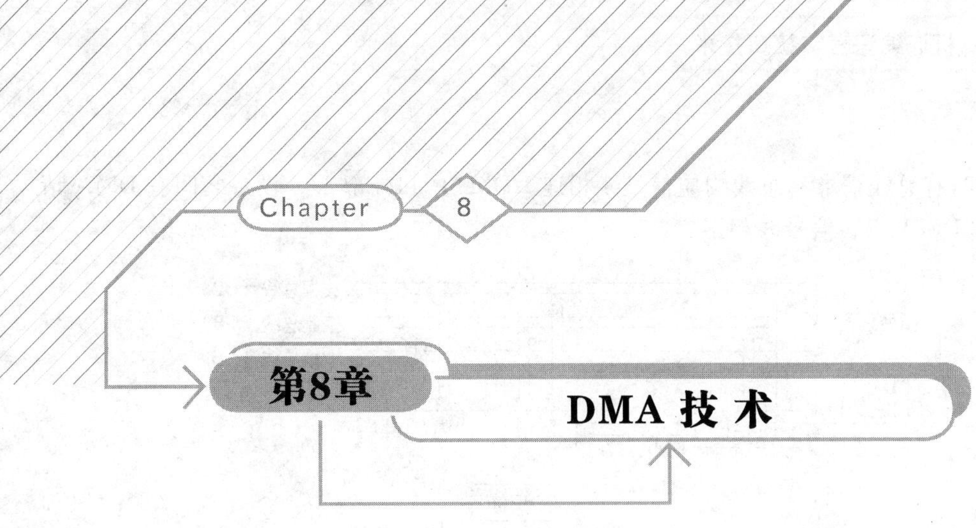

第8章 DMA 技术

本章学习目标

- 了解 DMA 传送方式的特点、工作过程、工作方式；
- 熟悉可编程 DMA 控制器 8237A 的内部结构及引脚；
- 掌握可编程 DMA 控制器 8237A 的编程及应用。

本章首先向读者介绍 DMA 传送方式的特点、工作过程、工作方式，然后介绍可编程 DMA 控制器 8237A 的内部结构、引脚、编程方法，最后介绍可编程 DMA 控制器 8237A 的应用实例。

8.1 DMA 技术概述

采用程序控制传送方式或者中断传送方式，都需要微处理器执行 I/O 指令来完成微处理器与外部设备之间的数据传送。当外部设备传送速度快，且有大量数据需要传送时，如内存和磁盘的数据交换情况，CPU 参与数据传送不仅浪费 CPU 资源，并且传送速率并不能满足高速外部设备的要求。

DMA 传送方式，又称为“直接存储器存取方式”。DMA 传送是在外部设备和内存之间建立一条“直接数据传送通道”，不再需要 CPU 参与数据传送，而是采用专用的接口硬件来完成数据的传送，大大提高了数据传输速度。

8.1.1 DMA 系统构成及工作过程

具有 DMA 传送方式的微机系统构成如图 8.1 所示。在 DMA 方式中完成数据传送过程控制的硬件称为 DMA 控制器(Direct Memory Access Controller,DMAC)。DMAC 作为 CPU 外部的接口芯片，连接在 CPU 的系统总线上。支持 DMA 传送方式的微处理器和

DMAC之间,有总线请求和总线响应信号线相连。DMAC和外部I/O设备之间有DMA请求信号线和DMA应答信号线相连。

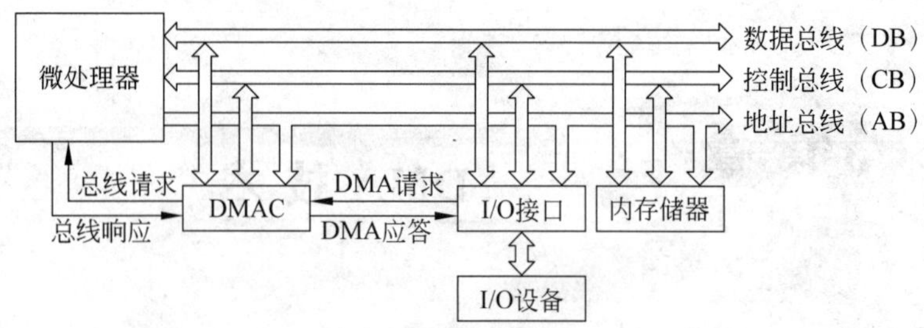

图8.1 DMA传送系统构成

在DMA系统中,完成一次DMA传输的过程如下。

(1) CPU对DMAC进行传送前的预处理设置,测试采用DMA传送方式的I/O设备状态,启动I/O设备,向DMAC写入I/O设备号、读写数据的主存起始地址、传送的数据字个数。完成上述工作,CPU可以运行其他程序。

(2) 当外部I/O设备有DMA传送需求,并且已经准备好数据时,向DMAC发出DMA请求信号。

(3) DMAC接到DMA请求信号后,向CPU发出总线请求信号,请求占用总线进行数据传送。

(4) CPU接到总线请求信号以后,如果允许DMA传输,则会在当前总线周期结束后,向DMAC发出总线响应信号。CPU放弃对总线的控制权,即将系统控制总线、数据总线和地址总线置高阻态。

(5) DMAC接管对总线的控制权,向外部I/O设备送出DMA应答信号,通知外部I/O设备可以开始进行DMA数据传输。

(6) DMAC在外部I/O设备与内存储器之间进行数据传输。

(7) 数据全部传输结束后,DMAC向CPU发出撤销总线的请求信号。CPU收到该信号以后,撤销总线响应,收回对总线的控制权。

(8) CPU在DMA传送后进行DMA传送后处理工作;包括校验数据、是否继续传送数据等。

在CPU对DMAC进行传送前的预处理设置时,DMAC是CPU的一个外部接口芯片,称为受控器。当DMAC获得总线控制权以后,控制外部I/O设备和内存储器之间的数据传输,这时的DMAC是主控器。

8.1.2 DMA的传送方式

在DMA传送方式下,CPU可以执行其他的程序,DMAC完成外部I/O设备和内存的数据传输,实现了CPU与外设并行工作,提高了系统效率。但是由于CPU执行程序过程和

DMAC 传送数据过程,都需要用到主存和总线,这样可能会出现冲突。为了有效地分时使用主存和总线,DMA 的传送方式有 4 种,即数据块传输方式、单字节传输方式、请求传输方式和级联传输方式。四种方式有不同的特点,适用于不同的场合。

1. 数据块传输方式

在数据块传输方式下,DMAC 获得总线控制权后,连续传输多个字节(数据块)。只有当数据全部传送结束,或者收到外部强制的停止命令信号,DMAC 才将总线控制权还给 CPU。在数据块传输方式下,DMA 传输的效率比较高。缺点是整个 DMA 传输期间,CPU 只能进行与总线无关的内部操作,会对系统的工作产生一定的影响。这种方式只适合于外设的数据传输速率接近于主存的工作速度,或者 CPU 没有其他任务时采用。

2. 单字节传输方式

在单字节传输方式下,DMAC 获得总线控制权后,每次传送一个字节的数据,传送后就放弃总线控制权,将总线控制权交还给 CPU。这样在每个 DMA 传送结束后,CPU 便可以控制总线,不会对系统的运行产生较大的影响。缺点是 DMA 传输的效率比较低。

3. 请求传输方式

在请求传输方式下,DMAC 每传送一个字节后,便检测外部设备的 DMA 请求是否有效,如果有效则继续传送下一个字节,如果无效,则立即停止 DMA 传输,将总线控制权交还给 CPU。这种方式比较灵活,既实现了数据的输入和输出传送,又较好地发挥了 CPU 的效率,因此得到广泛应用。

4. 级联传输方式

把多个 DMAC 级联在一起,一个 DMAC 作为主片,其余作为从片,可以扩展系统的 DMA 通道。在级联方式下,从片收到外部设备接口的 DMA 请求信号后,不是向 CPU 发送总线请求,而是向主片申请,再由主片向 CPU 申请总线。这种方式适用于有多个 DMA 方式传送的 I/O 设备的系统。

8.2 可编程 DMA 控制器 8237A

目前常用的 DMA 控制器有 Intel 8257、Intel 8237、Z-80DMA 等。Intel 8237A 是一种高性能的可编程 DMA 控制器。8237A 可以实现内存储器到外部设备、外部设备到内存储器、内存储器到内存储器之间的高速数据传输。最高数据传送速率可以达到 1.6MB/s,一次传送的最大数据块可达 64KB。8237A 有 4 个独立的 DMA 通道,可以用级联的方式扩展至 16 个通道。

8.2.1 8237A 的内部结构

8237A 有 4 个独立的通道,分别是通道 0、通道 1、通道 2 和通道 3。每个通道包括一个 16 位当前地址寄存器、一个 16 位基本地址寄存器、1 个 16 位当前字节寄存器、1 个 16 位基本字节寄存器。另外,还有一个公共控制部分,包括 1 个 8 位方式寄存器、1 个 8 位请求寄存器、1 个 8 位屏蔽寄存器、1 个 8 位控制寄存器、1 个 8 位状态寄存器、1 个 8 位暂存寄存器。

8237A 的内部结构如图 8.2 所示。

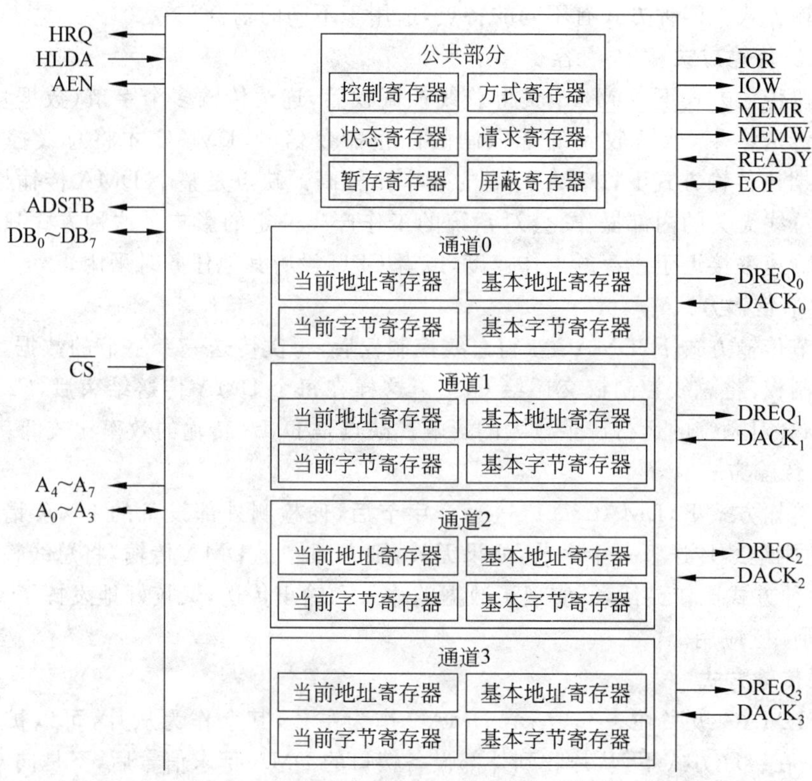

图 8.2　8237A 的内部结构

1. 8237A 通道内部专用寄存器

1）基本地址寄存器

16 位基本地址寄存器，用来存放 DMA 传送数据时访问的内存储器起始地址。该地址在 8237A 初始化时由 CPU 写入。基本地址寄存器的内容在 DMA 传输过程中保持不变。其作用是在自动预置时，将内存起始地址装入当前地址寄存器。

2）基本字节寄存器

16 位基本字节寄存器，用来存放 DMA 传送的字节数。要传送的字节数在 8237A 初始化时由 CPU 写入。基本字节寄存器的内容在 DMA 传输过程中保持不变。其作用是在自动预置时，将字节数装入当前字节寄存器。

3）当前地址寄存器

16 位当前地址寄存器，用来存放 DMA 传送的当前内存储器地址。当前地址寄存器的初值与基本地址寄存器的值相同。每次 DMA 传送一个字节后，当前地址寄存器的值自动增 1 或减 1，指示内存储区下一个要访问的单元地址。在自动预置方式时，每次计数结束后

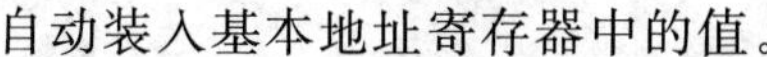

自动装入基本地址寄存器中的值。

4）当前字节寄存器

16 位当前字节寄存器，用来存放 DMA 传送过程中未传送完的字节数。当前字节寄存器的初值与基本字节寄存器的内容相同。每次 DMA 传送一个字节后，当前字节寄存器的值自动减 1，当减为 −1 时，数据块传送结束。在自动预置方式时，每次计数结束后自动装入基本字节寄存器的值。

2. 8237A 公共部分寄存器

1）工作方式寄存器

工作方式寄存器用于选择通道，设置该通道 DMA 的操作类型、操作方式、地址改变方式、是否自动预置等。

2）命令寄存器

命令寄存器用来控制 8237A 的操作，如 DMA 请求的触发方式、通道优先级设定、启动/停止 8237A、时序类型等。

3）状态寄存器

状态寄存器用来存放 8237A 的状态信息，指明计数是否结束，通道是否有 DMA 请求等。

4）屏蔽寄存器

屏蔽寄存器用来禁止或允许通道的 DMA 请求。可以选择单个通道进行屏蔽，也可以对 4 个通道同时设置屏蔽。

5）请求寄存器

请求寄存器是用软件来启动 DMA 请求时使用的寄存器。一般情况下，DMA 请求由外部 I/O 设备通过 DMA 请求引脚申请 DMA 请求。但是，也可以由软件设定来启动某通道的 DMA 传输。

6）暂存寄存器

内存储器和内存储器传送时，数据必须暂时保存在 8237A 的暂存寄存器中。

8.2.2 8237A 的外部引脚

8237A 是一个 40 引脚的双列直插式芯件，其外部引脚如图 8.3 所示。除了电源 V_{CC}、地 GND、未用空引脚 NC 外，其余引脚含义如下。

1. 请求与响应信号

(1) $DREQ_0 \sim DREQ_3$：DMA 请求信号，输入。可以设定为高电平或低电平有效。当外部设备需要请求 DMA 服务时，通过 DREQ 引脚输入请求信号，并一直保持到 8237A 产生 DMA 响应信号。

(2) $DACK_0 \sim DACK_3$：DMA 响应信号，输出。可以设定为高电平或低电平有效。8237A 在获得总线控制权后，根据 DMA 请求和优先级情况，对优先级最高的外部设备发出

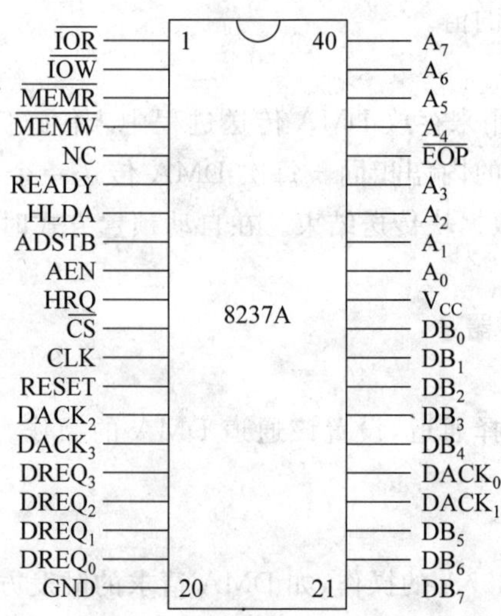

图 8.3　8237A 的引脚排列

DMA 响应信号。

(3) HRQ：总线请求信号，输出，高电平有效。8237A 在有外部设备申请 DMA 传送时，向 CPU 发出总线请求信号，申请总线控制权。

(4) HLDA：总线响应信号，输入，高电平有效。CPU 同意让出总线控制权时，给 8237A 发出的响应信号。

2. DMAC 作为受控器与 CPU 连接信号

(1) $DB_0 \sim DB_7$：数据线，双向，三态。用于 CPU 向 8237A 发送初始化命令，或 DMA 传送结束后 CPU 读取 8237A 状态。

(2) $A_3 \sim A_0$：端口地址选择线，输入。用于对 8237A 内部端口寻址。$A_3A_2A_1A_0$ 的 4 位组合分别表示内部端口的序号(第 00H～0FH)。

(3) $\overline{CS}$：片选信号，输入，低电平有效。片选有效时，8237A 被选通，微处理器可以与 8237A 通信，完成对 8237A 的初始化。

(4) $\overline{IOR}$：I/O 读信号，输入，低电平有效。$\overline{IOR}=0$ 时，CPU 读取 8237A 内部状态寄存器信息。

(5) $\overline{IOW}$：I/O 写信号，输入，低电平有效。$\overline{IOW}=0$ 时，CPU 向 8237A 写初始化命令。

(6) CLK：时钟信号，输入。提供控制 8237A 芯片内部操作和数据传输的基准时钟信号。

(7) RESET：复位信号，输入，高电平有效。使 8237A 恢复到初始状态。

3. DMAC 作为主控器与 I/O 设备和内存的连接信号

(1) $A_0 \sim A_7$：地址线，输出。输出要访问的内存单元地址的低 8 位。

(2) $DB_0 \sim DB_7$：分时复用地址/数据线。在传输地址时，是要访问的内存单元地址的高

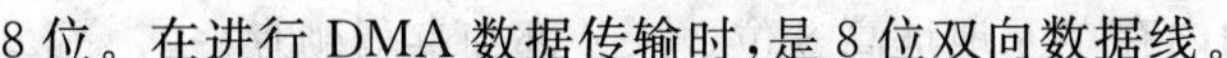

8 位。在进行 DMA 数据传输时，是 8 位双向数据线。

(3) ADSTB：地址选通信号，输出，高电平有效。DMA 传送开始时，ADSTB＝1，把在 $DB_0 \sim DB_7$ 上输出的内存单元地址高 8 位锁存在外部锁存器中。

(4) AEN：地址允许信号，输出，高电平有效。AEN＝1，将外部锁存器中的高 8 位地址送到系统总线，与 8237A 的 $A_0 \sim A_7$ 输出的低 8 位地址，组成 16 位的内存单元地址。

(5) $\overline{MEMR}$：存储器读信号，输出，低电平有效。$\overline{MEMR}$＝0 时，在 8237A 控制下，对内存储器做读操作，内存数据读出到数据总线上。

(6) $\overline{MEMW}$：存储器写信号，输出，低电平有效。$\overline{MEMW}$＝0 时，在 8237A 控制下，对内存储器做写操作，将数据总线上的数据写入内存储器。

(7) $\overline{IOR}$：I/O 读信号，输出，低电平有效。$\overline{IOR}$＝0 时，在 8237A 控制下，对 I/O 设备做读操作，I/O 设备的数据读出到数据总线上。

(8) $\overline{IOW}$：I/O 写信号，输出，低电平有效。$\overline{IOW}$＝0 时，在 8237A 控制下，对 I/O 设备做写操作，将数据总线上的数据写入 I/O 设备。

(9) READY：准备就绪信号，输入，高电平有效。当 I/O 设备数据未准备好时，8237A 需要增加等待周期以等待慢速 I/O 设备准备好。8237A 在等待期间，检测 READY 引脚的状态，若 READY＝0，I/O 设备未准备好，则继续增加等待周期；若 READY＝1，I/O 设备已准备好，则进入下一个周期，完成数据传送。

(10) $\overline{EOP}$：过程结束信号，双向，负脉冲有效。DMA 传送过程结束时，8237A 从 $\overline{EOP}$ 输出一个负脉冲。若从 $\overline{EOP}$ 输入负脉冲信号到 8237A，则终结 DMA 传送。

8.2.3 8237A 的工作时序

8237A 的工作周期分为空闲周期和有效周期。

1. 空闲周期

空闲周期是指 8237A 还没有接收到 DMA 请求时的周期。8237A 复位后就进入空闲周期 S_i。在此周期中，CPU 可对 8237A 作初始化编程。在 8237A 已经初始化之后，8237A 检测 DMA 请求信号 DREQ 的状态。

2. 有效周期

8237A 检测到外部设备的 DMA 请求信号 DREQ 有效，就脱离空闲周期进入有效周期。通常有效周期由 $S_0 \sim S_4$、S_w 周期组成。

(1) S_0：等待总线响应周期。

8237A 检测到外部设备的 DMA 请求信号 DREQ 有效后，向 CPU 发出总线请求信号 HRQ，便进入 S_0 等待总线响应周期。直到 CPU 通过 HLDA 信号线发回响应信号，S_0 周期结束。

(2) S_1：更新高 8 位地址周期。

8237A 进入 S_1 周期后，已经获得了总线控制权。在 S_1 周期中，8237A 发出 ADSTB 和

AEN 信号，通过 $DB_0 \sim DB_7$ 将要访问的内存单元地址高 8 位送入外部锁存器锁存。

(3) S_2：输出 16 位地址和寻址周期。

在 S_2 周期中，8237A 首先向外设送出 DMA 响应信号 DACK，启动外设开始工作。接着，送出外部锁存器的高 8 位地址和 $A_7 \sim A_0$ 地址线上的低 8 位地址，组成 16 位地址输出到系统总线，寻址到内存单元。同时根据数据传送的方向，给数据源发读信号。如果是从内存读数传送到 I/O 设备，则发 $\overline{MEMR}$ 信号；如果是从 I/O 读数据传送到内存，则发 $\overline{IOR}$ 信号。

(4) S_3：写操作周期。

在 S_3 周期中，8237A 发出完成写操作的控制信号。如果数据是从内存传送到 I/O 设备，则将 $\overline{IOW}$ 送外设；如果数据是从 I/O 设备传送到内存，则将 $\overline{MEMW}$ 送内存储器。

(5) S_w：等待就绪周期。

在 S_3 状态结束时，8237A 在时钟周期下降沿检测 READY 引脚的状态。若 READY 为低电平，则外设还没准备就绪，则 8237A 在 S_3 后产生一个 S_w 周期，延续 S_3 周期的各种信号；若 READY 为高电平，就进入 S_4 周期。

(6) S_4：结束本次一个字节传输。

S_4 周期是一个字节传输结束的最后一个周期。如果整个 DMA 数据块传输结束，后面进入 S_i 空闲周期；如果数据块传输还未结束，还要继续进行下一个字节的传输，则再次重复进行 $S_1 \sim S_4$ 的周期。

8.2.4　8237A 的编程

DMA 传送方式中，不需要 CPU 参与数据传送。但是在传送开始前，CPU 需要对 8237A 进行初始化编程，这样 8237A 才能按照设定的方式工作。CPU 也可以读取 8237A 的状态寄存器、暂存寄存器中的数据。

1. 8237A 的端口地址

8237A 内部有 10 种寄存器，有的寄存器共用一个端口地址，在做读和写的时候，访问不同的寄存器。所以 8237A 端口地址有 16 个。8237A 端口选择线 $A_3A_2A_1A_0$ 的组合，分别对应不同的端口地址。表 8.1 是 8237A 端口地址对应的寄存器。

表 8.1　8237A 内部寄存器对应端口地址

端口编号	$A_3A_2A_1A_0$	通道	寄存器	
			读($\overline{IOR}$)	写($\overline{IOW}$)
0	0000	0	读通道 0 的当前地址寄存器	写通道 0 的基本地址寄存器与当前地址寄存器
1	0001	0	读通道 0 的当前字节寄存器	写通道 0 的基本字节寄存器与当前字节寄存器
2	0010	1	读通道 1 的当前地址寄存器	写通道 1 的基本地址寄存器与当前地址寄存器
3	0011	1	读通道 1 的当前字节寄存器	写通道 1 的基本字节寄存器与当前字节寄存器

续表

端口编号	$A_3A_2A_1A_0$	通道	寄存器	
			读($\overline{IOR}$)	写($\overline{IOW}$)
4	0100	2	读通道 2 的当前地址寄存器	写通道 2 的基本地址寄存器与当前地址寄存器
5	0101	2	读通道 2 的当前字节寄存器	写通道 2 的基本字节寄存器与当前字节寄存器
6	0110	3	读通道 3 的当前地址寄存器	写通道 3 的基本地址寄存器与当前地址寄存器
7	0111	3	读通道 3 的当前字节寄存器	写通道 3 的基本字节寄存器与当前字节寄存器
8	1000	公用	读状态寄存器	写命令寄存器
9	1001		—	写请求寄存器
10	1010		—	写单个通道屏蔽寄存器
11	1011		—	写工作方式寄存器
12	1100		—	写清除先/后触发器命令 *
13	1101		读暂存寄存器	写总清命令 *
14	1110		—	写清 4 个通道屏蔽寄存器命令 *
15	1111		—	写置 4 个通道屏蔽命令

注：* 为软件命令。

2. 8237A 的初始化命令字

要完成 8237A 的初始化，必须将所有的初始化命令字送到对应的端口。下面讲解这些命令字。

1) 写工作方式寄存器命令字

工作方式寄存器是 8237A 的第 11 个端口。工作方式寄存器设置 8237A 的工作方式，包括选择通道、设置该通道 DMA 的操作类型、操作方式、地址改变方式、是否自动预置等。其格式如图 8.4 所示。

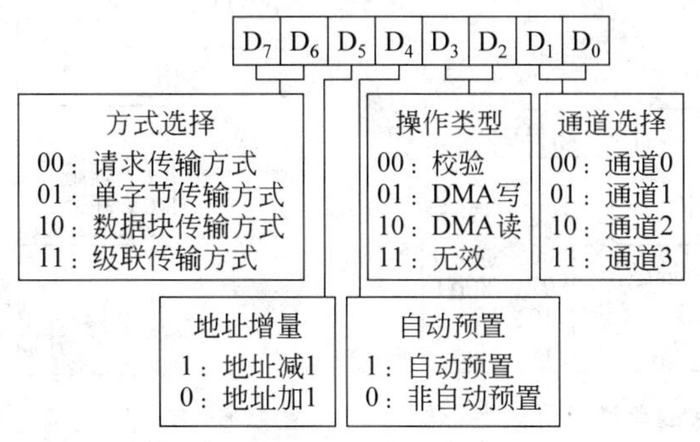

图 8.4 8237A 的工作方式寄存器

D_7D_6：传送方式选择。D_7D_6＝00，请求传输方式；D_7D_6＝01，单字节传输方式；D_7D_6＝10，数据块传输方式；D_7D_6＝11，级联传输方式。

D_5：每传输一个字节后，存储单元地址自动加1还是减1。D_5＝1，地址减1；D_5＝0，地址加1。这位决定了对内存单元的访问顺序。

D_4：是否进行自动预置。D_4＝1，8237A自动预置方式。当完成一个DMA操作，出现$\overline{EOP}$负脉冲时，基本地址寄存器和基本字节寄存器中的值会自动装入当前地址寄存器和当前字节寄存器，为下一次DMA数据传输过程做好准备。D_4＝0，非自动预置方式，需要用指令将基本地址寄存器和基本字节寄存器中的值装入当前地址寄存器和当前字节寄存器。

D_3D_2：设置操作类型。D_3D_2＝00，校验类型操作，实际是空操作，只产生DMA操作的时序信号和地址信号，并不产生对存储器和I/O接口的读/写信号，使外设可利用这些时序信号进行器件测试。D_3D_2＝01，DMA写操作，从I/O接口向内存写入数据。D_3D_2＝10，DMA读操作，从内存储器读出数据送到I/O接口。D_3D_2＝11，无效设置。

D_1D_0：通道选择。D_1D_0＝00，选择通道0；D_1D_0＝01，选择通道1；D_1D_0＝10，选择通道2；D_1D_0＝11，选择通道3。

2）写屏蔽寄存器命令字

屏蔽寄存器用来禁止或允许通道的DMA请求。写屏蔽寄存器命令字有两种格式，即写单个通道屏蔽寄存器（8237A第10个端口）和写4个通道屏蔽寄存器（8237A第15个端口）。

（1）单个通道屏蔽寄存器：每次只能屏蔽一个通道。其格式如图8.5所示。

D_7～D_3：未用。

D_2：屏蔽位。D_2＝1，屏蔽指定通道；D_2＝0，开通指定通道。

D_1D_0：通道选择。D_1D_0＝00，选择通道0；D_1D_0＝01，选择通道1；D_1D_0＝10，选择通道2；D_1D_0＝11，选择通道3。

（2）4个通道屏蔽寄存器：可在一个命令字中指定4个通道的屏蔽情况。其格式如图8.6所示。

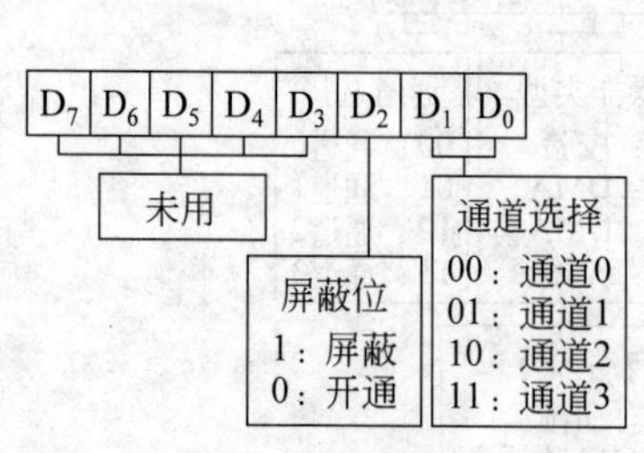

图8.5　8237A的单通道屏蔽寄存器

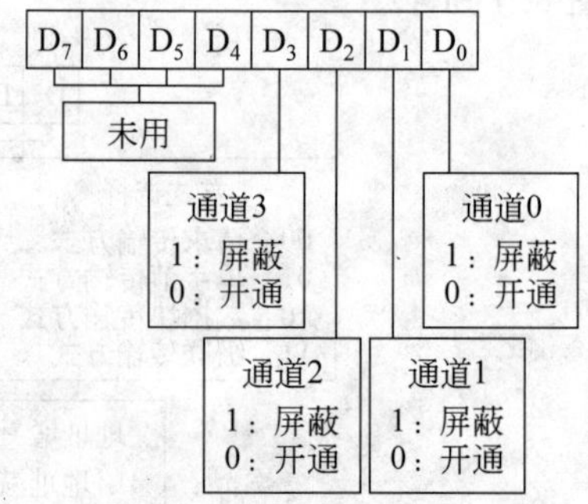

图8.6　8237A的4个通道屏蔽寄存器

D_7～D_4：未用。

D_3：设置通道3的屏蔽情况。$D_3=1$，通道3屏蔽；$D_3=0$，通道3开通。

D_2：设置通道2的屏蔽情况。$D_2=1$，通道2屏蔽；$D_2=0$，通道2开通。

D_1：设置通道1的屏蔽情况。$D_1=1$，通道1屏蔽；$D_1=0$，通道1开通。

D_0：设置通道0的屏蔽情况。$D_0=1$，通道0屏蔽；$D_0=0$，通道0开通。

3）写控制寄存器命令字

控制寄存器是8237A的第8个端口，该寄存器用来控制8237A的操作。其格式如图8.7所示。

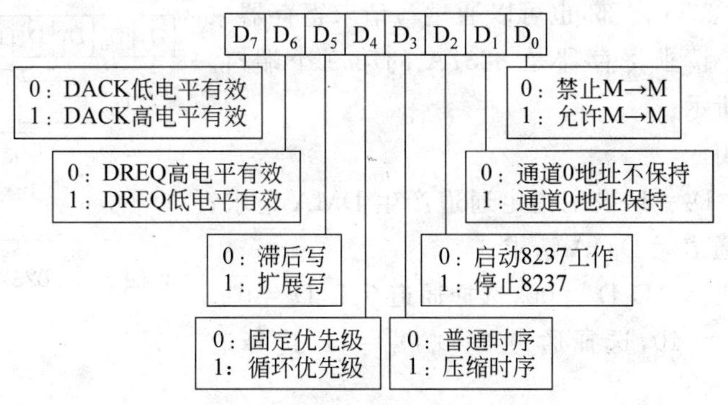

图8.7 8237A的控制寄存器

D_7：设定DACK的有效电平。$D_7=1$，DACK高电平有效；$D_7=0$，DACK低电平有效。

D_6：设定DREQ的有效电平。$D_6=1$，DREQ低电平有效；$D_6=0$，DREQ高电平有效。

D_5：设定写操作时序。$D_5=0$，采用滞后写，表示写脉冲滞后读脉冲一个时钟；$D_5=1$，采用扩展写，表示读、写脉冲同时产生。扩展写增加了写命令的宽度。使用压缩时序（$D_3=1$）时这一位无意义。

D_4：设定通道的优先级方式。$D_4=0$，采用固定优先级方式，$DREQ_0$优先级最高，$DREQ_3$最低。$D_4=1$，采用循环优先级方式，已服务过的通道优先级变为最低，而它的下一个通道的优先级变为最高。

D_3：表示采用的时序类型。$D_3=0$，使用普通时序，每传输一个字节一般需要3个时钟周期。$D_3=1$，使用压缩时序。8237A的压缩时序工作方式，可以将传输一个字节的时间压缩到两个时钟周期。这样可以满足一些高速外设的需要。采用压缩时序时，由于8237A只改变低8位地址，因此传输的字节数限制在256B以内。

D_2：用来启动和停止8237A。$D_2=0$时，启动8237A工作；$D_2=1$时，停止8237A的工作。这位的操作会影响所有通道，一般设为0。

D_1D_0：禁止或允许内存到内存的传输。$D_0=1$，允许内存到内存的传输。内存到内存传输时，首先将源区的数据先送到8237A的暂存寄存器中，然后再将它送到目的区。每次内存到内存的传输要用到两个DMA周期。固定用通道0的基本地址寄存器、当前地址寄存器存放源区首地址，用通道 1 的基本地址寄存器、当前地址寄存器、基本字节寄存器、当前字节寄存器存放目的区首地址和字节数。在 $D_0=1$ 时，如果 $D_1=1$，则传输时通道 0 的当前地址寄存器保持不变，目的区当前地址寄存器进行加 1 或减 1，当前字节寄存器减 1 计数。这样，每次源区取得的是同一个数据传输到整个目的区。在 $D_0=1$ 时，如果 $D_1=0$，则传输时通道 1 的当前地址寄存器自动进行加 1 或减 1，当前字节寄存器自动减 1 计数。$D_0=0$，禁止内存到内存的传输，此时 D_1 没有意义。

4）写请求寄存器命令字

一般情况下，DMA 请求由外部 I/O 设备硬件发出，通过 DREQ 引脚向 8237A 提出 DMA 请求。在 8237A 内部，也可以通过写请求寄存器来启动 DMA 传输。请求寄存器是 8237A 的第 9 个端口。其格式如图 8.8 所示。

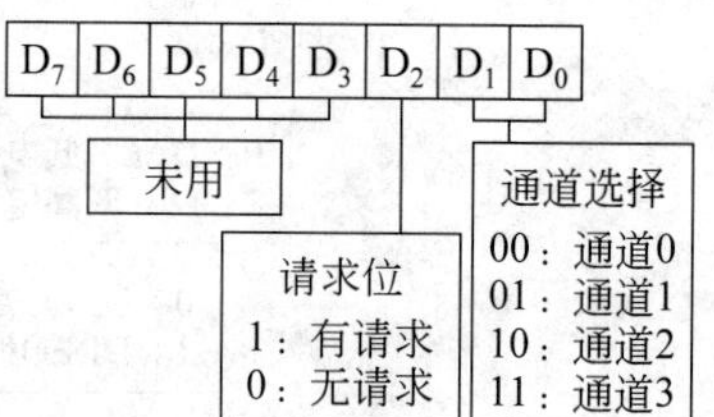

图 8.8　8237A 的请求寄存器

$D_7 \sim D_3$：未用。

D_2：请求位。$D_2=1$，设定指定通道产生 DMA 请求；$D_2=0$，设定指定通道无 DMA 请求。

D_1D_0：通道选择。$D_1D_0=00$，选择通道 0；$D_1D_0=01$，选择通道 1；$D_1D_0=10$，选择通道 2；$D_1D_0=11$，选择通道 3。

用这种方式启动的 DMA 传输，必须是数据块传输方式，在传送结束后，$\overline{EOP}$信号自动清除相应的请求位。

5）总清命令

向 8237A 的第 13 个端口写入任意的数值，会使 8237A 总清，实现和硬件的 RESET 信号相同的功能。总清命令使控制寄存器、状态寄存器、DMA 请求寄存器、暂存器以及先/后触发器都清 0，而使屏蔽寄存器置 1，屏蔽所有的 DMA 请求。

6）清 4 个通道屏蔽寄存器命令

向 8237A 的第 14 个端口写入任意数值，会使 4 个通道的屏蔽位均清 0。

7）清先/后触发器命令

8237A 内部有一个“先/后触发器”。当这个触发器为 0 时，访问 16 位寄存器的低字节；为 1 时，访问高字节。每访问一次寄存器后，这个触发器自动翻转，从 0 变 1 或从 1 变 0。在写基本地址寄存器、基本字节寄存器这种 16 位寄存器之前，将这个触发器清 0，就可以按照先低位字节、后高位字节的顺序写入数据。先/后触发器在 8237A 复位时清 0。通过向 8237A 第 12 个端口写入任意数值，也可以将先/后触发器清 0。

3. 读取状态寄存器

对 8237A 的第 8 个端口进行读操作时，获得的是 8237A 的状态信息。状态寄存器的格式如图 8.9 所示。

D_7：通道 3 是否有 DMA 请求。$D_7=1$，通道 3 有 DMA 请求；$D_7=0$，通道 3 没有 DMA 请求。

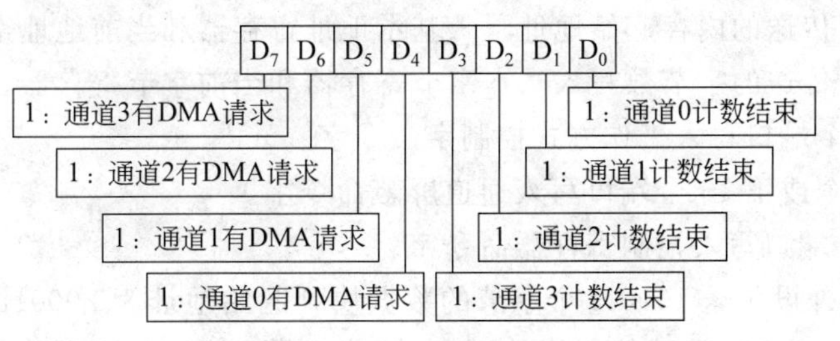

图 8.9 8237A 的状态寄存器

D_6：通道 2 是否有 DMA 请求。$D_6=1$，通道 2 有 DMA 请求；$D_6=0$，通道 2 没有 DMA 请求。

D_5：通道 1 是否有 DMA 请求。$D_5=1$，通道 1 有 DMA 请求；$D_5=0$，通道 1 没有 DMA 请求。

D_4：通道 0 是否有 DMA 请求。$D_4=1$，通道 0 有 DMA 请求；$D_4=0$，通道 0 没有 DMA 请求。

D_3：通道 3 是否计数结束。$D_3=1$，通道 3 计数结束；$D_3=0$，通道 3 没有计数结束。

D_2：通道 2 是否计数结束。$D_2=1$，通道 2 计数结束；$D_2=0$，通道 2 没有计数结束。

D_1：通道 1 是否计数结束。$D_1=1$，通道 1 计数结束；$D_1=0$，通道 1 没有计数结束。

D_0：通道 0 是否计数结束。$D_0=1$，通道 0 计数结束；$D_0=0$，通道 0 没有计数结束。

4. 通道地址寄存器和字节寄存器访问

每个通道内部有基本地址寄存器、当前地址寄存器、基本字节寄存器和当前字节寄存器。

对 8237A 的第 0、2、4、6 个端口分别做写操作，是分别将 DMA 传送的内存起始地址送入对应通道的基本地址寄存器和当前地址寄存器。在传输过程中，当前地址寄存器的值在自动加 1 或减 1。对这些端口做读操作，是读取对应通道的当前地址寄存器的值。

对 8237A 的第 1、3、5、7 个端口分别做写操作，是分别将 DMA 传送的字节数送入对应通道的基本字节寄存器和当前字节寄存器。在传输过程中，当前字节寄存器的值在自动加 1 或减 1。对这些端口做读操作，是读取对应通道的当前字节寄存器的值。

5. 读取暂存寄存器

暂存寄存器用于内存到内存的 DMA 数据传送，暂时保存从源地址读出的数据。暂存寄存器是 8237A 的第 13 个端口。读取暂存寄存器，可以读出内存到内存传送时的最后一个数据。

8.3 8237A 的应用举例

8237A 初始化编程的步骤如下。

(1) 向第 13 个端口发送总清命令。

(2) 将 DMA 传送的内存起始地址写入基本地址寄存器和当前地址寄存器。

(3) 将 DMA 传送的字节数写入基本字节寄存器和当前字节寄存器。

(4) 向第 11 个端口写入工作方式控制字命令字。

(5) 向第 10 个或第 15 个端口写入通道屏蔽命令字。

(6) 向第 8 个端口写入控制寄存器命令字。

例 8-1 从某外设传送 1000H 个字节的数据块到起始地址为 2000H 的内存区域中,利用 8237A 的通道 1 完成,采用数据块传送方式,自动增量,非自动预置。外设的 DREQ 和 DACK 都设为高电平有效。8237A 端口地址为 50H～5FH。

解 端口地址分析。8237A 的端口地址为 50H～5FH,查表 8.1 可知,写总清命令端口是 5DH;通道 1 的基本地址寄存器和当前地址寄存器端口地址为 52H;通道 1 的基本字节寄存器和当前字节寄存器端口地址为 53H;工作方式控制字端口为 5BH;单个通道屏蔽寄存器端口地址为 5AH;控制寄存器端口地址为 58H。

程序如下。

```
CODE   SEGMENT
       ASSUME   CS:CODE
START:
       OUT     5DH,AL                   ;写总清命令
       MOV     AL,00H                   ;写基本地址寄存器和当前地址寄存器的低 8 位
       OUT     52H,AL
       MOV     AL,20H                   ;写基本地址寄存器和当前地址寄存器的高 8 位
       OUT     52H,AL
       MOV     AL,00H                   ;写基本字节寄存器和当前字节寄存器的低 8 位
       OUT     53H,AL
       MOV     AL,10H                   ;写基本字节寄存器和当前字节寄存器的高 8 位
       OUT     53H,AL
       MOV     AL,85H                   ;写工作方式控制字,数据块传送方式,自动增量
                                        ;非自动预置,DMA 写,通道 1
       OUT     5BH,AL
       MOV     AL,01H                   ;写单个屏蔽寄存器,使通道 1 不屏蔽
       OUT     5AH,AL
       MOV     AL,0A0H                  ;写控制寄存器,DACK 高电平有效
                                        ;DREQ 高电平有效,扩展写
                                        ;固定优先,普通时序,启动 8237A,非内存到内存传送
       OUT     58H,AL
CODE   ENDS
       END     START
```

例 8-2 8237A 端口地址为 00H～0FH。把内存中 SOURCE 单元开始的 2000 字节数

据传送到 DST 单元开始的区域。

解 内存到内存的数据传送，要通过 8237A 的通道 0 取得源区数据，暂存在暂存寄存器中，再通过通道 1 传送到目的区。暂存寄存器中存放的是最后一个字节的数据。

程序如下。

```
CODE  SEGMENT
      ASSUME  CS:CODE
START:
      OUT    0DH,AL                    ;写总清命令
      LEA    AX,SOURCE                 ;源数据区首地址
      OUT    00H,AL                    ;写通道 0 基本地址寄存器、当前地址寄存器
      MOV    AL,AH
      OUT    00H,AL
      MOV    AX,OFFSET DST             ;写通道 1 基本地址寄存器、当前地址寄存器
      OUT    02H,AL
      MOV    AL,AH
      OUT    02H,AL
      MOV    AX,2000                   ;写通道 1 基本字节寄存器、当前字节寄存器
      OUT    03H,AL
      MOV    AL,AH
      OUT    03H,AL
      MOV    AL,01                     ;控制字命令字,内存到内存传送
      OUT    08H,AL
      OUT    0CH,AL                    ;清先/后触发器
      MOV    AL,88H                    ;方式命令字,通道 0 为块传送,DMA 读
      OUT    0BH,AL
      OUT    0CH,AL                    ;清先/后触发器
      MOV    AL,85H                    ;方式命令字,通道 1 为块传送,DMA 写
      OUT    0BH,AL
      OUT    0CH,AL                    ;清先/后触发器
      MOV    AL,0CH
      OUT    0FH,AL                    ;屏蔽通道 2 和通道 3
      OUT    0CH,AL                    ;清先/后触发器
      MOV    AL,04H
      OUT    09H,AL                    ;向通道 0 发 DMA 请求
CODE  ENDS
      END    START
```

8.4 PC中的DMA应用

PC中为了实现DMA方式传送,除了有DMA控制器外,还需要有其他配套芯片组成一个完整的DMA传输系统。因为8237A只能输出A_0～A_{15}共16条地址线,而PC中的系统地址总线有20位,所以需要用到一组4位的页面寄存器,用来产生DMA通道的高4位地址A_{16}～A_{19},它与8237A输出的16位地址一起组成20位地址线,用来访问存储器的全部存储单元。

图8.10所示是PC系列DMA系统逻辑框图。

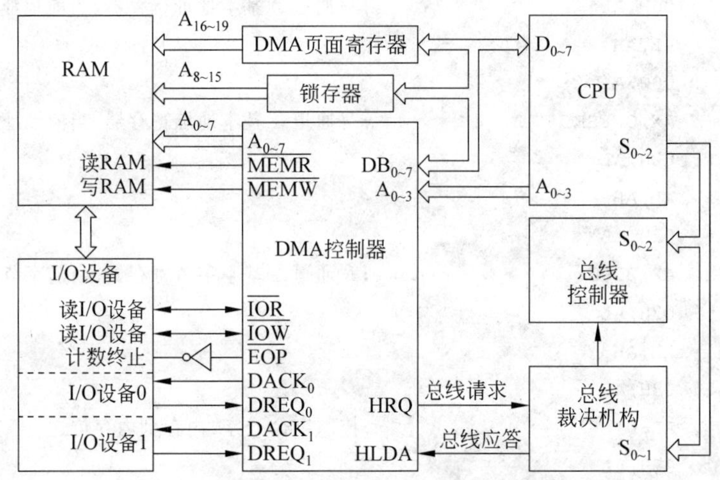

图8.10 PC系列DMA系统逻辑

在PC/XT机中,采用一片8237A芯片、一个页面寄存器构成DMA系统。支持4个通道DMA传送,每次DMA传送最多为64KB,可在1MB内存空间范围寻址。其中通道0用于动态存储器DRAM刷新;通道1为用户保留或用于网络数据链路控制卡使用;通道2用于内存与软盘的高速数据交换;通道3用于内存与硬盘的高速数据交换。

在PC/AT机中,采用两片8237A芯片,可支持7个通道DMA传送。主片8237A的通道2为内存与软盘的高速数据交换,其他通道都未用。从片8237A的通道0用作级联,其他通道均保留使用。主片8237A的1～3通道按8位数据传送,最大传送64KB;主片8237A通道0和从片通道1、2、3按16位数据进行DMA传送的,每次DMA传送最大为64KB。

在微机系统的设备管理器中,可以看到系统中的DMA设备。在设备的属性中可以查到DMA通道号和端口地址,如图8.11所示。

例8-3 在PC上,实现利用DMA系统接收某外部设备数据包并存入内存缓冲区。

解 在设备管理器中查得8237A端口地址00H～0FH,页面寄存器地址83H。除了对DMA控制器8237A的初始化,还要向页面地址寄存器写入高4位地址值。设内存缓冲区

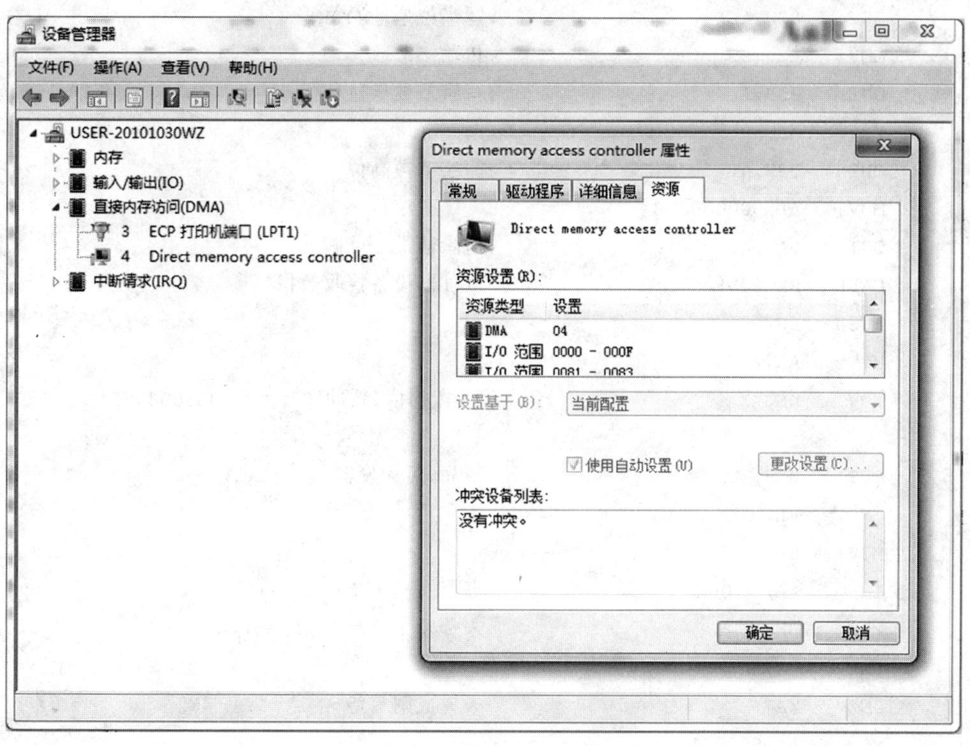

图 8.11 PC 上 DMA 系统信息

地址为 2100:0030H，传送数据块长度 200B。设 RECEIVE 子程序是启动外部设备获得数据的子程序。利用通道 1 传送数据。

程序如下。

```
CODE  SEGMENT
      ASSUME  CS:CODE
START:
      MOV    AL,00000100B          ;检测前,先禁止 8237A 的工作
      OUT    08H,AL                ;命令字送命令寄存器
      OUT    0DH,AL                ;写总清命令
      MOV    AL,00000101B          ;请求传输,地址增加,非自动预置,写传输
      OUT    0BH,AL                ;方式命令字
      MOV    AL,02H
      OUT    83H,AL                ;页面地址=02H
      OUT    0CH,AL                ;清先/后触发器
      MOV    AL,30H
      OUT    02H,AL                ;写低位地址(30H)
      MOV    AL,10H
```

```
        OUT     02H,AL                    ;写高位地址(10H)
        MOV     AX,199                    ;传输字节数
        OUT     03H,AL                    ;写字节数低位
        MOV     AL,AH
        OUT     03H,AL                    ;写字节数高位
        MOV     AL,00000001B
        OUT     0AH,AL                    ;清除通道 1 屏蔽
        CALL    RECEIVE                   ;从外部设备接收数据
        PUSH    DS
        MOV     AX,2103H
        MOV     DS,AX                     ;DS 置初值,缓冲区首地址 DS:0000H
WAIT:
        OUT     0CH, AL                   ;清先/后触发器
        IN      AL, 03H
        MOV     BL,  AL
        IN      AL,   03H
        MOV     BH,   AL                  ;未传输字节数送 BX
        CMP     BX,0
        JNZ     WAIT                      ;未完成则等待
        MOV     AL,00000101B
        OUT     0AH,AL                    ;完成后屏蔽通道 1
        POP     DS
CODE    ENDS
        END     START
```

8.5 实验项目

8.5.1 PC DMA 实验项目

1. 实验内容

在控制面板中对 PC 中的硬盘、光驱等设备开启 DMA 传送模式,改善这些设备的数据传输效率。

2. 实验步骤

在 Windows 操作系统下,打开【设备管理器】,在左侧的树型列表中选择【IDE ATA/ATAPI 控制器】下的 ATA Channel 0 选项,并右键单击,弹出【ATA Channel 0 属性】对话框,选择【高级设置】选项卡,在【设备属性】框中选中【启用 DMA】复选框。操作界面如图 8.12 所示。

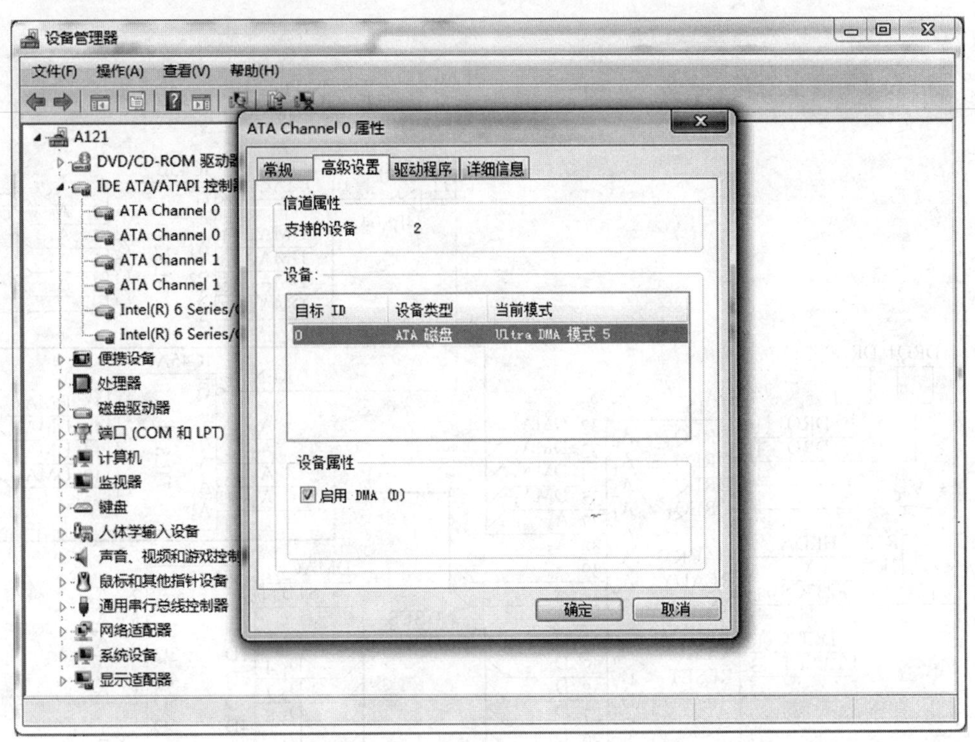

图 8.12 在设备属性中启用 DMA

8.5.2 EL 实验机 DMA 实验项目

1. 实验原理

EL 实验机上的 DMA 电路由一片 8237A、一片 74LS245、一片 74LS373、一片 74LS244 组成。DRQ_0、DRQ_1 是 DMA 请求插孔，$DACK_0$、$DACK_1$ 是 DMA 响应信号插孔。74LS373 提供 DMA 期间高 8 位地址的锁存，低 8 位地址由端口 A_0～A_7 输出。74LS245 提供高 8 位存储器的访问通道。DMA_0～DMA_3 是 CPU 对 8237 内部寄存器访问的通路。原理如图 8.13 所示。

2. 实验内容

用 DMA 方式将内存 02000H 到 020FFH 共 100H 个字节的数据传送到自 02100H 起的 100H 个单元里。

3. 实验步骤

(1) 实验连线。系统中大多数信号线都已连接好，只需设计部分信号线的连接。将 8237A 的片选信号与端口地址译码器的一个输出相接，确定其端口地址范围。可以根据实现原理，灵活设计连接方式。在图 8.14 所示的系统逻辑示意图中，用虚线给出了一种连接方式。

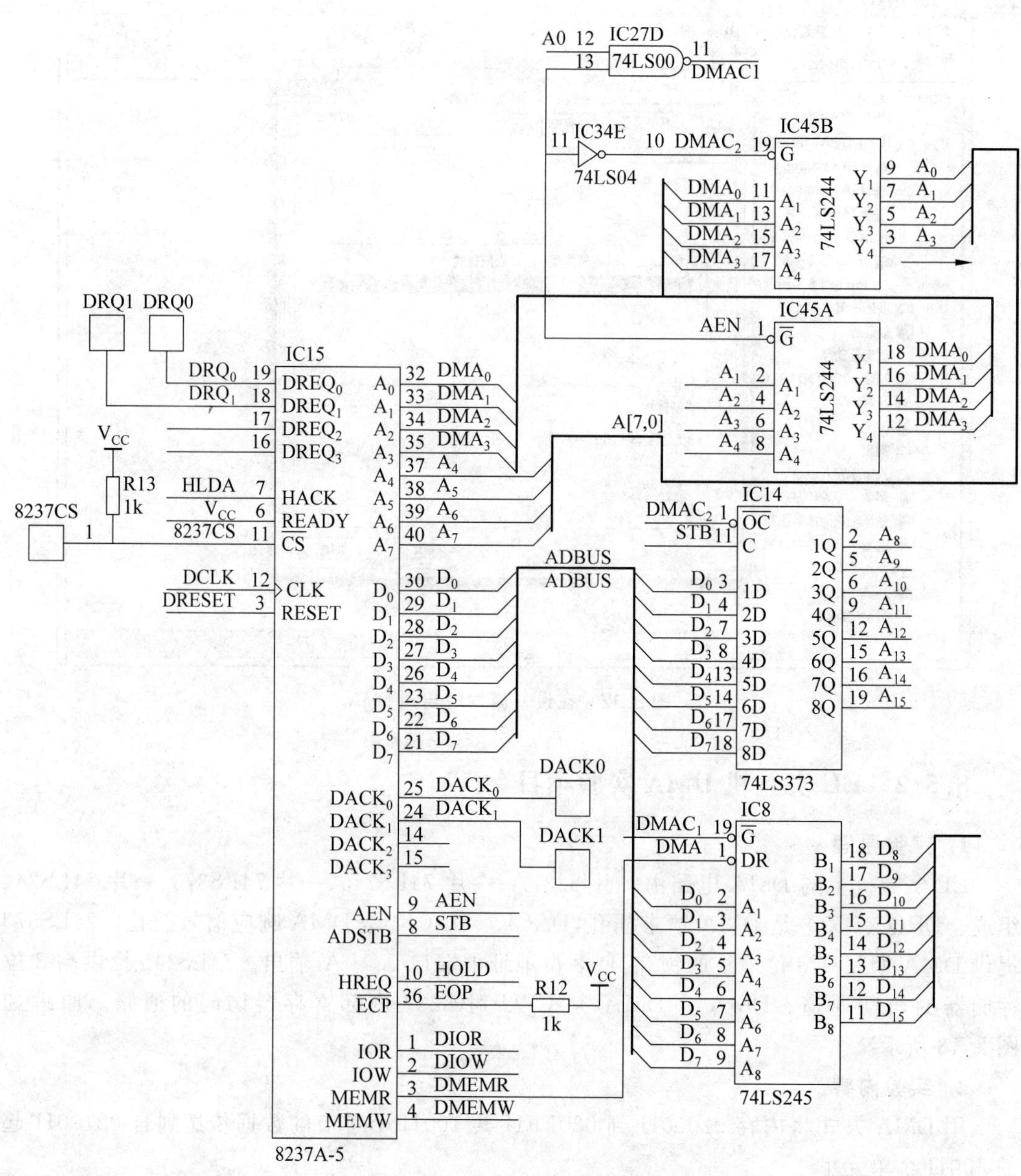

图 8.13 EL 实验机 DMA 传输电路

(2) 根据图 8.15 所示的流程图,编程运行,并观察实验结果。

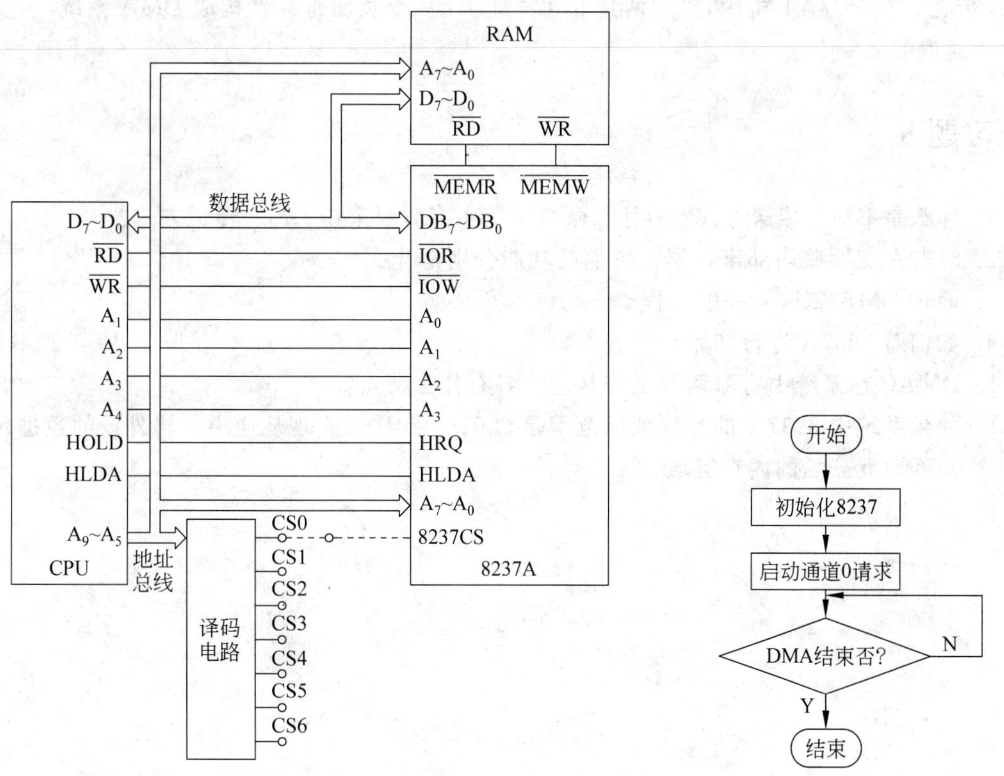

图 8.14　EL 实验机 DMA 实验系统逻辑图

图 8.15　EL 实验机 DMA 实验流程图

8.6 本章小结

DMA 传送方式实现高速外设和内存储器的直接数据交换,不需要 CPU 参与数据传送,这样大大提高了系统的传输速度。DMA 方式中完成数据传送过程控制的硬件称为 DMA 控制器(Direct Memory Access Controller,DMAC)。

本章介绍了 DMA 系统硬件构成部件及工作过程。在 CPU 对 DMAC 进行传送前的预处理设置时,DMAC 是 CPU 的一个外部接口芯片,称为受控器。当 DMAC 获得总线控制权以后,控制外部 I/O 设备和内存储器之间的数据传输,这时的 DMAC 是主控器。DMA 的传送方式有 4 种,即单字节传输方式、数据块传输方式、请求传输方式和级联传输方式。每种方式有不同的特点,适用于不同的场合。

本章重点介绍了可编程 DMA 控制器 8237A。8237A 有 4 个通道和一个公共控制部分。8237A 内部有 10 种寄存器,占用 16 个端口地址。在 DMA 传送开始前,CPU 需要对 8237A 进行初始化编程。CPU 也可以读取 8237A 的状态寄存器、暂存寄存器中的数据。

在 PC/XT 机中，采用一片 8237A 芯片、一个页面寄存器构成 DMA 系统，支持 4 个通道 DMA 传送。在 PC/AT 机中，采用两片 8237A 芯片、一个页面寄存器构成 DMA 系统，可支持 7 个通道 DMA 传送。

习题 8

1. 什么是 DMA 传送方式？为什么微机系统中有时要采用 DMA 传送方式？
2. 8237A 有哪些内部寄存器？它们的功能分别是什么？
3. 简述 DMA 传送的一般过程。
4. 如何对 8237A 进行初始化编程？
5. DMAC 在系统中有哪两种工作状态？各有什么特点？
6. 如果系统中 8237A 的片选地址范围是 200H～20FH，实现从通道 2 将外设的数据传送到 8000H 单元开始的内存区域。

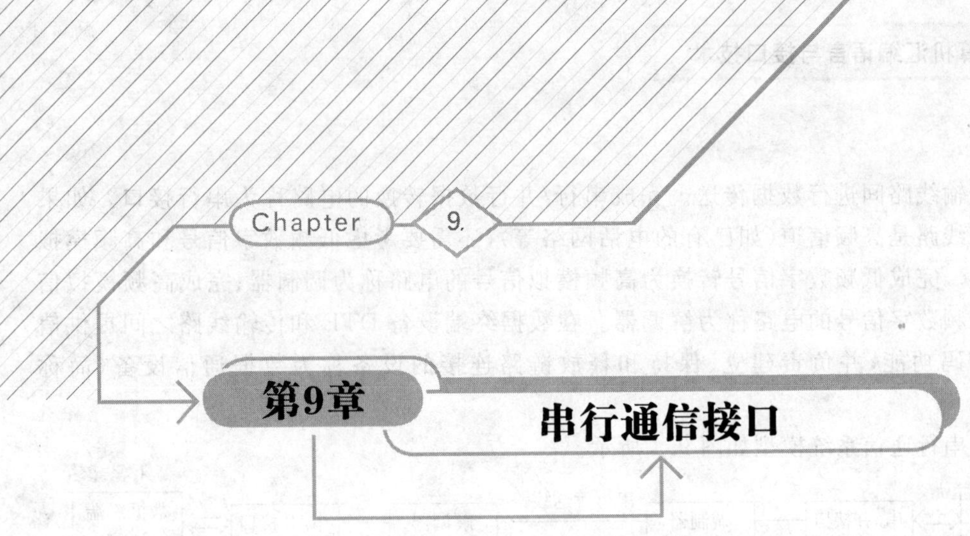

第9章 串行通信接口

本章学习目标

- 掌握串行通信的基本概念；
- 了解串行通信异步/同步通信协议；
- 熟悉 RS-232C 串行通信标准；
- 掌握可编程串行接口芯片 8251A 和 INS8250 的内部结构及引脚；
- 掌握可编程串行接口芯片 8251A 和 INS8250 的初始化编程方法；
- 掌握串行通信系统的软、硬件设计方法。

本章首先向读者介绍串行通信的基本概念，然后介绍可编程串行接口芯片 8251A 的结构及初始化编程方法，最后介绍串行通信系统设计的实例。

9.1 串行通信的基本概念

数据在传送线路上一位一位按顺序串行传送，这种传送方式是串行传送方式。数据串行传送虽然速度比并行慢，但是串行传送只需一根传输线，还可以利用现有的电话网络(电话线)实现远程通信，硬件电路简单、成本低；并且串行传送避免了并行信号传输时的线间串扰问题。因此，在长距离、中低速率的通信系统中，串行传输是主要的通信方式。

9.1.1 串行通信系统模型

串行通信的目的是为了将信源(起始地)的数据传送到信宿(目的地)。在数据通信系统中，用于发送和接收数据的设备，称为数据终端设备(简称 DTE)。

如果数据终端设备是计算机类的并行数字设备，则还要考虑信号形式转换问题。因为计算机主机(CPU 和内存)中数据是并行的，必须要有实现并行/串行转换的接口电路，才能在主机和传输线路间进行数据传送。完成串行/并行数据转换的电路称为串行接口。如果采用的传输线路是高频信道(如已有的电话网络等),还需要考虑低频数字信号和高频模拟信号的转换。完成低频数字信号转换为高频模拟信号的电路称为调制器;完成高频模拟信号转换为低频数字信号的电路称为解调器。在数据终端设备 DTE 和传输线路之间提供信号变换和编码功能,并负责建立、保持和释放链路连接的设备称为数据通信设备(简称 DCE)。

典型的串行通信系统模型如图 9.1 所示。

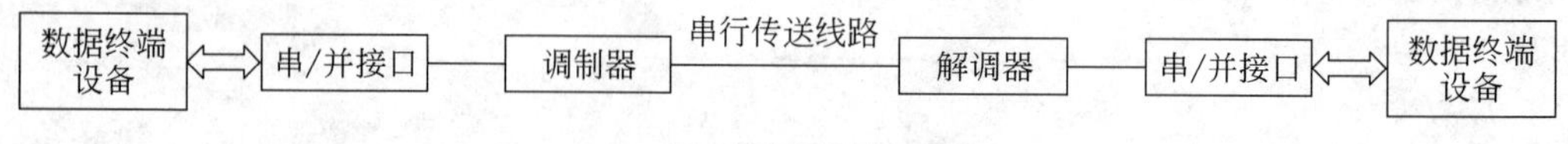

图 9.1 串行通信系统模型

在串行通信中,按照在同一时刻数据传输的方向,传送方式可分为单工方式、半双工方式和全双工方式。

(1) 单工方式。发送方数据终端设备 DTE 只具有发送能力,接收方数据终端设备 DTE 只具有接收能力,数据只能从发送方传送到接收方。

(2) 半双工方式。收、发双方数据终端设备 DTE 均具备发送和接收的能力,但因为只有一根数据线,所以同一时刻只能进行一个方向的数据传送。

(3) 全双工方式。收、发双方数据终端设备 DTE 通过两根数据线通信,支持在两个方向同时传送数据。

9.1.2 串行通信协议

在串行通信中,数据发送方和接收方必须共同遵守基本的通信规程,才能保证通信的顺利进行。这些规程称为通信协议。串行通信协议一般包括以下内容。

- 波特率:双方约定进行数据发送和接收的速率。
- 数据格式(帧格式):双方约定串行通信的数据格式,其中包含数据位和辅助控制信息位的格式和定义。
- 帧同步:接收方用于获知一批数据的开始和结束。
- 位同步:接收方用于从数据流中正确采样到每位数据。
- 差错校验方式:接收方用于判断收到数据的正确性。

1. 串行通信的速率

在串行通信中,衡量数据传输速率的指标有波特率和比特率。

波特率是信号被调制以后在单位时间内传送的码元个数,单位是 bout/s。比特率是指每秒传送的二进制位数,单位是 bit/s,简写为 b/s。如果码元采用二进制编码,则波特率和比特率相同。

例 9-1 某计算机通信系统中,每秒传输 120 个字符,每个字符包含 10 位二进制数,则波特率=比特率=120×10=1200 波特。

国际上规定了一个标准的波特率系列。常用的波特率有110波特、300波特、600波特、1200波特、1800波特、2400波特、4800波特、9600波特和19200波特。例如，串行打印机由于其机械装置速率较慢，通信速率常设定在110波特；点阵式打印机由于其内部有较大的数据缓冲器，通信速率常设定在2400波特；大多数CRT显示器的通信速率设定在9600波特。

2. 收/发时钟频率

在串行通信中，收、发双方必须要有一致的时钟脉冲信号来对传送的数据进行定位和同步控制。发送方需要时钟来确定发送每一位的时间长度，接收方需要时钟来确定检测每一位的时间长度。

收/发时钟频率和波特率之间的关系为

$$收/发时钟频率=n\times波特率$$

式中，n为波特率因子或波特率系数，其值可以为1、16、32或64。

3. 异步串行通信协议

异步串行通信中，数据是以字符为一个独立的信息单位进行传送，每次传送用起止位标识字符传送的开始和结束。两次字符传输的时间间隔可以是任意的。通信双方使用各自的时钟信号来控制发送和接收操作。

由于异步通信中收、发双方使用各自的时钟信号工作，若时钟频率等于波特率，双方的时钟频率稍有偏差或初始相位不同就容易产生接收错误。因此，在异步通信中，为了提高抗干扰能力，往往采用较高频率的时钟信号，如波特率16倍频或64倍频。

异步串行通信在传送一个字符时，从开始位到结束位间的信号信息，称为一帧。一帧数据一般包含起始位、数据位、校验位、停止位4个部分。异步串行通信帧格式如图9.2所示。

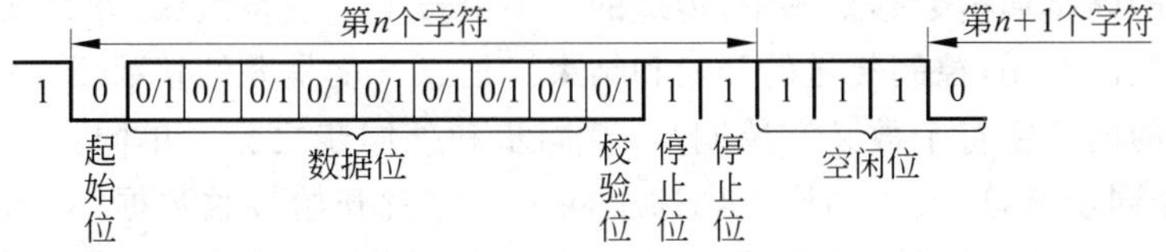

图9.2　异步串行通信的帧格式

(1) 起始位。

在没有字符传输时，串行传输线路上发送连续的"1"，此时的"1"称为空闲位。字符传输以一位"0"开始，这一位"0"被称为起始位。起始位在接收方被检测到以后，便可以确定一帧数据开始了。

(2) 数据位。

起始位后面紧跟着发送要传送的数据。数据的编码和位数由双方约定，可以是5～8位。传送数据时，先送低位再送高位。

(3) 校验位。

在异步串行通信中，收、发双方可以根据需要约定是否设置校验以及校验的方法。如果设置了校验方式，则在数据位后面要紧跟发送校验位。目前大多采用奇偶校验法。

(4) 停止位。

停止位是紧跟在校验位或不采用校验时的数据位之后发送的高电平。收、发双方可以约定停止位是1位、1.5位或2位。接收方检测到停止位,则可以确定一个字符传送结束。

例 9-2 在某计算机通信系统中,收、发双方约定采用异步串行通信方式,数据格式为8位数据位,奇校验,2位停止位。画出传送字符"A"时通信线路上的波形。

解 计算机内表示字符"A"用ASCII码。所以要传送字符"A",即是传送"A"的ASCII编码01000001B。传送字符时,以1位起始位0开始,接着数据位先低后高传送,再加上奇校验位1,最后是两位停止位11。通信线路上的信号波形如图9.3所示。

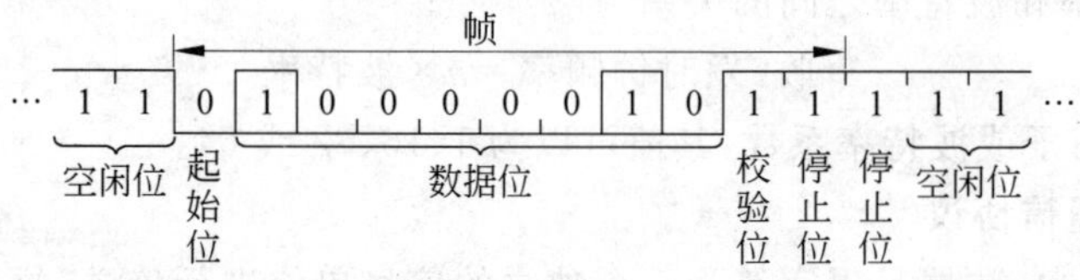

图 9.3 例 9-2 波形

4. 同步串行通信协议

同步串行通信是收、发双方采用同一个时钟同步,并且在发送数据时,以一串特定的二进制序列标志传送的开始。

同步串行通信协议有面向字符的同步通信数据格式和面向比特的同步通信数据格式两种。

1) 面向字符的同步通信数据格式

面向字符的同步通信数据格式中,传送的一帧由若干个字符组成,并且规定了若干同步字符作为传输控制专用,控制传送的开始和结束。信息长度是8的整数倍。

根据采用的同步字符个数又有单同步、双同步和外同步之分。单同步是在传输数据块之前,传输一个同步字符,接收端检测到这个同步字符就开始接收数据;双同步是在传输数据块之前,传输两个同步字符,接收端要检测到两个同步字符后才开始接收数据;外同步是数据格式中没有同步字符,而是采用一条专用的控制线来通知串行接口进行数据接收。

2) 面向比特的同步通信数据格式

面向比特的同步通信数据格式中,被传送的一帧数据可以是任意位的,由特定的二进制位组合控制传输的开始和结束,信息长度可变。例如,在IBM同步数据链路规程SDLC中,采用01111110标志数据传输的开始。

同步串行通信中,都有两个字节的循环冗余校验码(CRC码)。因为同步串行通信是一次连续发送一批数据,所以要采用具有纠错能力的循环冗余校验方式,避免因为数据错误而重新发送。

同步串行通信中数据格式示意如图9.4所示。

同步串行通信中,要求收、发双方的时钟要同频同相,不能有误差。在近距离传送时,如几百米到数千米,可以在传输线中增加一条时钟线,以确保收、发双方使用同一时钟。在数

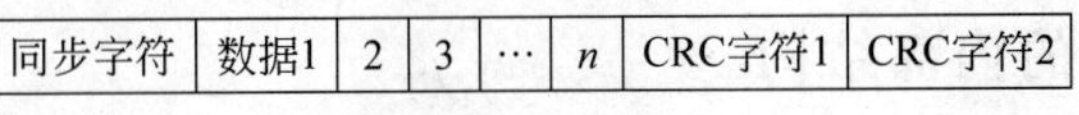

(a) 单同步数据格式

同步字符1	同步字符2	数据1	2	…	n	CRC字符1	CRC字符2

(b) 双同步数据格式

标志	地址	控制	数据1…n	CRC字符1	CRC字符2	标志

(c) SDLC/HDLC数据格式

数据1	2	3	4	5	…	n	CRC字符1	CRC字符2

(d) 外同步数据格式

图 9.4　同步串行通信数据格式示意

公里以上的远距离通信中，则可以通过调制解调器从数据流中提取同步信号，以得到与发送方完全同频同相的时钟。

例 9-3　在串行通信中，设通信系统传输波特率为 1200bout/s。分别采用异步串行通信和同步串行通信，比较传输 120 个字符的时间。设采用异步串行通信时，一个字符 1 位起始位、8 位数据位、1 位奇校验位、2 位停止位。同步串行通信时，采用面向字符的双同步数据格式。

解　异步串行通信时，一个字符传送的一帧有 12 位，120 个字符传送共 12×120＝14400 位。传输时间＝信息位数/波特率＝14400/1200＝1.2(s)。

同步串行通信时，一帧数据有两个同步字符，120 个数据字符，两个 CRC 循环码字符，每个字符 8 位，则共 992 位。传输时间＝信息位数/波特率＝992/1200＝0.8267(s)。

由于异步通信的每个字符都要加控制信息，因此数据传输效率不高，一般适用于数据量较小、传输率较低的场合。在高速传送时，往往采用同步通信。

9.2　可编程串行接口芯片 8251A

在微型计算机内部的并行数据，需要经过串行接口，完成数据串/并转换，才能与外部串行设备或串行通信线路连接。常用的串行接口芯片有 Intel 公司的 8250 和 8251、美国半导体公司的 166560 以及 Motorola 公司的 ACIA 等。

Intel 8251A 是一种可编程的通用同步/异步接收发送器(USART)。可以工作在同步或异步串行通信方式。工作在同步方式时，波特率为 0～64kbout/s；工作在异步方式时，波特率为 0～19.2kbout/s；具有独立的发送器和接收器，能以单工、半双工和全双工方式进行通信。

9.2.1 8251A 的内部结构

8251A 的内部结构如图 9.5 所示，主要由发送器、接收器、数据总线缓冲器、读/写控制电路、调制解调电路 5 个部分组成。

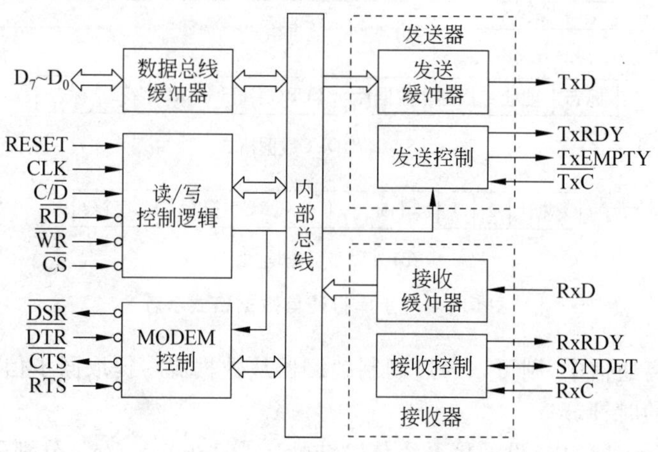

图 9.5 8251A 的内部结构

1. 发送器

发送器包括发送缓冲器和发送控制电路。发送缓冲器中包括并行锁存器和移位寄存器。并行锁存器中锁存要发送的并行数据。发送控制电路用来控制和管理所有的发送操作。

如果采用异步串行通信方式，则发送控制电路控制发送缓冲器引脚 TxD 上输出起始位 0，再控制移位寄存器将并行数据逐位移位输出到引脚 TxD 上，最后再产生校验位和停止位输出到引脚 TxD 上。

如果采用同步串行通信方式，发送控制电路要控制发送缓冲器引脚 TxD 上逐位输出同步字符（或特定二进制组合），再控制移位寄存器，将并行数据逐位移位输出到引脚 TxD 上，最后产生 CRC 校验码逐位输出到引脚 TxD 上。如果传送开始后，发送缓冲器中为空，则发送控制电路自动补上同步字符。在同步通信中，两个字符之间不允许有间隔，这一点是不同于异步通信的。

2. 接收器

接收器包括接收缓冲器和接收控制电路。接收控制电路用来控制和管理所有的接收操作。从外部 RxD 引脚接收的串行数据，在接收控制电路的控制下，组装成并行数据，然后送到接收缓冲器中。

如果采用异步串行通信方式，8251A 在允许接收和准备好接收数据时，会一直检测 RxD 引脚。当 RxD 引脚信号由高电平变为低电平时，则判断为起始位到来，数据传输开始。接收控制电路接收串行的数据位，并组装成并行数据置入接收缓冲器中。

如果采用同步串行通信方式，8251A 在允许接收和准备好接收数据时，会一直检测 RxD 引脚。对 RxD 引脚上的信号每收到一位，便与约定的同步字符比较。若未检测到同步字符，则继续检测。若检测到同步字符，则 SYNDET 引脚置 1，表明检测到同步字符。同时在接收时钟 RxC 的同步下开始移位 RxD 线上的数据，按照约定的数据位数组装成并行数据，送至接收缓冲器中。

3. 数据总线缓冲器

数据总线缓冲器是一个 8 位、双向、三态的缓冲器，是 8251A 与 CPU 之间的信息通道。

4. 读/写控制逻辑

读/写控制逻辑对 CPU 送来的信号进行内部译码，产生 8251A 的控制操作信号，包括片选、读/写信号等。

5. MODEM 控制

MODEM（调制解调）控制电路用于提供 8251A 与调制解调器的连接信号。如果不连调制解调器，调制解调电路产生的信号也可以作为与其他外设的联络信号。

9.2.2　8251A 的外部引脚

8251A 是 28 引脚的双列直插式封装芯片，其各引脚排列如图 9.6 所示。下面介绍各引脚功能。

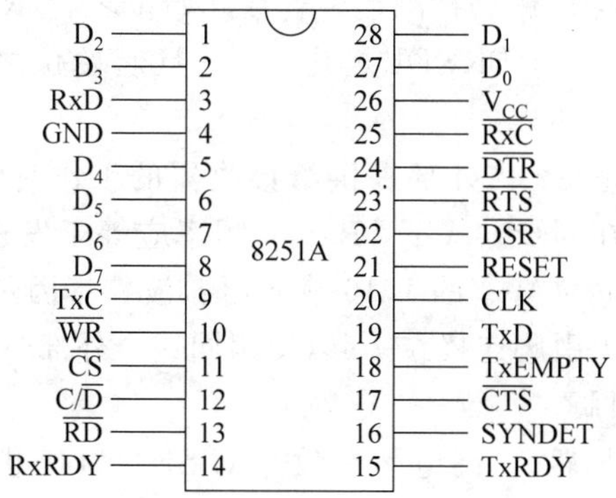

图 9.6　8251A 的引脚排列

1. 数据缓冲器引脚

$D_7 \sim D_0$：8 位双向数据线。用于与 CPU 系统总线相连，传送数据、命令或状态信息。

2. 发送器引脚

(1) TxD：数据发送线，输出。8251A 将并行数据经过移位转换成串行数据逐位在 TxD 上输出。

(2) TxRDY：发送器准备就绪信号，输出，高电平有效。TxRDY＝1 时，表明发送缓冲器为空；TxRDY＝0 时，表明发送缓冲器中还有数据未发送完成。CPU 可以通过查询这个引脚，来确定能否写入新的数据。在中断方式下，此信号可作为中断请求信号去通知 CPU

发送新数据。

(3) TxEMPTY：发送器空闲信号，输出，高电平有效。TxEMPTY=1，则发送移位寄存器空；TxEMPTY=0，则发送移位寄存器满。

(4) $\overline{TxC}$：发送时钟，输入。由外部提供给发送器的工作时钟。$\overline{TxC}$上的时钟频率，确定了 8251A 的发送速率。在同步方式下，$\overline{TxC}$的频率应等于发送数据的波特率；在异步方式下，$\overline{TxC}$的频率可以是发送波特率的 1、16 或 64 倍，波特率因子可以在程序中设定。

3. 接收器引脚

(1) RxD：数据接收线，输入。外部串行数据经过此引脚逐位进入接收移位寄存器中，组装成并行数据后置入接收缓冲器中。

(2) RxRDY：接收器准备就绪信号，输出，高电平有效。RxRDY=1，接收缓冲器中接收到一个组装好的并行数据；RxRDY=0，接收缓冲器中没有组装好的并行数据。CPU 可以查询这个引脚来确定是否读取数据。在中断方式时，该信号可作为中断请求信号通知 CPU 读取数据。当 CPU 取走数据后，8251A 便立即将 RxRDY 位置 0。

(3) SYNDET/BRKDET：同步检测/间断检测信号，双向双功能。

在内同步方式下，8251A 的内部检测电路自动寻找同步字符，一旦找到同步字符则 SYNDET 引脚输出高电平；在外同步方式下，外部检测电路找到同步字符后，向 SYNDET 引脚输入高电平。SYNDET=1，则说明检测到同步字符，8251A 可以开始接收数据。

在异步方式下，该引脚为间断码检测端。若在起始位之后，RxD 端连续收到 8 个“0”，则说明当前无数据接收，8251A 将 BRKDET 置 1。一旦起始位之后 RxD 端检测到“1”，则 8251A 将 BRKDET 置 0。

(4) $\overline{RxC}$：接收时钟，输入。由外部提供给接收器的工作时钟。$\overline{RxC}$上的时钟频率，确定了 8251A 的接收速率。在同步方式下，$\overline{RxC}$的频率应等于发送数据的波特率；在异步方式下，$\overline{RxC}$的频率可以是发送波特率的 1、16 或 64 倍，波特率因子可以在程序中设定。在实际应用中，通常把$\overline{TxC}$和$\overline{RxC}$引脚连接在一起，使用同一个外部时钟源。

4. 读/写控制逻辑的引脚

(1) RESET：复位信号，输入，高电平有效。RESET 为高电平并持续 6 个时钟周期以上时，8251A 被复位，收发线路均处于空闲状态。

(2) $\overline{CS}$：片选信号，输入，低电平有效。当$\overline{CS}$=0 时，选通 8251A 芯片，CPU 可以进行读/写操作。

(3) $C/\overline{D}$：控制/数据信号，输入。当 $C/\overline{D}$=1 时，数据总线上传送的是控制字、命令字或状态字；当 $C/\overline{D}$=0 时，数据总线上传送的是数据。可以将此信号作为 8251A 内部控制端口和数据端口的选择线。

(4) $\overline{RD}$：读控制信号，输入，低电平有效。$\overline{RD}$=0 时，CPU 对 8251A 做读操作。

(5) $\overline{WR}$：写控制信号，输入，低电平有效。$\overline{WR}$=0 时，CPU 对 8251A 做写操作。

(6) CLK：时钟信号，输入。提供 8251A 的工作时钟，用来产生内部时序。在同步方式下，CLK 的频率应大于波特率的 30 倍；在异步方式下，CLK 的频率应大于波特率的 4.5 倍。

5. MODEM 控制引脚

(1) $\overline{\text{DTR}}$：数据终端就绪信号，输出，低电平有效。数据终端设备准备好接收数据时，将$\overline{\text{DTR}}$置为0，可以提供给MODEM(或其他外设接口)，表明数据终端设备准备好接收数据。

(2) $\overline{\text{DSR}}$：数据装置就绪信号，输入，低电平有效。$\overline{\text{DSR}}$=0时，表示MODEM或外设已准备好发送数据。$\overline{\text{DTR}}$和$\overline{\text{DSR}}$是一对握手信号，此时8251A为接收方，MODEM或外设为发送方。

(3) $\overline{\text{RTS}}$：请求发送信号，输出，低电平有效。数据终端设备准备好发送数据时，将$\overline{\text{RTS}}$=0，可以提供给MODEM(或其他外设接口)，表明数据终端设备准备好发送数据。

(4) $\overline{\text{CTS}}$：允许发送信号，输入，低电平有效。$\overline{\text{CTS}}$=0，表示MODEM或外设已做好接收数据准备。$\overline{\text{RTS}}$和$\overline{\text{CTS}}$是一对握手信号，此时8251A为发送方，MODEM或外设为接收方。

9.2.3 8251A 的编程

8251A是可编程的多功能串行通信接口芯片，使用前必须进行初始化。初始化过程就是对8251A写入方式控制字和操作命令字。方式控制字确定8251A的工作方式、传输速率、数据格式等；操作命令字设定8251A的工作状态。方式控制字和操作命令字都写入8251A的控制端口，通过写入顺序进行区别。另外，可以编程获得8251A的状态字信息。

1. 方式控制字

方式控制字确定8251A的工作方式、传输速率、数据格式等。方式控制字的格式如图9.7所示。

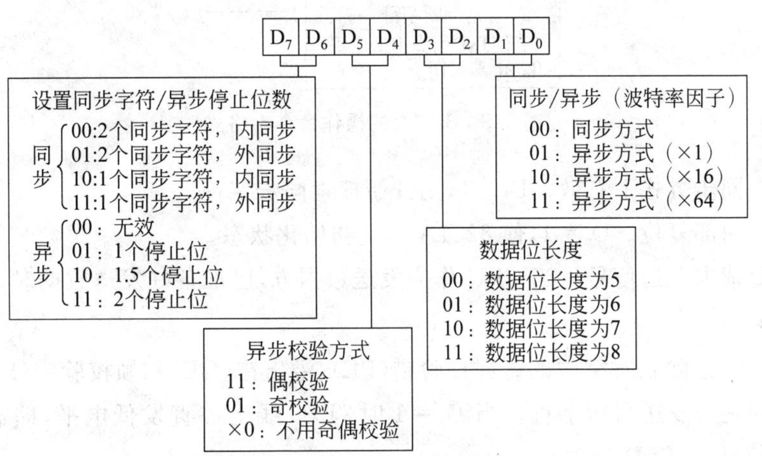

图9.7 8251A的方式控制字格式

D_7D_6：在异步方式中，D_7D_6用来确定停止位的位数。D_7D_6=00，无效；D_7D_6=01，1个停止位；D_7D_6=10，1.5个停止位；D_7D_6=11，2个停止位。在同步方式中，D_7D_6用于确定同步字符的个数以及采用外同步还是内同步。D_7D_6=00，2个同步字符，内同步；D_7D_6=01，

2 个同步字符，外同步；D_7D_6＝10，1 个同步字符，内同步；D_7D_6＝11，1 个同步字符，外同步。

D_5D_4：异步方式中，字符校验方式选择。D_4用来选择是否采用奇偶校验。D_4＝1，采用奇偶校验；D_4＝0，不采用奇偶校验。D_4＝1 时，D_5用来选择奇校验还是偶校验。D_5＝1，采用偶校验；D_5＝0，采用奇校验。

D_3D_2：数据位长度设定。D_3D_2＝00，数据位为 5 位；D_3D_2＝01，数据位为 6 位；D_3D_2＝10，数据位为 7 位；D_3D_2＝11，数据位为 8 位。

D_1D_0：用来确定芯片的工作方式以及异步通信的波特率因子。D_1D_0＝00，为同步方式；D_1D_0＝01，为异步方式，波特率因子为 1；D_1D_0＝10，为异步方式，波特率因子为 16；D_1D_0＝11，为异步方式，波特率因子为 64。

2. 操作命令字

操作命令字可直接使 8251A 处于规定的工作状态。操作命令字格式如图 9.8 所示。

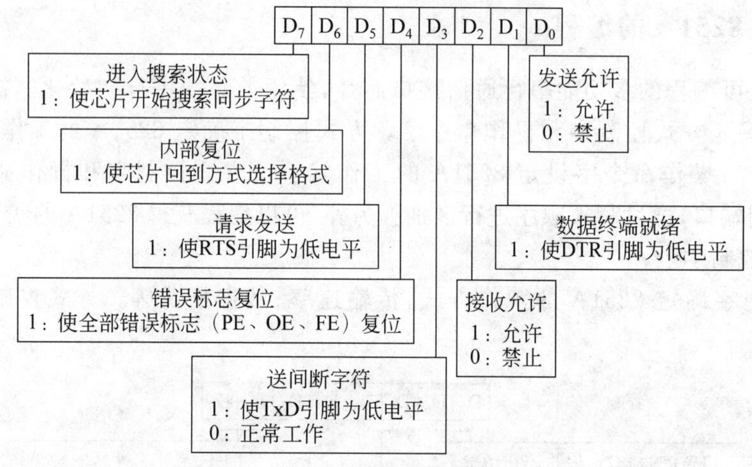

图 9.8　8251A 的操作命令字格式

D_7：只在同步方式下有效。D_7＝1，则开始搜索同步字符。

D_6：设置内部复位。D_6＝1，使 8251A 回到初始化状态。

D_5：设置请求发送信号。当 CPU 作为发送数据方，已准备好发送数据时，使 D_5 置 1，则使$\overline{RTS}$引脚有效。

D_4：D_4＝1，清除状态字中的奇偶校验错(PE)、溢出错(OE)和帧校验错(FE)标志位。

D_3：选择是否发送间断字符。当 D_3＝1 时，TxD 线上一直发低电平，即输出连续的空号。正常通信时，应使 D_3＝0。

D_2：允许或禁止接收器工作控制。D_2＝1，允许接收器接收数据；D_2＝0，禁止接收器接收数据。

D_1：数据终端就绪。当数据终端设备作为接收数据方，已准备好接收数据时，使 D_1 置 1，则使$\overline{DTR}$引脚有效。

D_0：控制允许或禁止发送器工作。$D_0=1$，允许发送器发送数据；$D_0=0$，禁止发送器发送数据。

在同步方式下，使 D_2 位置 1 的同时，还必须使 D_7、D_4 位置 1。要在清除全部错误标志后，才能在 RxD 线上接收信号，并搜索同步字符。当搜索到同步字符时，SYNDET 引脚输出为“1”。此后，再将 D_7 位置 0，作正常接收。

3. 状态字

读取 8251A 的控制端口，获得的是状态字。状态字格式如图 9.9 所示。

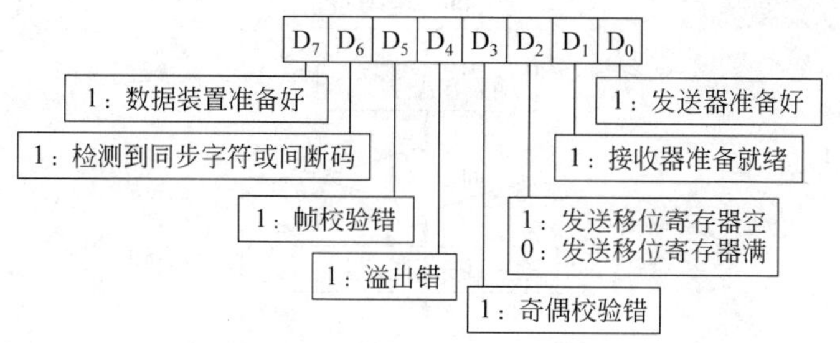

图 9.9　8251A 的状态字格式

D_7：数据装置准备好。当 $\overline{DSR}$ 引脚为低电平时，$D_7=1$，表示 MODEM 或外设发送方已准备好发送数据。

D_6：同步字符/间断检测。与引脚 SYNDET 的定义完全相同。同步方式下检测到同步字符时或者异步方式下检测到间断码时，$D_6=1$。

D_5：帧校验错。异步方式下，在接收字符的结尾没有检测到规定的停止位时，出现帧校验错，$D_5=1$。

D_4：溢出错。$D_4=1$，表示接收发生了溢出错。CPU 未能及时读取接收缓冲器中的字符数据，被后面的字符数据覆盖，造成字符丢失。

D_3：奇偶校验错。数据接收方对接收的字符进行奇偶校验，出现奇偶校验错时，$D_3=1$。

D_2：发送移位寄存器状态。与引脚 TxEMPTY 的定义完全相同。$D_2=1$，发送移位寄存器空；$D_2=0$，发送移位寄存器满。

D_1：接收器准备就绪。与引脚 RxRDY 的定义完全相同。$D_1=1$，接收缓冲器中有收到的并行字符；$D_1=0$，接收缓冲器空，数据已经被读走。

D_0：发送器准备好。$D_0=1$，发送缓冲器空闲。此信号与引脚 TxRDY 的定义有所不同。引脚 TxRDY 为高电平的条件是发送缓冲器空且操作命令字的允许发送位 $D_0=1$ 且输入引脚允许发送信号 $\overline{CTS}=0$。

4. 8251A 的初始化编程

8251A 的方式控制字和操作命令字必须严格按规定顺序写入控制端口，即 8251A 的 C/$\overline{D}$ 为 1 时选通的端口。

在接通电源时，8251A 能通过硬件电路自动进入复位状态，但不能保证总是正确地复位。要使 8251A 可靠复位，可以先向 8251A 的控制端口连续写入 3 个全 0，然后再向控制端口写入一个操作命令字，其中 D_6 位为 1，实现内部复位。

在系统复位后，必须先写入方式控制字，然后写入操作命令字。

利用 8251A 传送数据的流程如图 9.10 所示。

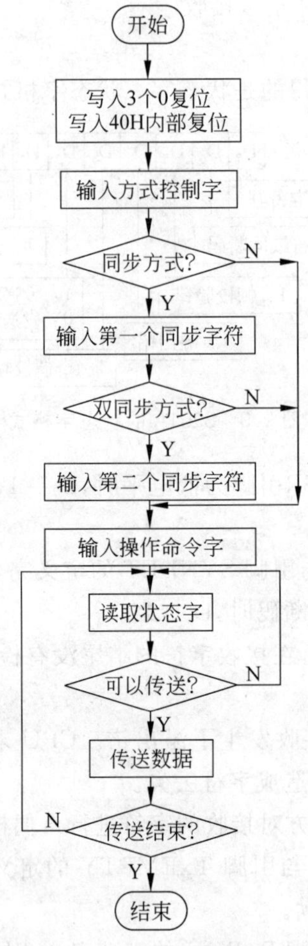

图 9.10　8251A 传送数据流程

例 9-4　串行通信系统中，8251A 的端口地址为 1F0～1F2H（CPU 的地址线 A_1 接 8251A 的 $C/\overline{D}$ 引脚）。8251A 为同步传送方式，有两个同步字符，内同步，采用偶校验，有 7 位数据位，同步字符为 7EH。完成 8251A 的初始化。

解　端口地址为 1F0H 时，CPU 的地址线 A_1 为 0，即 8251A 的 $C/\overline{D}$ 引脚为 0，所以 1F0H 是数据端口；端口地址为 1F2H 时，CPU 的地址线 A_1 为 1，即 8251A 的 $C/\overline{D}$ 引脚为 1，所以 1F2H 是控制端口。

初始化程序段如下。

```
        MOV     DX,1F2H                         ;控制端口地址
        MOV     BL,3                            ;设置发送 0 的次数
        MOV     AL,00H
LL:     OUT     DX,AL                           ;连续发送 3 个 0
        DEC     BL
        JNZ     LL
        MOV     AL,40H                          ;送复位命令字
        OUT     DX,AL
        MOV     AL,38H                          ;方式控制字:两个同步字符,内同步,偶校验,7 位数据位
        OUT     DX,AL
        MOV     AL,7EH                          ;第一个同步字符,同步字符为 7EH
        OUT     DX,AL
        OUT     DX,AL                           ;第二个同步字符,同步字符为 7EH
        MOV     AL,95H                          ;操作命令字:开始搜索,状态字复位、允许发送/接收
        OUT     DX,AL
```

例 9-5　串行通信系统中,8251A 的端口地址为 200H～201H(CPU 的地址线 A_0 接 8251A 的 $C/\overline{D}$ 引脚)。8251A 采用异步传送方式,波特率因子为 64,采用偶校验,1 位停止位,7 位数据位。编程实现通过 8251A 发送一个字符"A"到串行线路上。

解　端口地址为 200H 时,CPU 的地址线 A_0 为 0,所以 8251A 的 $C/\overline{D}$ 引脚为 0,是数据端口;端口地址为 201H 时,CPU 的地址线 A_0 为 1,所以 8251A 的 $C/\overline{D}$ 引脚为 1,是控制端口。

要通过 8251A 传送数据,先要对 8251A 进行初始化。另外,为了保证数据传送的可靠性,传送数据前,要查询状态字中的发送器准备好位(D_0),在 $D_0=1$ 时才能发送数据。

程序如下。

```
CODE    SEGMENT
        ASSUME  CS:CODE
START:
        MOV     DX,201H                         ;控制端口地址
        MOV     BL,3                            ;设置发送 0 的次数
        MOV     AL,00H                          ;送 3 个 00H
LL:     OUT     DX,AL                           ;连续发送 3 个 0
        DEC     BL
        JNZ     LL
        MOV     AL,40H                          ;送复位命令字
        OUT     DX,AL
        MOV     AL,7BH                          ;方式控制字:异步,波特因子 64,偶校验,
                                                ;1 位停止位,7 位数据位
        OUT     DX,AL
        MOV     AL,37H                          ;操作命令字
```

```
        OUT     DX,AL
WAIT:   IN      AL,DX                          ;读取状态字
        AND     AL,01H
        JZ      WAIT                           ;TxRDY=0,发送缓冲器满,则继续等待
        MOV     DX,200H                        ;发送数据到数据端口
        MOV     AL,'A'
        OUT     DX,AL
CODE    ENDS
        END     START
```

9.3 通用异步接收发送器 INS 8250

通用异步接收发送器 INS 8250 是支持异步串行通信标准的可编程串行接口芯片,由 Intel 公司生产。INS 8250 芯片可实现全双工通信、支持异步通信(不支持同步传送方式)、数据传输速率可在 50～19 200b/s 范围内选择,具有控制 MODEM 功能和完整的状态报告功能。

9.3.1 INS 8250 的内部结构

INS 8250 的内部结构中,包含数据总线缓冲器、选择控制逻辑、收发模块、线路模块、MODEM 模块、中断模块和波特率模块。INS 8250 的内部结构如图 9.11 所示。

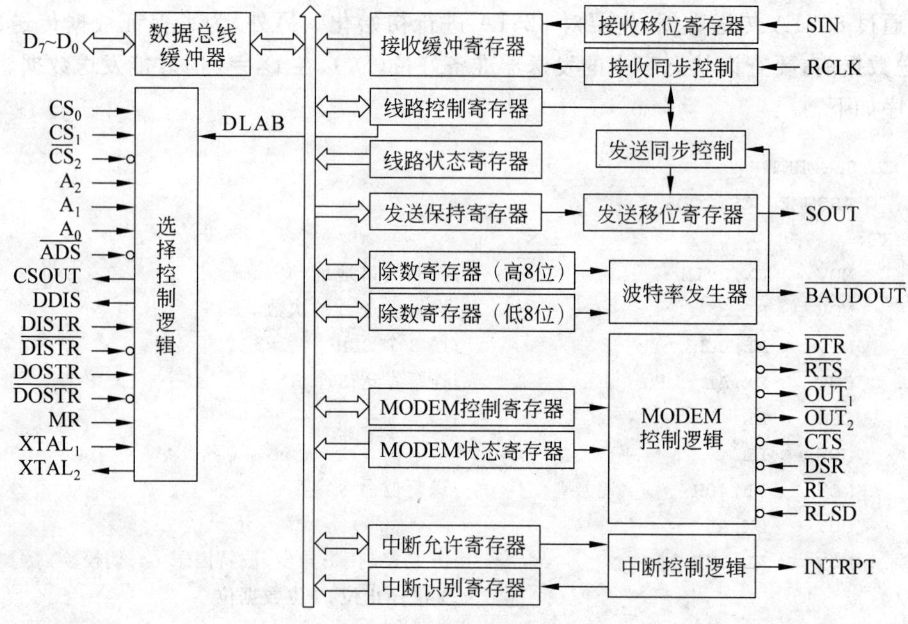

图 9.11　INS 8250 的内部结构

1. 数据总线缓冲器

数据总线缓冲器是一个8位双向、三态缓冲器，是8250与CPU间的信息通道。

2. 选择控制逻辑

选择控制逻辑，接收CPU地址总线和控制总线送来的信号，经过译码产生内部端口译码信号、片选信号、数据I/O选通等控制信号。

3. 收发模块

收发模块包括接收器部分和发送器部分。

接收器部分包括接收缓冲寄存器、接收移位寄存器和接收同步控制电路。在接收数据时，接收移位寄存器将SIN引脚输入的串行数据进行移位，组装成一个并行数据。在接收移位寄存器接收完一个字符后，接收同步控制电路按照异步串行通信协议，去除起始位、奇偶校验位和停止位，对数据进行校验。若校验有错，则在线路状态寄存器中设置相应的出错标志；若无校验错，就将并行数据送至接收缓冲寄存器中。

发送部分包括发送保持寄存器、发送移位寄存器和发送同步控制电路。CPU发送的并行数据先锁存在发送保持寄存器中。发送同步控制电路控制在发送移位寄存器SOUT端输出起始位0，再控制发送移位寄存器对并行数据进行逐位移位至SOUT端，再由发送同步控制电路产生奇偶校验位、停止位发送到SOUT端。

4. 线路模块

线路模块包括线路控制寄存器和线路状态寄存器。线路控制寄存器接收CPU送来的控制命令，指定异步串行通信的格式、除数寄存器访问允许等。线路状态寄存器记录串行数据发送和接收的状态信息，以供CPU查询。

5. MODEM模块

MODEM模块包括MODEM控制寄存器、MODEM状态寄存器和MODEM控制逻辑电路。MODEM控制寄存器用于设置INS 8250与通信设备之间联络应答的信号。MODEM状态寄存器用于记录INS 8250与通信设备之间应答联络信号的当前状态以及这些信号是否发生变化的情况。MODEM控制逻辑电路根据MODEM控制寄存器中的设置，产生对通信设备的联络应答信号；接收通信设备传来的状态信号，记录在MODEM状态寄存器中。

6. 中断模块

中断模块包括中断允许寄存器、中断识别寄存器和中断控制逻辑电路。中断允许寄存器用于设置接收器、发送器和MODEM是否允许中断。中断识别寄存器记录是否有待处理的中断状态以及中断的类型。

7. 除数寄存器模块

除数寄存器模块包括除数寄存器高8位、除数寄存器低8位和波特率发生器。INS 8250内部使用1.8432MHz的基准输入时钟，可以分频得到收、发时钟脉冲。收/发时钟频率是数据传送波特率的16倍，通过改变分频系数就可以在波特率发生器中得到不同的波特率。除数寄存器高8位和除数寄存器低8位用于保存16位分频系数。除数寄存器的值与

波特率的关系为

$$除数寄存器值 = 1843200 \div (波特率 \times 16)$$

例如,若波特率为9600b/s,则除数寄存器值=1843200÷(9600×16)=000CH。则除数寄存器高8位放00H,除数寄存器低8位放0CH。

9.3.2 INS 8250的外部引脚

INS 8250是40引脚双列直插式接口芯片,外部引脚如图9.12所示。除+5V电源V_{CC}和地信号V_{SS}以及未用的29号引脚外,其余37根信号线含义如下。

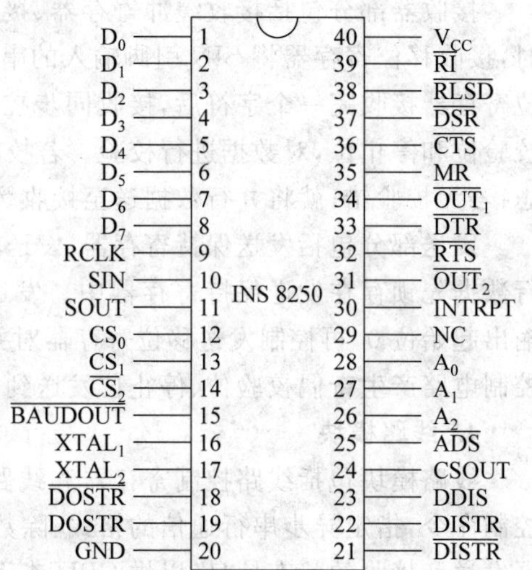

图9.12 INS 8250的引脚排列

1. 数据总线缓冲器引脚

$D_7 \sim D_0$:8位双向数据线。与CPU间传送命令、数据、状态信息。

2. 选择控制逻辑引脚

(1) CS_0、CS_1、$\overline{CS_2}$:片选信号,输入。$CS_0 CS_1 \overline{CS_2}=110$时,INS 8250被选通。

(2) A_0、A_1、A_2:端口选择线。INS 8250内部有10个寄存器,$A_0 A_1 A_2$与线路控制寄存器的最高位D_7组合,选择不同的寄存器进行操作。

(3) $\overline{ADS}$:地址选通线,输入,低电平有效。$\overline{ADS}=0$时,锁存CS_0、CS_1、$\overline{CS_2}$片选信号和A_2、A_1、A_0端口选择信号。

(4) CSOUT:片选有效,输出,高电平有效。当$CS_0 CS_1 \overline{CS_2}=110$时,CSOUT=1,表示8250芯片被选通;CSOUT=0,禁止数据传输。

(5) DDIS:禁止数据传送信号,输出,高电平有效。DDIS=1时,禁止对8250的写操作;DDIS=0时,允许对8250的写操作。

(6) DISTR和$\overline{DISTR}$:读控制信号,输入。两个信号作用相同,极性相反。在8250芯片被选通时,这两个信号中有一个有效,则对8250内部端口做读操作。

(7) DOSTR和$\overline{DOSTR}$:写控制信号,输入。两个信号作用相同,极性相反。在8250芯片被选通时,这两个信号中有一个有效,则对8250内部端口做写操作。

(8) MR:复位信号,输入,高电平有效。当MR=1时,内部寄存器及控制逻辑复位。

(9) $XTAL_1$:基准时钟输入端。当使用外部时钟电路时,外部时钟电路产生的时钟信号送到$XTAL_1$引脚。

(10) $XTAL_2$:基准时钟输出端。可提供给其他模块时钟信号。当使用芯片内部时钟电路时,在$XTAL_1$与$XTAL_2$之间外接石英晶振和微调电容。

3. 收发模块引脚

(1) SIN:串行数据线,输入。从此引脚接收外部设备、MODEM和数据设备发送的串行数据。

(2) RCLK：接收时钟信号输入。可以从此引脚接入 16 倍波特率的时钟信号，用于检测 SIN 端输入的数据。

(3) SOUT：串行数据线，输出。在主复位后，该信号被置为高电平。移位寄存器将并行数据逐位移位至 SOUT 信号线输出。

(4) $\overline{BAUDOUT}$：波特率发生器输出信号。该信号一方面以 16 倍波特率的时钟信号作为数据发送时钟脉冲；另一方面还作为输出信号供外部测试使用。

4. MODEM 模块引脚

(1) $\overline{DTR}$：数据终端就绪，输出，低电平有效。$\overline{DTR}=0$ 时，通知 MODEM，CPU 已准备就绪可以接收数据。

(2) $\overline{DSR}$：数据设备就绪，输入，低电平有效。$\overline{DSR}=0$ 时，表示 MODEM 已准备好发送数据。$\overline{DSR}$是对$\overline{DTR}$的应答信号。

(3) $\overline{RTS}$：请求发送信号，输出，低电平有效。$\overline{RTS}=0$ 时，通知 MODEM，CPU 已准备好发送数据。

(4) $\overline{CTS}$：允许发送信号，输入，低电平有效。$\overline{CTS}=0$ 时，表示 MODEM 已准备好接收数据，通知 8250 可以开始发送数据。$\overline{CTS}$是对$\overline{RTS}$的应答信号。

(5) $\overline{RI}$：振铃指示，输入，低电平有效。$\overline{RI}=0$ 时，表示 MODEM 已经接收到一个电话振铃信号。

(6) $\overline{RLSD}$：接收线路信号检测，输入，低电平有效。$\overline{RLSD}=0$ 时，表示 MODEM 已经检测到数据载波。

(7) $\overline{OUT_1}$、$\overline{OUT_2}$：用户指定的输出引脚，输出信号，低电平有效。由用户编程定义，可作为中断请求信号。8250 复位时这两个引脚为高电平。

5. 中断模块引脚

INTRPT：中断请求信号，输出，高电平有效。INS 8250 在中断方式时，通过此引脚向 CPU 发出高电平中断请求。当中断服务结束或主复位后，该信号为低电平。

9.3.3　INS 8250 的编程

对 INS 8250 接口编程，主要是通过对其内部 10 个寄存器进行读、写操作来实现。8250 内部 10 个可编程寻址的寄存器，分为 3 组。第一组用于实现数据传输，有数据发送寄存器和数据接收寄存器。第二组用于工作方式控制、通信参数设置，称为控制寄存器，有通信线路控制寄存器、除数寄存器、MODEM 控制寄存器和中断允许寄存器。第三组称为状态寄存器，有通信线路状态寄存器、MODEM 状态寄存器和中断识别寄存器。

1. INS 8250 内部端口

INS 8250 内部端口地址，通过端口选择线 A_0、A_1、A_2 与线路控制寄存器的 D_7 位组合确定。具体端口分配如表 9.1 所示。

表 9.1 INS 8250 端口选择

端口序号	线路控制寄存器 D_7 位	A_2	A_1	A_0	选择的寄存器
0	0	0	0	0	接收缓冲寄存器(读)、发送保持寄存器(写)
1	0	0	0	1	中断允许寄存器
2	×	0	1	0	中断识别寄存器
3	×	0	1	1	线路控制寄存器
4	×	1	0	0	MODEM 控制寄存器
5	×	1	0	1	线路状态寄存器
6	×	1	1	0	MODEM 状态寄存器
7	×	1	1	1	不用
8	1	0	0	0	除数寄存器低 8 位
9	1	0	0	1	除数寄存器高 8 位

2. 线路控制寄存器

线路控制寄存器接收 CPU 送来的控制命令,主要用于指定串行异步通信的数据格式、是否进行奇偶校验以及采用何种校验方式。线路控制寄存器的格式如图 9.13 所示。

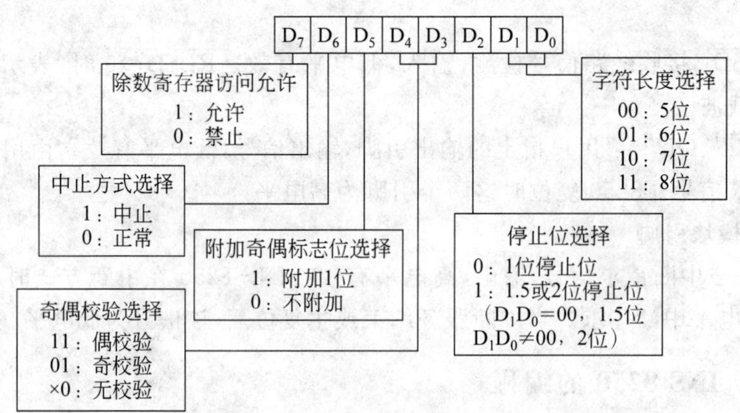

图 9.13 线路控制寄存器的格式

D_7:除数寄存器访问允许。$D_7=1$,允许访问除数寄存器进行波特率设置;$D_7=0$,禁止访问除数寄存器。

D_6:中止方式选择。$D_6=1$,8250 的 SOUT 引脚输出逻辑“0”,即处于空号状态,并保持一帧时间,使数据接收方识别出发送方已经中止发送;$D_6=0$ 时,处于正常的发送和接收状态。

D_5:附加奇偶标志位选择位。附加奇偶标志位是指在有奇偶校验的传送中,在奇偶校验位和停止位之间加上奇偶标志位。偶校验的标志位是“0”，奇校验的标志位是“1”。这样可以把采用的校验方式也传送到接收方。$D_5=1$，表示要附加奇偶标志位；$D_5=0$ 时，表示不要附加奇偶标志位。

D_4D_3：奇偶校验选择。D_3 用来选择是否采用奇偶校验。$D_3=1$，采用奇偶校验；$D_3=0$，不采用奇偶校验。$D_3=1$ 时，D_4 用来选择奇校验还是偶校验。$D_4=1$，采用偶校验；$D_4=0$，采用奇校验。

D_2：停止位选择。$D_2=0$，1 位停止位；$D_2=1$，则根据 D_1D_0 确定停止位的位数。$D_1D_0=00$，1.5 位停止位；$D_1D_0\neq00$，2 位停止位。

D_1D_0：字符长度选择。$D_1D_0=00$，数据位 5 位；$D_1D_0=01$，数据位 6 位；$D_1D_0=10$，数据位 7 位；$D_1D_0=11$，数据位 8 位。

3. 线路状态寄存器

线路状态寄存器提供串行异步通信的当前状态，供 CPU 读取和处理，同时它还可以写入，设置某些状态，用于系统自检。线路状态寄存器的格式如图 9.14 所示。

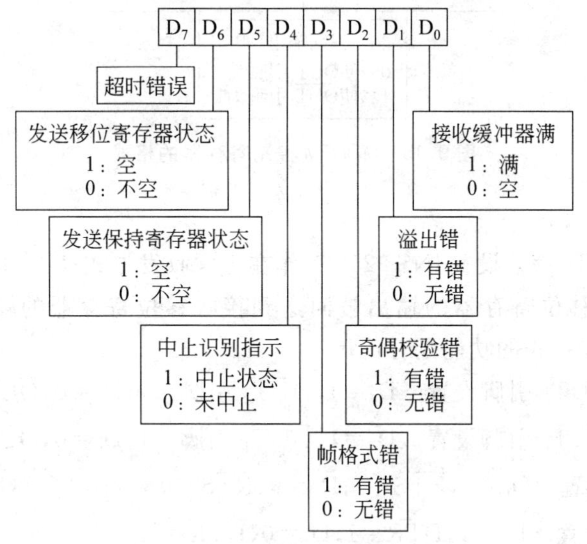

图 9.14　线路状态寄存器的格式

D_7：超时错误。$D_7=1$，接收数据超时。

D_6：发送移位寄存器状态。$D_6=1$，发送移位寄存器空；$D_6=0$，发送移位寄存器不空。

D_5：发送保持寄存器状态。$D_5=1$，发送保持寄存器空；$D_5=0$，发送保持寄存器不空。

D_4：中止识别指示。$D_4=1$，发送设备进入中止状态；$D_4=0$，处于正常发送和接收状态。

D_3：帧格式错。$D_3=1$，接收的数据出现帧格式错误；$D_3=0$，接收的数据没有出现帧格式错误。

D_2：奇偶校验错。$D_2=1$，接收的数据出现奇偶校验错误；$D_2=0$，接收的数据没有出现奇偶校验错误。

D_1：溢出错。$D_1=1$，接收的数据出现溢出错；$D_1=0$，接收的数据没有出现溢出错。

D_0：接收缓冲器满。$D_0=1$，接收缓冲器满；$D_0=0$，接收缓冲器空。

4. MODEM 控制寄存器

MODEM 控制寄存器用来设置 8250 与数据通信设备（调制解调器）之间联络、应答信号的状态。MODEM 控制寄存器的格式如图 9.15 所示。

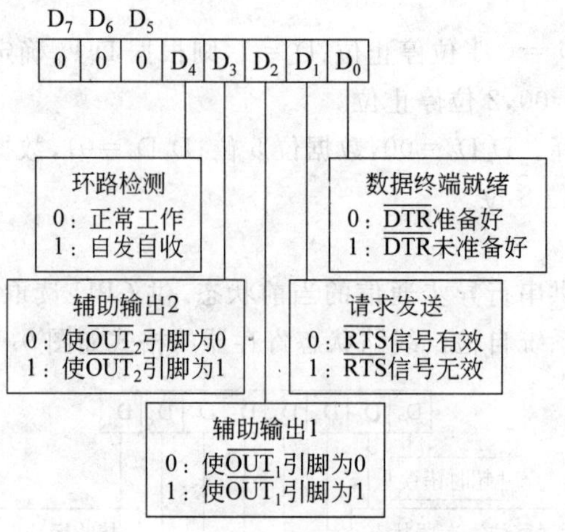

图 9.15 MODEM 控制寄存器的格式

$D_7D_6D_5$：恒为 000。

D_4：环路检测。$D_4=0$，设置 INS 8250 工作在正常收发方式；$D_4=1$，8250 工作在内部自循环方式，此时发送移位寄存器的输出被回送到接收移位寄存器的输入。一般用来检测 INS 8250 芯片发送和接收的功能是否正常。

D_3：辅助输出$\overline{OUT_2}$ 引脚设置。$D_3=1$，$\overline{OUT_2}$ 引脚$=1$；$D_3=0$，$\overline{OUT_2}$ 引脚$=0$。

D_2：辅助输出$\overline{OUT_1}$ 引脚设置。$D_2=1$，$\overline{OUT_1}$ 引脚$=1$；$D_2=0$，$\overline{OUT_1}$ 引脚$=0$。

D_1：$\overline{RTS}$引脚设置。$D_1=1$，$\overline{RTS}=1$；$D_1=0$，$\overline{RTS}=0$。

D_0：$\overline{DTR}$引脚设置。$D_0=1$，$\overline{DTR}=1$；$D_0=0$，$\overline{DTR}=0$。

5. MODEM 状态寄存器

MODEM 状态寄存器记录了 8250 芯片的 4 个 MODEM 输入引脚信号当前的状态，以及上次读取 MODEM 状态寄存器后，这些引脚状态是否发生过改变。注意，寄存器中记录值与引脚值相反。MODEM 状态寄存器的格式如图 9.16 所示。

D_7：数据载波检测引脚状态。$D_7=1$，线路信号检测输入引脚$\overline{RLSD}=0$，MODEM 接收到来自电话线的载波信号；$D_7=0$，线路信号检测输入引脚$\overline{RLSD}=1$，MODEM 未检测到载波信号。

D_6：振铃指示引脚状态。$D_6=1$，$\overline{RI}=0$，MODEM 收到振铃信号；$D_6=0$，$\overline{RI}=1$，MODEM 没有收到振铃信号。

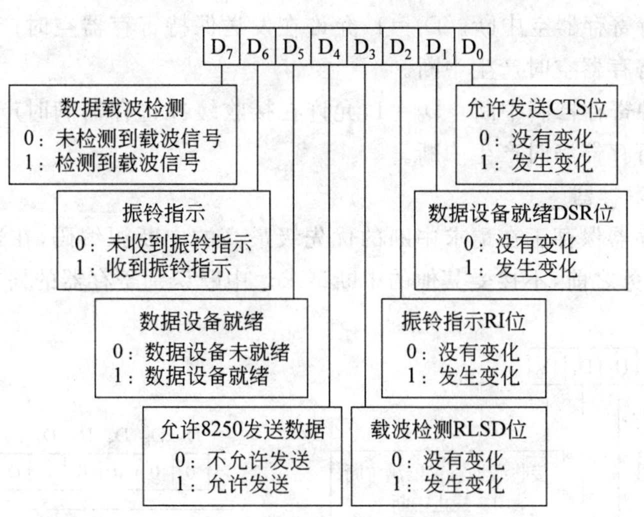

图 9.16 MODEM 状态寄存器的格式

D_5：数据设备就绪引脚状态。$D_5=1$，$\overline{DSR}=0$，MODEM 做好发送准备，通知 INS 8250 准备接收数据；$D_5=0$，$\overline{DSR}=1$，MODEM 未做好发送准备。

D_4：允许发送引脚状态。$D_4=1$，$\overline{CTS}=0$，MODEM 做好接收准备，INS 8250 可以发送数据；$D_4=0$，$\overline{CTS}=1$，MODEM 未做好接收准备，INS 8250 不可以发送数据。

D_3：$\overline{RLSD}$引脚是否发生过变化。$D_3=1$，$\overline{RLSD}$引脚发生过变化；$D_3=0$，$\overline{RLSD}$引脚没有发生过变化。

D_2：$\overline{RI}$引脚是否发生过变化。$D_2=1$，$\overline{RI}$引脚发生过变化；$D_2=0$，$\overline{RI}$引脚没有发生过变化。

D_1：$\overline{DSR}$引脚是否发生过变化。$D_1=1$，$\overline{DSR}$引脚发生过变化；$D_1=0$，$\overline{DSR}$引脚没有发生过变化。

D_0：$\overline{CTS}$引脚是否发生过变化。$D_0=1$，$\overline{CTS}$引脚发生过变化；$D_0=0$，$\overline{CTS}$引脚没有发生过变化。

6. 中断允许寄存器

中断允许寄存器用于设置接收器满、发送器空、接收差错、MODEM 状态这 4 种情况是否允许中断。中断允许寄存器的格式如图 9.17 所示。

$D_7D_6D_5D_4$：恒为 0000。

D_3：MODEM 状态中断允许。$D_3=1$，允许在 MODEM 状态寄存器中低 4 位发生改变时产生中断；$D_3=0$，不允许在 MODEM 状态寄存器中低 4 位发生改变时产生中断。

D_2：接收出错和中止中断允许。$D_2=1$，允许在出现帧格式错、奇偶校验错、溢出错和中止状态时产生中断；$D_2=0$，不允许再出现帧格式错、奇偶校验错、溢出错和中止状态时产生中断。

D_1：发送保持寄存器空中断。$D_1=1$，允许在发送保持寄存器空时产生中断；$D_1=0$，不允许在发送保持寄存器空时产生中断。

D_0：接收缓冲寄存器满中断。$D_0=1$，允许在接收缓冲寄存器满时产生中断；$D_0=1$，不允许在接收缓冲寄存器满时产生中断。

7. 中断识别寄存器

中断识别寄存器保存正在请求中断的优先级最高的中断源编码，在这个特定的中断请求由 CPU 进行服务之前，不接受其他的中断请求。中断识别寄存器的格式如图 9.18 所示。

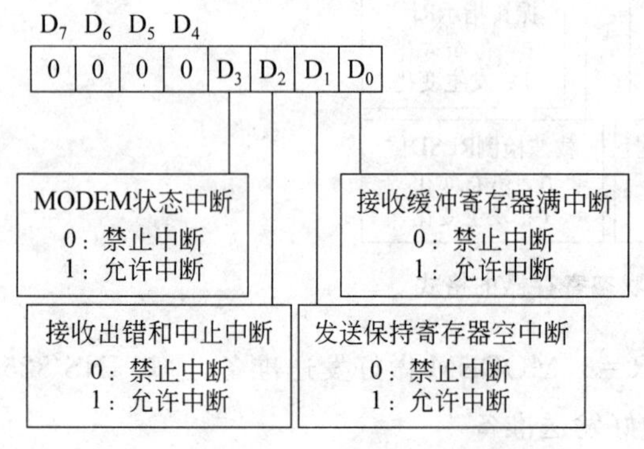

图 9.17　中断允许寄存器的格式

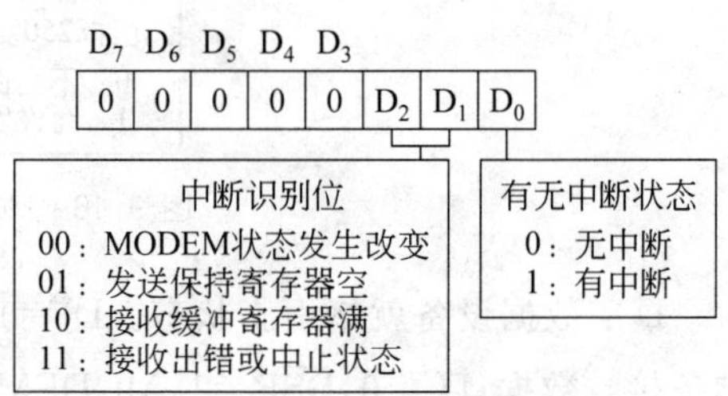

图 9.18　中断识别寄存器的格式

$D_7D_6D_5D_4D_3$：恒为 00000。

D_2D_1：中断识别位，其组合表示正在请求中断的中断源中，优先级最高的中断编码。$D_2D_1=00$，MODEM 状态发生改变中断；$D_2D_1=01$，发送保持寄存器空中断；$D_2D_1=10$，接收缓冲寄存器满中断；$D_2D_1=11$，接收出错或处于中止状态中断。

D_0：有无中断状态。$D_0=1$，表示有中断发生；$D_0=0$，表示无中断发生。

8. INS 8250 的初始化编程

INS 8250 初始化编程步骤如下。

(1) 向第 3 个端口写线路控制寄存器，设置最高位 $D_7=1$，允许访问除数寄存器。

(2) 向第 0 个端口和第 1 个端口写除数寄存器的分频系数值，设置波特率。

(3) 向第 3 个端口写线路控制寄存器，设置串行通信数据格式。

(4) 向第 4 个端口写 MODEM 控制寄存器，设置 MODEM 控制字。如系统中不需要通过 MODEM 通信，就不需设置该控制字。

(5) 向第 3 个端口写线路控制寄存器，设置最高位 $D_7=0$，禁止访问除数寄存器。

(6) 向第 1 个端口写中断允许寄存器，设置中断允许控制字。

(7) 读取第 5 个端口线路状态寄存器或读取第 6 个端口 MODEM 状态寄存器，根据状态值，判断是否已可进行通信。如果可以，则进行数据的发送或接收。

例 9-6　某通信系统中，采用 INS 8250 串行接口，并通过 MODEM 利用电话线进行通信。已知 INS 8250 的端口地址是 3F8H～3FFH。设置串行通信波特率为 4800bout/s，数据位数 8 位,1 位停止位,偶校验,查询方式工作。完成 INS 8250 的初始化编程。

解　根据表 9.1 确定各端口地址。计算分频系数,除数寄存器值=1 843 200÷(波特率×16)=1 843 200÷(4800×16)=0018H。

程序段如下。

```
MOV  DX,3FBH                    ;线路控制寄存器地址,A2A1A0=011
MOV  AL,80H                     ;线路控制寄存器最高位 D7=1
OUT  DX,AL
MOV  DX,3F8H                    ;除数寄存器低位地址,A2A1A0=000
MOV  AL,18H                     ;除数寄存器值=18H
OUT  DX,AL
MOV  AL,00                      ;除数值高位
INC  DX                         ;除数寄存器高位地址,A2A1A0=001
OUT  DX,AL
MOV  AL,00011011B               ;偶校验,1 位停止位,8 位数据位
MOV  DX,3FBH                    ;线路控制寄存器地址,A2A1A0=011
OUT  DX,AL
MOV  AL,03H                     ;数据终端就绪,请求发送
MOV  DX,3FCH                    ;MODEM 控制寄存器地址
OUT  DX,AL
MOV  AL,0                       ;采用查询方式,禁止中断
MOV  DX,3F9H                    ;中断允许寄存器地址
OUT  DX,AL
```

9.4　串行通信接口标准 RS-232C

串行通信系统中数据终端设备产生的串行数字信号,如果需要借助电话网络传输,必须经过调制解调器进行信号转换。数据终端设备和数据通信设备的连接电路,称为串行通信接口。目前最常用的串行通信接口标准是 RS-232C 标准。RS-232C 是美国电子工业协会(EIA)在 1969 年颁布的串行通信接口标准。

9.4.1　RS-232C 电气特性

1. RS-232C 信号及功能

RS-232C 标准规定了 22 条控制信号线。由于实际应用中,并不一定需要用到所有的控制信号,所以,RS-232C 有 9 引脚或 25 引脚的两种 D 形接插件形式。图 9.19 所示为 25 引脚和 9 引脚接插件信号示意图。

常用的控制信号含义如下。

(1) TxD: 串行数据的发送端,输出。

(2) RxD: 串行数据的接收端,输入。

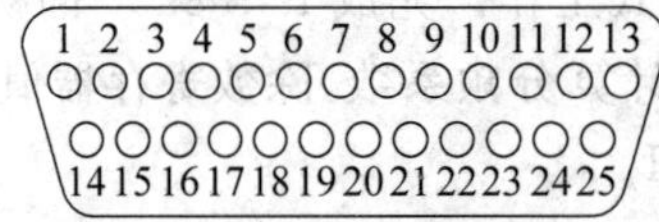

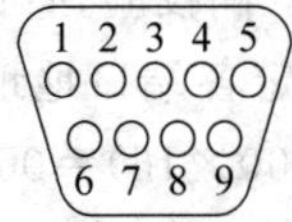

图 9.19 25 引脚和 9 引脚接插件信号示意

(3) RTS：请求发送信号，输出，高电平有效。RTS=1，表明数据终端设备 DTE 要向 MODEM 或其他通信设备发送数据。

(4) CTS：允许发送信号，输入，高电平有效。CTS=1，MODEM 或其他通信设备准备好接收来自数据终端设备 DTE 的数据。CTS 允许发送信号是对请求发送信号 RTS 的响应信号。

(5) DTR：数据终端准备就绪信号，输出，高电平有效。DTR=1，数据终端设备 DTE 准备好接收来自 MODEM 或其他通信设备的数据。

(6) DSR：数据装置准备就绪信号，输入，高电平有效。DSR=1，MODEM 或其他通信设备准备好发送数据。

(7) DCD：载波信号检测，输入，高电平有效。DCD=1，MODEM 收到通信线路另一端 MODEM 送来的正常的载波信号。

(8) RI：振铃指示，输入，高电平有效。RI=1，MODEM 收到振铃信号。

RS-232C 的 25 引脚和 9 引脚接插件中常用控制信号的引脚号、名称及功能如表 9.2 所示。

表 9.2 RS-232C 信号线

9 针连接器针号	25 针连接器针号	名称	方向	功 能
1	8	DCD	输入	载波检测
2	3	RxD	输入	接收数据
3	2	TxD	输出	发送数据
4	20	DTR	输出	数据终端就绪
5	7	GND		信号地
6	6	DSR	输入	数据装置就绪
7	4	RTS	输出	请求发送
8	1	CTS	输入	清除发送
9	22	RI	输入	振铃指示

2. RS-232C 信号电平

RS-232C 用 EIA 电平表示逻辑状态，与计算机终端和接口采用 TTL 电平的规定不同。TTL 电平的逻辑“1”表示电平大于 2.4V，逻辑“0”表示电平小于 0.4V。EIA 电平的逻辑

"1"对应于电平－25～－3V;逻辑"0"对应于电平＋3～＋25V。EIA与TTL电平两者的电平、逻辑都不匹配,需要通过转换电路实现匹配。常用的EIA/TTL电平转换芯片有MC1488、MC1489及MAX232。图9.20所示为采用MAX232进行电平转换的电路。

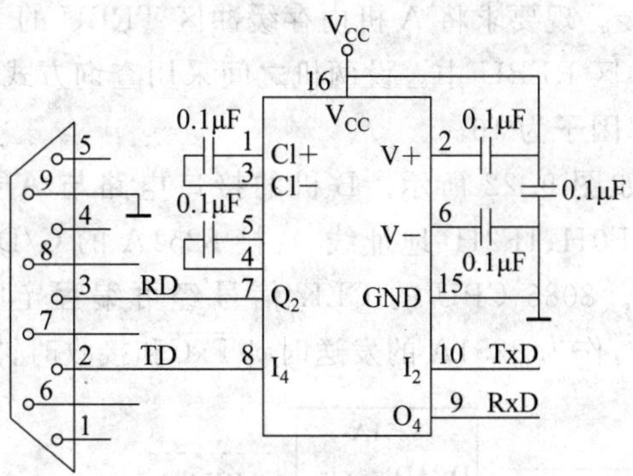

图9.20 MAX232电平转换电路

9.4.2 RS-232C连接形式

在微型计算机中,RS-232C标准被广泛地用于微机与CRT或MODEM之间的通信以及多机通信的场合。根据具体应用场合不同,连接的方式有多种。图9.21所示为两种常用的连接方式,其中图9.21(a)所示为不用调制解调器的三线连接,多用在微机与外设(如CRT、电传打印机)的串行通信中;图9.21(b)所示为反馈与交叉相结合无MODEM的连接方法,适合于15m以内的短距离异步串行通信中。

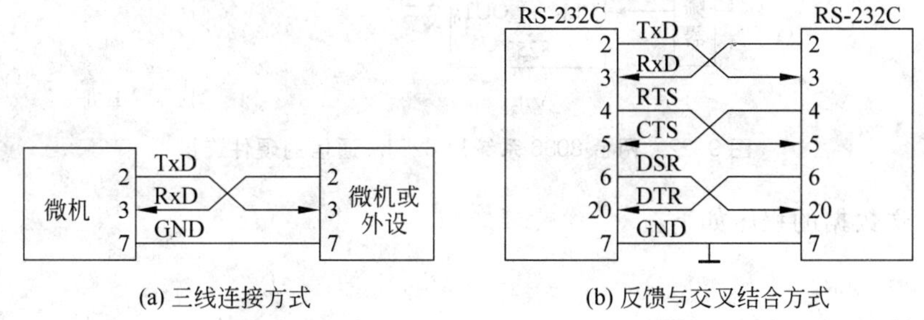

图9.21 两种常用的RS-232C连接形式

9.5 8251A/8250应用举例

在CPU与外部设备、CPU与CPU之间进行近距离串行通信时,大多采用RS-232C串行接口的三线连接方式。下面就以两台8086微机系统之间实现串行通信为例,来说明串行接口的电路设计和程序设计。

9.5.1 8251A 应用举例

例 9-7 两台 8086 微机系统之间实现串行通信，采用 8251A 芯片作为串行接口芯片，通过 RS-232C 串行接口连接。现要求将 A 机内存缓冲区 TRBU 的 100 个字符发送给 B 机，B 机接收后存放至接收缓冲区 REBU 中。设两机之间采用查询方式，异步传送，8 位数据位，1 位停止位，奇校验，波特率因子为 16。

解 系统硬件连接如图 9.22 所示。B 机的接口电路与 A 机相同，省略未画。两个 8251A 的端口地址均为 1F0H、1F2H(地址线 A_1 接 8251A 的 $C/\overline{D}$ 引脚)。两台 PC 采用没有握手信号的三线连接。8086 CPU 的 CLK 信号经可编程定时/计数器 8253 分频，在 OUT_0 端产生的方波信号，作为 8251A 的发送时钟 $\overline{TxC}$ 和接收时钟 $\overline{RxC}$。

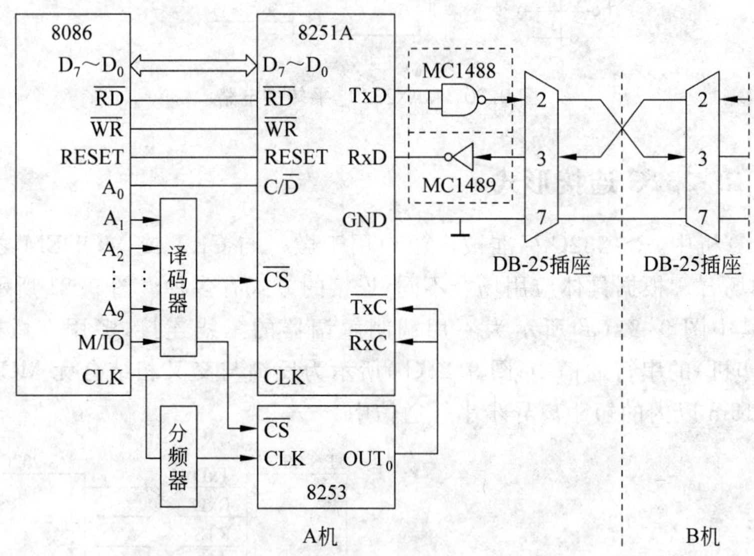

图 9.22 两台 8086 系统用 8251A 通信的硬件连接

A 机发送数据的程序如下。

```
DATA   SEGMENT
       TRBU  DB  100  DUP(?)
DATA  ENDS
CODE  SEGMENT
       ASSUME  CS:CODE,DS:DATA
START:
       MOV    AX,DATA
       MOV    DS,AX
       MOV    DX,1F2H                      ;控制口地址
       MOV    BL,3
       MOV    AL,00H                       ;送 3 个 00H 到控制端口,完成复位
```

```
LL:   OUT    DX,AL
      DEC    BL
      JNZ    LL
      MOV    AL,40H                     ;送复位命令字
      OUT    DX,AL
      MOV    AL,5EH                     ;方式控制字:异步,8位数据,1位停止位
                                        ;奇校验,波特率因子为16
      OUT    DX,AL
      MOV    AL,11H                     ;操作命令字
      OUT    DX,AL
      LEA    SI,TRBU                    ;发送缓冲区首址送SI
      MOV    CX,100                     ;设置计数初值
WA1:  MOV    DX,1F2H
      IN     AL,DX                      ;读取状态字
      AND    AL,01H
      JZ     WA1                        ;TxRDY=0,发送缓冲器满,则继续等待
      MOV    AL,[SI]
      MOV    DX,1F0H                    ;发送字符
      OUT    DX,AL
      INC    SI
      LOOP   WA1                        ;未发送完100个字符,则继续
CODE  ENDS
      END    START
```

B机接收数据的程序如下。

```
DATA  SEGMENT
      REBU  DB  100  DUP(?)
DATA   ENDS
CODE  SEGMENT
      ASSUME  CS:CODE,DS:DATA
START:
      MOV    AX,DATA
      MOV    DS,AX
      MOV    DX,1F2H                    ;控制口地址
      MOV    BL,3
      MOV    AL,00H                     ;送3个00H到控制口,完成复位
LL:   OUT    DX,AL
      DEC    BL
      JNZ    LL
      MOV    AL,40H                     ;送复位命令字
```

```
        OUT    DX,AL
        MOV    AL,5EH                   ;方式控制字:异步,8位数据,1位停止位
                                        ;奇校验,波特率因子为16
        OUT    DX,AL
        MOV    AL,14H                   ;操作命令字
        OUT    DX,AL
        LEA    DI,  REBU                ;接收缓冲区首址送SI
        MOV    CX,100                   ;设置计数初值
WA2:    MOV    DX,1F2H
        IN     AL,DX                    ;读取状态字
        TEST   AL,02H
        JZ     WA2                      ;RxRDY=0,接收缓冲器空,则继续等待
        TEST   AL,38H                   ;检查是否有错
        JNZ    ERROR                    ;有错,则转出错处理程序
        MOV    DX,1F0H                  ;接收字符
        IN     AL,DX
        MOV    [DI],AL
        INC    DI
        LOOP   WA2                      ;未接收完100个字符,则继续
ERROR:…
CODE   ENDS
        END    START
```

9.5.2 8250 应用举例

例 9-8 两台 8086 微机系统之间实现串行通信,采用 8250 芯片作为串行接口芯片,通过 RS-232C 串行接口连接。设两机之间串行通信协议为 7 位数据位、1 位停止位、奇校验、波特率 19200。现要求将 A 机内存缓冲区 TRBU 的 100 个字符发送给 B 机,B 机接收后存放至接收缓冲区 REBU 中。

解 硬件设计如图 9.23 所示。两台机器的 8250 端口地址都是 3F8H～3FFH(CPU 低 3 位地址线与 8250 端口选择线 $A_2A_1A_0$ 连接)。3 个片选信号中 CS_0CS_1 事先接好高电平,由 CPU 地址译码电路提供低电平给 $\overline{CS_2}$ 实现片选。电平转换采用 MAX232。两台 PC 采用没有握手信号的三线连接。

A 机发送数据的程序如下。

```
DATA   SEGMENT
        TRBU  DB  100  DUP(?)
DATA   ENDS
CODE   SEGMENT
        ASSUME  CS:CODE,DS:DATA
```

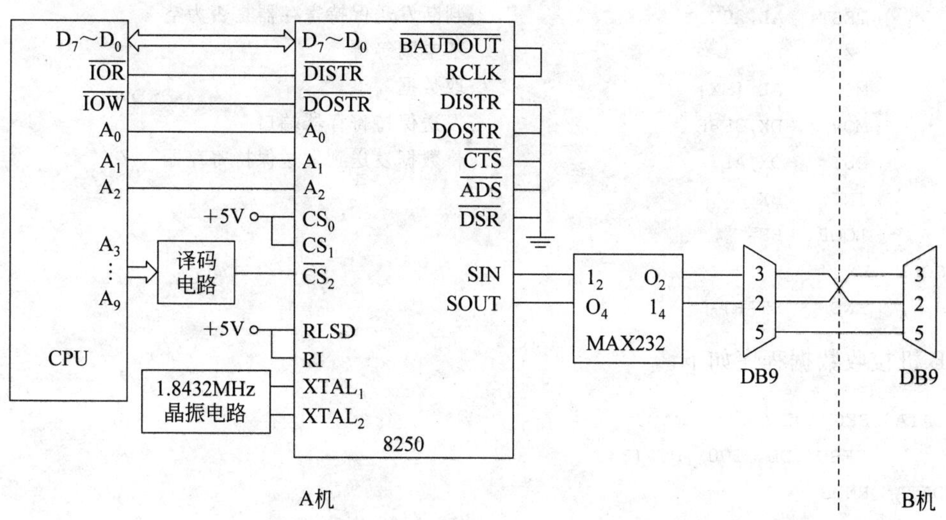

图9.23 两台CPU系统用8250通信的硬件连接

```
START:
        MOV     AX,DATA
        MOV     DS,AX
        MOV     DX,3FBH                      ;线路控制寄存器地址
        MOV     AL,10000000B                 ;使线路控制寄存器最高位 D7 位为 1
        OUT     DX,AL
        MOV     DX,3F8H                      ;除数寄存器低位地址
        MOV     AL,06H                       ;19200 波特率的除数值为 0006H
        OUT     DX,AL
        INC     DX                           ;除数寄存器高位地址
        MOV     AL,00
        OUT     DX,AL
        MOV     DX,3FBH                      ;线路控制寄存器地址
        MOV     AL,0AH                       ;7 位数据位、1 位停止位、奇校验
        OUT     DX,AL
        INC     DX                           ;MODEM 控制寄存器地址
        MOV     AL,03H                       ;终端就绪和请求发送
        OUT     DX,AL
        MOV     DX,3F9H                      ;中断允许寄存器地址
        MOV     AL,0                         ;禁止所有中断,采用查询方式
        OUT     DX,AL
        LEA     BX,TRBU                      ;发送数据区首地址
        MOV     CX,100                       ;发送字符个数
RE:     MOV     DX,3FDH                      ;线路状态寄存器地址
        IN      AL,DX                        ;读取线路状态
```

```
        TEST   AL,20H                       ;判断发送保持寄存器是否为空
        JZ     RE                           ;不空则等待
        MOV    AL,[BX]                      ;取数据
        MOV    DX,3F8H                      ;发送保持寄存器端口
        OUT    DX,AL                        ;将数据发送到发送保持寄存器
        INC    BX
        LOOP   RE
CODE    ENDS
        END    START
```

B机接收数据程序如下。

```
DATA    SEGMENT
        REBU  DB  100  DUP(?)
DATA    ENDS
CODE    SEGMENT
        ASSUME  CS:CODE,DS:DATA
START:
        MOV    AX,DATA
        MOV    DS,AX
        MOV    DX,3FBH                      ;线路控制寄存器地址
        MOV    AL,10000000B                 ;使线路控制寄存器最高位 D7 位为 1
        OUT    DX,AL
        MOV    DX,3F8H                      ;除数寄存器低位地址
        MOV    AL,06H                       ;19200 波特率的除数值为 0006H
        OUT    DX,AL
        INC    DX                           ;除数寄存器高位地址
        MOV    AL,00
        OUT    DX,AL
        MOV    DX,3FBH                      ;线路控制寄存器地址
        MOV    AL,0AH                       ;7 位数据位、1 位停止位、奇校验
        OUT    DX,AL
        INC    DX                           ;MODEM 控制寄存器地址
        MOV    AL,03H                       ;终端就绪和请求发送
        OUT    DX,AL
        MOV    DX,3F9H                      ;中断允许寄存器地址
        MOV    AL,0                         ;禁止所有中断,采用查询方式
        OUT    DX,AL
        LEA    BX,REBU
 RE:    MOV    DX,3FDH                      ;线路状态寄存器地址
        IN     AL,DX                        ;读取线路状态
        TEST   AL,1EH                       ;测试错误状态位
```

```
        JNZ     ERR                             ;出错处理
        TEST    AL,01H                          ;无错,判断接收缓冲寄存器是否满
        JZ      RE                              ;不满,则等待
        MOV     DX,3F8H                         ;接收缓冲寄存器端口
        IN      AL,DX                           ;满,读取接收缓冲寄存器中的数据
        MOV     [BX],AL                         ;保存数据
        INC     BX
        JMP     RE
ERR:    MOV     DX,3F8H                         ;接收缓冲寄存器地址
        IN      AL,DX                           ;读取接收缓冲寄存器中的数据
        MOV     AL,00                           ;如果收到错误数据,就放 00 到内存单元
        MOV     [BX],AL
        INC     BX
        JMP     RE
CODE    ENDS
        END     START
```

9.6 PC 中的串行接口应用

PC 中的串行接口采用的是 INS 8250,EIA/TTL 电平转换器采用的是 INS 75150/INS75154。一般 PC 支持 1～4 个串行口,即 COM_1～COM_4,通常使用的是 COM_1 和 COM_2。COM_1端口地址为 3F8H～3FFH,使用 IRQ_4 中断请求信号;COM_2 端口地址为 2F8H～2FFH,使用 IRQ_3 中断请求信号。图 9.24 所示为串口 COM_1 的端口设置界面和端口资源信息。

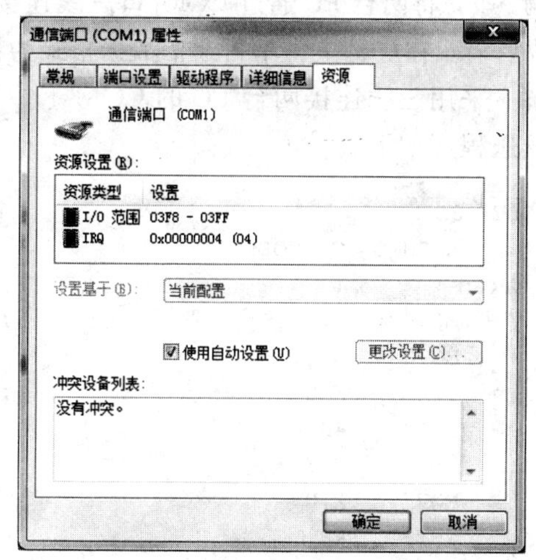

图 9.24 串口 COM_1 的端口设置界面和端口资源信息

PC 中串行通信程序的设计可以采用直接写硬件 8250 端口的方法，也可以采用 BIOS 系统功能调用的方法。

BIOS 通过调用"INT 14H"串行通信例行程序，可以实现利用 PC 的串口通信。INT 14H 调用功能及参数如表 9.3 所示。

表 9.3 BIOS 中串口通信 INT 14H 调用功能及参数

功能号	功　能	调 用 参 数	返 回 参 数
0	初始化串口	AL＝初始化参数 D_7～D_5：波特率设置(000＝110 波特，001＝150 波特，010＝300 波特，011＝600 波特，100＝1200 波特，101＝2400 波特，110＝4800 波特，111＝9600 波特)；D_4D_3：校验方式设置(11＝奇校验，10＝偶校验)；D_2：停止位位数(0＝1 位停止位，1＝2 位停止位)；D_1D_0：数据字长(10＝7 位数据位，11＝8 位数据位) DX＝串行口号(0：COM_1；1：COM_2；2：COM_3)	AH＝通信口状态 AL＝调制解调器状态
1	向通信口写字符	AL＝字符；DX＝串行口号(0：COM_1；1：COM_2；2：COM_3)	写成功：AH 的 D_7＝0。 写失败：AH 的 D_7＝1，D_6～D_0＝通信口状态
2	从通信口读字符	DX＝串行口号(0：COM_1；1：COM_2；2：COM_3)	读成功：AH 的 D_7＝0，D_6～D_0＝字符 读失败：AH 的 D_7＝1
3	取通信口状态	DX＝串行口号(0：COM_1；1：COM_2；2：COM_3)	AH＝通信口状态 AL＝调制解调器状态

例 9-9　将两台 PC 通过 COM_1 口三线连接，利用 BIOS 调用实现 A 机键盘输入字符在 B 机接收后显示在屏幕上。串行通信数据格式为：1 位停止位、8 位数据位、偶校验、9600 波特。

解　采用三线连接两台 PC 的 COM_1 口。在两台 PC 上同时运行下面程序。

发送程序如下。

```
CODE  SEGMENT
      ASSUME  CS:CODE
START:
      MOV    AH,0                     ;9600 波特、偶校验、1 位停止位、8 位数据位
      MOV    AL,0F3H
      MOV    DX,0                     ;COM1 口
      INT    14H
RE:   MOV    AH,3                     ;读取通信口状态
      MOV    DX,0
      INT    14H
      TEST   AH,20H                   ;测试发送保存寄存器空
      JZ     RE
      MOV    AH,1                     ;接收键盘输入
```

```
        INT    21H
        MOV    AH,2                    ;发送数据
        MOV    DX,0
        INT    14H
        JMP    RE                      ;重复发送
CODE    ENDS
        END    START
```

接收程序如下。

```
CODE    SEGMENT
        ASSUME  CS:CODE
START:
        MOV    AH,0                    ;9600波特、偶校验、1位停止位、8位数据位
        MOV    AL,0F3H
        MOV    DX,0                    ;COM1 口
        INT    14H
RE:     MOV    AH,3                    ;读取通信口状态
        MOV    DX,0
        INT    14H
        TEST   AH,01                   ;测试数据是否接收好
        JZ     RE
L1:     MOV    AH,2                    ;读取 COM1 口字符
        MOV    DX,0
        INT    14H
        MOV    AH,2                    ;显示接收的字符
        MOV    DL,AL
        INT    21H
        JMP    RE                      ;重复接收数据
CODE    ENDS
        END    START
```

9.7 实验项目

9.7.1 PC串行接口实验项目

实验内容：

参考例9-9,实现两台PC串行通信程序设计。

9.7.2 EL实验机串行接口实验项目

1. 实验原理

EL实验机串行接口电路由一片8250和一片MAX232组成,该电路所有信号线均已接好。原理如图9.25所示。

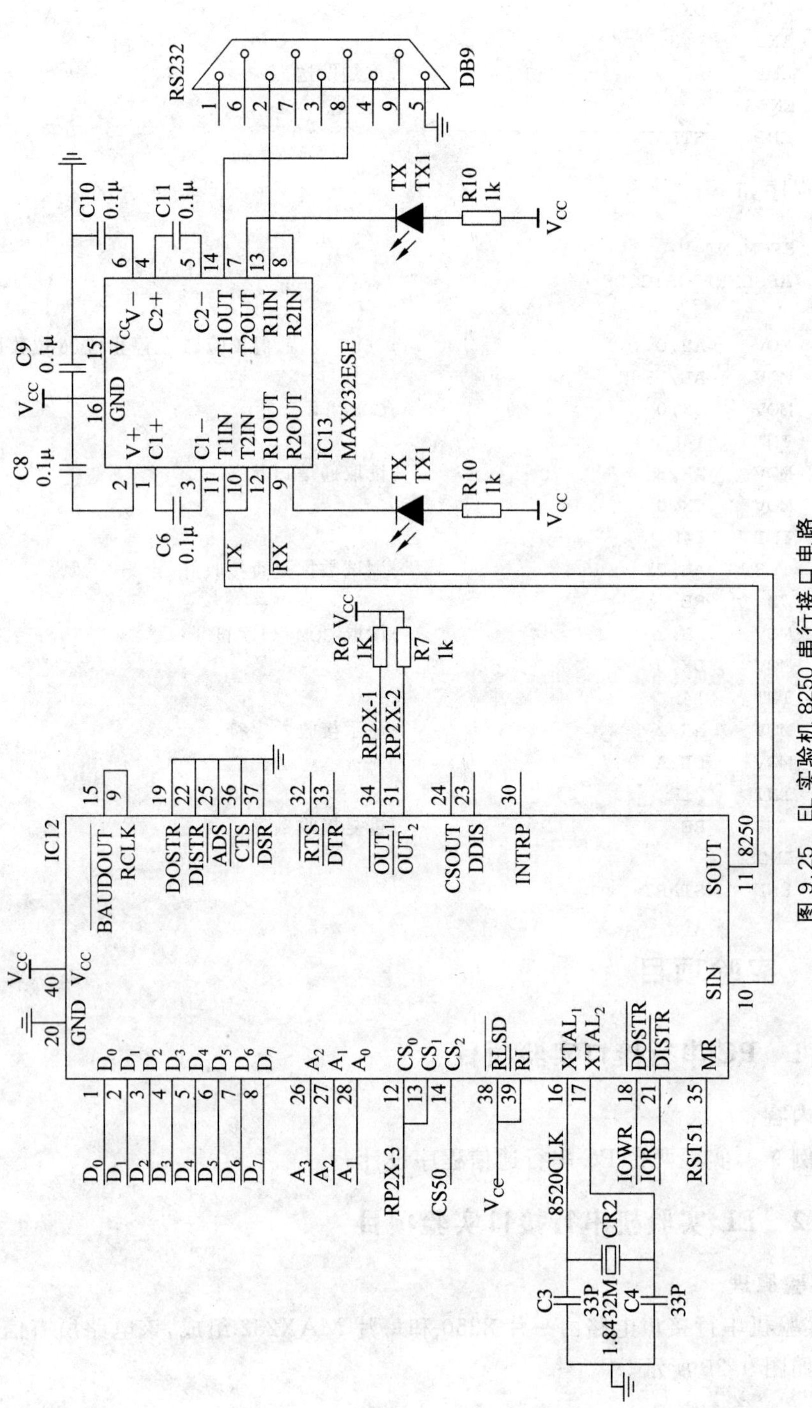

图 9.25 EL 实验机 8250 串行接口电路

2. 实验内容

在 EL 实验机与 PC(上位机)之间实现串行通信。在 EL 实验机上通过 8250 串行发送一串字符,在 PC(上位机)上接收串行数据并显示。实验中,通信波特率选用 9600b/s。上下位机均采用查询方式。8250 的端口地址为 480H 起始的偶地址单元。

3. 实验步骤

(1) 实验接线。利用串口电缆连接实验箱的串口和计算机的串口(COM_1或 COM_2)。

(2) 根据如图 9.26 所示的流程图,编程运行,并观察实验结果。

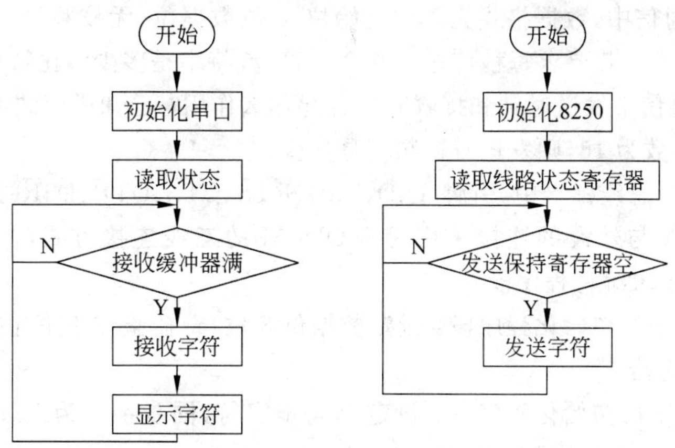

图 9.26 EL 实验机 8250 串行实验流程

9.8 本章小结

本章讲述了串行通信系统模型及串行通信协议的基本概念。完成串/并数据转换的电路称为串行接口。实现低频数字信号和高频模拟信号转换的电路称为调制解调器。串行通信协议一般包括波特率、数据格式(帧格式)、帧同步、位同步、差错校验方式。

本章介绍了可编程串行接口芯片 8251A 和 INS 8250 的内部结构、引脚及编程方法。8251A 可以工作在同步或异步串行通信方式;8250 只能工作在异步串行通信方式。8251A 内部 3 个端口,初始化过程就是对 8251A 写入方式控制字和操作命令字。8250 内部 10 个可编程寻址的寄存器,分为 3 组。第一组用于实现数据传输,有数据发送寄存器和数据接收寄存器。第二组用于工作方式控制、通信参数设置,称为控制寄存器,有通信线路控制寄存器、除数寄存器、MODEM 控制寄存器和中断允许寄存器。第三组称为状态寄存器,有通信线路状态寄存器、MODEM 状态寄存器和中断识别寄存器。

本章还介绍了串行通信标准 RS-232C 的信号定义和电平规定。要使用 RS-232C 作为计算机串行通信接口,需要完成 EIA/TTL 电平的转换。常用的 RS-232C 连接方式有三线连接和反馈与交叉连接方法。

另外，还介绍了 8251A 和 8250 在串行通信系统的应用实例，以及 PC 上串行通信的实例，给出了完整的硬件和软件设计过程。

习题 9

1. 串行通信的特点是什么？串行通信方式在什么场合使用？

2. 数据终端设备和数据通信设备分别解决通信中的什么问题？

3. 异步串行通信中，数据格式为 1 位起始位、8 位数据位、无校验位、2 位停止位。试画出传送字符'a'的波形。若要求每秒传送 240 个字符，波特率是多少？比特率是多少？

4. 异步串行通信中发送时钟和接收时钟各起什么作用？已知通信波特率为 1200bout/s，发送时钟波特率系数为 16，则发送时钟频率是多少？

5. 在 RS-232C 总线标准中，引脚 TxD、RxD、$\overline{RTS}$、$\overline{CTS}$、$\overline{DTR}$、$\overline{DSR}$的功能各是什么？

6. 已知 8251A 与外设的连接采用无 MODEM 的三线连接方式，其控制端口地址为 1F8H。试按下列要求编写程序段：

(1) 异步方式下的初始化程序段：设定数据位 8 位，奇校验，2 位停止位，波特率因子为 16，启动接收和发送器。

(2) 同步方式下的初始化程序段：设定单同步字符，同步字符为 7EH，内同步方式，字符 7 位，奇校验，启动接收和发送器。

7. 设计两台 PC 串行通信，采用查询方式，从串口发送/接收 100 个字符，显示在屏幕上。要求每输入一个字符需检测错误信息标志，出错时显示“ERROR!”。

8. 已知串行通信系统采用 8250 串行接口芯片，与外设的连接采用无 MODEM 的三线连接方式，端口地址范围 1F0～1F7H。试按下列要求编写初始化程序段：异步通信数据格式中数据位 8 位，奇校验，2 位停止位，波特率 9600bout/s。

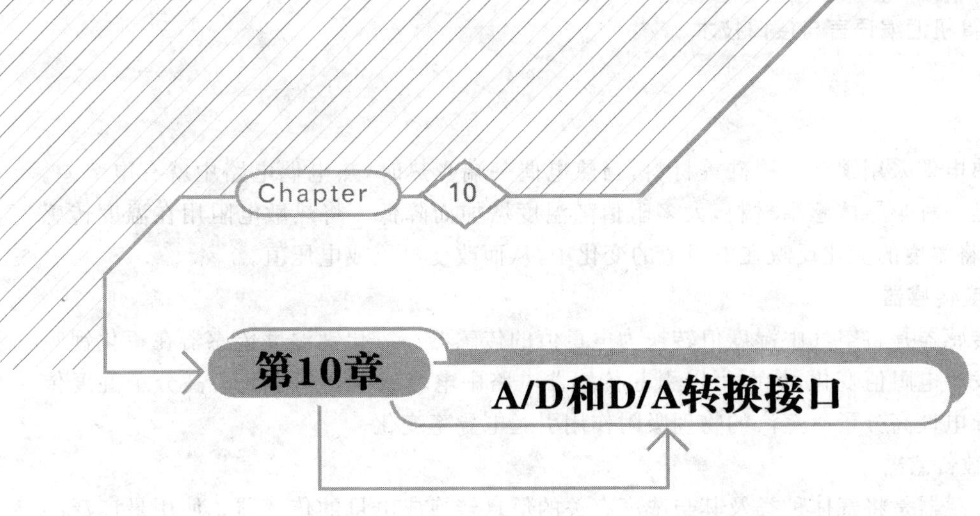

本章学习目标

- 了解数/模、模/数转换的概念；
- 了解 A/D、D/A 转换器的基本原理；
- 熟悉 A/D、D/A 转换器的应用方法；
- 掌握 A/D、D/A 转换接口设计方法。

本章首先向读者介绍数/模、模/数转换的概念，然后介绍常用的 A/D、D/A 转换器，最后介绍 A/D、D/A 转换接口的设计方法。

10.1 A/D 与 D/A 转换概述

微型计算机处理的是数字量。但是计算机应用领域内，要处理的信息大多是模拟量，如温度、压力、流量、气体浓度等。这些模拟量必须经过变换为数字量才能被计算机处理。这种把模拟量转换为数字量的过程称为模/数转换，即 A/D 转换。计算机处理后的数字量，也往往需要转换为模拟量，才能用于驱动执行部件，如产生调节电动机转速的不同电压等。这种把数字量转换为模拟量的过程称为数/模转换，即 D/A 转换。

A/D、D/A 转换是计算机应用到生产检测和控制过程领域的重要环节。

10.1.1 非电模拟量到电模拟量的转换

自然界中的信息大多是模拟量，这些模拟量是非电信号的物理量，必须先转换为模拟电流或电压的形式，才可以由 A/D 转换器件处理。将非电模拟量转换为电模拟量是通过传感器完成的。下面介绍几种在自动检测和控制系统中常用的传感器。

1. 温度传感器

温度传感器是将温度值转换为电量值的传感器。常用的温度传感器有热电偶式和热敏电阻式。热电偶采用镍铝—镍硅等材料，当热电偶一端受热时，热电偶电路中就有电势差。热敏电阻是一种半导体感温材料，大多阻值随温度增加而降低。将热敏电阻用在温度传感器中，可以将温度的变化反映在电阻值的变化中，从而改变电流或电压值。

2. 湿度传感器

湿度传感器是将空气中湿度值转换为电量值的传感器。氯化锂湿度传感器在氯化锂吸收水分后发生电阻值变化，从而可以引起传感器电路中电流或电压值变化。高分子湿度传感器利用导电性高分子对蒸汽的物理吸附作用引起电导率变化。

3. 气敏传感器

气敏传感器是将气体种类及其与浓度有关的信息转换成电量的传感器。使用最广泛的气敏传感器是半导体气敏传感器。气敏传感器多是以金属氧化物半导体为基础材料。当被测气体在该半导体表面吸附后，引起其电学特性（如电导率）发生变化。气敏传感器的应用主要有一氧化碳气体的检测、瓦斯气体的检测和煤气的检测等。

4. 压力传感器

压力传感器是将压力强度转换为电量的传感器。压电式传感器是利用某些电解质在一定方向受到外力作用发生变形时表面会产生电荷的特性，将机械能转换为电能。压阻式传感器经受外力发生变形而产生压电阻抗效果，从而使阻抗的变化转换成电信号。

5. 光纤传感器

光纤的传输特性受到压力、温度等物理量作用而发生变化，光纤中波导光的光强、相位、波长、频率等属性被调制，可以再通过光电探测器将光的属性变化转换为电信号。

10.1.2 D/A 转换的工作原理

D/A 转换是将二进制的数字信号转换为连续变化的模拟电信号。实现 D/A 转换的方法比较多，本小节以 T 型电阻网络 D/A 转换电路为例来说明 D/A 转换的原理。

1. *R*-2*R* T 型电阻网络 D/A 转换电路

R-2*R* T 型电阻网络 D/A 转换电路如图 10.1 所示。*R*-2*R* 网络型 D/A 转换器由参考电压 U_{REF}、*R*-2*R* 电阻网络、*n* 个模拟开关及求和运算放大器组成。

在图 10.1 中，U_{REF} 从右至左依次并联、串联了若干电阻，等效电阻为 *R*。因此，由 U_{REF} 流出的总电流 I_{REF} 为

$$I_{REF} = \frac{U_{REF}}{R}$$

而流入 2*R* 支路的电流是依 2 的倍速递减，不难得出

$$I_{n-1} = \frac{U_{REF}}{2R}$$

$$I_{n-2} = \frac{U_{REF}}{2^2 R}$$

$$\vdots$$

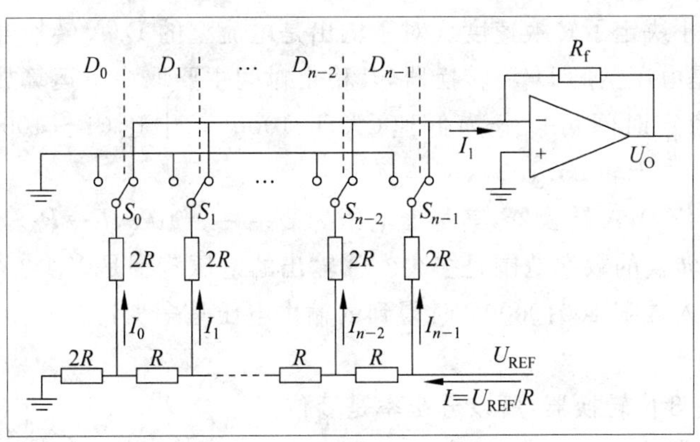

图 10.1　R-2R 网络型 D/A 转换器

$$I_0 = \frac{U_{REF}}{2^n R}$$

因此，最后流入求和运算放大器的电流为

$$\begin{aligned} I &= I_{REF}\left(\frac{D_{n-1}}{2} + \frac{D_{n-2}}{2^2} + \cdots + \frac{D_i}{2^{n-i}} + \cdots + \frac{D_1}{2^{n-1}} + \frac{D_0}{2^n}\right) \\ &= \frac{I_{REF}}{2^n}(D_{n-1}2^{n-1} + D_{n-2}2^{n-2} + \cdots + D_i 2^i + \cdots + D_1 2^1 + D_0 2^0) \\ &= \frac{I_{REF}}{2^n}\sum_{i=0}^{n-1} D_i 2^i \end{aligned}$$

故可得

$$I = \frac{U_{REF}}{2^n R}\sum_{i=0}^{n-1} D_i 2^i$$

$$U_O = -IR_f$$

可见，输出模拟电压值 U_O 与数字量输入 D 成正比。调整 R_f 和 U_{REF} 可调整 D/A 输出的电压范围和满刻度。

2. D/A 转换的技术参数

1）分辨率

分辨率是指输入数字量发生单位数码变化时，对应输出模拟电量的变化量。分辨率越高，转换时对输入量的微小变化的反应越灵敏。输入数字量的位数越大，分辨率越高。实际使用时，用输入数字量的位数表示分辨率。D/A 转换器按照分辨率可以分为 8 位、10 位、12 位、14 位、16 位和 18 位等。

2）转换精度

转换精度是指实际输出值与理论计算值之差。这种差值是由转换过程中各种误差引起的。D/A 转换器按照转换精度可以分为高精度和超高精度。

3）稳定时间

从数字信号输入 D/A 转换器，到输出电流（或电压）达到稳态值所需的时间为稳定时间。稳定时间的大小决定了转换速度。对于输出是电流型的 D/A 转换器来说,稳定时间约为几微秒,而输出是电压型的 D/A 转换器,其稳定时间主要取决于运算放大器的响应时间。D/A 转换器按照稳定时间可以分为低速(大于 100μs)、中速(1～100μs)、高速(50ns～100μs)和超高速型(小于 50ns)。

例 10-1 某 8 位 D/A 转换器,其基准电压为 $U_{REF}=-10V$,$R=R_f$。①该转换器的分辨率是多少?②能够转换的数字范围是多少?③输出的电压范围是多少?④电压的最小变化量是多少?⑤当输入数字 10010000B 时得到的输出电压是多少?

解

① 该转换器是 8 位转换器,所以分辨率是 8 位。

② 能够转换的数字范围为 0～(2^8-1),即 00H～0FFH。

③ 当输入为全 0 时,$U_O=0V$。

当输入全为 1 时,有

$$U_O=\frac{10}{2^8}(2^7+2^6+2^5+2^4+2^3+2^2+2^1+2^0)\approx 9.96V\approx 10V$$

所以输出的电压范围是 0～10V。

④ 当数字量输入变化 1 时,电压变化量为

$$U_O=\frac{10}{2^8}(1\times 2^0)\approx 0.039V$$

所以电压的最小变化量是 0.039V。

⑤ 当输入数字 10010000B 时,有

$$U_O=\frac{10}{2^8}(2^7+2^4)\approx 5.625V$$

所以当输入数字 10010000B 时,得到的输出电压是 5.625V。

10.1.3 A/D 转换的工作原理

A/D 转换的功能是将模拟电信号变换为二进制数字信号。实现 A/D 转换的方法很多,按照工作原理可分为计数式 A/D 转换器、逐次逼近型、双积分型和并行 A/D 转换几种。下面以逐次逼近型 A/D 转换电路为例来说明 A/D 转换的基本工作原理。

1. 逐次逼近型 A/D 转换器

图 10.2 所示为一个 8 位的逐次逼近型 A/D 转换器,其内部包含比较器、D/A 转换器、寄存器及控制逻辑电路。

A/D 转换器将输入的电压值 U_i 转换为输出端 D_7～D_0 上的数字信号。转换开始前,逐次逼近寄存器清 0。开始转换后,控制电路在时钟脉冲 CLK 控制下,多次改变逐次逼近寄存器的数字量,当通过 D/A 转换器得到的 U_o 与输入 U_i 相等时,逐次逼近寄存器的数字量就是转换的结果。

首先逐次逼近寄存器的最高位置 1,使其输出为 100…000,这个数码被 8 位 D/A 转换

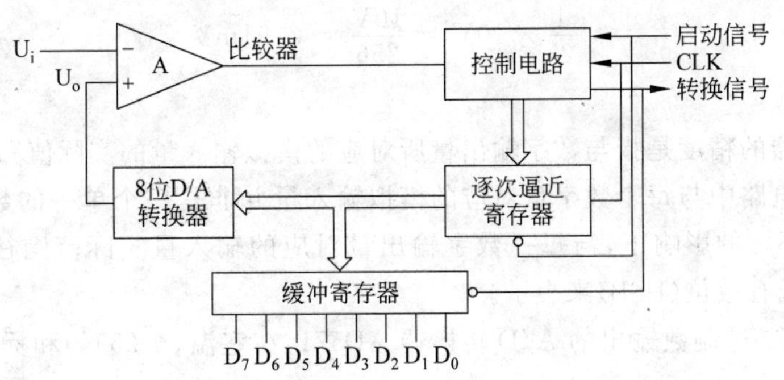

图 10.2　8 位逐次逼近型 A/D 转换器

器转换成相应的模拟电压 U_o，送至比较器与输入 U_i 比较。若 $U_o>U_i$，说明逐次逼近寄存器中数码大了，将最高位改为 0，同时设次高位为 1；若 $U_o \leqslant U_i$，说明逐次逼近寄存器的数码还不够大，将最高位的 1 保留，同时设次高位为 1。这样逐位比较下去，一直到最低位为止。比较完毕，结果就是逐次逼近寄存器中的数值。在 8 位逐次逼近型 A/D 转换器中，对模拟电压 4.80V 转换为数字量的过程如表 10.1 所示。

表 10.1　8 位逐次逼近型 A/D 转换过程表

设定数字量	D/A 输出电压 U_o/V	U_o与 U_i比较	结果数字量
10000000	5.0	$U_o>U_i, D_7=0$	0
01000000	2.5	$U_o<U_i, D_6=1$	64
01100000	3.75	$U_o<U_i, D_5=1$	96
01110000	4.375	$U_o<U_i, D_4=1$	112
01111000	4.69	$U_o<U_i, D_3=1$	120
01111100	4.84	$U_o>U_i, D_2=0$	120
01111010	4.76	$U_o<U_i, D_1=1$	122
01111011	4.80	$U_o<U_i, D_0=1$	123

对于 n 位逐次逼近型 A/D 转换器，要比较 n 次才能完成一次转换。因此，逐次逼近型 A/D 转换器的转换时间取决于转换的数字量位数和时钟周期。转换精度取决于 D/A 转换器和比较器的精度，一般可达 0.01%。

2. A/D 转换的技术参数

1）分辨率

分辨率指 A/D 转换器对输入模拟信号微小变化的分辨能力。从理论上讲，一个 n 位二进制数输出的 A/D 转换器应能区分输入模拟电压的 2^n 个不同量级，能区分输入模拟电压的最小差异为满量程输入的 $1/2^n$。

例如，A/D 转换器的输出为 8 位二进制数，最大输入模拟信号为 10V，则其分辨率为

$$\frac{1}{2^8}\times 10\text{V}=\frac{10\text{V}}{256}=3.91\text{mV}$$

2）精度

A/D 转换器的精度是指与数字输出量所对应的模拟输入量的实际值和理论值之间的差值。A/D 转换电路中与每个数字量对应的模拟输入量并非是一个单一的数值，而是一个范围值。在外界环境的影响下，与每一数字输出量对应的输入量实际范围往往偏离理论值。精度一般用最低有效位(LSB)来表示。

例如，10 位二进制数输出的 A/D 转换器 AD571，在室温(＋25℃)和标准电源电压($U_+=+5\text{V}$，$U_-=-15\text{V}$)的条件下，转换误差$\leqslant\pm\frac{1}{2}$LSB。当使用环境发生变化时，转换误差也将发生变化，实际使用中应加以注意。

3）量化误差

A/D 转换中，量化误差是指数字量 D 的最低有效位(LSB)，表示 1LSB 输出的变化所对应的模拟量的范围。

4）转换时间

转换时间是指从接到转换启动信号开始，到输出端获得稳定的数字信号所经过的时间。A/D 转换器的转换时间主要取决于转换电路的类型，不同类型 A/D 转换器的转换时间往往相差很大。

5）转换速率

转换速率指每秒转换的次数。在 A/D 转换器采用流水线方式转换时，两次转换过程有部分时间是重叠的，因而转换速率大于转换时间的倒数。

10.2　D/A 转换器及其接口技术

D/A 转换器可以作为微机系统的输出设备。D/A 转换接口电路设计主要包括选择合适的 D/A 转换器，以及根据 D/A 转换器的工作特点配置相应的外围电路和进行程序设计。

D/A 转换器与 CPU 相连的关键是数据锁存问题。CPU 向 D/A 转换器送出数据时，在数据总线上只能持续很短的时间，必须有数据锁存电路，为 D/A 转换器提供稳定的数据输入，才能得到稳定的模拟输出。有些 D/A 转换器芯片自身带有锁存器，则不需要设置锁存电路；有些芯片没有内部锁存器，就需要在外部设置锁存电路。

在程序设计上，要根据 D/A 转换器的工作方式，以及电路的连接情况，确定程序的结构和数据输出的方法。

10.2.1　数模转换器 DAC0832

DAC0832 是 8 位 D/A 转换器芯片。DAC0832 内部带有两级 8 位锁存，对参考电流完成 D/A 转换，是电流输出型 D/A 转换器。要得到电压形式输出，则需要外接运算放大器。

DAC0832 连接方便，容易控制转换过程且价格便宜，因此在实际中得到了广泛的应用。

1. DAC0832 的内部结构

DAC0832 内部有一个 8 位输入寄存器、一个 8 位 DAC 寄存器、一个 8 位 T 型电阻网络 D/A 转换器和写控制逻辑电路。DAC0832 的内部结构如图 10.3 所示。

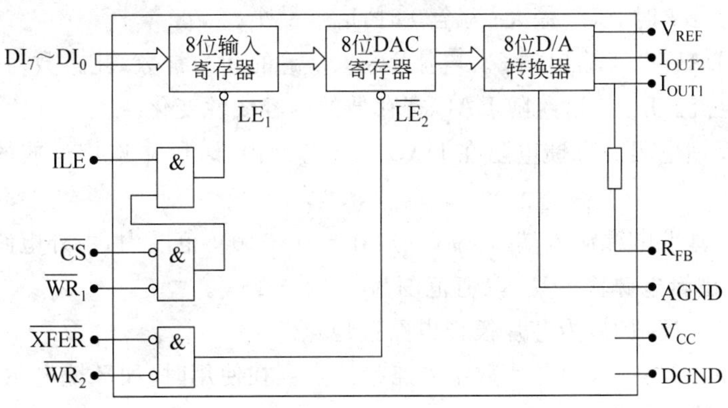

图 10.3　DAC0832 的内部结构

DAC0832 内部 $\overline{LE_1}$ 锁存允许信号由高到低跳变的下降沿时，8 位输入寄存器锁存 $DI_7 \sim DI_0$ 数据线上的数据。数据随之到达 8 位 DAC 寄存器的输入端。在 $\overline{LE_2}$ 锁存允许信号由高到低跳变的下降沿时，DAC 寄存器将输入端数据锁存。数据随之送到 8 位 D/A 转换器中开始转换。经过转换时间后，在输出端产生模拟电流输出。

2. DAC0832 的外部引脚

DAC0832 是 20 引脚双列直插式封装芯片。DAC0832 的外部引脚如图 10.4 所示。

DAC0832 芯片各引脚功能含义如下。

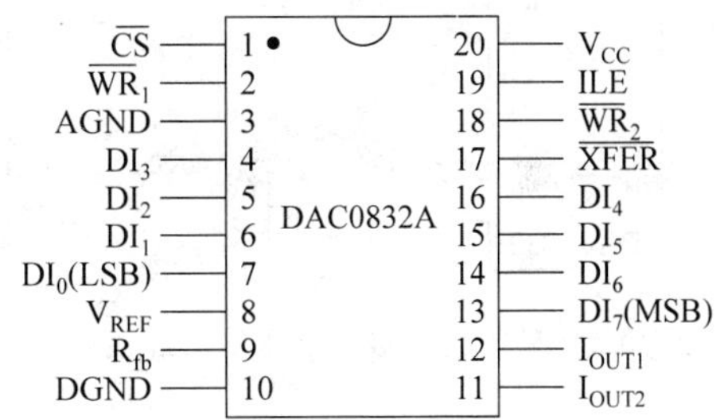

图 10.4　DAC0832 的引脚排列

(1) ILE：输入锁存允许信号，输入，高电平有效。

(2) $\overline{CS}$：片选信号，输入，低电平有效。

(3) $\overline{WR_1}$：输入寄存器写选通信号，输入，低电平有效。

输入寄存器的锁存信号由 ILE、$\overline{CS}$、$\overline{WR_1}$ 的逻辑组合控制。当 ILE 为高电平、$\overline{CS}$为低电平、$\overline{WR_1}$ 输入负脉冲时，在 $\overline{LE_1}$ 产生正脉冲；$\overline{LE_1}$ 为高电平，输入寄存器的输出随输入变化；$\overline{LE_1}$ 的负跳变将数据线上的信息锁存到输入寄存器。

(4) $\overline{WR_2}$：DAC 寄存器的写选通信号，输入，低电平有效。

(5) $\overline{XFER}$：数据传送控制信号，输入，低电平有效。

DAC 寄存器的锁存信号 $\overline{LE_2}$ 由 $\overline{WR_2}$、$\overline{XFER}$的逻辑组合控制。当$\overline{XFER}$为低电平、$\overline{WR_2}$

输入负脉冲时,在$\overline{LE_2}$产生正脉冲;$\overline{LE_2}$为高电平,DAC 寄存器的输出随输入变化;$\overline{LE_2}$的负跳变将输入寄存器中的数据锁存在 DAC 寄存器中。

(6) DI_0～DI_7：8 位数字输入端,DI_0为最低位,DI_7为最高位。

(7) I_{OUT1}：DAC 电流输出端 1,是数字输入端逻辑电平为 1 的各位输出电流之和。DAC 寄存器的内容为全 1 时,I_{OUT1}最大;为全 0 时,I_{OUT1}最小。

(8) I_{OUT2}：DAC 电流输出端 2。电流 I_{OUT1}、I_{OUT2}的和为常数,此常数对应于一固定基准电压的满量程电流。I_{OUT1}、I_{OUT2}随 DAC 寄存器的内容线性变化。

(9) R_{FB}：反馈电阻。反馈电阻在 DAC0832 芯片内部,用作连接运放的反馈电阻,以提供输出电压。

(10) V_{REF}：基准电源输入端。V_{REF}一般在－10～10V 范围内,由外电路提供。

(11) V_{CC}：逻辑电源输入端,取值范围为＋5～＋15V。

(12) AGND：模拟地,为芯片模拟电路接地点。

(13) DGND：数字地,为芯片数字电路接地点。在使用时,如环境电磁干扰不严重的情况下模拟地可与数字地相连。

3. DAC0832 输出转换

DAC0832 是电流输出型 D/A 转换器。实际应用中,往往需要的模拟量是电压,因此必须将电流转换为相应的输出电压。这个转换可用运算放大器来实现。常用的转换为单极性电压输出连接方式,如图 10.5 所示。

要转换为双极性有正、有负的电压输出,需要在单极性电压输出端再加一级运算放大器。常见的转换为双极性电压输出连接方式,如图 10.6 所示。

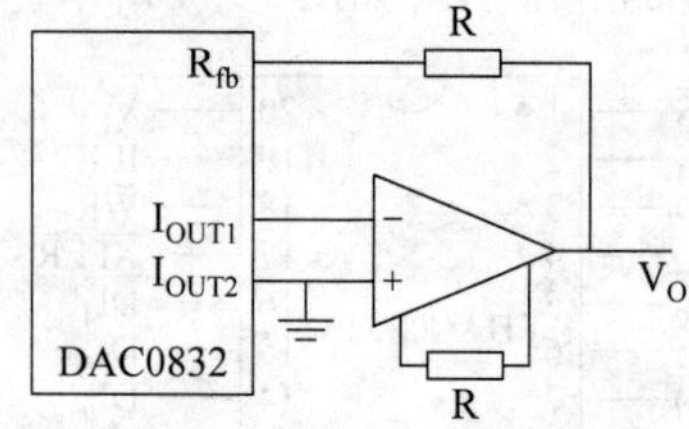

图 10.5　转换为单极性电压输出连线

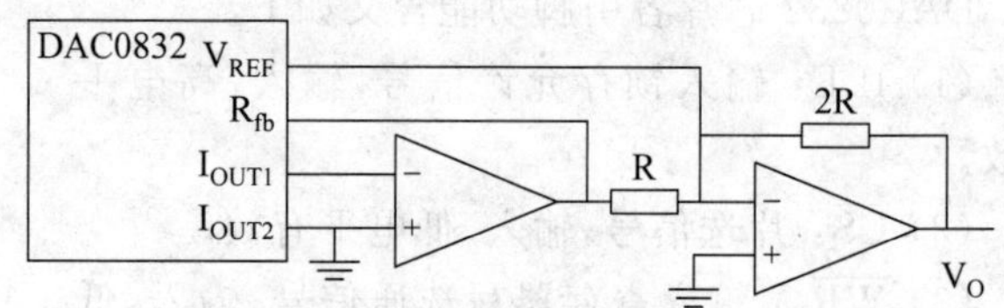

图 10.6　转换为双极性电压输出连线

4. DAC0832 的工作方式

DAC0832 可以工作在 3 种方式,即直通方式、单缓冲方式和双缓冲方式。

1) 直通方式

直通方式下,将 ILE 接高电平,$\overline{CS}$、$\overline{WR_1}$、$\overline{WR_2}$和$\overline{XFER}$端都接数字地,内部$\overline{LE_1}$、$\overline{LE_2}$锁存允许信号都有效,则输入寄存器和 DAC 寄存器的输出端随输入端数据变化,也就是这两级锁存器同时处于放行直通状态,数据直接送入 D/A 转换电路进行 D/A 转换。

DAC0832 工作于直通方式时,内部没有锁存功能,不能直接与 CPU 系统的数据总线相连。必须在 CPU 数据总线和 DAC0832 的数字输入端间设置外置锁存器,如采用并行接口 8255A。

例 10-2 微机系统中,将 AL 中的 10010000B 数字量送至 DAC0832 转换为单极性模拟电压值。要求 DAC0832 处于直通方式下。

解 由于要求 DAC0832 处于直通方式下,所以在 CPU 和 DAC0832 间采用 8255A 作为外置锁存器。硬件设计如图 10.7 所示,设 8255A 的端口地址范围为 60H~63H。

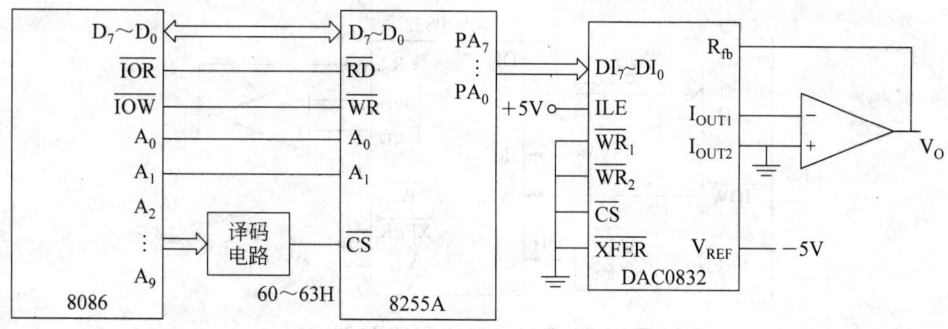

图 10.7 DAC0832 直通方式下与 CPU 连接

数据从 CPU 送到 8255A 的 PA 端口,PA 端口锁存后,输出到 DAC0832 数据输入端,便直接进入 D/A 转换电路进行稳定转换。

程序如下。

```
CODE  SEGMENT
      ASSUME  CS:CODE
START:
      MOV    AL,10000000B              ;8255A 控制字,PA 端口输出
      OUT    63H,AL                    ;8255A 控制字送控制端口
      MOV    AL,1001000B               ;要转换的数据量
      OUT    60H,AL                    ;数据量送 PA 端口
CODE  ENDS
      END    START
```

2) 单缓冲方式

DAC0832 内部含有两级锁存器,如果将输入寄存器和 DAC 寄存器中的一个工作于直通状态,另一个工作于受控锁存器状态,输入数据经过一级缓冲送入 D/A 转换电路。这种方式便是单缓冲方式。单缓冲方式下,DAC0832 在与 CPU 相连的时候,数据输入端可直接挂在数据总线上。CPU 只需要提供受控锁存器的选通信号即可。单缓冲方式一般应用在不需要多个模拟量同时输出的场合。

例 10-3 微机系统中,要将 AL 中的 10010000B 数字量送至 DAC0832 转换为单极性模拟电压值。要求 DAC0832 处于单缓冲方式下。

解 要求 DAC0832 处于单缓冲方式下,可以选择输入寄存器受控,DAC 寄存器直通。

将DAC寄存器的锁存信号组合$\overline{XFER}$和$\overline{WR_2}$端接数字地，使DAC寄存器处于直通状态。将输入寄存器的锁存信号组合ILE接+5V，$\overline{WR_1}$接CPU的$\overline{IOW}$，$\overline{CS}$接CPU地址译码器输出。这样在CPU执行OUT指令产生$\overline{IOW}$信号，并且地址译码输出使$\overline{CS}$有效时，数据线上的数据锁存到DAC0832的输入寄存器中，并且直接经过DAC寄存器到达D/A转换电路进行稳定转换。硬件连接如图10.8所示。设地址译码器输出地址为30H。

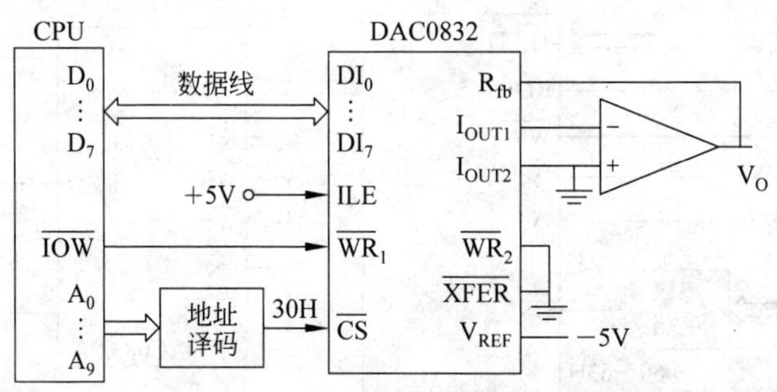

图10.8 DAC0832单缓冲方式连接

在这种方式下，CPU只需执行一条输出指令，便可将数据送入DAC0832中进行转换，在其输出端得到模拟电压输出。

程序如下。

```
CODE  SEGMENT
      ASSUME  CS:CODE
START:
      MOV    AL,1001000B                 ;要转换的数据量
      OUT    30H,AL                      ;数据量送输入寄存器
CODE  ENDS
      END    START
```

3）双缓冲工作方式

双缓冲方式下，DAC0832的输入寄存器和DAC寄存器都处于受控锁存方式。双缓冲方式下，DAC0832在与CPU相连的时候，数据输入端可直接挂在数据总线上。CPU需要依次提供两级锁存器的允许信号，数据才能到达D/A转换器进行转换。双缓冲方式可在D/A转换器工作的同时，进行下一个数据的输入，可提高转换速率。另外，双缓冲方式也可以应用在有多个模拟量需要同时输出的场合。

例10-4 微机系统中，要将AL中的10010000B、11110000B两个数字量依次送至DAC0832，给输出端连接的电动机两个连续的单极性模拟电压。要求DAC0832处于双缓冲方式下。

解 要求DAC0832处于双缓冲方式下，则两级锁存器都要受控。可将输入寄存器的锁存信号组合ILE接+5V，$\overline{WR_1}$接CPU的$\overline{IOW}$，$\overline{CS}$接CPU地址译码器一个输出作为受控信

号;DAC 寄存器的锁存信号组合中$\overline{WR_2}$端接 CPU 的$\overline{IOW}$,而$\overline{XFER}$接 CPU 地址译码器的另一个输出作为受控信号。这样,CPU 要执行两条输出指令才能分别完成两次锁存,最终实现 D/A 转换。硬件连接如图 10.9 所示。设地址译码器输出地址为 30H、31H。

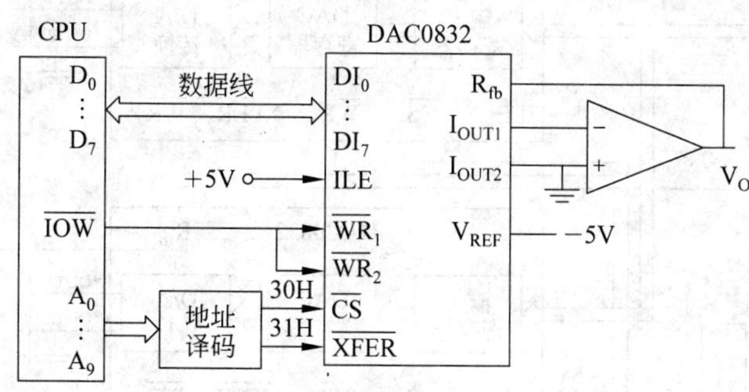

图 10.9 DAC0832 双缓冲方式连接

程序如下。

```
CODE  SEGMENT
      ASSUME  CS:CODE
START:
      MOV     AL,10010000B          ;要转换的数据 1
      OUT     30H,AL                ;数据 1 送输入寄存器
      OUT     31H,AL                ;数据 1 进入 DAC 寄存器,开始转换
      MOV     CX,0FFFFH
LL1:  LOOP    LL1                   ;延时,维持电压值
      MOV     AL,11110000B          ;要转换的数据 2
      OUT     30H,AL                ;数据 2 送输入寄存器,数据 1 输出仍维持
      OUT     31H,AL                ;数据 2 进入 DAC 寄存器,开始转换
      MOV     CX,0FFFFH
LL2:  LOOP    LL2                   ;延时,维持电压值
CODE  ENDS
      END     START
```

“OUT 31H,AL”这条输出指令打开 DAC0832 的 DAC 寄存器,使输入寄存器的数据通过 DAC 寄存器送到 D/A 转换器中进行转换。此时 AL 中数值送到数据总线,并不能进入输入寄存器,因为输入寄存器的选通$\overline{CS}$是无效的,所以指令中 AL 的值与转换结果无关。

例 10-5 将数字量 10010000B 和 11110000B 分别转换为两个电压值,同时送到两台电动机上。

解 要有两个模拟电压同时输出,则需要两片 DAC0832。并且要想实现同时输出,则两片 DAC0832 的 DAC 寄存器要同时打开锁存数据,才可以同时进行转换输出。可以将两个 DAC0832 芯片的输入寄存器分别受控,便于分别写入各自的数据;两片芯片的 DAC 寄存器共用一个受控端,以确保可同时打开。硬件设计如图 10.10 所示。设 3 个受控端的地址分别是 30H、31H、32H。

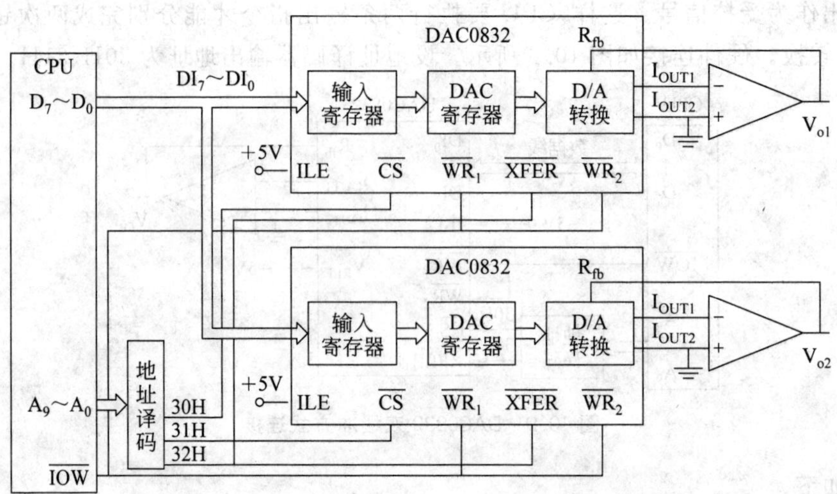

图 10.10 CPU 与两片 DAC0832 的连接

程序如下。

```
CODE   SEGMENT
       ASSUME  CS:CODE
START:
       MOV     AL,10010000B                ;要转换的数据 1 存入 AL
       OUT     30H,AL                      ;数据 1 写入第一片 0832 的输入寄存器
       MOV     AL,11110000B                ;要转换的数据 2 存入 AL
       OUT     31H,AL                      ;数据 2 写入第二片 0832 输入寄存器
       OUT     32H,AL                      ;同时打开两片 0832 的 DAC 寄存器
                                           ;数据同时开始转换。因为有锁存,输出会一直稳定
CODE   ENDS
       END     START
```

10.2.2 DAC0832 应用举例

CPU 通过程序向 D/A 转换器输出不同的数字量,D/A 转换器就可输出对应变化的模拟量。CPU 输出带有一定变化规律的数字量,D/A 转换器输出模拟量与输入数字量成正比关系,则输出的模拟量也会有相应的变化规律。可以利用这一特点,将 D/A 转换器作为波形发生器,可以产生各种波形,如方波、三角波、锯齿波等,以及它们组合产生的复合波形和不规则波形。

例 10-6 用 DAC0832 作为波形发生器,使其能产生方波、正向锯齿波和三角波。

解 DAC0832 在单缓冲方式下,CPU 通过一条输出指令便可将数字量送入 DAC0832 进行转换。CPU 只需不停地输出变化的数字量,便可以得到变化的波形。硬件设计如

图 10.11 所示。设地址译码输出地址为 30H。

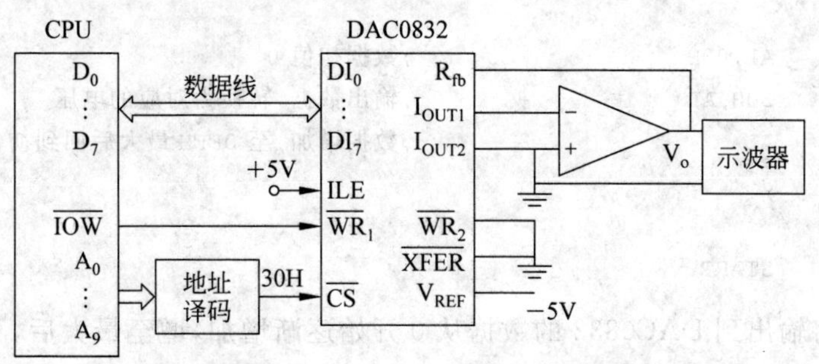

图 10.11 用 DAC0832 作波形发生器连接

(1) 方波中的高电压对应数据量 1,方波中的低电压对应数据量 2,CPU 只需不停地交换输出两个数据量,并各自维持一段时间,便可以得到高、低电压交换输出的方波。

程序如下。

```
CODE  SEGMENT
      ASSUME  CS:CODE
START:
      MOV    AL,00H
      OUT    30H,AL                    ;输出方波低电平
      CALL   DELAY                     ;延时
      MOV    AL,0FFH
      OUT    30H,AL                    ;输出方波高电平
      CALL   DELAY                     ;延时
      JMP    START
DELAY PROC                             ;延时子程序
      MOV    BX,20
L:    MOV    CX,0FFFFH
LL1:  LOOP   LL1
      DEC    BX
      JNZ    L
      RET
DELAY ENDP
CODE  ENDS
      END    START
```

(2) 要产生正向锯齿波,则 CPU 送出的数字量要呈线性逐渐增加,则输出端电压也线性增加。当到达一定输出电压值后,CPU 回到数字量初值重新递增,便可以得到正向锯齿波。程序如下。

```
CODE  SEGMENT
```

```
        ASSUME  CS:CODE
START:
        MOV     AL,00H                      ;数据初值 0
J:      OUT     30H,AL                      ;输出数据,转换为对应的电压
        INC     AL                          ;数据增加,至 0FFH 最大后回到初值 0
        JMP     J
CODE    ENDS
        END     START
```

这段程序将输出到 DAC0832 的数据从 0 开始逐渐增加,增至最大后,再恢复到 0,重复此过程,得到的波形为正向锯齿波。如数字量线性递减,则输出负向锯齿波。

(3) 利用正、负向锯齿波组合,便可产生三角波。程序如下。

```
CODE    SEGMENT
        ASSUME  CS:CODE
START:
S:      MOV     AL,00H                      ;正向锯齿波
Z:      OUT     30H,AL
        INC     AL
        JNZ     Z
        MOV     AL,0FFH                     ;负向锯齿波
F:      OUT     30H,AL
        DEC     AL
        JNZ     F
        JMP     S
CODE    ENDS
        END     START
```

10.3 A/D 转换器及其接口技术

A/D 转换器可以作为微机系统的输入设备。A/D 转换接口电路设计主要包括选择合适的 A/D 转换器,以及根据 A/D 转换器的工作特点配置相应的外围电路和进行程序设计。

A/D 转换器与 CPU 连接的时候,需要考虑数据缓冲问题和数据位数匹配问题。A/D 转换器应该在 CPU 执行输入指令的时候才将数据送到系统数据总线上,所以与 CPU 系统数据线之间必须要有三态缓冲器件。如果 A/D 转换器芯片自带三态输出缓冲器,则可以直接与 CPU 数据总线相连;否则需要外接三态缓冲器。

A/D 转换器的分辨率可能与 CPU 数据总线的位数不同。如果 CPU 系统数据总线位数少,可以通过控制 A/D 转换器两次输出,或者一次输出到三态缓冲器后,由 CPU 分两次读取。

在程序设计上,要根据 A/D 转换器的转换启动方式、转换结束方式以及电路的连接情

况,确定程序的结构和数据输入的方法。

10.3.1　模数转换器 ADC0809

ADC0809 是 8 路模拟输入逐次逼近型 8 位 A/D 转换器。ADC0809 可对 8 路模拟电压进行分时转换,具有转换启停控制端,转换时间为 100μs,输出带可控三态缓冲,模拟输入电压范围为 0～+5V,不需零点和满刻度校准。ADC0809 可以直接和 CPU 系统数据总线相连,使用方便。

1. ADC0809 的内部结构

ADC0809 内部包括 8 选 1 模拟开关、地址锁存器、比较器、8 位 D/A 转换器、逐次逼近寄存器、三态输出缓冲器和控制逻辑电路组成。ADC0809 内部结构如图 10.12 所示。

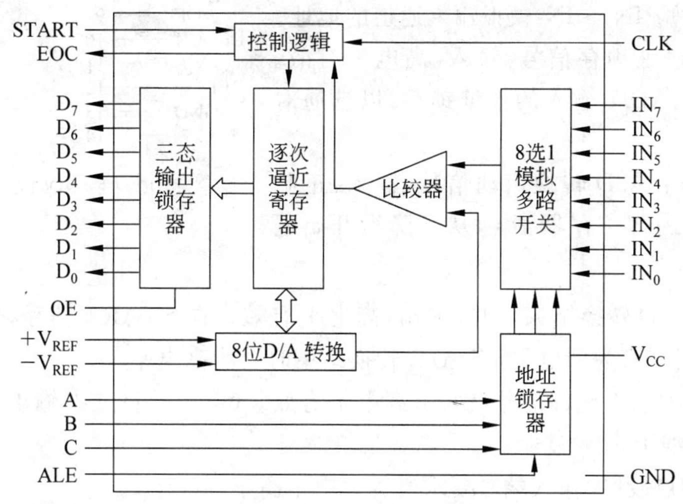

图 10.12　ADC0809 内部结构

(1) 8 选 1 模拟多路开关。

ADC0809 可以输入 8 路模拟电压,通过 8 选 1 模拟多路开关,选通其中 1 路进行 A/D 转换。

(2) 地址锁存器。

地址锁存器对 3 位地址输入进行锁存和译码,产生 8 选 1 模拟开关的控制信号,选择其中的 1 路模拟量输入。

(3) 逐次逼近寄存器、8 位 D/A 转换器、比较器。

逐次逼近寄存器、8 位 D/A 转换电路、比较器结合,采用逐次逼近法完成 A/D 转换,得到模拟量对应的数字量。

(4) 三态输出缓冲器。

A/D 转换后的数字量锁存在三态输出缓冲器中。三态输出缓冲器的输出允许信号有效时,三态输出缓冲器中的数字量输出到数据线上。

(5) 控制逻辑电路。

控制逻辑电路在启动信号和输入时钟脉冲的作用下,启动和控制 A/D 转换器进行转换,转换结束产生结束信号。

2. ADC0809 的外部引脚

ADC0809 芯片是 28 引脚双列直插式芯片,采用单一＋5V 电源供电,模拟输入电压范围 0～＋5V。ADC0809 外部引脚如图 10.13 所示。

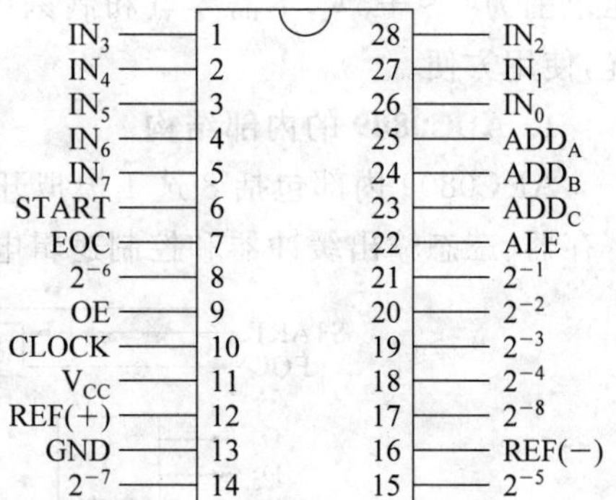

图 10.13 ADC0809 引脚排列

(1) IN_0～IN_7：8 路模拟量输入端。

(2) 2^{-1}～2^{-8}：8 位数字量输出端。

(3) ADD_A、ADD_B、ADD_C：模拟通道的地址选择线输入端。ADD_A、ADD_B、ADD_C 3 位的组合 000～111 分别对应 IN_0～IN_7模拟输入通道的地址。

(4) ALE：地址锁存信号,输入,高电平有效。将 ADD_A、ADD_B、ADD_C输入的地址锁存,以选通对应的通道。

(5) START：A/D 转换启动信号,输入,正脉冲上升沿使所有内部寄存器清 0,从下降沿开始进行 A/D 转换。

(6) EOC：A/D 转换结束信号,输出,高电平有效。在 START 信号之后变为低电平,在 A/D 转换期间一直为低电平,当 A/D 转换结束时变为高电平。

(7) OE：数据输出允许信号,输入,高电平有效。OE＝1,将三态输出缓冲器中的数字量输出到数据总线上。

(8) CLK：时钟脉冲输入端。要求时钟频率不高于 640kHz。

(9) REF(＋)、REF(－)：基准电压的正极和负极。

3. ADC0809 的工作方式

A/D 转换启动到转换结束的时间远远长于 CPU 的指令周期时间。为了得到正确的转换结果,一般读取 A/D 转换结果的方法有延时等待法、查询等待法和中断法 3 种。

例 10-7 8088 系统中,从 ADC0809 输入 1 路模拟量,将其转换的数字量读取到内存 BUFFER 单元中。采用延时等待法读取转换结果数据。

解 采用延时等待法设计时,ADC0809 的控制信号中,只需要考虑启动信号和输出允许信号的设计,不需要考虑转换结束信号。用 CPU 地址线低位作为模拟通道选择线,高位地址译码后,与$\overline{IOW}$、$\overline{IOR}$组合产生启动信号和输出允许信号。硬件设计如图 10.14 所示。设地址译码输出范围为 80H～88H。

软件设计：CPU 执行输出指令,产生$\overline{IOW}$和$\overline{CS}$,使 ADC0809 的 START 信号有效,同时 ADC0809 的 ALE 信号被选通,将指定的模拟输入通道地址锁存。根据地址最低 3 位选择通道进行转换。所以输出指令中端口地址要为 80H,指令中 AL 数据任意。在等待一段

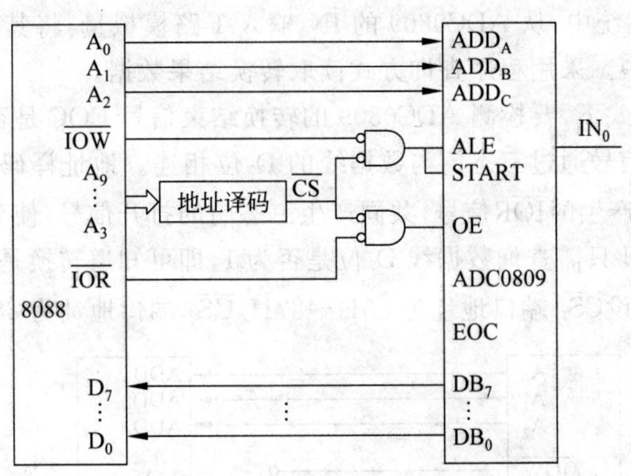

图 10.14 ADC0809 延时等待法连接

时间后，再用输入指令，产生$\overline{IOR}$和$\overline{CS}$，使 ADC0809 的 OE 信号有效，便能读取到数据线上输出的数字量。

程序如下。

```
DATA   SEGMENT
       BUFFER    DB   ?
DATA  ENDS
CODE  SEGMENT
       ASSUME  CS:CODE,DS:DATA
START:
       MOV     AX,DATA
       MOV     DS,AX
       OUT     80H,AL                ;启动转换
       CALL    DELAY                 ;延时等待
       IN      AL,80H                ;输出数据并读取
       MOV     BUFFER,AL
       HLT                           ;停机
DELAY PROC                           ;延时子程序
       MOV     BX,20
L:     MOV     CX,0FFFFH
LL1:   LOOP    LL1
       DEC     BX
       JNZ     L
       RET
DELAY  ENDP
CODE  ENDS
       END    START
```

例 10-8 8088 系统中，从 ADC0809 的 IN_0 输入 1 路模拟量，将其转换的数字量读取到内存 BUFFER 单元中。采用程序查询方式读取转换结果数据。

解 程序查询方式下，要检测 ADC0809 的转换结束信号 EOC 是否有效，如果有效再去读取数据。将 EOC 信号通过三态门与数据线的 D_7 位相连。地址译码器的输出 $\overline{CS_2}$ 信号与 CPU 执行 IN 指令时产生的 $\overline{IOR}$ 信号，共同产生三态门的打开信号，使 EOC 信号可以送入数据总线的 D_7 位。CPU 只需查询数据线 D_7 位是否为 1，即可知道转换是否结束。硬件连接设计如图 10.15 所示。设 $\overline{CS_1}$ 端口地址为 80H～87H，$\overline{CS_2}$ 端口地址为 88H～8FH。

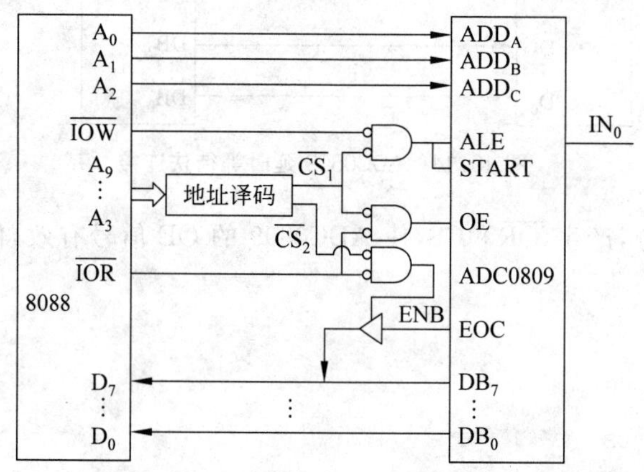

图 10.15　ADC0809 查询法连接

程序如下。

```
DATA   SEGMENT
       BUFFER    DB   ?
DATA   ENDS
CODE   SEGMENT
       ASSUME  CS:CODE,DS:DATA
START:
       MOV     AX,DATA
       MOV     DS,AX
       OUT     80H,AL                   ;选择通道 0,启动 A/D 转换
TE:    IN      AL,88H                   ;读入 EOC 状态
       AND     AL,80H                   ;判断 D7 位
       JZ      TE                       ;EOC 为 0,转换未完成,继续测试
       IN      AL,80H                   ;EOC 为 1,转换完毕,读取结果
       MOV     BUFFER,AL
CODE   ENDS
       END     START
```

例 10-9 8088 系统中，从 ADC0809 的 IN_0 输入 1 路模拟量，将其转换的数字量读取到

AL 中。采用程序中断方式读取转换结果数据。

解 采用中断法时，将 ADC0809 的 EOC 作为中断请求信号，连接到中断控制器的中断请求输入端。当 A/D 转换器转换结束时，EOC 变为高电平，向 CPU 提出中断请求。在中断服务程序中，CPU 读取转换结果。硬件连接设计如图 10.16 所示。

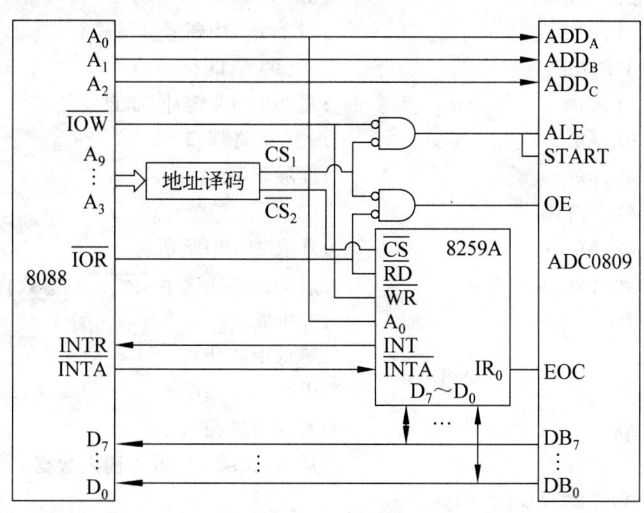

图 10.16 ADC0809 中断方式连接

设$\overline{CS_1}$ 端口地址为 80H～87H，$\overline{CS_2}$ 端口地址为 88H～8FH。IR_0 中断类型号为 80H。8259A 中断请求为边沿触发(A/D 转换结束 EOC 信号由低电平变为高电平)、非自动中断结束方式、普通全嵌套方式。

主程序完成 8259A 初始化、中断向量表设置、开中断、启动 A/D 转换功能。子程序完成读取 A/D 转换数据、结束中断、屏蔽中断功能。

程序如下。

```
DATA   SEGMENT
       BUFFER   DB    ?
DATA   ENDS
CODE   SEGMENT
       ASSUME   CS:CODE,DS:DATA
START:
       MOV     AX,00H
       MOV     DS,AX                         ;中断向量表的段地址
       MOV     BX,200H                       ;中断号(80H)×4=200H→BX
       MOV     AX,OFFSET READ_INT
       MOV     [BX],AX                       ;中断子程序偏移地址
       MOV     AX,SEG READ_INT               ;中断子程序段地址
       MOV     [BX+2],AX
```

```
        MOV     AX,DATA
        MOV     DS,AX
        CLI                                 ;关中断
        MOV     AL,13H                      ;写 ICW1(边沿触发,单片)
        OUT     88H,AL                      ;8259A 端口(A0=0)
        MOV     AL,80H                      ;写 ICW2(中断号高 5 位)
        OUT     89H,AL                      ;8259A 端口(A0=1)
        MOV     AL,01H                      ;写 ICW4(非缓冲,非自动结束)
        OUT     DX,AL                       ;8259A 奇端口
        IN      AL,89H                      ;读屏蔽字
        AND     AL,0FEH
        OUT     DX,AL                       ;开放 IR0 中断请求
        OUT     80H,AL                      ;启动转换通道 0(CS1、IOW有效)
        STI                                 ;开中断
        HLT                                 ;等待中断请求
READ_INT  PROC                              ;中断服务程序
        PUSH    AX                          ;寄存器进栈
        IN      AL,80H                      ;从 ADC0809 通道 0 读入数据
        MOV     BUFFER,AL
        MOV     AL,20H                      ;写中断结束命令字
        OUT     88H,AL
        POP     AX
        IRET                                ;中断返回
READ_INT  ENDP
CODE    ENDS
        END     START
```

10.3.2 ADC0809 应用举例

A/D 转换器将模拟量转换为数字量,通常用在数据采集系统中。在实际生产应用中,经常是有多路模拟量需要转换为数据进行采集。可以采用公共的 A/D 转换器,对各路分时进行转换。ADC0809 有多路模拟量输入,只需分时切换各路开关,便可以对多路进行采集。

例 10-10 设计一个温度采集系统,将 8 个房间的温度值数据采集到 BUFF 单元开始的数据缓冲区中。采用的线性温度传感器测量范围为 0～50 度,输出电压 0～5V。线性变化是等间隔均匀变化的,即温度变化 1℃的时候,传感器输出电压变化 0.1V。

解 由于房间温度变化并不是很迅速,所以可以采用 ADC0809 的延时等待法进行数据采集。ADC0809 的每一路模拟量输入端,接每个房间的传感器输出端。设计硬件电路如图 10.17 所示。设地址译码输出范围为 80H～88H。

ADC0809 转换数字量的范围为 00H～FFH,实现的是线性转换,所以温度变化 1℃的时候,传感器输出电压变化 0.1V,则 ADC0809 转换的数字量变化值大约为 5。程序中可以根

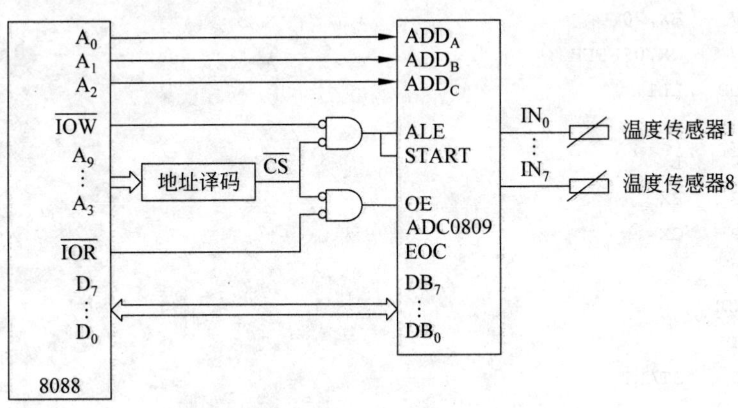

图 10.17 8 路温度采集系统硬件连接

据读取转换的数据量，计算出对应的温度值。

程序如下。

```
DATA  SEGMENT
        BUFF  DB  8  DUP(?)
DATA  ENDS
CODE  SEGMENT
        ASSUME  CS:CODE,DS:DATA
START:
        MOV    AX,DATA
        MOV    DS,AX
        LEA    SI,BUFF                       ;缓冲区首地址
        MOV    CX,8                          ;8 次循环
        MOV    DX,80H                        ;通道 0 地址
LL:     OUT    DX,AL                         ;启动转换
        CALL   DELAY                         ;延时等待
        IN     AL,DX                         ;读取转换的数据
        CBW
        MOV    BL,5
        DIV    BL                            ;数字量÷5,计算对应的温度值
        MOV    [SI],AL                       ;保存温度
        INC    SI                            ;改变存储单元地址
        INC    DX                            ;改变通道地址
        LOOP   LL
        HLT                                  ;停机
DELAY  PROC                                  ;延时子程序
        PUSH   CX
        PUSH   BX
```

```
        MOV     BX,20
L:      MOV     CX,0FFFFH
LL1:    LOOP    LL1
        DEC     BX
        JNZ     L
        POP     BX
        POP     CX
        RET
DELAY  ENDP
CODE  ENDS
        END     START
```

10.4 实验项目

10.4.1 PC A/D 与 D/A 转换接口实验项目

实验内容

PC 中的声卡由各种电子器件和连接器组成，其中最核心的部件是声音控制芯片 DSP。DSP 从输入设备(麦克风)中获取声音模拟信号，通过 A/D 转换器，将声波信号转换成一串数字信号，采样存储到计算机中。重放时，这些数字信号送到一个 D/A 转换器，以同样的采样速度还原为模拟波形，放大后送到扬声器发声。

通过查找资料，了解声卡的采样位数、采样频率这些性能指标，与 A/D、D/A 转换的关系。

10.4.2 EL 实验机 A/D 与 D/A 转换接口实验项目

1. 实验原理

EL 实验机的 A/D 实验电路由一片 ADC0809、一片 74LS04、一片 74LS32 组成。该电路中，$ADIN_0$～$ADIN_7$ 是 ADC0809 的模拟量输入插孔；CS0809 与 $\overline{IOW}$、$\overline{IOR}$ 组合产生 A/D 转换启动 START 信号、地址锁存 ALE、输出允许 OE 信号的输入信号；EOC 是 A/D 转换结束输出插孔，高电平表示转换结束。ADC0809 的参考电压 V_{REF} 引脚已连接 5V 参考电压，通道选择线 ADD_A、ADD_B、ADD_C 已接 CPU 地址线 $A_1A_2A_3$。其余信号线均已接好。

EL 实验机的 D/A 实验电路由一片 DAC0832、一片 74LS00，一片 74LS04、一片 LM324 组成。该电路中，CS0832 插孔信号和 CPU 地址线 A_1 组合产生片选引脚 $\overline{CS}$ 和 XFER 的输入信号。DAOUT 是模拟电压输出插孔。该电路为非偏移二进制 D/A 转换电路，通过调节实验机上的电位器 RANG. ADJ，可调节 D/A 转换器的满偏值；调节电位器 ZERO. ADJ，可调节 D/A 转换器的零偏值。其余信号线均已接好。

EL 实验机 A/D 与 D/A 转换接口电路如图 10.18 所示。

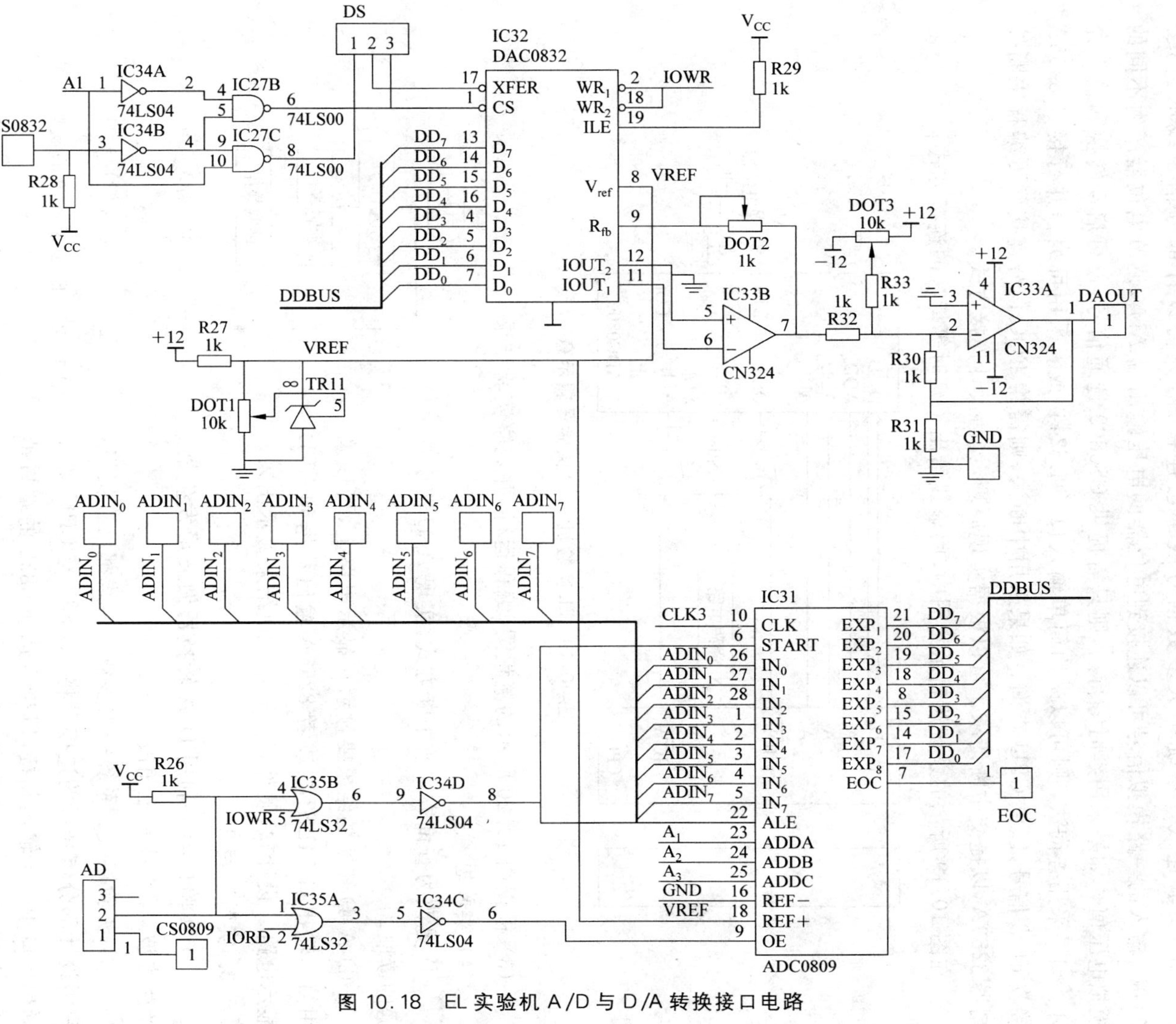

图 10.18　EL 实验机 A/D 与 D/A 转换接口电路

2. 实验项目 1

(1) 实验内容。从 ADC0809 的 $ADIN_0$ 输入一路模拟信号,启动 A/D 转换,读取 10 个转换后的数据保存在内存中。

(2) 实验连线。系统中大多数信号线都已连接好,只需设计部分信号线的连接。$ADIN_0$ 输入的一路模拟信号可以连接到电位器的电压输出端 AN_0,调节电位器产生不同的模拟电压值。如果采用延时等待法,则只需提供 CS0809 选通信号,便可启动转换和输出允许。如果采用查询法,则可以采用简单输入口 74LS244,或者采用可编程并行接口 8255A 接收 EOC 信号,以供 CPU 查询。如果采用中断法,则需将 EOC 信号连接到可编程中断控制器 8259A,以提交中断请求。可以根据实现原理,灵活设计连接方式。

在图 10.19 所示的系统逻辑示意图中,用虚线给出了延时等待法的连接方式。

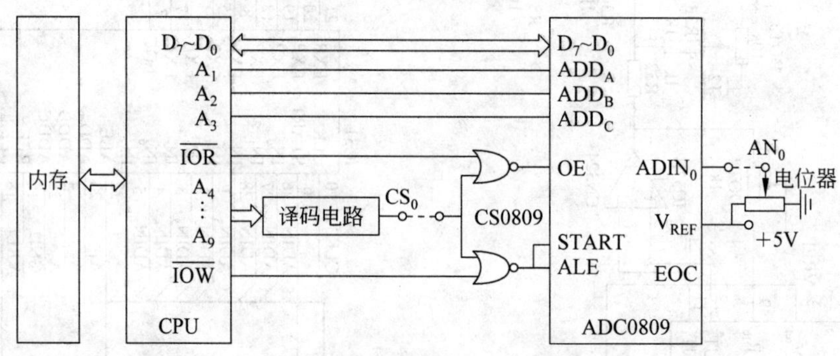

图 10.19 EL 实验机 A/D 实验逻辑示意

(3) 根据图 10.20 所示的流程图,编程运行,并观察实验结果。

(4) 实验思考。

① 更改为查询方式或中断方式,实现 A/D 转换数据的读取。

② A/D 转换的结果要显示在显示电路上,可以采用简单输出口 74LS273 或者 8255A 输出数据到 LED 显示电路。设计软、硬件,将 A/D 转换结果显示出来。

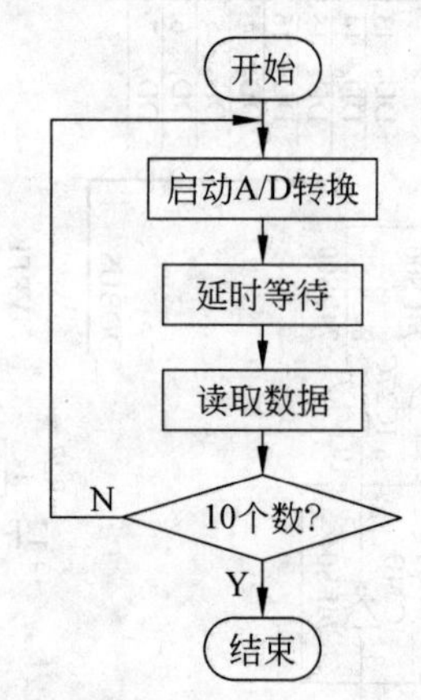

图 10.20 EL 实验机 A/D 实验流程

3. 实验项目 2

(1) 实验内容。利用 D/A 转换器做波形发生器,产生方波、锯齿波和三角波。

(2) 实验连线。系统中大多数信号线都已连接好,只需设计部分信号线的连接。将 CS0832 与 CPU 地址译码端口中一个输出相接,以确定选通 0832 的端口地址。将 DAC0832 的电压模拟输出端与示波器相接,以显示输出波形。可以根据实现原理,灵活设计连接方式。

在如图 10.21 所示的系统逻辑示意图中,用虚线给出了一种连接方式。

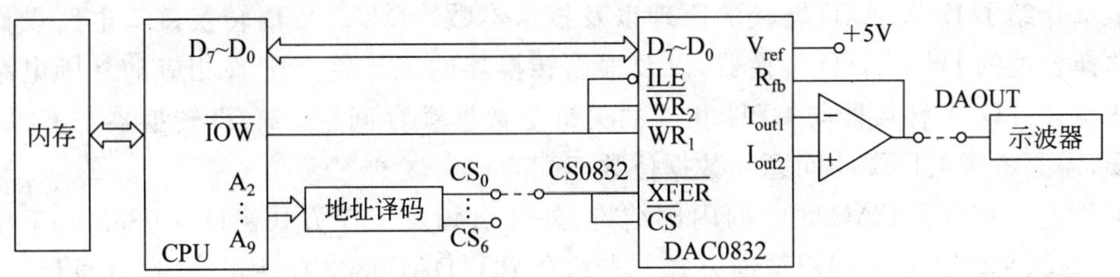

图 10.21 EL 实验机 D/A 实验逻辑示意

(3) 根据图 10.22 所示的流程图,编程运行,并观察实验结果。

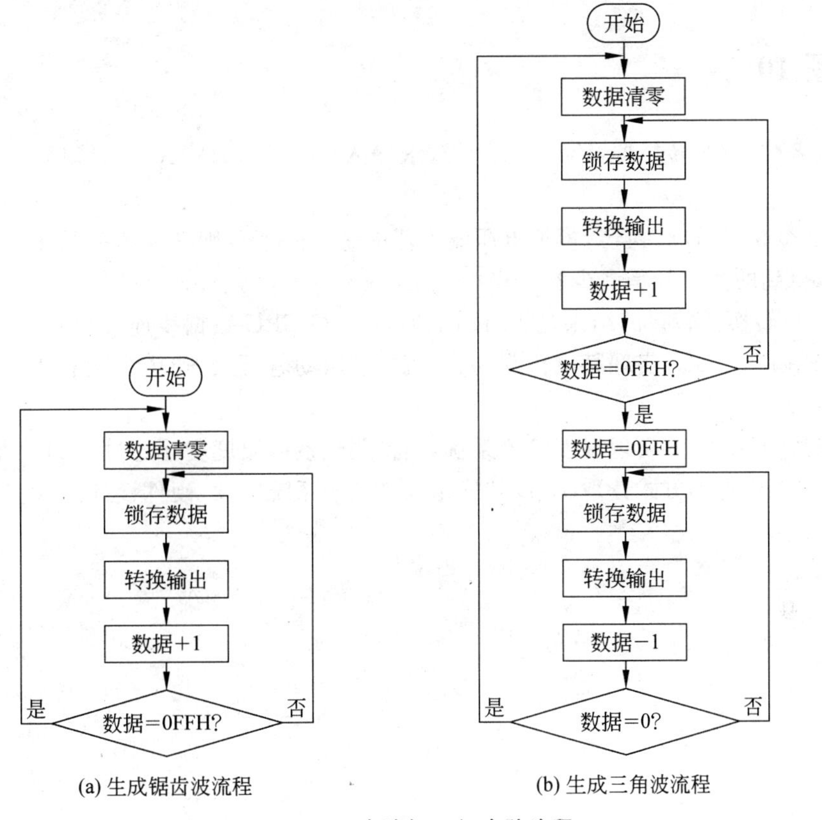

(a) 生成锯齿波流程

(b) 生成三角波流程

图 10.22 EL 实验机 D/A 实验流程

10.5 本章小结

计算机应用领域内,要处理的信息大多是模拟量。把模拟量转换为数字量的过程称为模数转换,即 A/D 转换。把数字量转换为模拟量的过程称为数模转换,即 D/A 转换。

A/D、D/A 转换是计算机应用到生产检测和控制过程领域的重要环节。

本章介绍了 D/A、A/D 转换的原理以及技术参数。D/A、A/D 转换接口电路设计主要包括选择合适的 D/A、A/D 转换器，以及根据转换器的工作特点配置相应的外围电路和进行程序设计。D/A 转换器与 CPU 相连的关键是数据锁存问题。A/D 转换器与 CPU 连接的时候，需要考虑数据缓冲问题和数据位数匹配问题。

本章重点介绍了 DAC0832 的内部结构、外部引脚及工作方式。DAC0832 的工作方式有直通方式、单缓冲方式和双缓冲方式。本章介绍了 DAC0832 应用的软、硬件设计方法。

本章还重点介绍了 ADC0809 的内部结构、外部引脚以及工作方式。读取 ADC0809 转换结果时，可以采用延时等待法、查询法和中断法。本章介绍了 ADC0809 应用的软、硬件设计方法。

习题 10

1. 某 8 位 D/A 转换器，$V_{REF}=-10V$，求输入数字为 10110101B 时得到的输出模拟电压是多少？

2. 某 10 位 A/D 转换器，模拟电压输入范围是 0～10V，则其分辨率是多少？输入电压为 5V 时，得到的数字量是多少？

3. A/D 转换器转换的结果是 10 位，如何与 8086 CPU 数据线连接？

4. 采用 DAC0832 实现某电机驱动，电机要求启动电压从＋3V 线性上升到＋5V。实现系统的软、硬件设计。

5. 采用 ADC0809 实现温度检测系统，当检测到室内温度变化超过 5℃时，报警 LED 灯闪烁。要求采用查询方式读取 A/D 转换结果。实现系统的软、硬件设计。

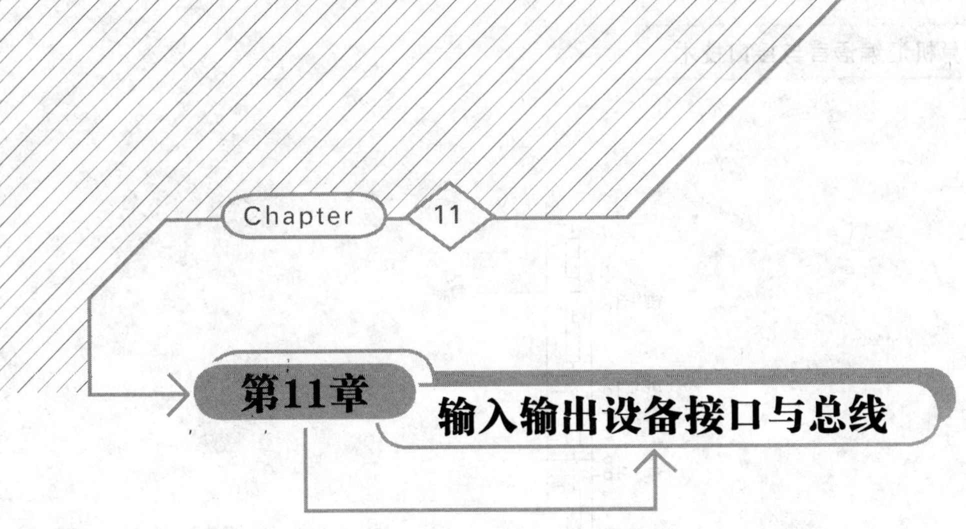

本章学习目标

- 了解常见I/O设备的基本原理、接口类型及接口编程方法；
- 掌握可编程键盘/显示器接口芯片8279的结构、引脚及应用；
- 掌握OCMJ点阵液晶显示器的应用；
- 了解总线的概念、分类和常见的总线标准。

本章首先向读者介绍常见I/O设备的基本原理、接口形式以及接口的编程方法，然后介绍可编程键盘/显示器接口芯片8279和OCMJ点阵液晶显示器的应用，最后介绍总线的分类及常见总线标准。

11.1 键盘接口

11.1.1 键盘的工作原理

键盘是计算机的主要输入设备，用于接受用户对计算机输入的操作指令或者录入的文字和数据。不同键盘的按键数量、结构、按键识别方式不一样，但基本原理是相似的。目前使用的多为101键、电容式无触点按键、非编码识别键盘。

常用的非编码键盘有线性键盘和矩阵键盘。图11.1所示为4键线性键盘电路图。在图中可以看到，每个按键都对应一根数据线，当按键断开时，数据线上为高电平，当按键按下时，数据线上为低电平。当按键数增多时，占用的计算机接口数据线也增多，这样就受到输入线宽度的限制了。线性键盘主要适用于小的专用键盘。

矩阵键盘上，按键按行列排放。图11.2中的键盘为4行×4列的矩阵键盘，共有16个按键，但数据线只有8条。矩阵键盘适合需要按键较多的应用场合。

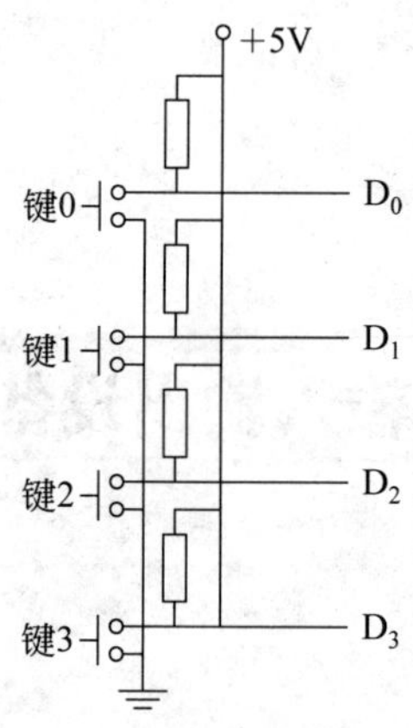

图 11.1　4 键线性键盘电路

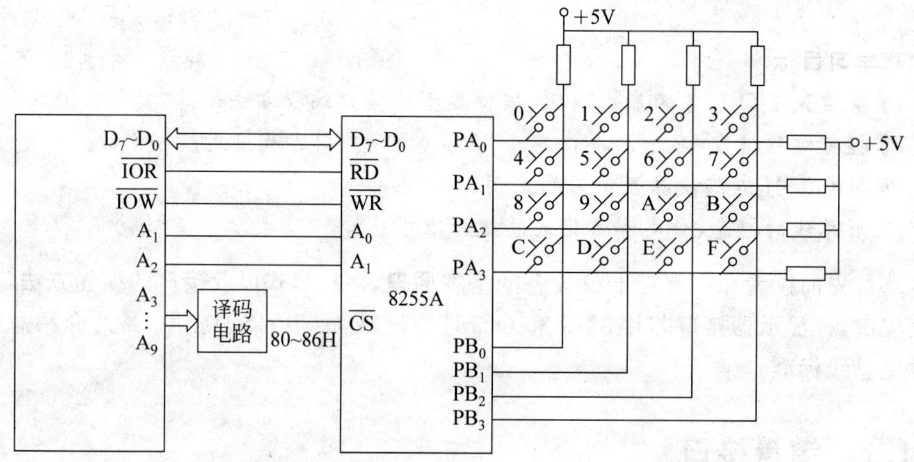

图 11.2　矩阵键盘接口

按键的处理过程包括判断是否有键按下、消除抖动、解决重键问题、识别按下键的键码、确定键值几个环节。识别键盘按键码的方法，一般有行扫描法、行列反转法和行列扫描法。

1. 行扫描法

行扫描法的基本工作原理分为以下两个步骤。

(1) 判断有无按键按下。CPU 首先向所有行输出低电平(PA 端口)，如果没有按键按下，则所有列线均为高电平。如果有某一键按下，则该键所在的列线因为与行线(低电平)相连，该列线变为低电平。CPU 在此时通过读取列线(PB 端口)的值即可判断有无键按下。

(2) 判断是哪个键按下。在有键按下的情况下，CPU 再来确定是哪一个键按下。先向某一行输出低电平，其余行输出高电平，然后读取所有列线的电平值。如果有某一列为低电平，则说明该行和该列跨接位置的那个键被按下了。确定了键的位置就可以退出扫描了。如果列线全为高电平，说明本行没有键按下，则继续将下一行输出低电平，其余行输出高电

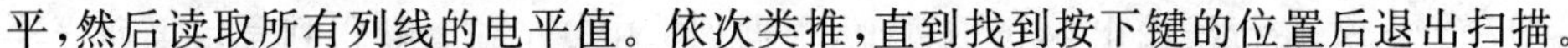

平，然后读取所有列线的电平值。依次类推，直到找到按下键的位置后退出扫描。

按下键的行号和列号，即为该键的键码。这种通过行列位置表示的键码称为行列码或位置扫描码，也称为键盘扫描码。

2. 行列反转法

行列反转法也是常用的识别键盘按键的方法。其工作原理是：首先对所有行输出低电平(PA 端口)，同时读入列线(PB 端口)。如果有键按下，则该键所在的列线为低电平，而其他列线为高电平，由此获得列号。然后向所有列线输出低电平(PB 端口)，读行线(PA 端口)，确定按键的行号。通过行号和列号确定按键的位置和编码。

3. 行列扫描法

行列扫描法是 PC 键盘使用的主要键码识别方法。其工作原理分为以下两个步骤。

(1) 行扫描。向 PA 端口行线依次输出低电平(扫描)，其余各行为高电平。每扫描一行，读取一次列线(PB 端口)。如果列线全为高电平，说明没有键按下；如果有一列为低电平，则说明有键按下。同时获得按键的行号和列号，行扫描完成。

(2) 列扫描。向 PB 端口列线依次输出低电平，接着读 PA 端口行线，再次获得按键的行号和列号。两次获得行号和列号相同，则键码正确，即获得按下键的行列扫描码。

键盘设计过程中，除了识别有无按键按下，获得按下键的行列扫描码以外，还要解决按键抖动和重键问题。

4. 消除抖动和重键问题

一个键按下和释放的时候，按键开关会在闭合和断开位置间跳动几次后达到稳定状态，这就是抖动问题。抖动的存在会使得脉冲的开头和尾部出现一些毛齿波，持续时间一般小于 10ms。如果不处理抖动问题，就可能被误作多次按键。可以采用 RC 滤波电路这种硬件电路消除抖动；也可以采用软件方法，在识别出有键按下后，延时一段时间，等信号稳定后再去识别键码。

由于误操作，两个或两个以上的键被同时按下，此时行列扫描码中就会产生错误的行列值。这是发生了重键问题。重键处理的方法有连锁法和顺序法。连锁法是不停地扫描键盘，仅承认最后一个按下的键。顺序法是识别到一个键按下后，直到该键被释放后再去识别其他按键。

5. 确定键值

在获得按键的键码后，可以通过程序定义按键的键值，如 1 行 1 列键按下的键值定义为输入字母“A”。键值可以通过修改程序重新定义，非常方便灵活。

例 11-1 图 11.2 中的键盘为 4 行×4 列的矩阵键盘，其行线接 8255A 的 PA 端口低 4 位，列线接 PB 端口的低 4 位。试采用行列反转法编程读取矩阵键盘的键号。设 8255A 的端口地址为 80H～86H(CPU 的地址线 A_2A_1 接 8255A 的 A_1A_0)。

解 根据 CPU 地址线 A_2A_1 的组合确定各端口地址。8255A 的控制端口地址是 86H (A_1A_0=11)，PA 端口是 80H，PB 端口是 82H。8255A 的 PA 端口设置为方式 0 输出，PB 端口设置为方式 0 输入。

采用行列反转法，先在行线输出 0，读取列值，根据列值中 0 的位置获得列号。再列线输出 0，读取行值，根据行值中 0 的位置获得行号。键号＝行值×4＋列号。

程序如下。

```
CODE   SEGMENT
       ASSUME  CS:CODE
START:
       MOV     AL,10000010B               ;设定 PA 输出,PB 输入
       OUT     86H,AL                     ;方式控制字写入控制端口
       MOV     AL,00H                     ;所有行输出 0
       OUT     80H,AL                     ;PA 端口 4 行输出 0
NO:    IN      AL,82H                     ;读 PB 端口
       AND     AL,0FH                     ;屏蔽高 4 位
       CMP     AL,0FH                     ;判断低 4 位是否全 1
       JZ      NO                         ;是全 1 则无键按下
       CALL    DELAY                      ;调用延时子程序,消除抖动
       IN      AL,82H                     ;读 PB 口
       AND     AL,0FH                     ;屏蔽高 4 位
       CMP     AL,0FH                     ;判断低 4 位是否全 1
       JZ      NO                         ;是全 1 则是干扰信号
       MOV     DL,0                       ;列号初值为 0
       MOV     CX,4                       ;判断 4 位中 0 的位置
L1:    SHR     AL,1                       ;右移判断最低位
       JNC     L2                         ;最低位为 0
       INC     DL                         ;列号计算
       LOOP    L1                         ;循环判断每一列
L2:    MOV     AL,10010000B               ;设定 PA 输入,PB 输出
       OUT     86H,AL                     ;方式控制字送控制端口
       MOV     AL,00H                     ;所有列输出 0
       OUT     82H,AL                     ;PB 端口 4 列输出 0
       IN      AL,80H                     ;读 PA 端口
       AND     AL,0FH                     ;屏蔽高 4 位
       CMP     AL,0FH                     ;判断低 4 位是否全 1
       JZ      START                      ;是全 1 则无键按下,行有按键列无,出错
       MOV     DH,0                       ;行号初值为 0
       MOV     CX,4                       ;判断 4 位行值 0 的位置
L3:    SHR     AL,1                       ;右移判断最低位
       JNC     L4                         ;最低位为 0
       INC     DH                         ;行号计算
       LOOP    L3                         ;循环判断每一行
L4:    SHL     DH,1
       SHL     DH,1                       ;行号×4
       ADD     DH,DL                      ;加列号,DH 中为键号
```

```
CODE ENDS
     END    START
```

11.1.2　PC 键盘接口

1. PC 键盘接口电路

PC 系列键盘属于非编码键盘，获得扫描码之后，按键的识别和键值的确定都是采用软件完成。PC 系列键盘与 PC 主机的连接如图 11.3 所示。

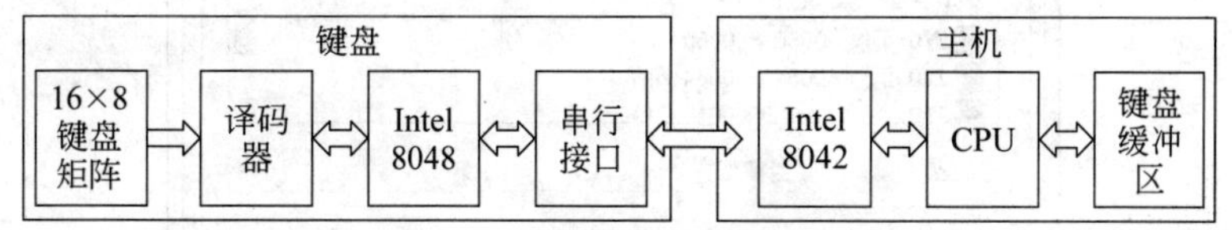

图 11.3　键盘和主机连接示意

键盘部分主要由键盘矩阵、译码器、单片机和串行接口四部分组成。其中 Intel 8048 单片机完成键盘的扫描、消除抖动和生成扫描码等功能，可缓冲存放 20 个键扫描码。扫描方式采用行列扫描法。Intel 8048 分析确定按键的行列位置，形成键盘扫描码，通过串行接口将扫描码送出。

在 PC 主机的键盘接口部分，键盘控制器 Intel 8042 负责接收来自键盘的扫描码，对接收到的数据进行奇偶校验和串并转换，控制和检测传送数据的时间，将键盘扫描码转换成系统扫描码，以及向 CPU 申请中断，CPU 响应中断去执行键盘中断服务子程序，将键盘扫描码转换成 ASCII 码或扩充码，然后存入到 BIOS 数据区的 32B 的键盘缓冲区中，供主机系统和用户程序读取。

键盘通过键盘接口与主机通信。键盘接口通过 5 针或 6 针(PS/2)插头与键盘连接，其中的 4 条信号线分别是电源线、地线、双向时钟线和双向数据线。时钟线的作用是传送同步脉冲，数据线用于传送二进制数据。数据传送方式是标准异步串行方式，通信格式是每帧 11 位，依次是 1 位起始位、8 位数据位、1 位校验位和 1 位停止位。校验采用奇校验方式。键盘接口的引脚定义如图 11.4 所示。

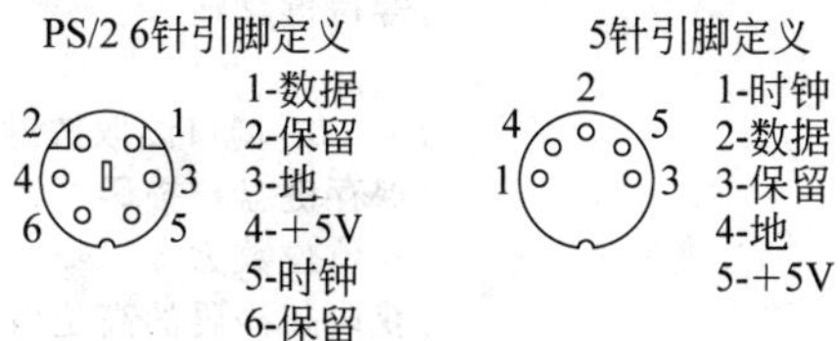

图 11.4　两种键盘接口引脚定义

2. PC 键盘接口编程

PC 键盘接口编程有多种操作方式，可以直接对 60H 端口操作，也可以通过 BIOS 和 DOS 功能调用操作。

图 11.5 所示为键盘设备的端口地址和中断资源。从图中可见,键盘端口地址为 60H。在键盘上按下一个键时,端口 60H 中即为按键的扫描码,可以用 IN 指令直接读取。

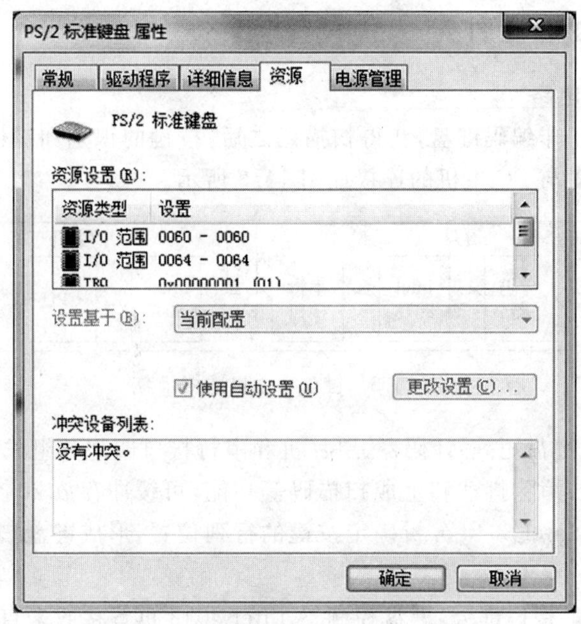

图 11.5 键盘设备的端口地址和中断资源

例 11-2 读取键盘 60H 端口,在屏幕上显示按键的扫描码,与表 11.1 所示 IBM 键盘扫描码表进行对照。

解 用 IN 指令读取 60H 端口的键盘扫描码。键盘扫描码是两位十六进制数,对高 4 位和低 4 位分别处理,求出对应的 ASCII 码后显示。

程序如下。

```
CODE  SEGMENT
      ASSUME  CS:CODE
START:
      MOV    AH,1                      ;等待键盘输入
      INT    21H
      IN     AL,60H                    ;从 60H 端口读取按键扫描码
      MOV    BL,AL                     ;保存键盘扫描码
      MOV    CL,4                      ;移位位数为 4
      SHR    AL,CL                     ;获取扫描码的高位数字
      CALL   P1                        ;扫描码高位数字求 ASCII 码并显示
      MOV    AL,BL                     ;获取保存的扫描码
      AND    AL,0FH                    ;获取扫描码的低位数字
      CALL   P1                        ;扫描码低位数字求 ASCII 码并显示
      MOV    AH,4CH                    ;程序结束,返回操作系统
      INT    21H
```

```
P1      PROC    NEAR                    ;求 ASCII 码并显示的子程序,参数在 AL 中
        CMP     AL,9                    ;和 9 比较
        JBE     L1                      ;小于等于 9,是 0~9 的数字
        ADD     AL,7                    ;若大于 9,是 A~F 的值,则加 37H,求得 ASCII 码
L1:     ADD     AL,30H                  ;是 0~9 的数字,则直接加 30H 求得 ASCII 码
        MOV     DL,AL                   ;将 ASCII 码送 DL
        MOV     AH,2                    ;DOS 调用的功能号为 2,显示字符
        INT     21H                     ;在屏幕上显示
        RET
P1      ENDP
CODE    ENDS
        END     START
```

表 11.1　IBM 键盘的扫描码表

键	扫描码	键	扫描码	键	扫描码	键	扫描码
Esc	01	U and u	16	| and \	2B	F6	40
! and 1	02	I and i	17	Z and z	2C	F7	41
@ and 2	03	O and o	18	X and x	2D	F8	42
# and 3	04	P and p	19	C and c	2E	F9	43
$ and 4	05	{ and [	1A	V and v	2F	F10	44
% and 5	06	} and]	1B	B and b	30	NumLock	45
^ and 6	07	Enter	1C	N and n	31	ScrollLock	46
& and 7	08	Ctrl	1D	M and m	32	7 and Home	47
* and 8	09	A and a	1E	< amd ,	33	8 and ↑	48
(and 9	0A	S and s	1F	> and .	34	9 and PgUp	49
) and 0	0B	D and d	20	? and /	35	－(灰色)	4A
_ and －	0C	F and f	21	Shift(右)	36	4 and ←	4B
＋ and ＝	0D	G and g	22	PrtSc	37	5(小键盘)	4C
Backspace	0E	H and h	23	Alt	38	6 and →	4D
Tab	0F	J and j	24	Space	39	＋(灰色)	4E
Q and q	10	K and k	25	CapsLock	3A	1 and End	4F
W and w	11	L and l	26	F1	3B	2 and ↓	50
E and e	12	: and ;	27	F2	3C	3 and PgDn	51
R and r	13	" and '	28	F3	3D	0 and Ins	52
T and t	14	～ and `	29	F4	3E	. and Del	53
Y and y	15	Shift(左)	2A	F5	3F		

在 BIOS 中与键盘输入相关的中断有类型号为 09H 的硬件中断和软件中断 INT 16H。

DOS 操作系统中也提供了 INT 21H 服务例程,处理键盘操作的功能调用。具体调用方法可参考相关资料。

例 11-3 BIOS 中 INT 16H 为键盘中断调用,其中 00H 号调用可以读到键盘输入的字符的 ASCII 码保存在 AL 中,扫描码保存在 AH 中。在 DEBUG 中执行下面程序段,查看输入的按键的 ASCII 码和扫描码。

```
MOV  AH,0
INT  16H
```

解 图 11.6 是执行两次程序段的结果图。第一次执行时,按键为'A',则在 AL 中为'A'的 ASCII 码 41H,在 AH 中为'A'的扫描码 1EH。第二次执行时按键为'B',则得到的 ASCII 码为 42H,而扫描码为 30H。

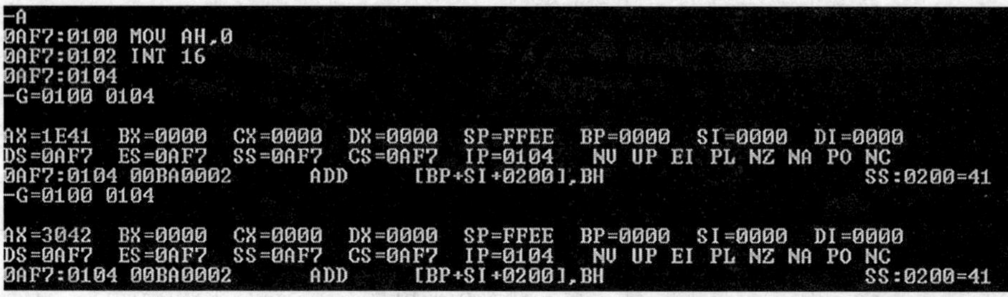

```
-A
0AF7:0100 MOV AH,0
0AF7:0102 INT 16
0AF7:0104
-G=0100 0104

AX=1E41  BX=0000  CX=0000  DX=0000  SP=FFEE  BP=0000  SI=0000  DI=0000
DS=0AF7  ES=0AF7  SS=0AF7  CS=0AF7  IP=0104   NV UP EI PL NZ NA PO NC
0AF7:0104 00BA0002       ADD     [BP+SI+0200],BH                    SS:0200=41
-G=0100 0104

AX=3042  BX=0000  CX=0000  DX=0000  SP=FFEE  BP=0000  SI=0000  DI=0000
DS=0AF7  ES=0AF7  SS=0AF7  CS=0AF7  IP=0104   NV UP EI PL NZ NA PO NC
0AF7:0104 00BA0002       ADD     [BP+SI+0200],BH                    SS:0200=41
```

图 11.6 INT 16H 中 00H 号调用功能

11.2 鼠标接口

11.2.1 鼠标的工作原理

鼠标是计算机中的主要输入设备之一。鼠标是一种手持式屏幕坐标定位设备,能够快速定位屏幕上的光标移动,完成屏幕编辑、菜单选择及图形绘制,是计算机图形界面人机交互必备的外部设备。

鼠标的类型和型号很多,但工作原理都是把鼠标在平面移动时产生的移动距离和方向的信息以脉冲的形式送给计算机,计算机将收到的脉冲转换成屏幕上光标的坐标数据,就达到指示位置的目的,实现对微机的操作。目前使用较多的鼠标是光电式鼠标。

光电式鼠标利用发光二极管与光敏传感器的组合测量位移。光电式鼠标内部有一个发光二极管,发光二极管发出的光照射到鼠标底部表面,反射回来的光线经过一组光学透镜,传输到一个光感应器件内成像。当光电式鼠标移动时,其移动轨迹便会被记录为一组高速拍摄的连贯图像。最后利用光电鼠标内部的一块专用图像分析芯片(DSP,即数字微处理器),对移动轨迹上摄取的一系列图像进行分析处理,通过对这些图像上特征点位置的变化进行分析,来判断鼠标的移动方向和移动距离,从而完成光标的定位。所以,使用光电式鼠标时,最好使用具有均匀网格的鼠标垫,这样可以使鼠标的分析定位更加准确、快速。

11.2.2　PC 鼠标接口

1. PC 鼠标接口电路

PC 的鼠标接口类型分为 MS 串行鼠标接口、总线鼠标接口、PS/2 鼠标接口和 USB 鼠标接口。MS 串行鼠标器和总线鼠标器已经淘汰,目前使用的主要是 PS/2 鼠标接口和 USB 鼠标接口。

PS/2 鼠标和 PS/2 键盘一样,也是通过一个 6 引脚的微型 DIN 接口与计算机相连。PS/2 鼠标使用的是和键盘一样的数据传送协议,但是鼠标端口是单向的,只向 PC 发送数据。所以 PS/2 鼠标和 PS/2 键盘接口不能互换。

USB 是一种通用的外部设备接口标准。采用 USB 接口的鼠标可以在开机状态下直接拔下或插入使用,即可以热插拔。

图 11.7 所示为 MS 鼠标(图 11.7(a))、PS/2 鼠标(图 11.7(b))接口及信号定义。

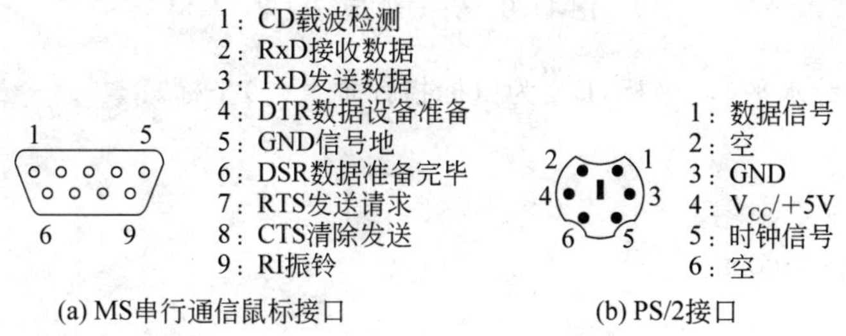

图 11.7　两种鼠标接口及信号

2. PC 鼠标接口编程

微机中没有分配端口给鼠标,由一个统称为设备驱动程序的软件接口来控制。只有安装了这个驱动程序,才可以识别并响应鼠标的动作。所有的鼠标操作都是由 DOS 调用 INT 33H 中断,调用鼠标驱动程序来实现。具体方法可参看 DOS 调用的资料。

例 11-4　通过获得鼠标位置,在鼠标所过之处,输出绿色背景,蓝色的字符'a',如图 11.8 所示。按任意键,结束程序。

解　DOS 调用 INT 33H 是鼠标驱动程序中断调用,调用的功能号在 AX 中。其中 00H 号调用,是初始化鼠标;01H 号调用是显示鼠标指针;03H 号调用是获取鼠标按键状态和指针位置,在 BX 中为按键的状态,在 CX、DX 中为鼠标指针的位置。

BX 中位的定义如下。

位 0: 左键(0=未按,1=按下)

位 1: 右键(0=未按,1=按下)

位 2: 中键(0=未按,1=按下)

位 3~15 保留内部使用

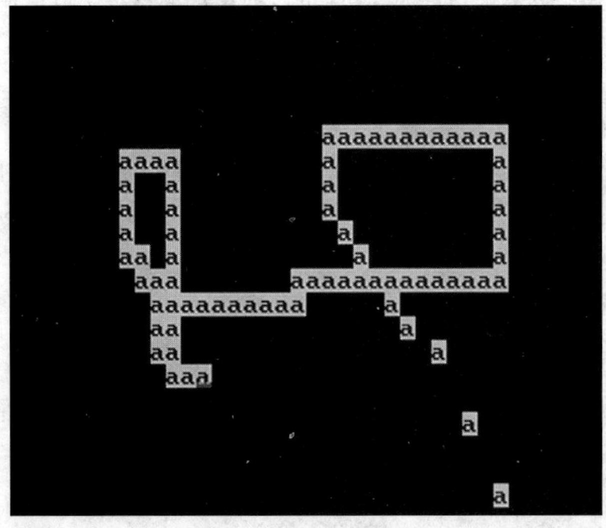

图 11.8　例 11-4 运行效果

CX 为鼠标指针水平(x)坐标，DX 为鼠标指针垂直(y)坐标。
程序如下。

```
CODE  SEGMENT
      ASSUME CS:CODE
START:
      MOV   AX,00
      INT   33H                   ;00H 号调用,初始化鼠标
      MOV   AX,01
      INT   33H                   ;01H 号调用,显示鼠标
L1:   MOV   AX,03
      INT   33H                   ;03H 号调用,获得鼠标的位置像素值
      MOV   BX,CX                 ;鼠标位置 x 坐标像素值在 CX 中
      MOV   AX,DX                 ;鼠标位置 y 坐标像素值在 DX 中
      MOV   CL,3                  ;像素值转换为文本坐标需要除以 8,用右移 3 位实现
      SHR   AX,CL                 ;y 坐标除以 8,转换为文本坐标
      SHR   BX,CL                 ;x 坐标除以 8,转换为文本坐标
      MOV   DH,AL                 ;设置输出字符位置,DH 中为行号
      MOV   DL,BL                 ;设置输出字符位置,DL 中为列号
      MOV   BH,0                  ;显示页面为 0
      MOV   AH,02
      INT   10H                   ;BIOS 中 INT 10H 的 2 号调用,设置文本光标位置
      MOV   AH,09                 ;BIOS 中 INT 10H 的 9 号调用,在光标位置输出字符
      MOV   BL,0A9H               ;设置字符的属性,绿色背景,蓝色前景,闪烁
      MOV   AL,'a'                ;AL 中为要输出的字符
```

```
        MOV     CX,1                        ;输出的字符个数
        INT     10H
        MOV     AH,1
        INT     16H                         ;BIOS 中 INT 16H 的 1 号调用,检测键盘是否按下
        JZ      L1                          ;无键按下,继续检测鼠标位置
        MOV     AH,4CH
        INT     21H                         ;有键按下,程序结束
CODE    ENDS
        END     START
```

11.3 显示器接口

显示器是计算机系统中最常用的输出设备之一。常见的显示器有阴极射线管显示器CRT和液晶显示器LCD两种。目前计算机系统中主要使用LCD液晶显示器。

显示器和CPU之间的接口部件是显示卡。CPU送往显示器的数据都要通过显示卡来处理和传送。

11.3.1 显示器的工作原理

CRT显示器由阴极射线管和控制电路两部分组成。控制电路将显示卡送来的视频信号经过处理,转换成对阴极射线管的控制信号。阴极射线管被加热发出电子束,电子束中的大量电子在控制下按照不同强度和位置轰击在显示屏的荧光粉上,产生不同颜色的亮点。由于荧光粉轰击后产生的亮点只能在短时间内发光,所以电子束必须不间断地一次又一次地扫描屏幕,才能形成稳定的图像。

LCD液晶显示器以液晶材料为基本组件。液晶分子在有电流通过或者电场有改变时,会改变排列方式,从而对光源的反射或透射度发生变化。根据显示卡送来的数据,对应控制液晶单元调制光线,从而使显示屏上若干个亮点按照一定的规律组成字符或图形。

11.3.2 PC显示器接口

1. PC显示器接口电路

显示器接口也称为显示控制器、显示适配器或显示卡。显示卡从最初的彩色绘图卡CGA到显示图形阵列卡VGA,再到目前各种3D显示卡,显示卡的结构和接口形式都发展迅速、种类繁多。

显示卡的组成结构如图11.9所示,其中包括显示存储器、字符发生器、图形发生器、控制电路。在使用VGA和SVGA的显示卡上还有随机存取存储器数/模转换器(Random Access Memory Digital/Analog Convertor,RAMDAC),将显示存储器中的数字信号转换成显示器能够识别的模拟信号。

(1) 显示存储器,简称显存。显存的作用是以数字形式存储屏幕上的内容。显示存储

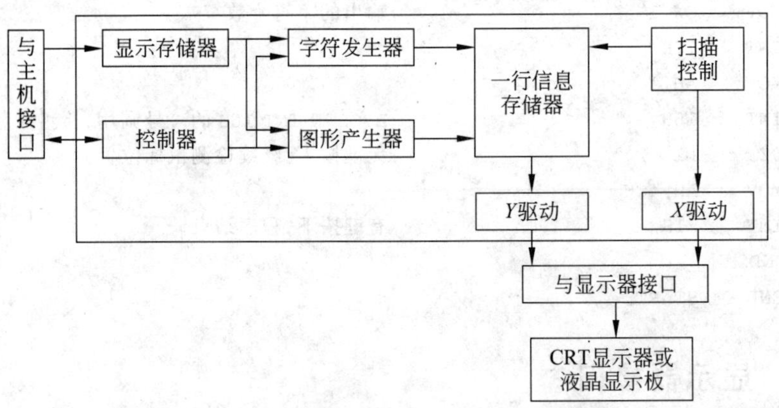

图 11.9　显示卡组成结构

器的容量、速度直接影响到显示的图像质量。显示存储器是显示卡的重要组成部分。

(2) 字符发生器内部存储有西文字母及常用数字符号等的字模数据。当接收到一个字符的 ASCII 码时,字符发生器会主动从字模库中取出字模数据,转换成电信号发给显示器显示。

(3) 图形产生器将常用的绘图功能如画点、线、圆、面、多边形等直接集成在图形加速芯片上,从而减轻 CPU 的绘图运算负担,加快显示速度。

(4) 控制电路发出控制信号,通过接口与信号电缆传到显示器上,控制亮点的位置和颜色。

显示卡与主机的接口又称为总线接口。现代微机系统中使用的 PCI、AGP 和 PCIe 总线有较高的带宽,总线时钟频率高,传输速度快,得到广泛应用。

显示卡与显示器的接口有 VGA 模拟接口和 DVI 数字视频接口。VGA 模拟接口采用非对称分布的 15 引脚连接方式,管脚排列及信号含义如图 11.10 所示。

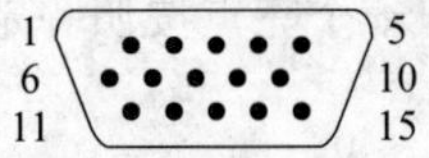

1　5
6　10
11　15

引脚	信号	引脚	信号	引脚	信号
1	红色	6	红色信号屏蔽层	11	保留
2	绿色	7	绿色信号屏蔽层	12	保留
3	蓝色	8	蓝色信号屏蔽层	13	水平同步信号
4	保留	9	保留	14	垂直同步信号
5	测试位	10	地	15	保留

图 11.10　VGA 信号接口定义

DVI 数字视频接口将显示卡产生的数字信号原封不动地传输给显示器,从而避免了 D/A 转换过程和模拟传输过程中的信号损失。

在 DVI 标准中对接口的物理方式、电气指标、时钟方式、编码方式、传输方式、数据格式等进行了严格的定义和规范。DVI 接口可以分为两种。一种是称为数字视频的 DVI-D

(Digital)接口,它含有 24 个引脚,为纯数字视频传输。另一种是包含数字和模拟视频的 DVI-I(Integrated)接口。它包含 DVI-D 的全部 24 个引脚以及模拟视频接口 C_1～C_5。因此,DVI-I 完全可以兼容 VGA 接口,甚至还可以实现 TV-OUT 等模拟视频功能。DVI 接口引脚及信号含义如表 11.2 所示。

表 11.2 DVI 接口引脚及信号含义

引 脚	信 号	引 脚	信 号
1	T. M. D. S. Data2 －	16	热插拔探测端
2	T. M. D. S. Data2 ＋	17	T. M. D. S. Data0 －
3	T. M. D. S. Data2/4 屏蔽线	18	T. M. D. S. Data0 ＋
4	T. M. D. S. Data4 －	19	T. M. D. S. Data0/5 屏蔽线
5	T. M. D. S. Data4＋	20	T. M. D. S. Data5 －
6	DDC 时钟线	21	T. M. D. S. Data5 ＋
7	DDC 数据线	22	T. M. D. S. Clock 屏蔽线
8	模拟,场同步信号线	23	T. M. D. S. Clock ＋
9	T. M. D. S. Data1 －	24	T. M. D. S. Clock －
10	T. M. D. S. Data1 ＋	C_1	模拟红基色
11	T. M. D. S. Data1/3 屏蔽线	C_2	模拟绿基色
12	T. M. D. S. Data3 －	C_3	模拟蓝基色
13	T. M. D. S. Data3 ＋	C_4	模拟行同步信号
14	＋5V 电源线	C_5	模拟地(R,G,B)
15	地线(＋5V,同步信号)		

2. PC 显示器接口编程

PC 系统中对显示器采用直接控制和存储变换相结合的控制方法,直接对硬件端口编程比较复杂。在显示适配器的 ROM 中固化有视频 BIOS 程序,专门提供与图形显示有关的显示器驱动程序,用户可以调用其中的视频中断 INT 10H 来实现字符或图像显示程序的设计。具体方法可参看 BIOS 调用的资料。

例 11-5 采用 BIOS 调用实现设置显示器为图形显示方式,在屏幕上画出一条斜向上的红色直线。

解

```
CODE  SEGMENT
      ASSUME  CS:CODE
START:
```

```
        MOV    AH,00H
        MOV    AL,04H
        INT    10H                      ;设置显示器为 320×200 彩色图形方式
        MOV    AH,00H
        MOV    BH,00H
        MOV    BL,00H
        INT    10H                      ;设置背景色为黑色
        MOV    AH,0BH
        MOV    BH,01H
        MOV    BL,00H
        INT    10H                      ;设置调色板色别值和色彩值
        MOV    DX,200                   ;起始像素点位置行号
        MOV    CX,0                     ;起始像素点位置列号
        MOV    AL,02H                   ;前景色为红色
L1:     MOV    AH,0CH
        INT    10H                      ;按设置的属性写像素
        DEC    DX
        INC    CX
        CMP    CX,200
        JNZ    L1                       ;改变像素点位置
        MOV    AH,4CH
        INT    21H
CODE    ENDS
        END    START
```

11.4 打印机接口

打印机是计算机系统中最常用的一种输出设备。常见的打印机有针式打印机、喷墨打印机和激光打印机等。

11.4.1 打印机的工作原理

针式打印机上有打印头。控制电路控制打印头里的每一根打印针。伸出的打印针撞击在色带上,在打印纸上印出相应的圆点墨迹。这些墨迹排列成显示的字符。

喷墨打印机是通过喷嘴喷出细小的墨滴。墨滴在电场或其他方式控制下快速到达纸面,形成文字或图案。

激光打印机根据要显示的图案数据,控制激光照射在感光鼓不同位置上,在感光鼓上形成图案的静电潜像。感光鼓经过碳粉匣时,便会吸附带电的碳粉,并“显像”出图文影像。打印纸上带有相反电荷,会吸附感光鼓上的碳粉。再以高温高压的方式,将碳粉印在纸上。

不论哪种打印机,其组成都包括两部分,即打印机控制器电路和打印机的执行机构。打

印机控制器的组成包括端口部分、CPU 部分、存储器、锁存器和驱动电路。

(1) CPU 部分。以微处理器为核心的控制电路，根据打印命令控制外围电路，实现打印功能。

(2) 端口部分。打印机与 PC 打印接口的连接部分。一般有 3 个端口(数据输入端口、状态输出端口和控制端口)用来存放数据或命令、打印机的状态信息以及接收到的控制信号。

(3) 存储器部分。打印机配有 RAM 和 ROM，RAM 作为数据缓冲器，ROM 中存放打印控制程序和字符发生器。

(4) 锁存器部分。用来记录打印的点阵信息或控制的开关状态。

(5) 驱动电路。用来驱动执行机构的电路。执行机构包括打印头、直流电机和步进电机。

11.4.2　PC 打印机接口

打印机接口标准有 Centronics 并行接口标准和 IEEE 1284 标准。

1. Centronics 并行接口标准

Centronics 并行接口标准定义了 36 芯接口引脚信号。在 Centronics 标准定义的信号线中，最主要的是 8 位并行数据线和两根握手联络信号线 $\overline{STROBE}$、$\overline{ACK}$ 以及 BUSY 信号线。

例 11-6　用 8255A 作为打印机接口，编写程序实现：CPU 用查询方式向打印机输出 26 个英文字母。电路连接如图 11.11 所示，其中 8255A 的端口地址为 80H～86H(偶地址连接方式)。

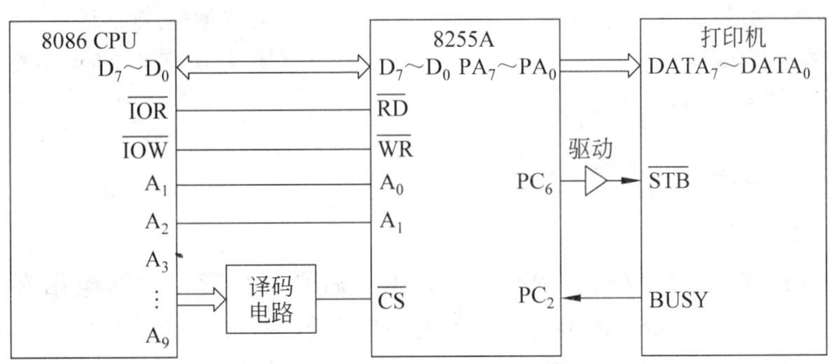

图 11.11　Centronics 打印机接口

解　根据 Centronics 并行接口标准定义，打印机的工作过程如下：当主机要向打印机输出字符时，先查询打印机忙信号 BUSY。若打印机正在打印其他数据，则 BUSY=1；反之，则 BUSY=0。因此，当查询到 BUSY=0 时，则可通过 8255A 向打印机输出一个字符。此时，要给打印机的选通端 $\overline{STB}$ 一个负脉冲，将字符锁存到打印机的输入缓冲器中。

由图 11.11 可知，8255A 的 PA 端口作为传送字符的通道，工作于方式 0 输出；PC 端口高 4 位工作于方式 0 输出,端口 C 低 4 位工作于方式 0 输入。故 8255A 的方式选择控制字为 10000001B,即 81H。由 8255A 的端口地址分析可知,PA 端口地址 80H,控制端口地址 86H。

程序如下。

```
CODE  SEGMENT
      ASSUME  CS:CODE
START:
      MOV    AL,81H             ;设置 8255A 方式选择控制字
      OUT    86H,AL             ;方式控制字送控制端口
      MOV    AL,0DH             ;用 PC 端口置位/复位控制字使 PC6=1,即STB=1
      OUT    86H,AL
      MOV    CX,26              ;设置计数初值
      MOV    BL,'a'             ;输出的字符初值
LL:   IN     AL,84H             ;读 PC 端口的值
      AND    AL,04H             ;判断 PC2 的值
      JNZ    LL                 ;不为 0,则 PC2=1,打印机正忙,等待
      MOV    AL,BL              ;打印机不忙,则送字符给端口 A
      OUT    80H,AL
      MOV    AL,0CH             ;用 PC 端口置位/复位控制字使 PC6=0,使STB=0
      OUT    86H,AL
      INC    AL                 ;用 PC 端口置位/复位控制字使 PC6=1,使STB=1
      OUT    86H,AL             ;在STB上产生一个负脉冲
      INC    BL                 ;修改显示字符
      LOOP   LL                 ;26 个字母未输完,则继续
      MOV    AH,4CH             ;结束程序,返回 DOS 系统
      INT    21H
CODE  ENDS
      END    START
```

2. IEEE 1284 标准

1987 年以前,并行接口仅仅应用在打印机上。后来并行端口渐渐演化成了双向数据传输的计算机接口。IEEE 1284 标准是 PC 上的双向并行端口的标准信号方法,确定了数据传输协议,并且为数据传输定义了物理和电气接口,属于一种物理层和数据链路层协议。通过 PC 和外部设备之间双向通信协议,数据传输速率比原来的并行端口要快 20～50 倍,并能做到完全和现有的并行接口辅助设备和打印机向后兼容。

IEEE 1284 定义了 5 种数据传输模式。这 5 种数据传输模式为标准并行端口 SPP、双向并口、增强型并行端口 EPP、增强功能端口 ECP、现代微机中兼容了标准/EPP/ECP 的并行端口。5 种模式组合可以构成 4 种不同类型的端口。现代微机中在 SUPER I/O 部件中集成了兼容标准/EPP/ECP 的并行端口。图 11.12 是某 PC 上增强功能端口 ECP 的资源

信息。

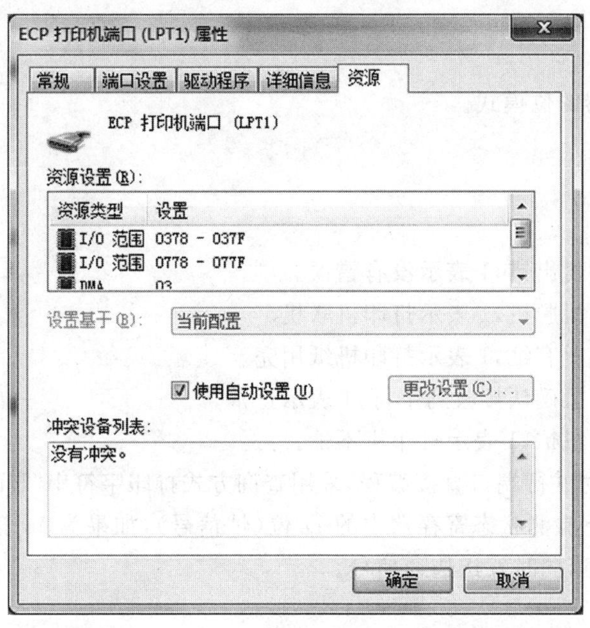

图 11.12　PC 上增强功能端口 ECP 的资源信息

3. 并行打印机接口编程

对并行打印机接口编程可以直接对端口编程，也可以使用 BIOS 或 DOS 功能调用实现。使用 BIOS 或 DOS 功能调用的方法可参看相关资料。下面介绍直接对端口编程的方法。

PC 可以配置 3 个并行接口，系统为它们分配的地址范围为单显/打印机卡基地址 3BCH，打印机卡 1 基地址 378H，打印机卡 2 基地址 278H。系统加电初始化过程中，会校验 3 块打印机适配器板是否存在，校验成功则在 BIOS 数据区记录其地址。在 DOS 下，BIOS 数据区从 0040：0008H 到 0040：000DH 的 6 个字节用来存放 3 个打印机适配器基地址。而打印机适配器通过 3 个 I/O 寄存器(也就是端口)来操纵。

打印机适配器中的数据输出寄存器，用来存放要打印的字节数据。状态寄存器存放打印机的相关状态信息，如出错等情况。控制寄存器完成对打印机的初始化、数据的输出以及中断操作方式设置等。数据寄存器地址为基地址，状态寄存器地址为基地址＋1，控制寄存器地址为基地址＋2。

(1) 控制寄存器的位模式。

D_0：0 表示正常设置，1 表示启动数据字节输出。

D_1：0 表示正常设置，1 表示回车后自动换行。

D_2：0 表示初始化打印机端口，1 表示正常设置。

D_3：0 表示打印机未联机，1 表示正常设置。

D_4：0 表示禁止打印机中断，1 表示允许打印机中断。

D_5：未用。

D_6：未用。

D_7：未用。

(2) 状态寄存器的位模式。

D_0：未用。

D_1：未用。

D_2：未用。

D_3：0 表示打印机出错,1 表示没有错误。

D_4：0 表示打印机脱机,1 表示打印机联机。

D_5：0 表示打印机有纸,1 表示打印机纸用完。

D_6：0 表示打印机确认接收到字符,1 表示正常。

D_7：0 表示打印机忙,1 表示打印机不忙。

例 11-7 通过对并行端口直接编程,采用查询方式打印字符串"HELLO"。

解 查询方式下检测状态寄存器中的 D_7 位(忙信号),如果为 1,表示打印机不忙,则发送要打印的字符信息,同时发送选通信号。

程序如下。

```
DATA  SEGMENT
      STR    DB  'HELLO'
DATA   ENDS
CODE  SEGMENT
      ASSUME  CS:CODE,DS:DATA
START:
      MOV    AX,DATA
      MOV    DS,AX
      MOV    AX,40H                          ;ES 指向 BIOS 数据区底部
      MOV    ES,AX
      MOV    DX,ES:[8]                       ;LPT1 的基地址放入 DX 中
      LEA    BX,STR                          ;BX 指向要打印的数据区
      MOV    CX,5                            ;CX 中为要打印的字节数
NEXT: MOV    AL,[BX]                         ;取得打印的一个字符
      OUT    DX,AL                           ;将这个字符发送到数据寄存器中
      INC    DX                              ;DX 指向输出控制寄存器
      INC    DX
      MOV    AL,13H                          ;选通线路脉冲的位模式
      OUT    DX,AL                           ;发出选通信号
      DEC    AL                              ;控制寄存器置正常位模式
      OUT    DX,AL                           ;关闭选通信号
      DEC    DX                              ;DX 指向状态寄存器
```

```
TE:   IN     AL,DX                          ;读取状态字节
      TEST   AL,80H                         ;打印机是否忙
      JZ     TE                             ;忙则循环查询
      INC    BX                             ;打印机就绪,指向下一字符
      DEC    DX
      LOOP   NEXT
      MOV    AH,4CH
      INT    21H
CODE  ENDS
      END    START
```

11.5 外存储器接口

外存储器又称为辅助存储器,主要由磁性材料存储器和光介质存储器组成。外存储器的特点是容量大,但是速度慢。所以在微机系统中,不能直接和 CPU 进行数据交换,而是通过外存储器接口与主机相连接。

11.5.1 外存储器工作原理

磁性材料存储器主要是磁芯存储器和磁表面存储器,后者又分为磁盘存储器和磁带存储器。磁性材料会根据外加电流产生的磁场强度出现两种磁化方向,可以表示二进制数据 0 或 1。用绕有线圈的有间隙的铁芯,作为读/写磁头。写入数据时,磁头上通过不同方向的电流,在磁头两端空隙处形成定向磁场,使磁性材料具有不同的磁化方向。读出数据时,磁头和磁化材料单元相对运动,磁头线圈回路中产生感应电势。由于磁化单元中磁性的方向不同,因而在磁头线圈中产生的感应电势方向也不同,从而可以读出信息 0 或 1。

光介质存储器一般做成光盘,利用光盘表面对极细的激光束的反射程度来区别存 0 还是存 1。写入数据时,采用半导体激光器作为光源,根据要存储的数据调制记录光束。聚焦透镜将记录光束聚焦成直径约 1μm 的光点。高强度的光点在存储介质上形成一连串的被熔化了的或烧蚀掉的微米大小的凹坑,有坑即代表存储了二进制代码“1”,无坑则代表“0”。读出数据的时候,读出光束在数据道上反射光的强度表明了有无凹坑,再由光检测器将介质上反射率的变化转变为电信号,读出数据。

11.5.2 外存储器接口

外存储器接口有 IDE、SCSI、SATA、SAS 等类型。目前个人 PC 外存储器主要采用的是 SATA 接口类型,服务器外存储器主要采用 SCSI 或 SAS 接口形式。

1. IDE 接口

IDE 接口是由 Compaq 和 WD 公司联合推出的一种硬盘接口标准。IDE 采用 40 线单组电缆并行传输数据。

IDE标准只能管理容量在512MB以下的硬盘，不能满足技术的快速发展。1993年WD公司又推出增强型的IDE接口，也称为EIDE。EIDE接口不仅支持硬盘驱动器，还支持磁带机和CD-ROM驱动器。

IDE驱动器的最大突发数据传输率仅为3MB/s，而标准EIDE驱动器的最大突发数据传输率可达16MB/s。这种类型的接口逐渐被淘汰了。而其后发展分支出更多类型的硬盘接口，如ATA、Ultra ATA、DMA、Ultra DMA等接口都属于IDE接口。

2. SCSI接口

SCSI(Small Computer System Interface)是小型计算机系统接口，是由ANSI于1986年公布的并行接口标准，1990年之后又推出了SCSI-2和SCSI-3。SCSI-1接口的信号线是50线的扁平电缆，SCSI-2接口采用一条68线电缆，把数据宽度扩充到16/32位。

SCSI总线主要用于光驱、音频设备、扫描仪、打印机以及像硬盘驱动器这样的大容量存储设备等的连接。总线上连接的SCSI设备的总数最多为8个。SCSI接口所连接的设备之间是平等的关系。一个设备既可以是启动设备，也可以作为目标设备。SCSI可以按同步或异步方式传输数据。SCSI-1在同步方式下的数据传输率为4MB/s，异步方式下为1.5MB/s，最多可以挂32个硬盘。SCSI-2的最大数据传输率为20MB/s或40MB/s。SCSI是一个多任务接口，具有总线仲裁功能。因此，SCSI总线上的适配器和控制器可以并行工作。

3. SATA接口

SATA是Serial ATA的缩写，即串行ATA接口。2000年11月由Serial ATA Working Group团体所制定。

SATA接口的信号部分由7根电缆线组成，其中3根地线，可以削弱消除串行电缆间的干扰，另外4根为两两差分的信号线，分别起到发送与接收数据的作用。信号线采用较细的排线，有利机箱内部的空气流通，某种程度上增加了整个系统的稳定性。SATA接口使用了嵌入式时钟频率信号，具备了比以往更强的纠错能力，提高了数据传输的可靠性，并且支持热插拔。

现在，SATA分别有SATA 1.5Gb/s、SATA 3Gb/s和SATA 6Gb/s 3种规格。未来将有更快速的SATA Express规格。

4. SAS接口

SAS(Serial Attached SCSI)即串行连接SCSI，是新一代的SCSI技术。SAS接口采用串行技术以获得更高的传输速度，并通过缩短连接线改善内部空间，提供与SATA硬盘的兼容，改善了存储系统的效能。

每一个SAS端口最多可以连接16256个外部设备，并且SAS采取直接的点到点的串行传输方式，传输的速率高达3Gb/s，估计以后会有6Gb/s乃至12Gb/s的高速接口出现。SAS的接口也做了较大的改进，它同时提供了3.5英寸和2.5英寸的接口，因此能够适合不同服务器环境的需求。而且由于采用了串行线缆，不仅可以实现更长的连接距离，还能够提高抗干扰能力，并且这种细细的线缆还可以显著改善机箱内部的散热情况。

图 11.13 是某 PC 的【设备管理器】窗口。可以看到该机主板 IDE ATA/ATAPI 控制器，支持 Ultra ATA 的并行存储器接口和 Serial ATA 存储器接口。该机的磁盘驱动器 ST3160815AS 是希捷公司的支持 SATA 2.5 规范的硬盘产品。

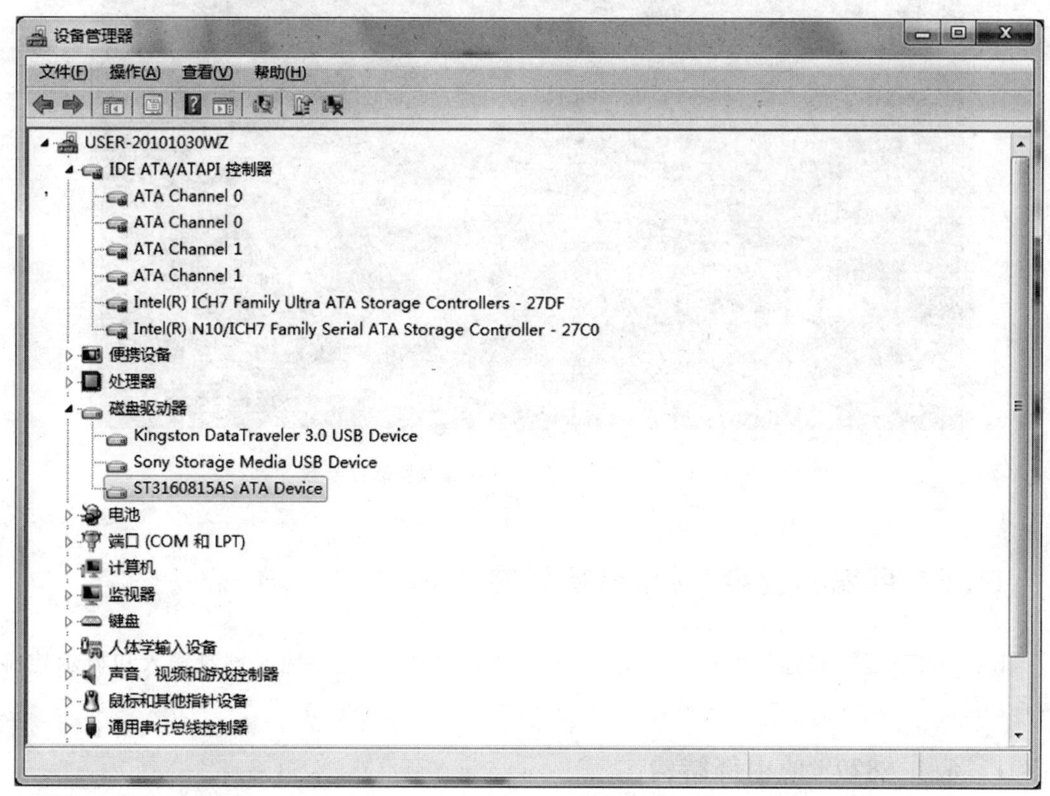

图 11.13 某 PC 磁盘及接口信息

5. 外存储器接口编程

外存储器接口除了对系统总线上的信号做必要的处理外，其余信号基本是原封不动地送往硬盘驱动器。所以实际上是系统级的总线接口。对磁盘的访问，可以采用 DOS 调用和 BIOS 调用实现。使用 BIOS 或 DOS 功能调用的方法可参看相关资料。

例 11-8 利用 DOS 系统 INT 21H 调用中的 19H 号功能调用，获得当前磁盘驱动器名。

解 DOS 系统 INT 21H 调用中的 19H 号功能调用，返回的参数值在 AL 中。AL＝00，是 A 区，AL＝01 是 B 区，AL＝02 是 C 区…在 DEBUG 下，输入下面程序段。

```
MOV  AH,19H
INT  21H
```

执行后结果如图 11.14 所示。其中 AL＝03，说明当前磁盘默认驱动器是 D。

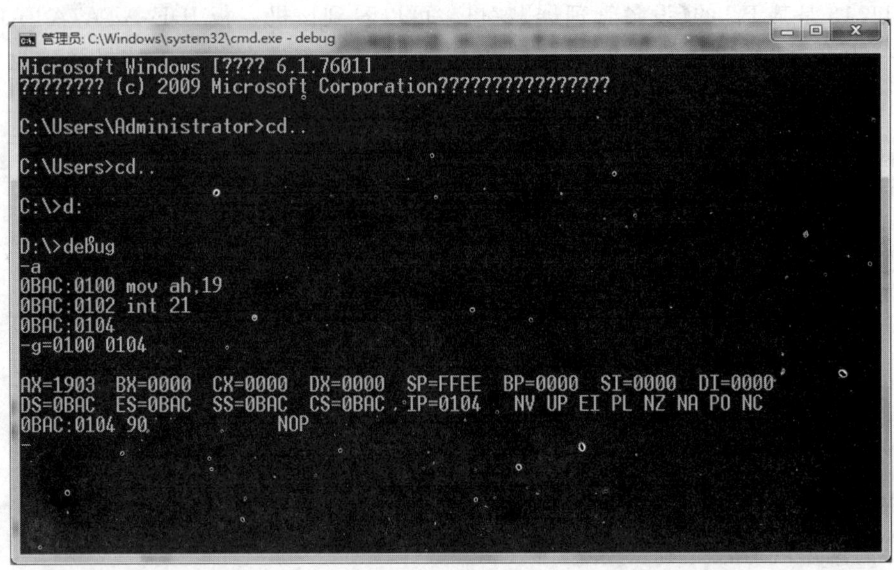

图 11.14　DOS 调用获取默认磁盘驱动器参数

11.6　可编程键盘/显示器接口芯片 8279

Intel 8279 是一种通用的可编程键盘、显示器接口器件，能够完成键盘输入和显示控制两种功能。

11.6.1　8279 的内部结构

8279 内部结构如图 11.15 所示。

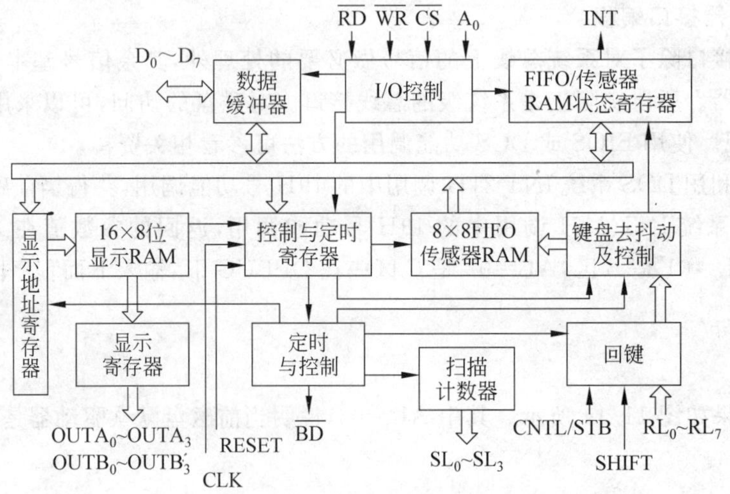

图 11.15　8279 内部结构

1. 数据缓冲器

8279 内部数据缓冲器是双向缓冲器，用于传送 CPU 和 8279 之间的命令或数据。

2. 控制与定时寄存器及定时控制

控制与定时寄存器用于保存键盘及显示器的工作方式，以及由 CPU 编程设定的其他操作方式。定时控制包括基本的计数器链。首级计数器是一个可编程的 N 级计数器，N 可在 2～31 之间由软件控制，以便从外部时钟 CLK 得到内部所需要的 100kHz 时钟信号。然后经过分频为键盘提供适当的逐行扫描频率和显示的扫描时间。

3. 扫描计数器

扫描计数器有两种工作方式。按编码方式工作时，计数器作二进制计数。4 位计数状态从扫描线 SL_0～SL_3输出，经外部译码器译码后，为键盘和显示器提供扫描线。按译码方式工作时，扫描计数器的最低两位被译码后从 SL_0～SL_3输出。

4. 回键、键盘去抖及控制

来自 RL_0～RL_7这 8 根回复线的回复信号，由回键缓冲器缓冲并储存。在键盘工作方式中，这些线被接到键盘矩阵的列线。在逐行扫描时，回复线用来搜索一行中闭合的键。当某一键闭合时，消振电路就被置位，延时等待 100ms 之后，再检验该键是否是连续保持闭合。若闭合，则该键的地址和附加的位移、控制状态一起形成键盘数据被送入 8279 内部的 FIFO 存储器。在选通输入方式时，回复线的内容在 CNTL/STB 线的脉冲上升沿时，被送入 FIFO 存储器。在传感器矩阵方式中，回复线的内容直接被送往相应的传感器 RAM。

5. FIFO/传感器 RAM 及其状态

FIFO/传感器 RAM 是一个双重功能的 8×8RAM。在键盘或选通工作方式时，它是 FIFO 存储器。每次新的输入都顺序写入到 RAM 单元，而每次读出时，总是按输入的顺序，将最先输入的数据读出。FIFO 状态寄存器用来存放 FIFO RAM 的工作状态。当 FIFO 存储器不空时，状态逻辑将产生中断信号 IRQ，向 CPU 申请中断。

在传感器矩阵方式时，这个存储器又是传感器 RAM。它存放着传感器矩阵中每一个传感器的状态。在此方式下，若检索出传感器的变化，中断信号 IRQ 便变为高电平，向 CPU 请求中断。

6. 显示 RAM 和显示地址寄存器

显示 RAM 用来存储显示数据。该区具有 16B，也就是最多可以存储 16B 的显示信息。显示地址寄存器用来寄存由 CPU 进行读/写的显示 RAM 的地址，它可以由命令设定，也可以设置成每次读出或写入之后自动递增。

11.6.2　8279 的外部引脚

8279 的外部引脚如图 11.16 所示。8279 是 40 引脚双列直插式封装芯片。

1. 与 CPU 连接引脚

(1) D_7～D_0：8 位数据总线，双向、三态总线。与 CPU 系统数据总线相连。

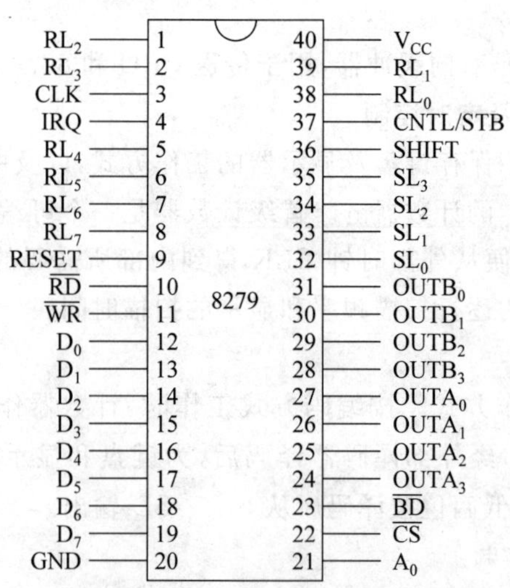

图 11.16　8279 的引脚排列

(2) $\overline{CS}$：片选，输入，低电平有效。$\overline{CS}$=0 时，表明 8279 被选中，可以进行操作。

(3) A_0：端口选择线，输入。A_0=1，在执行输入指令时，访问控制端口，执行输出指令时，访问状态端口；A_0=0，数据端口。

(4) $\overline{RD}$：读信号，输入，低电平有效。$\overline{RD}$=0 时，端口的数据可以被 CPU 读取。

(5) $\overline{WR}$：写信号，输入，低电平有效。$\overline{WR}$=0 时，CPU 可以向端口写入信息。

(6) RESET：复位信号，输入，高电平有效。复位时设置默认状态为：①16 个字符显示，左入；②编码扫描键盘，双键锁定；③程序时钟编程设定为 31。

(7) IRQ：中断请求信号，输出，高电平有效。在键盘工作方式下，当 FIFO/传感器 RAM 存有数据时，IRQ 为高电平。CPU 每次从 RAM 读出数据时，IRQ 就变为低电平。若 RAM 中仍有数据，则 IRQ 再次恢复为高电平。在传感器工作方式下，每逢检出传感器状态变化时，IRQ 就出现高电平。

(8) CLK：8279 的系统时钟，100kHz 为最佳选择。

2. 与键盘/显示器连接引脚

(1) SL_3～SL_0：键盘和显示器的扫描线，输出。

(2) RL_7～RL_0：键盘矩阵或传感器矩阵的列信号输入线，输入。

(3) SHIFT：换挡信号，输入，高电平有效。该信号线用来扩充键开关的功能，可以用作键盘的上、下挡功能键。在传感器方式和选通方式下，SHIFT 无效。

(4) CNTL/STB：控制/选通信号线，输入，高电平有效。在键盘工作方式下，作为控制功能键 Ctrl 使用。在选通方式下，该信号的上升沿可以将来自 RL_7～RL_0 的数据存入 FIFO 存储器。在传感器方式下，无效。

(5) $OUTA_3$～$OUTA_0$：动态扫描显示的高 4 位输出信号线。

(6) $OUTB_3$～$OUTB_0$：动态扫描显示的低 4 位输出信号线。

(7) $\overline{BD}$：消隐显示，输出，低电平有效。该输出信号在数字切换显示或使用显示消隐命令时，将显示消隐。

11.6.3 8279 的编程

8279 的编程命令字共有 8 个，其中键盘/显示方式设置命令字必须最先设置，多个命令字通过特征位区别。

1. 键盘/显示方式设置命令

键盘/显示方式设置命令用于设置键盘扫描方式和显示器字符显示的个数、方向。键盘/显示方式设置命令格式如图 11.17 所示。

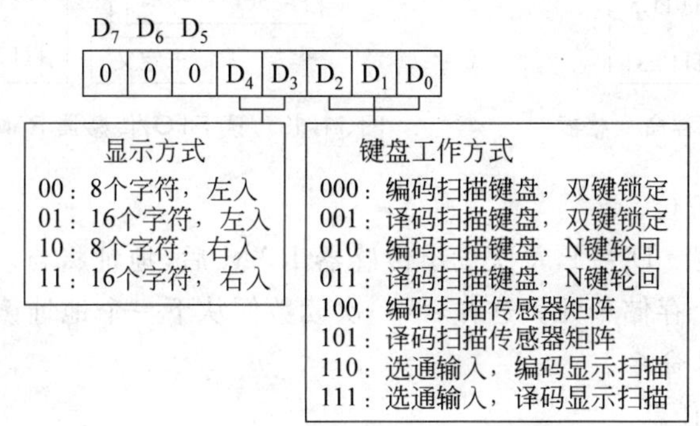

图 11.17 键盘/显示方式设置命令格式

$D_7D_6D_5$：000，特征位。

D_4D_3：设置显示器显示方式。D_4D_3＝00，8 个字符显示，左入；D_4D_3＝01，16 个字符显示，左入；D_4D_3＝10，8 个字符显示，右入；D_4D_3＝11，16 个字符显示，右入。左入显示时，显示字符从左面向右面逐个排列；右入是显示字符从右面向左面逐个排列。所对应的 SL 编码最小的为显示的最高位。

$D_2D_1D_0$：设定键盘工作方式。$D_2D_1D_0$＝000，编码扫描键盘，双键锁定；$D_2D_1D_0$＝001，译码扫描键盘，双键锁定；$D_2D_1D_0$＝010，编码扫描键盘，N 键轮回；$D_2D_1D_0$＝011，译码扫描键盘，N 键轮回；$D_2D_1D_0$＝100，编码扫描传感器矩阵；$D_2D_1D_0$＝101，译码扫描传感器矩阵；$D_2D_1D_0$＝110，选通输入，编码显示扫描；$D_2D_1D_0$＝111，选通输入，译码显示扫描。双键锁定是指在消振周期内，如果有两键同时被按下，则只有其中的一键弹起，而另一键在按下位置时，才能被认可。N 键轮回是指当有若干个键同时按下时，键盘扫描能根据发现它们的次序，依次将它们的状态送入 FIFO RAM。

2. 时钟编程命令

时钟编程命令是对来自 CLK 的外部时钟进行分频，以获得扫描频率。分频系数可设为 2～31。时钟编程命令格式如图 11.18 所示。

$D_7D_6D_5$：001，特征位。

$D_4D_3D_2D_1D_0$：设定时钟分频系数，值为 2～31。

3. 读 FIFO/传感器 RAM 方式命令

该命令字只在传感器方式时使用。在键盘工作方式下，由于读出操作严格按照先入先出的顺序，因此不必使用这条命令。在 CPU 读传感器 RAM 之前，必须用这条命令来设定将要读出的传感器 RAM 地址。读 FIFO/传感器 RAM 命令格式如图 11.19 所示。

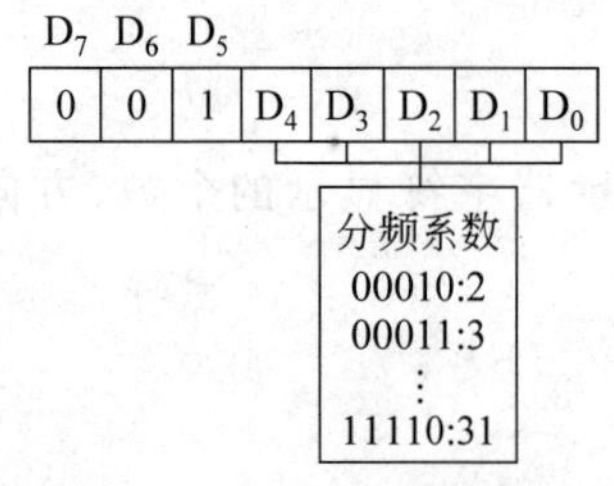

图 11.18　时钟编程命令格式

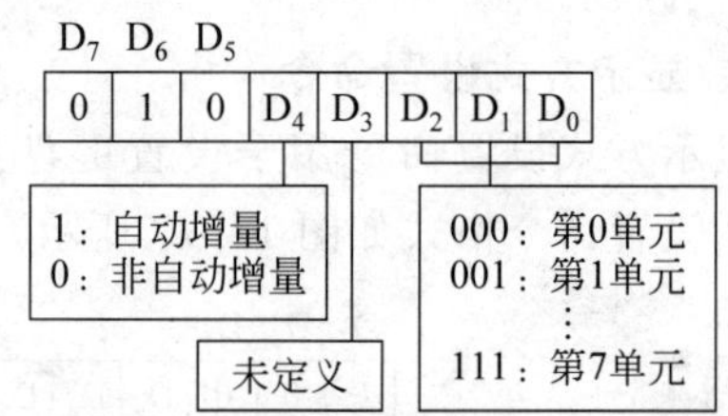

图 11.19　读 FIFO/传感器 RAM 方式命令格式

$D_7D_6D_5$：010，特征位。

D_4：自动增量设置。$D_4=1$，每次读出传感器 RAM 后，地址将自动增量（加 1），使地址指针指向顺序的下一个存储单元。这样，下一次读数便从下一个地址读出，而不必重新设置读 FIFO/传感器 RAM 命令。

D_3：未定义位，值任意。

$D_2D_1D_0$：设定读出传感器 RAM 地址。传感器 RAM 的容量是 8×8b，由 $D_2D_1D_0$ 这 3 位二进制代码来确定选择 8 个单元中的某个单元地址。

4. 读显示 RAM 方式命令

用于 CPU 读显示 RAM 之前，设定将要读出的显示 RAM 的地址。读显示 RAM 方式命令格式如图 11.20 所示。

$D_7D_6D_5$：011，特征位。

D_4：自动增量设置。$D_4=1$，每次读出显示 RAM 后，地址自动增量（加 1），使地址指针指向顺序的下一个存储单元。这样，下一次读数便从下一个地址读出，而不必重新设置读显示 RAM 命令。

$D_3D_2D_1D_0$：设定读出显示 RAM 地址。显示 RAM 的容量是 16×8bit，由 $D_3D_2D_1D_0$ 这 4 位二进制代码来确定选择 16 个单元中的某个单元地址。

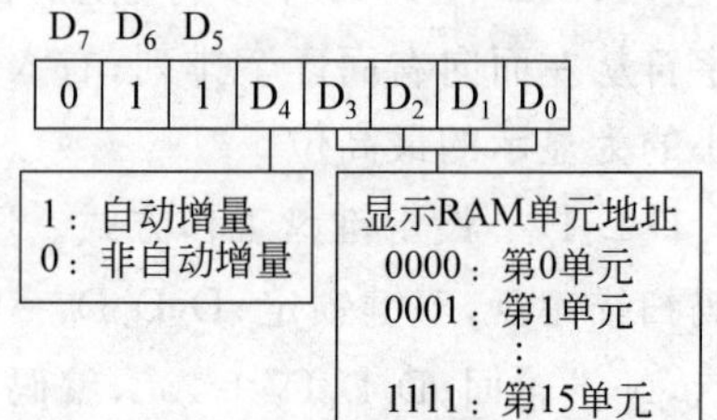

图 11.20　读显示 RAM 方式命令格式

5. 写显示 RAM 方式命令

用于 CPU 写显示 RAM 前，设定将要写的显示 RAM 的地址。写显示 RAM 方式命令格式如图 11.21 所示。

$D_7D_6D_5$：100，特征位。

D_4：自动增量设置。$D_4=1$，每次读出显示 RAM 后，地址自动增量(加 1)，使地址指针指向顺序的下一个存储单元。这样，下一次读数便从下一个地址读出，而不必重新设置写显示 RAM 命令。

$D_3D_2D_1D_0$：设定写显示 RAM 地址。显示 RAM 的容量是 16×8b，由 $D_3D_2D_1D_0$ 这 4 位二进制代码来确定选择 16 个单元中的某个单元地址。

6. 显示禁止写入/消隐命令

显示器采用双 4 位显示时，两个 4 位显示器是独立的。可以用显示禁止写入/消隐命令，分别设置高 4 位和低 4 位显示 RAM 禁止写入和消隐。显示禁止写入/消隐命令格式如图 11.22 所示。

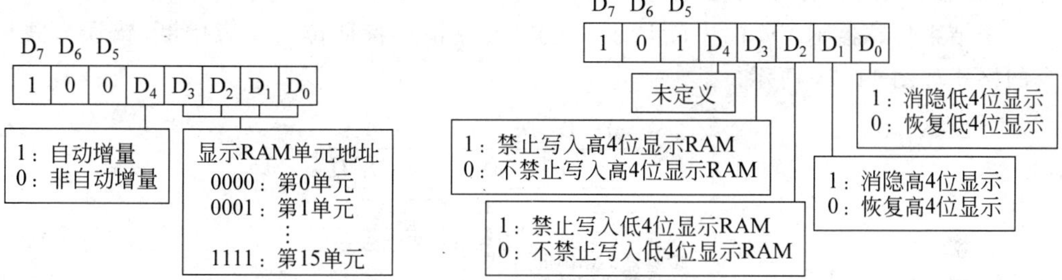

图 11.21　写显示 RAM 方式命令格式　　　　图 11.22　显示禁止写入/消隐命令格式

$D_7D_6D_5$：101，特征位。

D_4：未定义，值任意。

D_3：设置高 4 位显示 RAM 是否禁止写入。$D_3=1$，禁止写入高 4 位显示 RAM；$D_3=0$，不禁止写入高 4 位显示 RAM。

D_2：设置低 4 位显示 RAM 是否禁止写入。$D_2=1$，禁止写入低 4 位显示 RAM；$D_2=0$，不禁止写入低 4 位显示 RAM。

D_1：设置高 4 位显示是否消隐。$D_1=1$，消隐高 4 位显示；$D_1=0$，恢复高 4 位显示。

D_0：设置低 4 位显示是否消隐。$D_0=1$，消隐低 4 位显示；$D_0=0$，恢复低 4 位显示。

7. 清除命令

用来清除 FIFO RAM 和显示 RAM。清除命令字格式如图 11.23 所示。

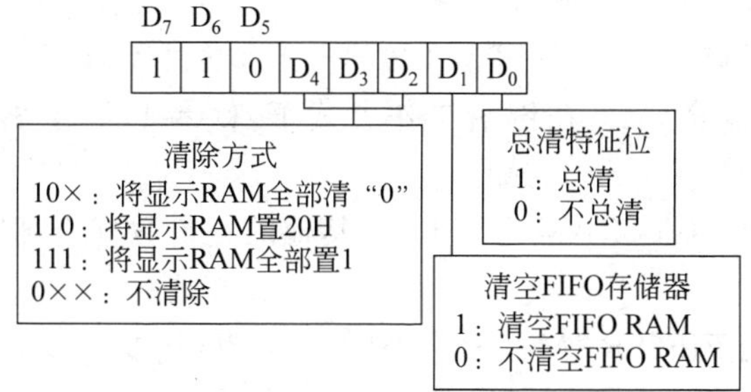

图 11.23　清除命令字格式

$D_7D_6D_5$：110，特征位。

$D_4D_3D_2$：设定清除方式。$D_4D_3D_2$＝10×（×为任意），将显示 RAM 全部清“0”；$D_4D_3D_2$＝110，将显示 RAM 置 20H，即高 4 位显示为 0010，低 4 位显示为 0000；$D_4D_3D_2$＝111，将显示 RAM 全部置 1；$D_4D_3D_2$＝0××，不清除。

D_1：清空 FIFO 存储器。D_1＝1 时，执行清除命令后，FIFO RAM 被清空，使中断 IRQ 复位。同时，传感器 RAM 的读出地址也被清 0。

D_0：总清特征位。和 $D_4D_3D_2D_1$ 联合有效。D_0＝1 时，对显示 RAM 的清除方式由 D_3D_2 的编码决定。清除显示 RAM 大约需要 100μs 的时间。在此期间，FIFO 状态字的最高位 D_7＝1，表示显示无效，CPU 不能向显示 RAM 写入数据。

8. 结束中断/错误方式设置命令

用来结束传感器 RAM 的中断请求和设置键盘错误特征位。结束中断/错误方式设置命令的格式如图 11.24 所示。

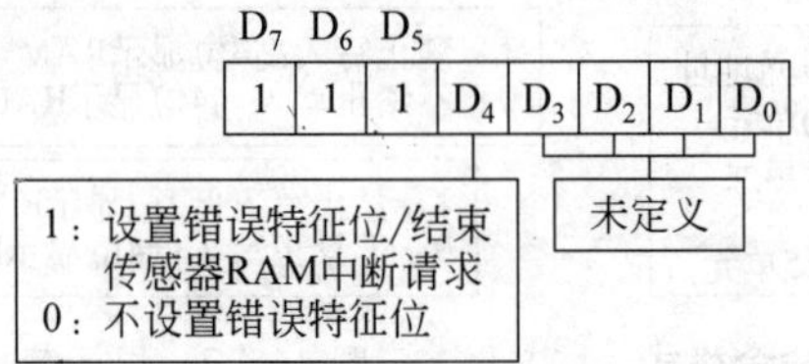

图 11.24　结束中断/错误方式设置命令的格式

$D_7D_6D_5$：111，特征位。

D_4：是否设置错误特征位。在键盘工作方式下，D_4＝1，在 8279 已被设定为键盘扫描 N 键轮回方式以后，消振周期内，如果发现有多个键被同时按下，则 FIFO 状态字中的错误特征位将被置位，并产生中断请求信号和阻止写入 FIFO RAM。在传感器工作方式下，此命令用来结束传感器 RAM 的中断请求。

$D_3D_2D_1D_0$：未定义，值任意。

9. FIFO 状态字

用于记录键盘和传感器工作方式时，指示 FIFO RAM 中的字符数和是否有错误发生。FIFO 状态字格式如图 11.25 所示。

D_7：显示状态。D_7＝1，显示无效，在执行清除命令时设置；D_7＝0，显示有效。

D_6：传感器信号结束/错误特征码。在传感器工作方式下，D_6＝1，表示传感器的最后一个传感信号进入传感器 RAM。在键盘工作方式下，D_6＝1，表示出现了多键同时按下的错误。

D_5：溢出错误。当 FIFO RAM 已满时，若其他的键盘数据企图写入 FIFO RAM，则出现溢出错误，D_5＝1。

D_4：不足错误。当 FIFO RAM 已被清空时，若 CPU 还要读取 FIFO RAM，则将出现不足的错误，D_4＝1。

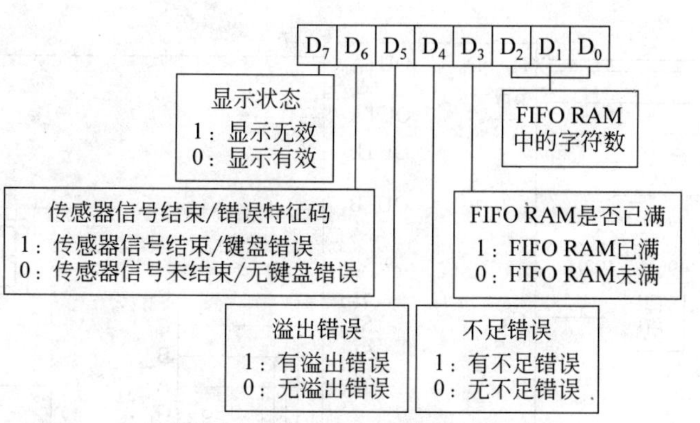

图 11.25　FIFO 状态字格式

D_3：FIFO RAM 是否已满。$D_3=1$，FIFO RAM 已满。

$D_2D_1D_0$：FIFO RAM 中的字符数。

10. 键盘数据字

用来记录在键盘工作方式下键盘扫描的数据格式。键盘数据字格式如图 11.26 所示。

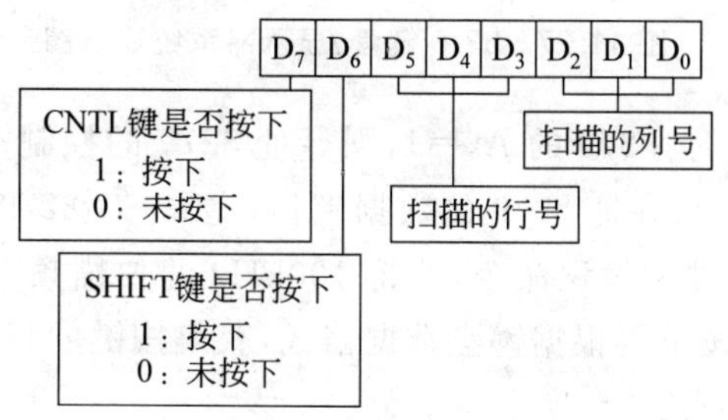

图 11.26　键盘数据字格式

D_7：CNTL 附加按键是否按下。$D_7=1$，CNTL 附加按键按下；$D_7=0$，CNTL 附加按键未按下。

D_6：SHIFT 附加按键是否按下。$D_6=1$，SHIFT 附加按键按下；$D_6=0$，SHIFT 附加按键未按下。

$D_5D_4D_3$：按键扫描的行编码。

$D_2D_1D_0$：按键回复的列编码。

11.6.4　8279 应用举例

例 11-9　在图 11.27 所示的微机系统中，用 8279 外接了 6 位 LED 和 4×6 的键盘。编程实现将每次按键产生的键码显示在 LED 数码管上。8279 外部输入时钟已连好，时钟频率为 1MHz。

解　分析 8279 端口地址。由 CPU 译码电路输出可知，8279 端口地址范围为 490H～

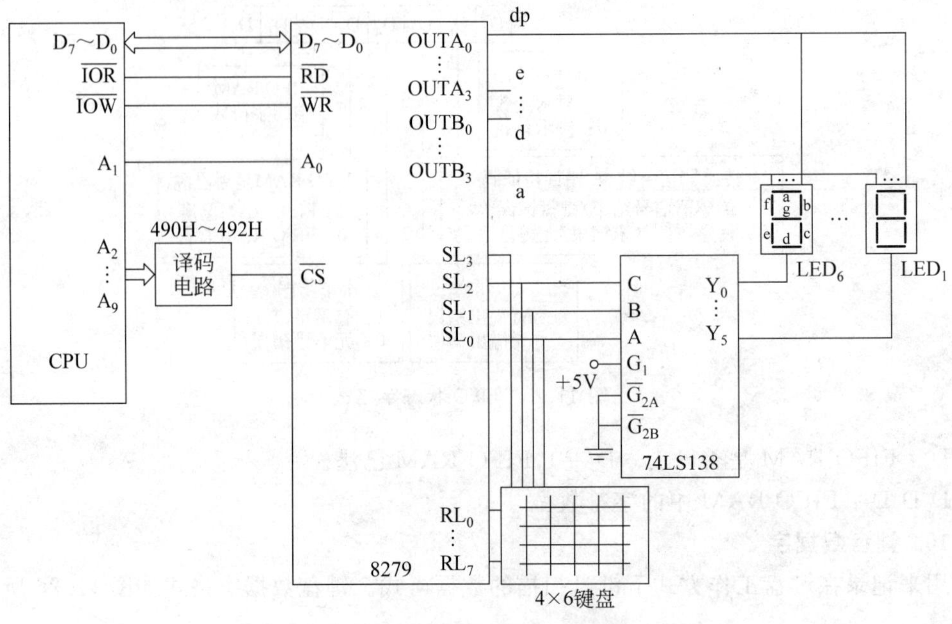

图 11.27 8279 键盘/显示器系统逻辑图

492H。CPU 地址 $A_1=1$ 时，8279 的 $A_0=1$，则寻址 8279 的控制端口/状态端口；CPU 地址 $A_1=0$ 时，8279 的 $A_0=0$，则寻址 8279 的数据端口。要先对 8279 的控制端口写入键盘/显示方式设置命令，再设置时钟编程命令，获得 100kHz 的扫描频率信号。读取键盘按键时，先读取状态字，确定有键按下再根据键盘数据格式，获得按键的行编码和列编码。显示时只要根据键码查段码输出即可。

程序如下。

```
CON8279  EQU  492H
DAT8279  EQU  490H
DATA  SEGMENT
      SEGCOD  DB  3FH,06H,5BH,4FH,66H,6DH,7DH,07H,7FH
              DB  6FH,77H,7CH,39H,5EH,79H,71H
DATA  ENDS
CODE  SEGMENT
      ASSUME  CS:CODE,DS:DATA
START:
      MOV    AX,DATA
      MOV    DS,AX
      MOV    DX,CON8279                         ;8279 控制端口
      MOV    AL,00000000B                       ;8 个字符，左入，编码扫描键盘，双键锁定
      OUT    DX,AL
```

```
        MOV     AL,00101010B                    ;时钟编程,10 分频得到 100kHz
        OUT     DX,AL
        CALL    BLACK                           ;总清显示 RAM
RK:     MOV     DX,CON8279
DI2:    IN      AL,DX                           ;读状态端口,FIFO 状态字
        AND     AL,07H                          ;状态字最后 3 位是字符数
        JZ      DI2                             ;无键按下,循环查询状态字
        MOV     DX,DAT8279                      ;数据端口地址
        IN      AL,DX                           ;读取数据端口键值
        MOV     BL,AL                           ;保存键值
        CALL    BLACK                           ;总清显示 RAM
DISP:   LEA     DI,SEGCOD                       ;段码表首地址
        MOV     AL,00000000B                    ;8 个字符,左入,编码扫描键盘,双键锁定
        MOV     DX,CON8279                      ;8279 控制端口
        OUT     DX,AL                           ;8279 重设方式字,每次从第 1 个位置显示
        MOV     AL,10010000B                    ;写显示 RAM 方式命令,自动增量
        OUT     DX,AL                           ;写显示 RAM 方式命令字送控制端口
        MOV     DX,DAT8279                      ;8279 数据端口
        PUSH    BX                              ;保存键值
        AND     BL,0F0H                         ;保留高 4 位
        MOV     CL,4                            ;
        SHR     BL,CL                           ;右移高 4 位
        ADD     DI,BX                           ;求段码地址
        MOV     AL,[DI]                         ;取得段码
        MOV     AH,0
        OUT     DX,AX                           ;写 RAM0
        NOP
        MOV     DI,OFFSET  SEGCOD               ;段码表首地址
        POP     BX
        AND     BX,0FH                          ;键值低 4 位
        ADD     DI,BX
        MOV     AL,[DI]                         ;求段码
        MOV     AH,0
        OUT     DX,AX                           ;写 RAM1
        NOP
        JMP     RK
BLACK  PROC
        MOV     DX,CON8279                      ;8279 控制端口
        MOV     AL,11010001B                    ;清除命令, 清除显示 RAM
        OUT     DX,AL
        MOV     CX,0FFH
```

```
LL:     LOOP    LL                                ;延时,完成清除
        RET
BLACK   ENDP
CODE  ENDS
        END     START
```

11.7　OCMJ 点阵式液晶显示器

OCMJ 2×8 点阵式液晶显示器,内含 GB 2312 16×16 点阵国标一级简体汉字和 ASCII 8×8(半高)及 8×16(全高)点阵英文字库。用户输入区位码或 ASCII 码即可实现文本显示。OCMJ 点阵式液晶显示器,也可用作一般的点阵图形显示器,提供有位点阵和字节点阵两种图形显示功能。用户可在指定的屏幕位置上,以点为单位或以字节为单位进行图形显示。

11.7.1　OCMJ 点阵式液晶显示器外部引脚

OCMJ 点阵式液晶显示器采用标准用户硬件接口,外部引脚如表 11.3 所示。

表 11.3　OCMJ 点阵式液晶显示器引脚

引脚	名称	方向	说　明
1	VLED+	输入	背光源正极(LED+5V)
2	VLED−	输入	背光源负极(LED−0V)
3	VSS	输入	地
4	VDD	输入	(+5V)
5	REQ	输入	请求信号,高电平有效
6	BUSY	输出	应答信号=1:已收到数据并正在处理中 =0:模块空闲,可接收数据
7	DB_0	输入	数据 0
8	DB_1	输入	数据 1
9	DB_2	输入	数据 2
10	DB_3	输入	数据 3
11	DB_4	输入	数据 4
12	DB_5	输入	数据 5
13	DB_6	输入	数据 6
14	DB_7	输入	数据 7

(1) $DB_7 \sim DB_0$：8 位数据线，输入。用于接收用户的命令和数据。

(2) REQ：请求信号。REQ＝1，表示通知 OCMJ 模块，请求处理当前数据线上的命令或数据。

(3) BUSY：应答信号。BUSY＝1，表示 OCMJ 模块忙于内部处理，不能接收用户命令；BUSY＝0，表示 OCMJ 模块空闲，等待接收用户命令。

在 BUSY＝0 的任意时刻，用户可以向 OCMJ 模块发送命令。先将命令或数据送到数据线上，接着发高电平 REQ 请求信号(REQ＝1)，通知 OCMJ 模块。OCMJ 模块在接收到 REQ 高电平信号后，立即读取数据线上的命令或数据，同时将应答线 BUSY 变为高电平，表明正在对此数据进行处理。OCMJ 模块对数据处理完毕，设置 BUSY＝0。

在 OCMJ 模块处理数据期间，用户可以撤销数据线上的信号。用户可以查询 BUSY 信号，在 BUSY＝0 时才可以送下一个数据。

11.7.2　OCMJ 点阵式液晶显示器编程

OCMJ 点阵式液晶显示器，所有初始化工作都是在上电时自动完成，实现了"即插即用"。用户通过用户命令调用 OCMJ 系列液晶显示器的各种功能。命令分为操作码及操作数两部分，操作数为十六进制。

在 OCMJ 点阵式液晶显示器上，汉字、ASCII 码显示屏幕坐标关系，如图 11.28 所示。显示图形点阵时，则以 128×64(OCMJ4×8)或 128×32(OCMJ2×8)点阵坐标为准，可在屏幕任意位置显示。

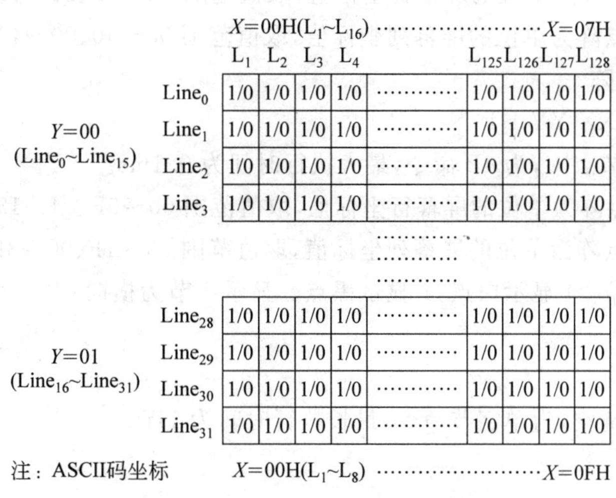

图 11.28　OCMJ 模块屏幕显示坐标关系

1. 显示国标汉字命令

命令格式：F0 XX YY QQ WW

该命令显示国标汉字，为 5B 命令，最大执行时间为 1.2ms。

XX：以汉字为单位的屏幕行坐标值，取值范围 00～07、02～09、00～09。

YY：以汉字为单位的屏幕列坐标值，取值范围 00～01、00～03、00～04。

QQ WW：要显示的 GB 2312 汉字区位码。

2. 显示 8×8 ASCII 码字符

命令格式：F1 XX YY AS

该命令显示 ASCII 码字符，为 4B 命令，最长执行时间为 0.8ms。

XX：以 ASCII 码为单位的屏幕行坐标值，取值范围 00～0F、04～13、00～13。

YY：以 ASCII 码为单位的屏幕列坐标值，取值范围 00～1F、00～3F、00～4F。

AS：要显示的字符 ASCII 码。

3. 显示 8×16 ASCII 码字符

命令格式：F9 XX YY AS

该命令显示 8×16 ASCII 码字符，为 4B 命令，最大执行时间为 1.0ms。

XX：以 ASCII 码为单位的屏幕行坐标值，取值范围 00～0F、04～13、00～13。

YY：以 ASCII 码为单位的屏幕列坐标值，取值范围 00～1F、00～3F、00～4F。

AS：要显示的字符 ASCII 码。

4. 显示位点阵

命令格式：F2 XX YY

该命令显示位点阵，为 3B 命令，最长执行时间为 0.1ms。

XX：以 1×1 点阵为单位的屏幕行坐标值，取值范围 00～7F、20～9F、00～9F。

YY：以 1×1 点阵为单位的屏幕列坐标值，取值范围 00～40、00～40、00～40。

5. 显示字节点阵

命令格式：F3 XX YY BT

该命令显示字节点阵，为 4B 命令，最大执行时间为 0.1ms。

XX：以 1×8 点阵为单位的屏幕行坐标值，取值范围 00～0F、04～13、00～13。

YY：以 1×1 点阵为单位的屏幕列坐标值，取值范围 00～1F、00～3F、00～4F。

BT：字节像素值，0 显示白点，1 显示黑点。显示字节为横向。

6. 清屏

命令格式：F4

该命令将屏幕清空，为单字节命令，最长执行时间为 11ms。

7. 上移

命令格式：F5

该命令将屏幕向上移一个点阵行，为单字节命令，最长执行时间为 25ms。

8. 下移

命令格式：F6

该命令将屏幕向下移一个点阵行，为单字节命令，最长执行时间为 30ms。

9. 左移

命令格式：F7

该命令将屏幕向左移一个点阵行，为单字节命令，最长执行时间为 12ms。

10. 右移

命令格式：F8

该命令将屏幕向右移一个点阵行，为单字节命令，最长执行时间为 12ms。

11.7.3　OCMJ 点阵式液晶显示器应用举例

例 11-10　在 OCMJ 点阵式液晶显示器上显示汉字"北京欢迎你"。

解　用 8255A 并行接口芯片，做 OCMJ 点阵式液晶显示器的数据锁存器。设计硬件如图 11.29 所示。

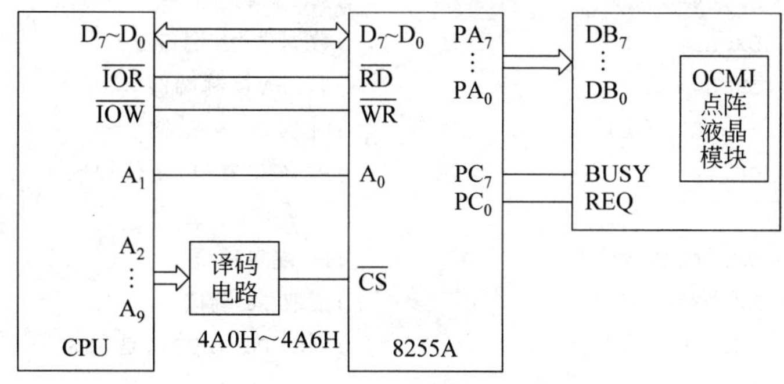

图 11.29　OCMJ 点阵式液晶显示系统逻辑

程序如下。

```
CODE  SEGMENT
      ASSUME  CS:CODE
START:
      MOV     AX,04A6H                  ;8255A 控制端口地址
      MOV     AX,10001000B              ;PA 端口输出,PC 高 4 位输入,低 4 位输出
      OUT     DX,AX
      MOV     AX,00000000B              ;REQ=PC0=0
      OUT     DX,AX                     ;PC 端口置位/复位控制字
      MOV     AL,0F4H                   ;清屏命令
      CALL    COMD                      ;调用送数子程序
      CALL    DELAY                     ;调用延时子程序
L1:   LEA     SI,TABLE                  ;命令表首地址
      MOV     CX,25                     ;25 个字节命令
L2:   MOV     DX,4A4H                   ;PC 端口地址
      IN      AX,DX                     ;读取 PC 端口
      AND     AX,80H                    ;判断 PC7(BUSY)是否为 1
```

```
        JNZ    L2
        MOV    AL,[SI]                          ;取命令数据
        CALL   COMD                             ;调用送数子程序
        INC    SI                               ;数据区指针下移
        LOOP   L2
        CALL   DELAY
OK:     JMP    L1
DELAY:                                          ;延时子程序
        MOV    CX,1000H
LL:     LOOP   LL
        RET
COMD:
        MOV    DX,04A0H                         ;PA 端口地址
        OUT    DX,AL                            ;数据送 PA 端口
        MOV    DX,04A6H                         ;8255A 控制端口
        MOV    AX,00000001B                     ;REQ=PC0=1
        OUT    DX,AX                            ;PC 端口置位/复位控制字
MON:
        MOV    DX,04A4H                         ;PC 端口地址
        IN     AX,DX                            ;读取 PC 端口
        AND    AX,80H                           ;判断 PC7(BUSY)是否为 1
        JNZ    MON
        MOV    DX,04A6H                         ;8255A 控制端口
        MOV    AX,00000000B                     ;REQ=PC0=0
        OUT    DX,AX                            ;PC 端口置位/复位控制字
        RET
TABLE:  DB  0F0H,01D,00D,17D,17D,0F0H,02D,00D,30D,09D
        DB  0F0H,03D,00D,27D,22D,0F0H,04D,00D,51D,13D
        DB  0F0H,05D,00D,36D,67D                ;显示汉字命令表
CODE  ENDS
END  START
```

11.8　总线及总线标准

总线是许多信号线的集合，是模块与模块之间或者设备与设备之间进行互联和传递信息的通道。当多个设备连接到总线上时，其中任何一个设备发出的信号都可以被总线上的其他设备接收，但在同一时间段内，只能有一个设备作为主动设备(该设备被选中)发出响应信号，而其他设备处于被动接收状态。总线都具有严格规定的标准，因此，按照总线标准研制的计算机系统具有很好的开放性。

11.8.1　总线分类

1. 按总线功能或信号类型划分

按总线的功能或传输的信号类型可以分为数据总线、地址总线、控制总线3类。

(1) 数据总线。

用于传输数据，具有双向三态逻辑。数据总线的宽度表示了总线传输数据的能力，反映了总线的性能。

(2) 地址总线。

用于传输地址信息，一般采用单向三态逻辑。地址总线的位数决定了该总线构成的微机系统的寻址能力。

(3) 控制总线。

用于传输控制、状态和时序信号，有些信号是单向的，有些是双向的。控制总线决定了总线功能的强弱和适应性。

2. 按总线分级结构划分

按总线在系统中的分级结构可以分为CPU总线、系统总线、局部总线、通信总线4类。其中，CPU总线、局部总线、系统总线三者又称为PC总线。

(1) CPU总线。

位于CPU内部，作为运算器、控制器、寄存器组等功能单元之间的信息通路，又称为片内总线，是微机系统中速度最快的总线。现代微机系统中，CPU总线也开始分布在CPU外，紧紧围绕CPU的一个小范围内，提供系统原始的控制和命令等信号。

(2) 系统总线。

微机系统采用多模块结构(CPU、存储器、各种I/O模块)，通常一个模块就是一块插件板，各插件板的插座之间采用的总线称为系统总线，又叫I/O通道总线。以前微机系统主要利用系统总线来连接扩展插卡，现代微机系统为了加快总线速度，多采用局部总线来连接扩展插卡。

(3) 局部总线。

某些具有高数据传输率的设备(如图形、视频控制器、网络接口等)，尽管微处理器有足够的处理能力，但是总线传输却不能满足它们高速率的传输要求。为了解决这个矛盾，在微处理器和高速外设之间增加了一条直接通路，一侧直接面向CPU总线，一侧面向系统总线，分别通过桥芯片连接，这就是局部总线。局部总线是直接连接到CPU总线的I/O总线，因此使有高需求的外设和处理器有更紧密地集成，为外设提供了更宽、更快的高速通路。

使用局部总线后，系统内形成了分层总线结构。这种体系结构中，不同传输要求的设备分类连接在不同性能的总线上，合理分配系统资源，满足不同设备的不同需要。另外，局部总线信号独立于微处理器，处理器的更换不会影响系统结构。

(4) 通信总线。

用于主机和I/O设备或者微机系统与微机系统之间通信的总线，又称为外部总线。

11.8.2 总线标准

1. 系统总线(STD、PC、ISA、EISA)

STD 总线是 1978 年推出的用于工业控制微型计算机的标准系统总线,具有高可靠性、小板结构、高度模块化等优越的性能,在工业领域得到广泛的应用和迅速发展。现在已成为 IEEE P961 建议的总线标准。这是目前规模最小、设计较为周到且适应性好的一种总线。

IBM PC 总线简称 PC 总线或 PC/XT 总线,是 IBM PC/XT 个人计算机采用的微型计算机总线,是针对 Intel 8088 微处理器设计的。它以 I/O 通道形式经过扩充并经驱动器驱动以增加负载能力而连至扩充插槽,作为 I/O 接口板和主机之间的信息交换通道。

ISA(Industry Standard Architecture,工业标准体系结构)总线是 Intel 公司、IEEE 和 EISA 集团联合在 62 线 PC 总线的基础上,经过扩展 36 根线而开发的一种系统总线。因为开始时是应用在 IBM PC/AT 机上,所以又称为 PC AT 总线。

EISA 总线是在 ISA 总线的基础上推出的 32 位扩展工业标准结构总线。EISA 总线采用开放结构,与 ISA 兼容。EISA 总线从 CPU 中分离出总线控制权,是一种智能化的总线,支持多总线主控和突发传输方式,可以直接控制总线进行对内存和 I/O 设备的访问而不涉及 CPU,所以极大地提高了整体性能。

2. 局部总线(PCI、PCI Express)

PCI(Peripheral Component Interconnect)总线的全称是外围部件互联,它是一种高性能的局部总线,严格规范,提供高度的可靠性和兼容性,因此成为主流的标准总线,被广泛应用于现代台式微机、工作站和便携机。PCI 总线是一种独立于处理器的总线标准,支持多种处理器,适用于多种不同的系统。PCI 总线采用 33.3MHz/66.6MHz 的时钟频率。在 33.3MHz 时钟频率时,数据总线宽度 32 位,最大数据传输率达到 133MB/s。如果数据总线宽度升级到 64 位,则数据传输率可达到 266MB/s。

PCI Express 总线属于串行总线,进行的是点对点传输,每个传输通道单独享有带宽。PCI Express 总线还支持双向传输模式和数据分路传输模式。PCI Express 接口根据总线接口对位宽的要求不同而有所差异,分为 PCI Express1×、2×、4×、8×、16×甚至 32×,由此 PCI Express 的接口长短也不同,1×最小,往上则越大。其中 1×、2×、4×、8×、16×为数据分路传输模式,32×为多通道双向传输模式。1×单向传输带宽可达到 250MB/s,双向传输带宽能够达到 500MB/s。

3. 设备总线(IEEE 488、IEEE 1394、AGP、USB)

IEEE 488 总线是一种并行外部总线,主要用于各种仪器仪表之间和计算机与仪表之间的相互连接。1975 年 IEEE 488 作为标准接口总线的国际标准,是当前工业应用上最广泛的通信总线。IEEE 488 标准总线上只能连接 15 个设备。数据速率必须小于或等于 1Mb/s。总传输距离不超过 20m,或 2m 乘以设备数目。

IEEE 1394 是 Apple 公司于 1993 年提出的,用来取代 SCSI 的高速串行总线 FireWire,后经 IEEE 协会于 1995 年 12 月正式接纳为一个工业标准,全称是 IEEE 1394 高性能串行总线标准(IEEE 1394 High Performance Serial BUS Standard)。IEEE 1394 采用菊花链结构,以级联方式在一个接口上最多可以连 63 个不同种类的设备。IEEE 1394 传输速率高。IEEE 1394a 支持 100Mb/s、200Mb/s 及 400Mb/s 的传输速率。而 IEEE 1394b 规范定义了 800Mb/s、1.6Gb/s 甚至 3.2Gb/s 的高传输速率。

AGP(Accelerated Graphics Port)是 Intel 公司提出的一种 PC 平台上能充分改善对 3D 图形和全运动视频处理的新型视频接口标准。显示卡的显存中不仅有影像数据,还有纹理数据、Z 轴的距离数据及 Alpha 变换数据等。由于显存的价格昂贵,容量配置不大,所以通常是将纹理数据从显存移到主存。用 AGP 在主存和显示卡之间建立一条直接的通道,使得 3D 图形数据不通过 PCI 总线,而是直接送入显示子系统。

USB(Universal Serial Bus)是一种新型的外设接口标准,其基本思想是采用通用连接器和自动配置及热插拔技术,以及相应的软件,实现资源共享和外设的简单快速连接。目前最新的版本是 USB 3.0。USB 2.0 的最大传输带宽为 60MB/s,而 USB 3.0 的最大传输带宽高达 500MB/s。

11.9　实验项目

11.9.1　PC I/O 设备实验项目

实验内容

查阅资料,采用 DOS 调用、BIOS 调用实现 PC 的键盘、鼠标、显示器编程应用。

11.9.2　EL 实验机 I/O 设备实验项目

1. 实验原理

1) EL 实验机 6 位 LED 数码管驱动显示电路

EL 实验机 6 位 LED 数码管驱动显示电路如图 11.30 所示。该电路由 6 位 LED 数码管、位驱动电路、段输入电路组成。数码管共阴极连接,采用动态扫描的方式显示。显示器的段选码由 OUT_A 口和 OUT_B 口输出,经 74LS244 驱动后送给共阴极 LED;显示器的位扫描信号经 74LS138 译码、75451 驱动后提供给 LED 的公共极。

图 11.30 中用 75251 作数码管的位驱动。跳线开关用于选择数码管的显示源,可外接,也可选择 8279 芯片。

2) 4×6 扫描键盘电路

键盘采用行列扫描的方式,如图 11.31 所示。其中 Shift、Ctrl 两键通过检查是否与 GND 相连来判断按键是否按下。

3) 8279 键盘/显示电路

8279 显示电路由 6 位共阴极数码管显示,74LS244 段驱动器,75451 位驱动器,74LS138 键盘译码电路。8279 的数据线、地址线、读写线、复位、时钟、片选线都已经接好,键盘行列

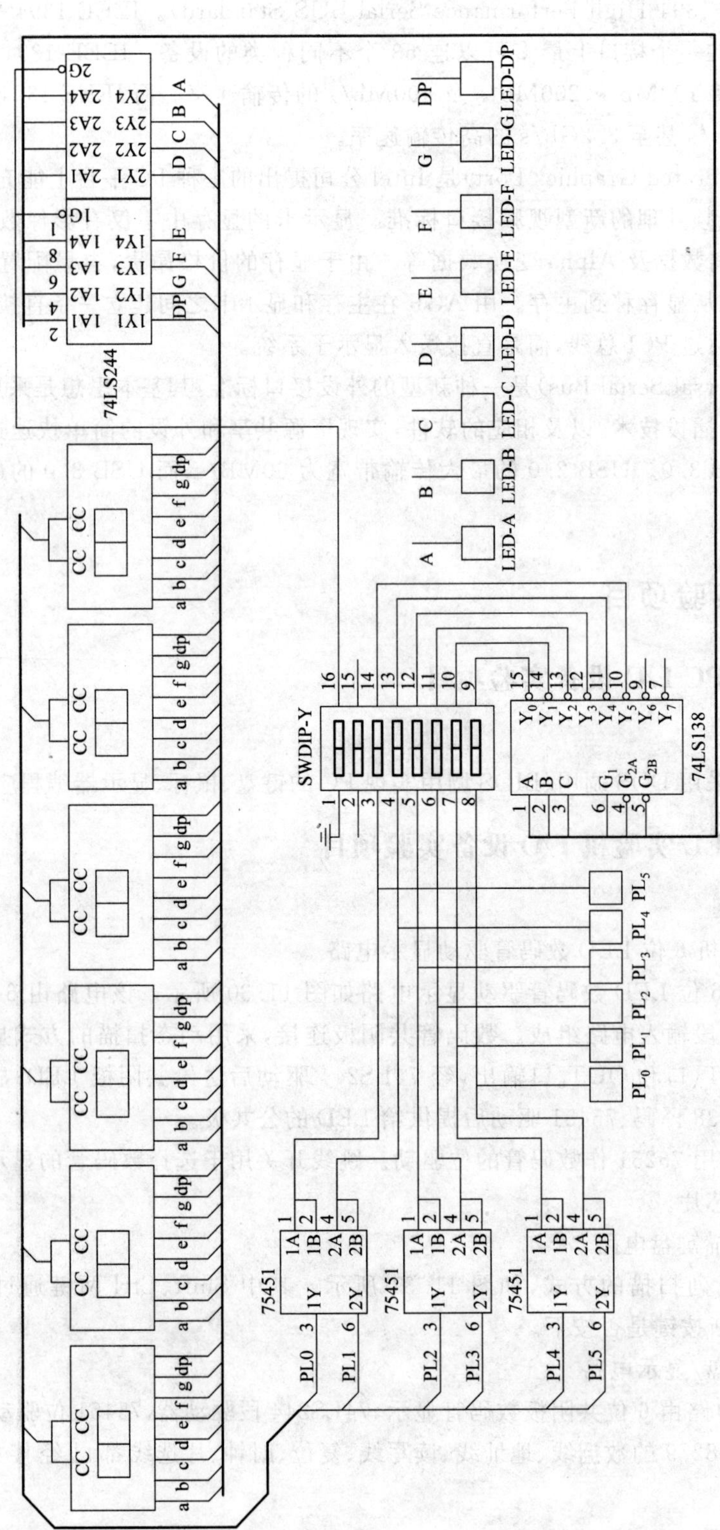

图 11.30 EL实验机 6 位 LED 数码管驱动显示电路

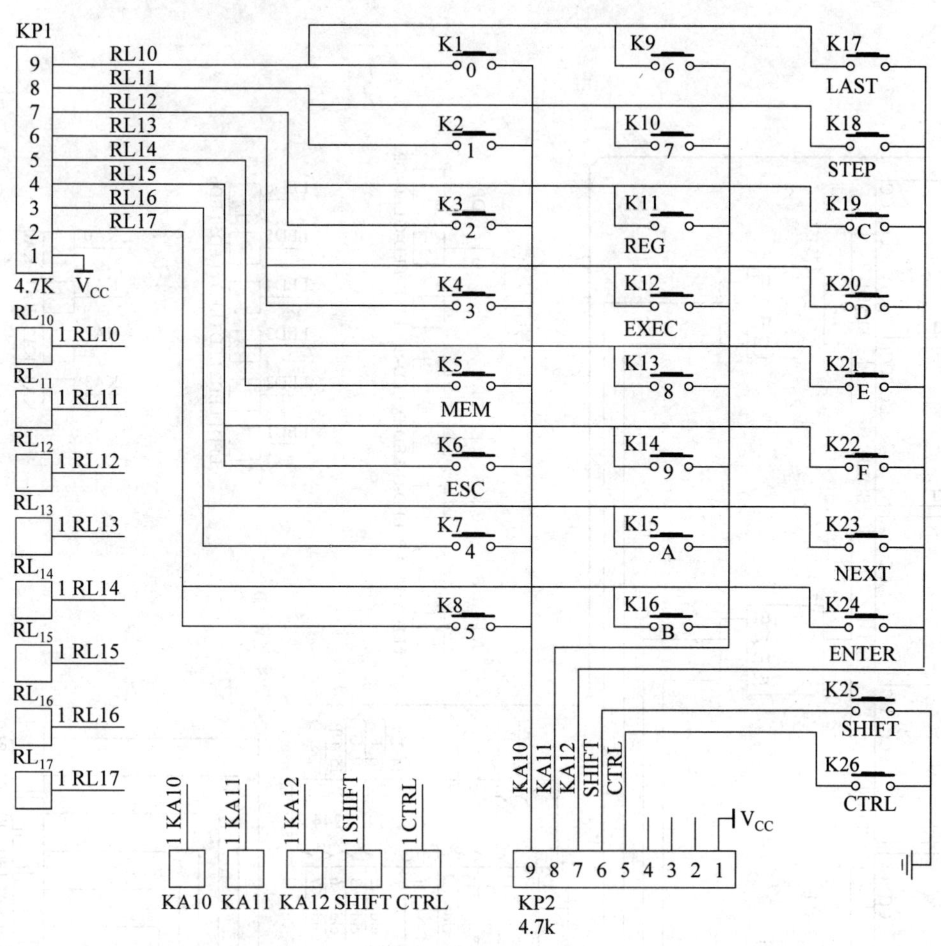

图 11.31　EL 实验机 4×6 扫描键盘电路

扫描线均有插孔输出。键盘行扫描线插孔号为 KA_0～KA_3；列回复线插孔号为 RL_0～RL_7；8279 还引出 Ctrl、Shift 插孔。原理图如图 11.32 所示。

8279 的 I/O 地址已连好，为 490H 的偶地址，即数据口为 490H、状态口为 492H。8279 外部输入时钟已连好，时钟频率为 1MHz。

2. 实验项目 1

(1) 实验内容。将每次按键产生的键码显示在 LED 数码管上。

(2) 实验连线。系统中大多数信号线都已连接好，只需设计部分信号线的连接。实验接线：将 8279 的 RL_0～RL_7 分别与键盘的 RL_{10}～RL_{17} 相连；将 8279 的 KA_0～KA_2 分别与键盘的 KA_{10}～KA_{12} 相连。逻辑图参考图 11.27 所示。

(3) 根据图 11.33 所示的流程图，编程运行，并观察实验结果。

3. 实验项目 2

(1) 实验内容。在 OCMJ 液晶显示模块上显示汉字信息。

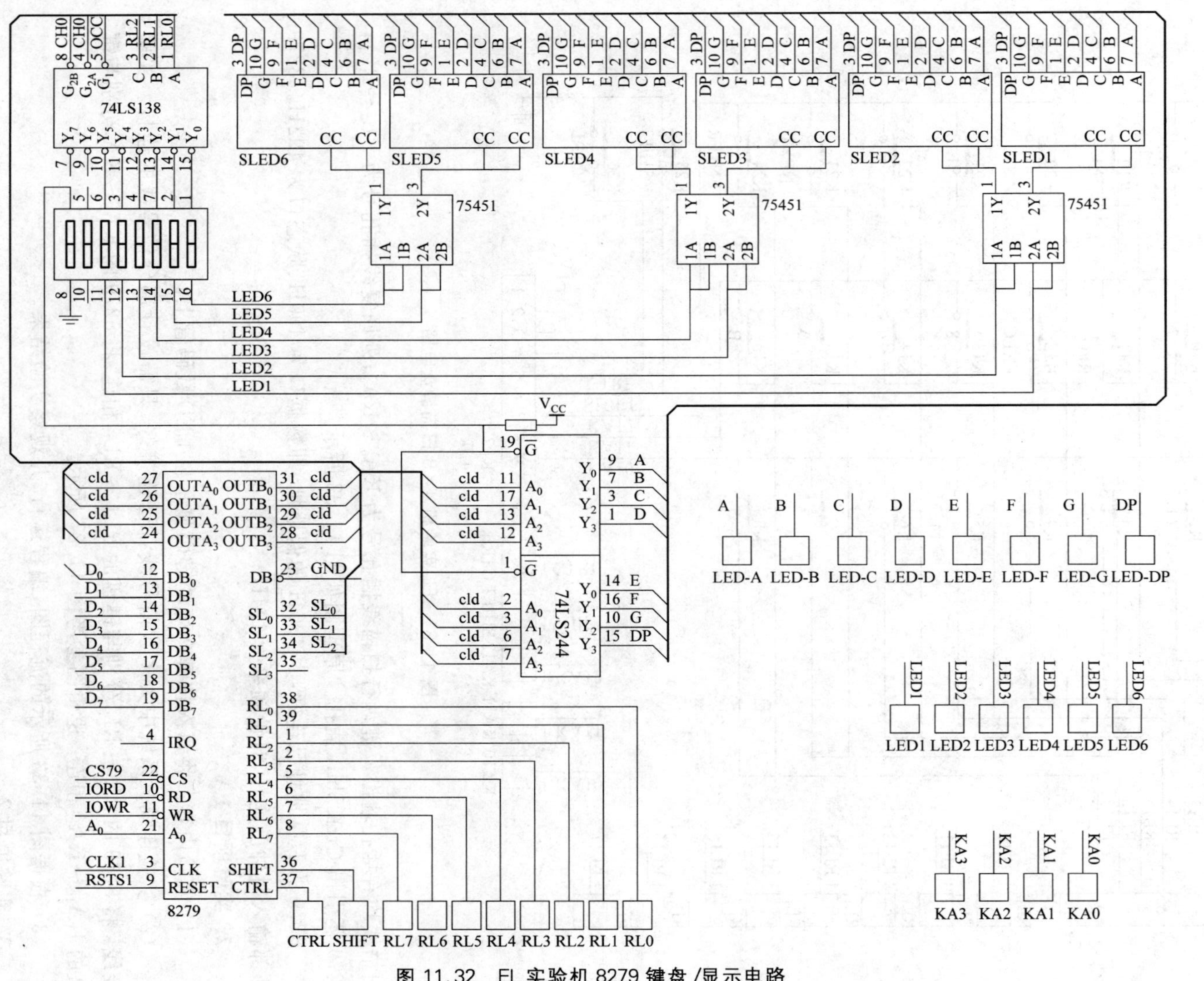

图 11.32　EL 实验机 8279 键盘/显示电路

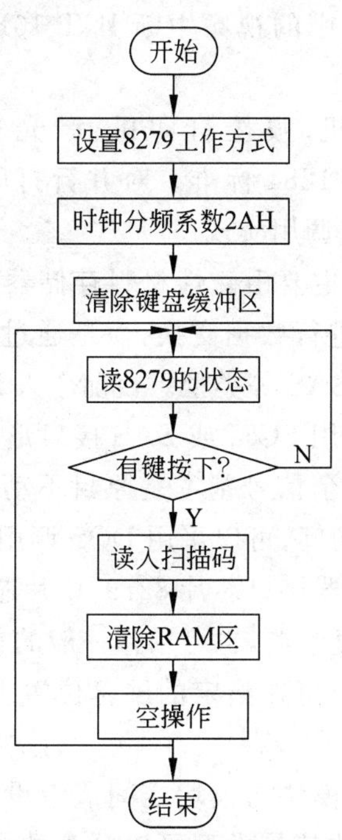

图 11.33　EL 实验机键盘显示实验流程

(2) 实验连线。参考例 11-10 的逻辑图,设计连线。

(3) 参考例 11-10 的程序设计,编程运行,并观察实验结果。

(4) 实验思考。如果要使显示的汉字在按键控制下,实现左右滚动或上下滚动的效果,程序该如何设计?

11.10　本章小结

本章介绍了常见的 PC I/O 设备接口及总线。

目前使用的键盘多为 101 键、电容式无触点按键、非编码识别键盘。键盘接口有 PS/2 和 USB 接口类型。PC 键盘接口编程有多种操作方式,可以直接对 60H 端口操作,也可以通过 BIOS 和 DOS 功能调用操作。

鼠标是一种手持式屏幕坐标定位设备,目前使用较多的鼠标是光电式鼠标。鼠标接口有 PS/2 鼠标接口和 USB 鼠标接口。微机中没有分配端口给鼠标,由一个统称为设备驱动程序的软件接口来控制。

常见的显示器有阴极射线管显示器 CRT 和液晶显示器 LCD 两种。目前计算机系统中主要使用 LCD 液晶显示器。显示器和 CPU 之间的接口部件是显示卡。CPU 送往显示器的数据都要通过显示卡来处理和传送。显示卡与显示器的接口有 VGA 模拟接口和 DVI 数字视频接口。在显示适配器的 ROM 中固化有视频 BIOS 程序,专门提供与图形显示有关的显示器驱动程序，用户可以调用其中的视频中断 INT 10H 来实现字符或图像显示程序的设计。

常见的打印机有针式打印机、喷墨打印机、激光打印机等。打印机接口标准有 Centronics 并行接口标准和 IEEE 1284 标准。对并行打印机接口编程可以直接对端口编程，也可以使用 BIOS 或 DOS 功能调用实现。

外存储器又称为辅助存储器，主要由磁性材料存储器和光介质存储器组成。在微机系统中，外存储器不能直接和 CPU 进行数据交换，而是通过外存储器接口与主机相连接。外存储器接口有 IDE、SCSI、SATA、SAS 等类型。目前个人 PC 外存储器主要采用的是 SATA 接口类型，服务器外存储器主要采用 SCSI 或 SAS 接口形式。外存储器接口除了对系统总线上的信号做必要的处理之外，其余信号基本是原封不动地送往硬盘驱动器。所以实际上是系统级的总线接口。对磁盘的访问，可以采用 DOS 调用和 BIOS 调用实现。

本章介绍了可编程键盘/显示器接口芯片 8279，单片芯片就能够完成键盘输入和显示控制两种功能。OCMJ 点阵式液晶显示器，也可用作一般的点阵图形显示器，提供有位点阵和字节点阵两种图形显示功能。用户可在指定的屏幕位置上，以点为单位或以字节为单位进行图形显示。

总线是许多信号线的集合，是模块与模块之间或者设备与设备之间进行互联和传递信息的通道。按总线的功能或传输的信号类型可以分为数据总线、地址总线、控制总线 3 类。按总线在系统中的分级结构可以分为 CPU 总线、局部总线、系统总线、通信总线 4 类。

习题 11

1. 简述目前使用的键盘、鼠标、显示器、打印机的接口类型。

2. 简述外存储器的接口类型。为什么说外存储器接口实际上是系统级总线接口？

3. 设计一个 3 行×6 列的矩阵键盘，采用行扫描法编写程序，当有按键动作时，能够获得按键的行号和列号。

4. 什么是总线？目前有哪些系统总线标准？有哪些局部总线标准？有哪些设备总线标准？简述这些总线标准的特点。

参 考 文 献

[1] 刘星. 微机原理与接口技术. 北京：电子工业出版社，2002.

[2] 杨文显，寿庆余. 现代微型计算机与接口教程. 北京：清华大学出版社，2003.

[3] 杨全胜. 现代微机原理与接口技术. 北京：电子工业出版社，2002.

[4] 古辉. 微型计算机接口技术. 北京：科学出版社，2006.

[5] 古辉，刘均，雷艳静. 微型计算机接口技术. 2 版. 北京：科学出版社，2011.

[6] 刘均，周苏，金海溶. 汇编语言程序设计实验教程. 北京：科学出版社，2006.

[7] 葛纫秋. 实用微机接口技术. 北京：高等教育出版社，2003.

[8] 北京精仪达盛科技有限公司. EL-MUT-Ⅲ微机实验系统使用说明及实验指导书，2009.

[9] 马维华. 微机原理与接口技术——从 80x86 到 Pentium x. 北京：科学出版社，2005.

[10] 刘锋，董秀. 微机原理与接口技术. 北京：机械工业出版社，2009.

[11] Kip R Irvine. 汇编语言程序设计. 温玉杰译. 北京：电子工业出版社，2005.

[12] 徐建平，成贵学，朱萍. 微机原理与接口技术. 北京：航空工业出版社，2010.

参考文献

[1] [illegible]

[2] [illegible]

[3] [illegible]

[4] [illegible]

[5] [illegible]

[6] [illegible]

[7] [illegible]

[8] [illegible]

[9] [illegible]

[10] [illegible]